教育部高等学校电子信息类专业教学指导委员会规划教材
高等学校电子信息类专业系列教材·新形态教材

信号与系统

使用MATLAB分析与实现

（第2版）

高宝建 彭进业 王琳 潘建寿 编著

清华大学出版社
北京

内 容 简 介

本书主要讲授信号与系统的概念、原理以及应用方法，全书分为8章，每章配有大量的例题以及基于MATLAB的求解程序。第1章介绍信号的概念、分类、运算方法以及正交分解方法；系统的概念、分类、性质以及描述方法。第2章介绍系统的时域分析方法。第3章介绍周期信号的傅里叶级数展开方法以及非周期信号的傅里叶变换方法、傅里叶变换的性质，并通过这两种变换引入信号频谱和带宽的概念。第4章介绍信号与系统的虚频域分析方法，即傅里叶分析方法，包括无失真传输系统、采样系统、滤波器等具体实际系统的分析方法和频率响应特性。第5章介绍信号的拉普拉斯变换和逆变换方法，拉普拉斯变换的性质。第6章介绍拉普拉斯变换在系统分析中的应用方法，包括微分方程、框图以及电路等不同描述方式系统的分析方法，以及基于系统函数 $H(s)$ 的一般系统的分析和设计方法。第7章介绍离散时间信号与系统的时域、z 域分析方法。第8章简单介绍窗口傅里叶变换和小波变换，包括小波变换应用实例及MATLAB程序。全书在适当的位置，紧扣课程内容，引入以24字社会主义核心价值观为重点的思政元素，培养学生正确的人生观、价值观和科学思维，做到立德树人和知识传授、能力培养的统一。

本书配有电子教案，可以作为高等院校电气、电子、信息、计算机等专业本、专科生的教材，也可供相关领域的工程技术人员参考。

图书在版编目(CIP)数据

信号与系统：使用MATLAB分析与实现/高宝建等编著. —2版. —北京：清华大学出版社，2023.2
高等学校电子信息类专业系列教材·新形态教材
ISBN 978-7-302-61631-3

Ⅰ. ①信… Ⅱ. ①高… Ⅲ. ①Matlab软件－应用－信号系统－系统分析－高等学校－教材
Ⅳ. ①TN911.6

中国版本图书馆CIP数据核字(2022)第144255号

策划编辑：盛东亮
责任编辑：钟志芳
封面设计：李召霞
责任校对：李建庄
责任印制：丛怀宇

出版发行：清华大学出版社
网　　址：http://www.tup.com.cn，http://www.wqbook.com
地　　址：北京清华大学学研大厦A座　**邮　　编**：100084
社 总 机：010-83470000　**邮　　购**：010-62786544
投稿与读者服务：010-62776969，c-service@tup.tsinghua.edu.cn
质量反馈：010-62772015，zhiliang@tup.tsinghua.edu.cn
课件下载：http://www.tup.com.cn，010-83470236
印 装 者：三河市龙大印装有限公司
经　　销：全国新华书店
开　　本：185mm×260mm　**印　　张**：15.75　**字　　数**：388千字
版　　次：2020年7月第1版　2023年3月第2版　**印　　次**：2023年3月第1次印刷
印　　数：1～1500
定　　价：59.00元

产品编号：096778-01

高等学校电子信息类专业系列教材

序

FOREWORD

我国电子信息产业占工业总体比重已经超过10%。电子信息产业在工业经济中的支撑作用凸显,更加促进了信息化和工业化的高层次深度融合。随着移动互联网、云计算、物联网、大数据和石墨烯等新兴产业的爆发式增长,电子信息产业的发展呈现了新的特点,电子信息产业的人才培养面临着新的挑战。

(1) 随着控制、通信、人机交互和网络互联等新兴电子信息技术的不断发展,传统工业设备融合了大量最新的电子信息技术,它们一起构成了庞大而复杂的系统,派生出大量新兴的电子信息技术应用需求。这些"系统级"的应用需求,迫切要求具有系统级设计能力的电子信息技术人才。

(2) 电子信息系统设备的功能越来越复杂,系统的集成度越来越高。因此,要求未来的设计者应该具备更扎实的理论基础知识和更宽广的专业视野。未来电子信息系统的设计越来越要求软件和硬件的协同规划、协同设计和协同调试。

(3) 新兴电子信息技术的发展依赖于半导体产业的不断推动,半导体厂商为设计者提供了越来越丰富的生态资源,系统集成厂商的全方位配合又加速了这种生态资源的进一步完善。半导体厂商和系统集成厂商所建立的这种生态系统,为未来的设计者提供了更加便捷却又必须依赖的设计资源。

教育部2020年颁布了新版《高等学校本科专业目录》,将电子信息类专业进行了整合,为各高校建立系统化的人才培养体系,培养具有扎实理论基础和宽广专业技能的、兼顾"基础"和"系统"的高层次电子信息人才给出了指引。

传统的电子信息学科专业课程体系呈现"自底向上"的特点,这种课程体系偏重对底层元器件的分析与设计,较少涉及系统级的集成与设计。近年来,国内很多高校对电子信息类专业课程体系进行了大力度的改革,这些改革顺应时代潮流,从系统集成的角度,更加科学合理地构建了课程体系。

为了进一步提高普通高校电子信息类专业教育与教学质量,推动教育与教学高质量发展,教育部高等学校电子信息类专业教学指导委员会开展了"高等学校电子信息类专业课程体系"的立项研究工作,并启动了"高等学校电子信息类专业系列教材"(教育部高等学校电子信息类专业教学指导委员会规划教材)的建设工作。其目的是推进高等教育内涵式发展,提高教学水平,满足高等学校对电子信息类专业人才培养、教学改革与课程改革的需要。

本系列教材定位于高等学校电子信息类专业的专业课程,适用于电子信息类的电子信息工程、电子科学与技术、通信工程、微电子科学与工程、光电信息科学与工程、信息工程及其相近专业。经过编审委员会与众多高校多次沟通,初步拟定分批次建设约100门核心课程教材。本系列教材将力求在保证基础的前提下,突出技术的先进性和科学的前沿性,体现创新教学和工程实践教学；将重视系统集成思想在教学中的体现，鼓励推陈出新，采用“自顶向下”的方法编写教材；将注重反映优秀的教学改革成果，推广优秀的教学经验与理念。

为了保证本系列教材的科学性、系统性及编写质量，本系列教材设立顾问委员会及编审委员会。顾问委员会由教指委高级顾问、特约高级顾问和国家级教学名师担任，编审委员会由教育部高等学校电子信息类专业教学指导委员会委员和一线教学名师组成。同时，清华大学出版社为本系列教材配置优秀的编辑团队，力求高水准出版。本系列教材的建设，不仅有众多高校教师参与，也有大量知名的电子信息类企业支持。在此，谨向参与本系列教材策划、组织、编写与出版的广大教师、企业代表及出版人员致以诚挚的感谢，并殷切希望本系列教材在我国高等学校电子信息类专业人才培养与课程体系建设中发挥切实的作用。

吕志伟 教授

前言
PREFACE

信息科学与技术的快速发展已经极大地影响着社会经济和人们的生活。有关信息的获取、传输、处理和利用的基本理论、相关技术及方法，已成为科技工作者的必备知识。因此，作为讲述信号与系统基本理论和方法的基础性课程"信号与系统"，得到了各相关专业更为广泛的关注。

西北大学是一所历史悠久的综合性大学，我校信息科学与技术学院早在20世纪90年代就将该课程列为平台课，学校又于2001年将"信号与系统"作为重点课程立项建设。基于综合性大学的教学特点及在清华大学出版社已经出版的《信号与系统》教材（潘建寿、高宝建编著）的多年使用的实践积累，我们重又编写了这本新书。本书更加突出了以下特色：

（1）主要面向一般性及综合性大学电子信息类专业的"信号与系统"课程的教学而编写。这一类学生群体庞大，生源位次偏低，质量一般；培养目标、就业层次和电子信息专业性大学相关专业学生具有较大差别；比较适用的《信号与系统》书籍相对较少。为了满足这类学生的特点，在本书编写过程中，系统阐述理论的同时，注重相关概念、原理以及应用方法的叙述，注重满足案例式教学的需求，注重内容的实用性和可读性，适当降低了理论分析的过程和难度，减少了理论公式的繁杂数学推导，为公式赋予明确的物理含义，增加了MATLAB验证，便于理解和运用，使本书具备良好的针对性和适应性。

（2）采用统一观点和方法阐述课程内容，从认识和理解的规律编排内容，将数学工具工程化；将抽象问题形象化；将复杂问题简单化；将零散问题系统化，即任何实际信号都可以分解成一系列基本信号的线性组合；线性非时变系统对任一输入信号的响应都可以看成是系统对基本信号分量分别作用时响应的叠加；不同的信号分解方法将导致不同的系统分析方法。由此，从时域到虚频域、复频域、z域及小波域，思路连贯，观点统一，有利于学生的理解和掌握，深化对整篇内容的认识。

（3）注重比较和类比。本书重点叙述了变换域方法和时域方法的比较，变换域方法之间的类比，强调变换域方法的重要性，在描述基本内容的同时，贯穿认识论和方法论的基本思想，提高学生融会贯通、举一反三的能力。

（4）注重信号与系统原理在电路分析与设计过程中的应用。重点介绍了波形合成方法、采样定理的实际应用方法以及基于零极点分布的稳定电路、全通网络、最小相移网络、频率补偿网络、低通滤波器等的具体设计方法。重点介绍了如何通过已知电路或系统获取系统函数，进而通过系统函数分析系统性能的方法以及通过系统函数设计一般系统的方法。

（5）对相关内容进行了比较科学的剪裁和编排。其一，考虑了本书内容的基础性和先进性，特别是考虑到小波方法事实上越来越大众化的应用，引入了时频分析的概念及小波变换，更加突出了不同变换的优缺点及不同的应用领域；给出了较多的基于MATLAB解决问题的实例,引导学生自学并应用这一具有重要用途的仿真软件;其二,在对连续时间信号与系统和离散时间信号与系统问题的处理上,保持体系上相对独立,内容上基本并行,重点强调两类信号与系统的相互联系和重要区别,使本书篇幅得以减少,基本内容和重点内容更加突出;其三,将基本理论的内容和方法的应用分别独立成章,既可保证厚基础的要求,又能照顾实际工程应用的需要,以体现"信号与系统"课程内容的基础性要求和应用性特点;其四,设置了较多的实际应用案例,以满足案例式教学的需要。

(6) 紧扣课程内容,融入思政元素,弘扬社会主义核心价值观。采用信号与系统的原理和分析方法,重点分析了24字的社会主义核心价值观,即国家层面的富强、民主、文明、和谐;社会层面的自由、平等、公正、法治;以及个人层面的爱国、敬业、诚信、友善。同时还重点分析了科学思维、工匠精神、理想抱负等科学和文化素养。分析过程紧扣课程内容,做到润物无声。通过分析,培养学生正确的人生观和价值观,力争做到立德树人、知识传授和能力培养的统一。

全书共8章,每章均附有大量例题和适量习题。在习题的选取上,有基本内容的习题,用以检验、理解基本概念和熟练分析方法,还有部分与实际应用结合较紧密的习题,以拓展正文内容,适应不同层次的读者需求。本书全部内容适合于48～64学时的教学,可作为电子信息类专业本、专科学生的基本教材或教学参考书,亦可供相关领域的技术工作者参考。

全书由高宝建、彭进业、王琳和潘建寿编著。第3～6章及所有思政内容由高宝建编写,第8章由彭进业、潘建寿编写,第1、2、7章和所有MATLAB程序由王琳编写。在本书修订及编写过程中,得到了陕西省"信号处理"教学团队和"信号与系统"精品共享课程项目、省级一流课程以及省级思政示范课程项目的大力支持,以及团队其他成员侯榆青教授、赵健教授、王宾和易黄建老师等的讨论及建议;研究生刘星圆、赵泽、张育铖、薛珈萍、欧阳喜文等在书稿插图绘制、编辑、校对等方面做了大量的工作。在此一并表示感谢。

清华大学出版社盛东亮和钟志芳老师对本书的出版给予了极大的支持和帮助,他们对工作的热情与认真,对事业的执着与追求,既令我们感动也使我们敬佩。

由于作者水平有限,本书在内容取材、体系安排、文字表述等方面必有不妥甚至错误之处,敬请读者批评指正。

作　者

2023年1月于西北大学

符号说明

符号	说明
$p(t)$	瞬时功率
P	平均功率
W	能量
$u(t)$	单位阶跃信号
$\delta(t)$	单位冲激信号
$g(t)$	系统阶跃响应
$h(t)$	系统冲激响应
$g_\tau(\cdot)$	宽度为τ,幅度为1的矩形脉冲信号
$y_f(\cdot)$	系统零状态响应
$y_x(\cdot)$	系统零输入响应
$\delta_T(\cdot)$	周期为T的冲激函数序列
$F(\mathrm{j}\omega)$	频谱密度函数
$H(\mathrm{j}\omega)$	系统频率响应
$H(s)$	连续系统的系统函数
$H(z)$	离散系统的系统函数
$F[\cdot]$	傅里叶变换
$L[\cdot]$	拉普拉斯变换
$z[\cdot]$	z变换
$F^{(-1)}[\cdot]$	傅里叶逆变换
$L^{(-1)}[\cdot]$	拉普拉斯逆变换
$z^{(-1)}[\cdot]$	逆z变换
$\psi(t)$	小波
$\mathrm{Wf}(a,b)$	连续小波变换
$\mathrm{WT}(j,k)$	二进小波变换
ω	角频率变量
ω_1	固定角频率$\omega_1=2\pi/T$
$*$	卷积积分运算或者卷积和运算

目录

CONTENTS

第1章 信号与系统的基本概念

CHAPTER 1

21世纪是一个信息的社会,人们在各项社会活动与日常生活中,总离不开对信息和信号的获取、处理、传输和应用,这些技术的总和统称为信息技术。在信息技术的研究和应用的过程中,人们需要构建和分析各种各样的信号,以便更好地获取和传输信息;需要构建和分析各种各样的系统,探寻其中的规律,解决系统优化、故障检测等问题。所以,信号和系统的理论和原理是信息技术的重要基础。

1.1 信号的基本概念

信号是信息和消息的载体,是系统处理的对象。信号和信息以及系统具有相互依存的关系,具有时间、频率和能量等重要属性。下面将对其性质、属性、分类以及计算等问题展开详细介绍。

1.1.1 信息与信号

信息是人类社会和自然界中需要提取、传输、交换、存储和使用的抽象内容,它存在于一切事物之中,并伴随着事物的变化和运动而产生。世界是物质的,没有物质就没有世界,运动是绝对的,宇宙万物无时不在运动,因此,信息是普遍存在的。那么,信息究竟是什么?关于信息的科学定义,目前有许多种说法,它们都是从不同的侧面和不同的层次来揭示信息的本质的:"信息就是事物运动的状态和方式,就是关于事物运动的千差万别的状态和方式的知识""信息是事物运动状态或存在方式的不确定性的描述""信息是反映事物的形式、关系和差别的东西,信息包含于客体间的差别中,而不是在客体本身之中"。总而言之,信息是抽象的,伴随着事物的变化和运动而产生。

由于信息是抽象的内容,为了传递、交换和使用它,必须用某种物理方法将其表达出来。这种表达可以用语言、文字、图像、数据或符号实现,换句话说,信息通常隐含于一些按一定规则组织起来的约定的"符号"之中。称这种用约定方式组成的符号为"消息"。消息不便于高效率、高可靠性地远距离传递,因此,需要用光、声、电等物理量来运载消息,运载消息的光、声、电等物理量被称为信号。

一般来说,信号就是消息的表现形式,是消息的载体,而消息则是信号的内容。如古代烽火台的狼烟是光信号,载体是光波,内容为外敌来犯;轮船的鸣笛是声信号,载体为声波,内容为起航等；电视、手机等接收的是电信号，载体为电磁波，内容为新闻、信息、语音等。在各种信号中，电信号是应用最广泛的一类信号，这不仅是由于电信号通常的表现形式为随时间变化的电流、电压、电荷或磁通量，而且许多非电信号，如力、速度、转矩、温度、压力、流量、光、声音等都可以通过适当的传感器转换成电信号。因此，研究电信号具有普遍的意义，电信号是本书的主要研究对象。

1.1.2 信号的属性及其描述

一类事物所共有的特性称为属性。信号的属性就是所有信号所共有的特性。由于在通信和信息系统中信号是一个重要的客体，一方面它承载着信息，另一方面它又是传输、变换和处理的对象，所以透彻地了解和研究信号的各种属性以及不同的描述方法十分重要。

1. 信号的属性

信号的属性首先表现为时间属性，即任意信号都是随时间变化的，都可以表示为时间的函数。信号所承载的全部信息，集中反映在信号随时间变化的波形上，包括信号持续时间的长短、变化速率的快慢、幅度的大小、初始出现的时刻等。信号的时间特性，直观、显见，比较符合人们的认识习惯，是信号的重要特性之一。

信号还具有频率属性，即任何信号都有变化快慢的问题。例如轮船的汽笛声和火车的汽笛声不同，就是因为两种声音变化的快慢不一样，前者的声音变化得慢，也就是频率较低，因而听起来声音低沉浑厚；而后者的频率较高，因而比较高亢。因此，信号可以用它所具有的频率成分表示和区分。

实际上，"信号与系统"课程的一个核心任务就是要教会大家如何分析一个信号含有哪些频率成分，如何表示这些频率成分，如何分析和表示一个系统的频率响应等。所以信号和系统频率特性的研究是本书的重点。

信号也具有能量属性。因为任何信号传输的过程都必然伴随着一定的能量传输。例如，手机较长时间通话后电量明显下降，就是能量随着电磁波信号从天线辐射出去了；老师授课后感到比较疲倦，就是其体能随着声音信号传递到每个学生的耳朵里。

由于信号具有时间、频率和能量三个固有属性，所以从物理定义上看，信号是信息寄寓变化的形式；从数学表达上看，信号是一个或者多个变量的函数；从形态上看，信号表现为波动变化的波形。如果一个连续时间信号 $x(t)$ 的数学表达式如式(1-1)所示，当其振幅 A、相位 ϕ 和角频率 ω 随着消息的变化而变化时，$x(t)$ 就承载了消息，其能量和功率定义为：

$$x(t)=A\cos(\omega t+\phi),\quad t_1<t<t_2 \tag{1-1}$$

瞬时功率：

$$p(t)=|x(t)|^2 \tag{1-2}$$

能量：

$$W=\int_{t_1}^{t_2}|x(t)|^2\mathrm{d}t=\int_{t_1}^{t_2}p(t)\mathrm{d}t \tag{1-3}$$

平均功率：

$$P=\frac{1}{t_2-t_1}\int_{t_1}^{t_2}p(t)\mathrm{d}t \tag{1-4}$$

称能量为有限值的信号为能量信号，而把能量为无限大但平均功率为有限值的信号称为功率信号。

例如，大家初中物理中学过的声音的三个属性"响度、音调和音色"分别与声音的什么性质有关？如何区别？这里的声音可以将其看作承载有消息的声信号。响度由声信号的能量大小决定，音调由声音的频率高低决定，音色由声音信号的频谱分布决定。将一个信号所包含的频率分量的密度和相位分别按频率由低到高依次排列就称为信号的频谱，信号的频谱集中反映了信号的频率特性，图 1-1 是一段鸟鸣信号的频谱。

由图 1-1 可以看出，鸟鸣信号的频谱包含 0～4000Hz 的所有频率分量，2500～3800Hz 的密度最大，其主要能量集中在高频部分，所以其叫声属于较高的音调；其频率由低到高的分布规律决定其音色。

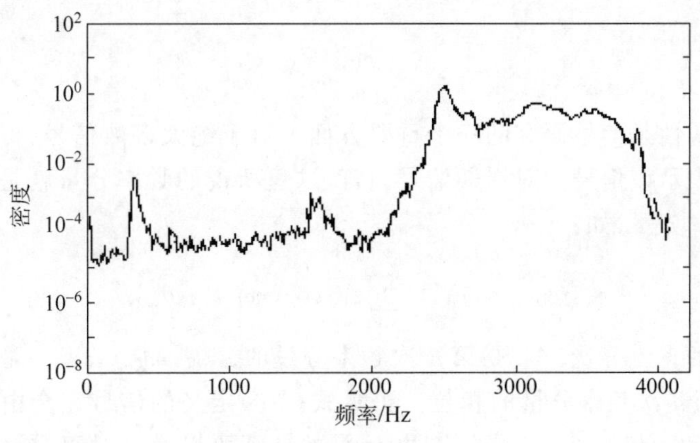

图 1-1　一段鸟鸣信号的频谱

2. 信号的描述

由于从数学上看，信号是一个或者多个变量函数，从形态上看，信号表现为一种波形，所以信号的描述主要包括函数描述、波形描述和频率描述。

1）数学表达式

描述信号的基本方法是写出它的数学表达式。这个表达式一般是时间的函数，常记为 $f(t)$，如：

$$f(t)=\begin{cases}A, & nT-\dfrac{\tau}{2}<t<nT+\dfrac{\tau}{2}, n=0,\pm 1,\pm 2,\cdots \\ 0, & \text{其他}\end{cases} \tag{1-5}$$

式(1-5)表示了一个宽度为 τ，幅度为 A，周期为 T 的矩形脉冲信号。正因为信号可以用函数表示，故在许多情况下常将信号和函数两个词通用。用函数表示信号具有方便、简单，便于数学分析的特点。

2）时间波形表示

绘出式(1-5)函数的图形称为信号的波形，如图 1-2 所示，也称为信号的波形描述。用时间函数的波形表示信号，直观、明确、容易理解。

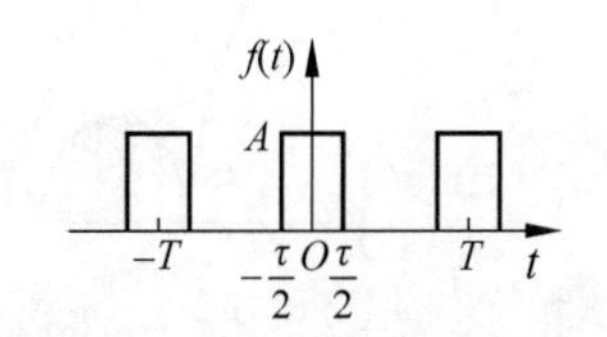

图 1-2　矩形脉冲信号的波形

MATLAB 软件平台的功能非常强大，是信号处理、图像处理及系统仿真的重要工具。本书每章都会给出相关的例子和作业，希望大家读懂例子并完成相关作业，逐步掌握使用 MATLAB 分析和解决信号与系统问题的方法。

$A=1, T=2, \tau=a=1$ 时，绘制式(1-5)函数图形的 MATLAB 程序如下：

```
clear;
A = 1; T = 2; a = 1;
t =- 3.3:0.001:3.3;
ft = stepfun(t, - (T + 0.5 * a)) - stepfun(t, - (T - 0.5 * a)) + stepfun(t, - 0.5 * a) - stepfun(t,
 + 0.5 * a) + stepfun(t,T - 0.5 * a) - stepfun(t,T + 0.5 * a);
figure(1)
plot(t,ft);
xlabel('t');
ylabel('f(t)');
axis([ - 5,5,0,1.5]);
```

3）频率成分表示

信号的频率属性是信号研究的一个重要方面。对于绝大多数信号，可以用信号所包含的所有频率分量表示该信号。对周期信号而言，这里所说的频率分量就是信号被分解成正弦波族确定的频率分量，如：

$$f(t)=A_0+\sum_{n=1}^{+\infty}A_n\cos(n\omega_1 t+\theta_n) \tag{1-6}$$

式中，A_0 是信号的直流分量，A_n 是第 n 次频率分量的振幅，$n\omega_1$(rad/s)是第 n 次频率分量的角频率，θ_n 是第 n 次频率分量的相位。可见式(1-6)定义的信号完全由各频率分量的振幅 A_n、频率 $n\omega_1$ 和相位 θ_n 确定。这表明，信号的特征可以通过对组成该信号的各个频率分量的振幅、频率和相位的研究确定。用频率成分表示信号，也属于带参变量的数学函数表示，有利于揭示出信号的本质，一些在波形表示及时间函数表示中不易看出的信号的属性，如频率、相位，在这里通过参变量可以一目了然地表达出来。

4）频谱图表示

对式(1-6)定义的信号，将 $n\omega_1$ 作为频率实变量，画出振幅 A_n 随 $n\omega_1$ 变化的曲线，所得到的图就是周期信号的线状频谱图，称为信号 $f(t)$的振幅频谱。振幅频谱显示了组成该信号的各个频率分量频率和幅度的关系。同理，也可以画出相位 θ_n(度或弧度)随频率 $n\omega_1$ 变化的曲线，就得到了该信号的线状相位频谱图，称为信号 $f(t)$的相位频谱。相位频谱反映了组成该信号的各个频率分量的相位关系。图 1-3 给出了式(1-6)的振幅和相位频谱示意图，之所以能这样描述，就是因为信号 $A_n\cos(n\omega_1 t+\theta_n)$只包含一个频率 $n\omega_1$ 以及与其对应的唯一幅度 A_n 和相位 θ_n，所以其关系可以用一条条直线描述。

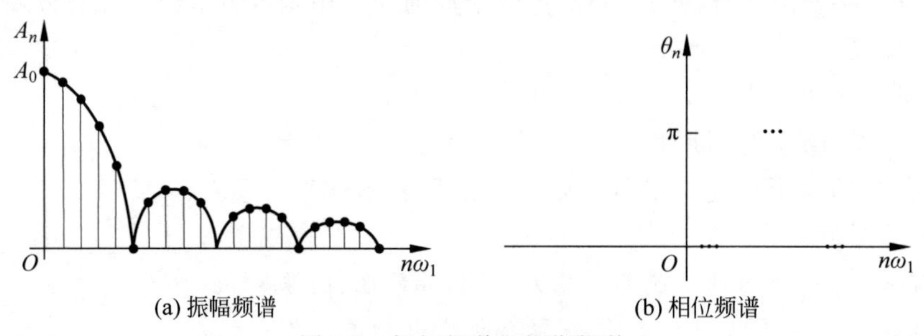

图 1-3 振幅频谱和相位频谱

除了上述较为直观的描述方法之外，还有其他信号描述的方法，如各种正交变换、连续信号的离散表示等。在实际应用中，选择什么样的方法表示信号，以有利于对信号的研究和分析为准。

1.1.3　信号的分类

信号的形式是多种多样的，研究信号，必须将其分类。如何对信号进行分类，取决于分析问题的角度。一般采用下述分类法。

1. 确知信号与随机信号

根据信号取值的规律，可将信号分为确知信号和随机信号。如果信号可以表示为一个或几个自变量的确定函数，对于指定的自变量值，可得到一个相应的函数值，就称该信号为确知信号，如正弦信号。如果信号不是自变量的确定函数，即对自变量指定某一个值时，信号值并不确定，而只知道该信号取某一数值的概率，称这种信号为随机信号。

严格来说，带有信息的信号往往具有不可预知性，因为在一个通信系统中，如果传输的是确知信号，就不可能由它得知任何新的信息，因而也就失去了通信的意义。尽管如此，对确知信号的研究仍然是基本的，也是重要的。一方面是因为有些实际信号与确知信号有相近的特性，可以近似为理想化的确知信号，使问题的分析大大简化，以便工程上的实际应用；另一方面，研究确知信号是研究随机信号的基础。

2. 连续信号与离散信号

按照自变量取值是否连续，可以将信号分为连续信号和离散信号。如果在所讨论的时间间隔内，信号的数学表达式为连续函数或者分段连续函数，此信号就称为连续信号，其在形态上为连续波形。例如记录在录音带或唱片上的音乐信号，电话线上传输的语音信号，连续测量的温度曲线，式(1-5)所描述的矩形脉冲信号等。如果信号的自变量只取离散点上的数值，这种信号称为离散信号，其在形态上为离散波形。实际常用的离散信号有两种：一种是信号本身是离散的，如描述逐年人口统计情况的信号，反映工厂每月产量的信号，股票市场指数等；另一种是对连续信号按照某种方式采样得到的信号，如将 $f(t)$ 以 Δt 为间隔采样，得到 $f(n\Delta t)$ 等。需要说明的是，在实际问题中，有时信号的自变量并不一定具有时间的意义。例如描述大气压随海拔高度变化的信号，其自变量表示海拔高度；描述一幅新闻图片的信号，其自变量是图片上各点的坐标位置(这是一个二维信号)等。在研究信号时，为了方便，不再考虑自变量的实际的物理意义，而统称其自变量为时间变量。

3. 模拟信号与数字信号

连续信号和离散信号是针对信号的具体形态分类的，不能体现信号与消息的关系。由于信号是消息的载体，模拟信号和数字信号是针对信号承载消息的方式分类的，可以体现信号与消息的相互依存关系。

模拟信号是指承载消息的参量随消息连续变化的信号(其参量取无穷多个值)，其形态一定是连续信号。例如调频信号(FM)就是正弦波信号的频率随着消息的变化而连续变化，实现消息的承载，形成的信号就是模拟信号。

数字信号是指承载消息的参量随消息非连续变化的信号(其参量取有限个值)，其形态可以为离散信号也可以为连续信号。例如通信中的频移键控调制(FSK)就是正弦波的频率随着消息的变化离散变化，只取两个值，形成的就是数字信号，但是其形态是连续的。

4. 周期信号与非周期信号

周期信号是将一个时限波形以一定时间间隔周而复始地进行重复，是一个无始无终的信号，可以表示为：

$$f(t)=f(t-nT),\quad n=0,\pm 1,\pm 2,\cdots$$

满足此式的最小 T 值称为信号的周期。可见,只要给出周期信号在任一周期的变化过程,就可确定它在任一时刻的数值。

非周期信号在时间上不具有周而复始的特性,它可以是有限时间的,也可以是无限时间的。若令周期信号的周期 T 趋于无限大,周期信号就成为非周期信号,基于这一点可以建立傅里叶级数和傅里叶变换的有效联系。如果一个周期信号的周期较长,且在其周期内信号变化无规律(随机),则利用这种长周期的确知信号可以构成所谓伪随机信号。从某一时间看,伪随机信号变化无规律,是随机的,但经过一定周期后,波形严格重复,所以称为"伪"随机信号。利用这一特点产生的伪随机码在通信系统中有着广泛的应用。

5. 实信号与复信号

物理可实现的信号通常是时间 t(或 k)的实函数(或序列),其在各时刻的函数值为实数。例如,单边指数信号、正弦信号等,称它们为实信号。

函数(或序列)值为复数的信号称为复信号。例如复指数信号可表示为:

$$f(t)=\mathrm{e}^{st},\quad -\infty<t<+\infty$$

式中复常数 $s=\sigma+\mathrm{j}\omega$,据欧拉公式展开为:

$$f(t)=\mathrm{e}^{(\sigma+\mathrm{j}\omega)t}=\mathrm{e}^{\sigma t}\cos(\omega t)+\mathrm{j}\mathrm{e}^{\sigma t}\sin(\omega t)\tag{1-7}$$

除上述划分方式之外,还可以以不同的应用和功能将信号分为电视信号、广播信号、雷达信号、控制信号、载波信号、已调信号、调制信号和通信信号等,这里不一一列举。

1.1.4 常用的基本信号

下面给出几种常用的基本信号。这类信号不仅在实际中经常用到,而且可以将其他信号分解成(或表示为)这些基本信号的组合。因此,这些基本信号不论是对信号与系统基本特性的研究,还是对信号与系统分析方法的讨论来说,都是非常重要的。

1. 指数信号

连续时间指数信号的一般形式为:

$$f(t)=c\,\mathrm{e}^{at}\tag{1-8}$$

式中,c 和 a 可以是实常数,也可以是复数。

2. 正弦信号

正弦信号和余弦信号二者仅在相位上相差 $\pi/2$,在本节中统称为正弦信号。连续时间正弦信号的一般表达式为:

$$f(t)=A\cos(\omega_0 t+\phi)\tag{1-9}$$

式中,A 为振幅;ϕ 为初相位;ω_0 为角频率。

连续时间正弦信号是周期信号,其周期 T_0,频率 f_0 和角频率 ω_0 之间的关系为 $T_0=\frac{1}{f_0}=\frac{2\pi}{\omega_0}$;当周期 $T_0\to\infty$,角频率 $\omega_0\to 0$ 时,$f(t)=A\cos\phi$ 称为直流信号。由于连续时间正弦信号只含有一个频率分量,所以它是一种基本信号,应用十分广泛,是最简单的声波、光波、机械波、电波等物理现象的数学抽象描述。图 1-4 是正弦信号的波形表示。

正弦信号 $y(t)=\sin\left(2\pi t+\frac{\pi}{3}\right)$ 曲线的 MATLAB 程序及波形(见图 1-5)如下:

```
clear;
t = -1:0.001:2;
y = sin(2 * pi * t + pi/3);
plot(t,y);line([-1,2],[0,0]);
line([0,0],[-1.5,1.5]);
axis([-1,2,-1.5,1.5]);
xlabel('时间 t');
ylabel('幅值(y)');
title('正弦信号');
```

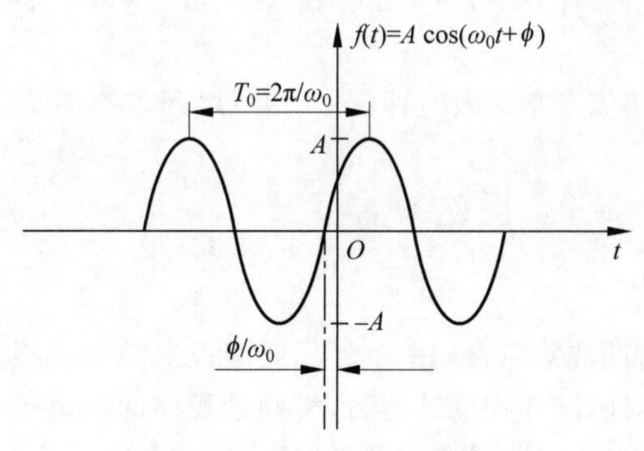

图 1-4　正弦信号的波形

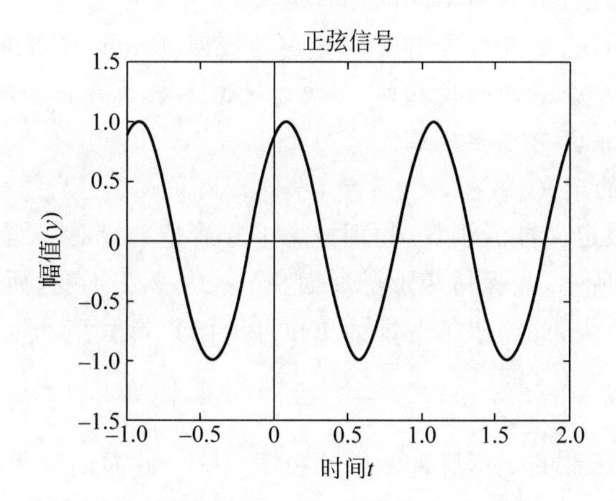

图 1-5　MATLAB 绘制的正弦信号的波形

3. 单位阶跃信号

连续时间单位阶跃信号定义为：

$$u(t)=\begin{cases}1, & t>0\\ 0, & t<0\end{cases} \tag{1-10}$$

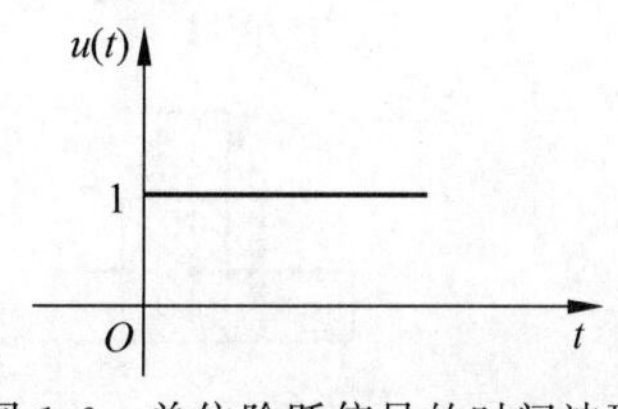

图 1-6　单位阶跃信号的时间波形

其波形如图 1-6 所示。该信号在 $t=0$ 处是不连续的。

单位阶跃信号就是实际生活中所有接通电源操作的数学描述，在信号与系统分析和简化信号表示方面都非常有用。通常将在 $(-\infty,+\infty)$ 区间取非零值的信号称为双边信号；将在 $(t_0,+\infty)$ 区间取非零值且在 $(-\infty,t_0)$ 区间取零值的信号称为右边信号；将在 $(-\infty,t_0)$ 区间取非零值且在 $(t_0,$

$+\infty$)区间取零值的信号称为左边信号。单位阶跃信号就是一个右边信号,根据单位阶跃信号的特性,双边信号乘以单位阶跃信号就变成了右边信号,如式(1-11)所示。

$$f(t)u(t)=\begin{cases}f(t), & t>0\\0, & t<0\end{cases}\quad f(t)u(t-t_0)=\begin{cases}f(t), & t>t_0\\0, & t<t_0\end{cases}\tag{1-11}$$

4. 宽度为τ的单位脉冲信号

宽度为τ的单位脉冲信号$g_\tau(t)$定义如式(1-12)所示。该信号也称为门宽为τ的门函数,可以表示为$g_\tau(t)=u\left(t+\frac{\tau}{2}\right)-u\left(t-\frac{\tau}{2}\right)$。该信号可以拓展为周期信号$g_T(t)=\sum_{n=-\infty}^{+\infty}g_\tau(t-nT)$,该周期信号是一般时钟信号、信息序列等的重要描述方式。

$$g_\tau(t)=\begin{cases}1, & |t|\leqslant\tau/2\\0, & |t|>\tau/2\end{cases}\tag{1-12}$$

5. 单位冲激信号

在自然界中,某些物理现象需要用一个作用时间极短但取值极大的函数模型描述。例如力学中两个刚体碰撞时瞬间作用的冲击力,雷雨过程中的闪电等。冲激函数的概念就是以这类实际问题为背景而引出的,冲激函数常记作$\delta(t)$,故又称为δ函数。δ函数是一个不同于普通函数的奇异函数,可以由不同的方式定义。

从后续内容可以知道,任意信号都可以分解为冲激函数的代数和;冲激函数含有所有频率分量,而且每个频率分量的幅度相同。所以,冲激函数是分析和测试系统特性的重要信号,在信号与系统分析中具有重要地位。

1) 基于函数极限的定义

用某些函数的极限定义冲激函数,物理概念十分清楚。设有一宽度为τ,高度为$1/\tau$的矩形脉冲,如图1-7(a)所示,当保持矩形脉冲面积$\tau\cdot 1/\tau=1$不变,而使脉宽τ趋于零时,脉冲幅度$1/\tau$必趋于无穷大,此极限情况即为单位冲激函数,记为$\delta(t)$。

$$\delta(t)=\lim_{\tau\to 0}\frac{1}{\tau}\left[u\left(t+\frac{\tau}{2}\right)-u\left(t-\frac{\tau}{2}\right)\right]=\lim_{\tau\to 0}\frac{1}{\tau}g_\tau(t)\tag{1-13}$$

式(1-13)即为单位脉冲函数的矩形脉冲函数的极限定义。冲激函数用箭头表示,如图1-7(b)所示,其特点是$\delta(t)$只在$t=0$点有一"冲激",在$t=0$点以外各处函数值都是零。如果矩形脉冲的面积不是固定为1,而是E,则表示一个冲激强度为E倍单位值的δ函数,记为$E\delta(t)$。

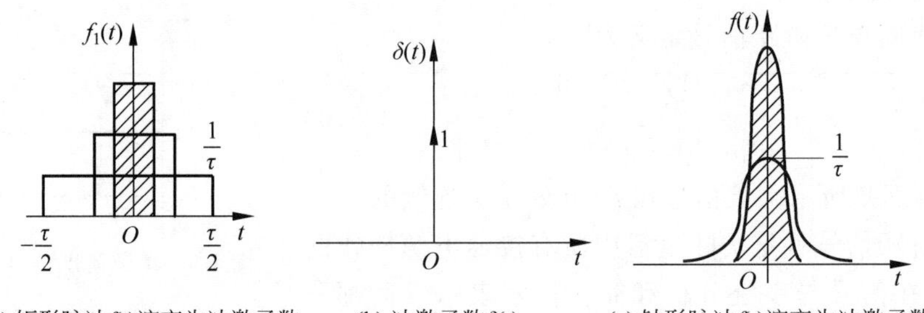

(a) 矩形脉冲$f(t)$演变为冲激函数　(b) 冲激函数$\delta(t)$　(c) 钟形脉冲$f(t)$演变为冲激函数

图1-7 单位冲激函数及其极限定义

从上述通过取极限将矩形脉冲演变为冲激函数的过程可以看出，这种演变过程有两个特点：一是取极限过程中矩形脉冲的宽度无限变窄；二是在面积不变的情况下矩形脉冲的幅度无穷变大。这种特点恰好与那种“作用时间极短，但取值极大”的物理现象相对应。而具有这种演变特点的函数不仅只有矩形脉冲。也就是说，为引出冲激函数，规则函数系列的选取不限于矩形，还可以有其他形式。事实上，三角函数、指数函数、钟形函数、抽样函数等都可以通过类似于式(1-13)那样定义单位冲激函数，见图 1-7(c)。

2）狄拉克定义

$$\begin{cases}\int_{-\infty}^{+\infty}\delta(t)\mathrm{d}t=1\\ \delta(t)=0,\quad t\neq 0\end{cases}\tag{1-14}$$

狄拉克(Dirac)定义描述了 $t=0$ 处出现的冲激，如图 1-8(a)所示，图中幅度“1”表示冲激下的面积，称为冲激强度。同理，为描述任意一点 $t=t_0$ 处出现的冲激(见图 1-8(b))，可有如下的函数定义：

$$\begin{cases}\int_{-\infty}^{+\infty}\delta(t-t_0)\mathrm{d}t=1\\ \delta(t-t_0)=0,\quad t\neq t_0\end{cases}$$

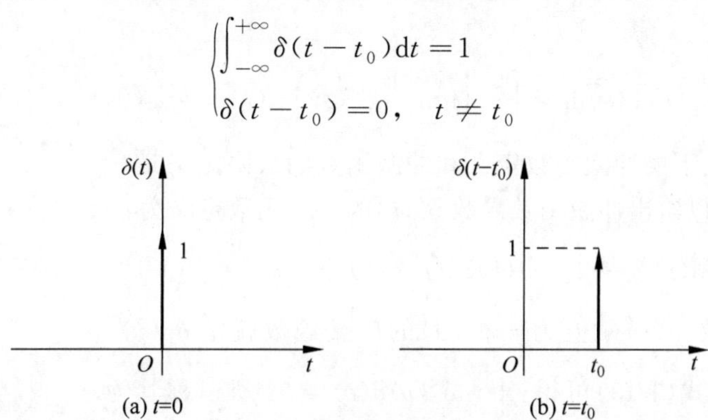

图 1-8　冲激函数

特别需要指出的是：$\delta(t)$在 $t=0$ 处的值 $\delta(0)$是没有定义的，$\delta(0)$仅仅表示在 $t=0$ 处存在一个“冲激”。由以上定义，容易验证式(1-13)和式(1-14)是等价的，并可推出：

$$\varepsilon(t)=\int_{-\infty}^{t}\delta(x)\mathrm{d}x,\quad \delta(t)=\frac{\mathrm{d}\varepsilon(t)}{\mathrm{d}t},\quad \delta'(t)=\varepsilon''(t)\tag{1-15}$$

3）基于广义函数的定义

δ 函数的表现形式已经超出了普通函数的概念。例如，由式(1-15)可知，虽然它在 $t=0$ 处不连续，但在该处的导数却存在，故常称其为奇异函数。采用上述的极限和狄拉克定义，研究其性质比较困难，所以要研究 δ 函数的广义函数(generalized function)定义。

先给出检验函数集的概念：连续的具有任意阶导数且其各阶导数在无限远处急剧下降(即$|t|\to\infty$时，比 $1/|t|^m$ 下降更快)的普通函数(例如 $\mathrm{e}^{-|t|^2}$)称为检验函数，通常可用 $\varphi(t)$表示。这种函数的全体构成的检验函数空间称为急降函数空间，也称为检验函数集，用 Φ 表示。

将检验函数集中的每个函数 $\varphi(t)$看作是该函数集所构成的检验函数空间中的一个点，则广义函数 $g(t)$是对检验函数空间中的每个函数赋予一个数值 N 的映射(该映射值与检验函数和广义函数有关)，广义函数可表示为：

$$N_g[\varphi(t)]=\int_{-\infty}^{+\infty}g(t)\varphi(t)\mathrm{d}t\tag{1-16}$$

广义函数不同于普通函数。普通函数，如 $y=f(x)$是将一维实数空间的数 x，经过函数 f 所规定的运算映射为实数空间的数值 y；而广义函数则将一个实数域上的函数映射为实数域上的数。由于积分运算是线性运算，所以广义函数的赋值过程满足叠加性与均匀性。

如果 $g(t)=\lim\limits_{\tau\to 0}f_\tau(t)$

则：
$$\lim_{\tau\to 0}\int_{-\infty}^{+\infty}f_\tau(t)\varphi(t)\mathrm{d}t=\int_{-\infty}^{+\infty}(\lim_{\tau\to 0}f_\tau(t))\varphi(t)\mathrm{d}t=\int_{-\infty}^{+\infty}g(t)\varphi(t)\mathrm{d}t$$

这种连续性是把“广义函数”定义为某些普通函数极限的依据。

如果把冲激函数 $\delta(t)$理解为广义函数，则 $\delta(t)$指定给任意 $\varphi(t)$的数为 $\varphi(0)$，即

$$N_\delta[\varphi(t)]=\int_{-\infty}^{+\infty}\delta(t)\varphi(t)\mathrm{d}t=\varphi(0) \tag{1-17}$$

这就是说，如果广义函数 $g(t)$按式(1-16)进行运算，对检验函数指定数为 $\varphi(0)$，则该广义函数就是 $\delta(t)$，其定义如式(1-17)所示。这就是在广义函数理论下对冲激函数 $\delta(t)$的定义。事实上，由于

$$\lim_{\tau\to 0}\int_{-\infty}^{+\infty}\frac{1}{\tau}g_\tau(t)\varphi(t)\mathrm{d}t=\int_{0_-}^{0_+}\left(\lim_{\tau\to 0}\frac{1}{\tau}g_\tau(t)\right)\varphi(t)\mathrm{d}t=\varphi(0)\int_{0_-}^{0_+}\delta(t)\mathrm{d}t=\varphi(0)$$

可见广义函数理论下的冲激函数定义和冲激函数的极限定义是一致的。类似地，可以给出冲激函数导数 $\delta'(t)$的广义函数定义为：

$$\int_{-\infty}^{+\infty}\delta'(t)\varphi(t)\mathrm{d}(t)=-\int_{-\infty}^{+\infty}\delta(t)\varphi'(t)\mathrm{d}(t)=-\varphi'(0) \tag{1-18}$$

即对任何检验函数 $\varphi(t)$赋值为 $-\varphi'(0)$的广义函数就是 $\delta'(t)$。当 $\varphi(t)=1$ 时，由式(1-18)可得：$\int_{-\infty}^{+\infty}\delta'(t)\mathrm{d}(t)=0$，所以称其为冲激偶，其图形可表示为图 1-9。可以推出其 n 阶导数的定义为：

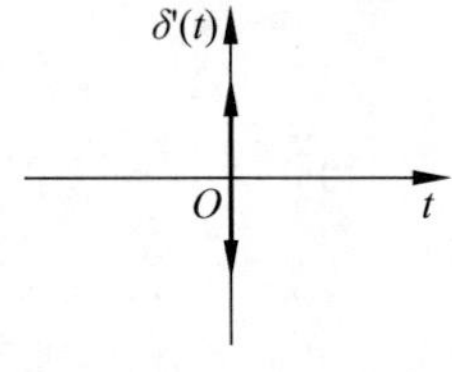

图 1-9 冲激函数导数

$$\int_{-\infty}^{+\infty}\delta^{(n)}(t)\varphi(t)\mathrm{d}t=(-1)^n\int_{-\infty}^{+\infty}\delta(t)\varphi^{(n)}(t)\mathrm{d}t=(-1)^{(n)}\varphi^{(n)}(0) \tag{1-19}$$

如果两个广义函数 $g(x)$和 $f(x)$对任意检验函数 $\varphi(t)$赋值相同，则称这两个广义函数相等：若 $N_g[\varphi(t)]=\int_{-\infty}^{+\infty}g(t)\varphi(t)\mathrm{d}t=N_f[\varphi(t)]=\int_{-\infty}^{+\infty}f(t)\varphi(t)\mathrm{d}t$，则 $g(x)=f(x)$。

1.1.5 信号的基本运算

本节将要讨论的基本运算包括相加、相乘、翻转与平移、展缩、卷积积分等。

1. 相加和相乘

两个信号相加，其和信号在任意时刻的信号值等于两个信号在该时刻的信号值之和，即对连续和离散信号相加可分别表示如下：

$$f(t)=f_1(t)+f_2(t) \tag{1-20}$$

$$f(n)=f_1(n)+f_2(n) \tag{1-21}$$

两个信号相乘，其积信号在任意时刻的信号值等于两个信号在该时刻的信号值之积，即对连续和离散信号相乘可分别表示如下：

$$f(t)=f_1(t)\cdot f_2(t) \tag{1-22}$$

$$f(n)=f_1(n)\cdot f_2(n) \tag{1-23}$$

例 1.1　已知序列 $f_1(k)=\begin{cases}2^k, & k<0\\ k+1, & k\geqslant 0\end{cases}$ 和 $f_2(k)=\begin{cases}0, & k<-2\\ 2^{-k}, & k\geqslant -2\end{cases}$，求其和与积。

解　两信号之和：$f_1(k)+f_2(k)=\begin{cases}2^k, & k<-2\\ 2^k+2^{-k}, & k=-2,-1\\ k+1+2^{-k}, & k\geqslant 0\end{cases}$

两信号之积：$f_1(k)\cdot f_2(k)=\begin{cases}2^k\times 0\\ 2^k\times 2^{-k}\\ (k+1)\times 2^{-k}\end{cases}=\begin{cases}0, & k<-2\\ 1, & k=-2,-1\\ (k+1)2^{-k}, & k\geqslant 0\end{cases}$

2. 翻转与平移

信号翻转就是将信号 $f(t)$的自变量轴“倒置”，即取原信号的自变量的负方向作为变换后信号自变量轴的方向。习惯上，常常是不“倒置”原信号的自变量轴，而将原信号的波形绕纵坐标轴翻转 180°。在数学表达上就是将原信号的自变量乘以-1，即

$$f(t)\xrightarrow{\text{变为}}f(-t),\quad f(n)\xrightarrow{\text{变为}}f(-n)$$

上述概念的几何图解如图 1-10 所示。

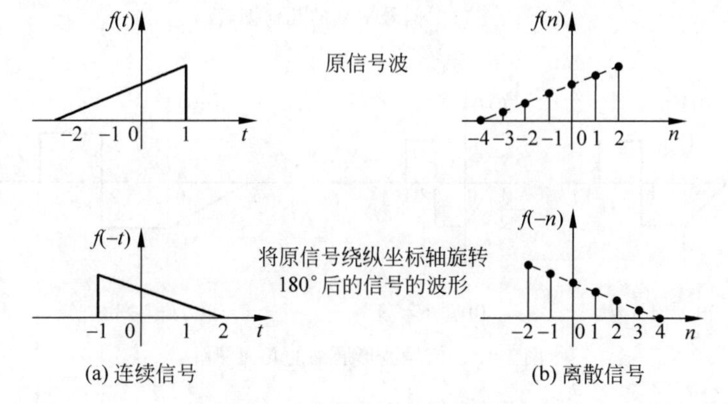

图 1-10　信号翻转的几何图解

将信号 $f(t)$的自变量 t 换成$t\pm t_0$（t_0 为正常数），得到另一个信号 $f(t\pm t_0)$。这种变换称为信号平移。在实际问题中，判断信号平移方向的简便方法是看 $t\pm t_0=0$ 时 t 的取值是大于 0 还是小于 0，若 t 的取值大于 0，则信号的波形右移 t_0 单位；若 t 的取值小于 0，则信号的波形左移 t_0 单位。对离散信号也有类似的情况（见图 1-11）。

3. 展缩与尺度变换

如果将信号 $f(t)$的自变量 t 换成at，a 为正实数，可得到一个新的信号 $f(at)$，令 $at=t'$，则 $f(at)=f(t')$，显然变量 t 与t'具有不同的尺度，故称这种变换为尺度变换。可以想到，若保持 t 轴尺度不变，则信号经尺度变换后，所得到的新信号的波形会发生展宽或压缩。将 $\beta=1/a$ 称为尺度变换比，$\beta>1$ 为展宽变换，$0<\beta<1$ 为压缩变换。

图 1-12 分别给出了 $\beta>1$ 和 $0<\beta<1$ 时 $f(t)$波形的展缩情况。也可以通过定义域变化得到同样结论。

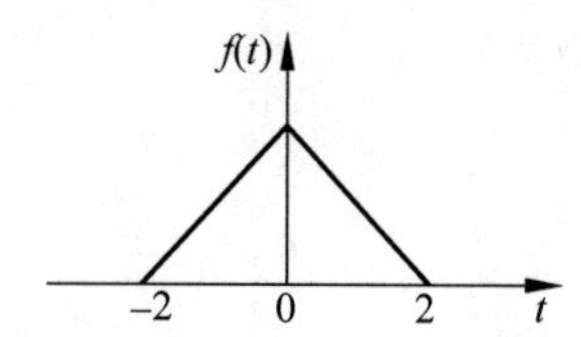

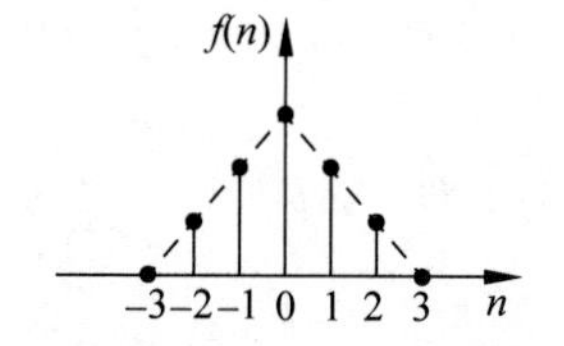

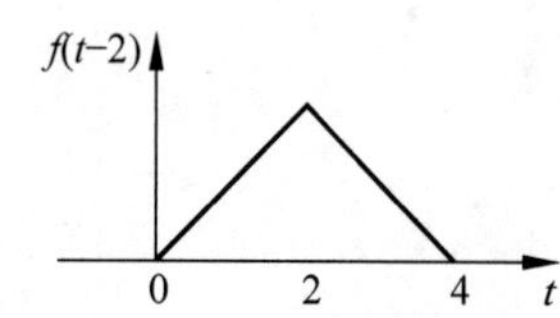

满足$t-2=0$时，$t=2$，信号波形右移2个单位

满足$n-3=0$时，$n=3$，信号波形右移3个单位

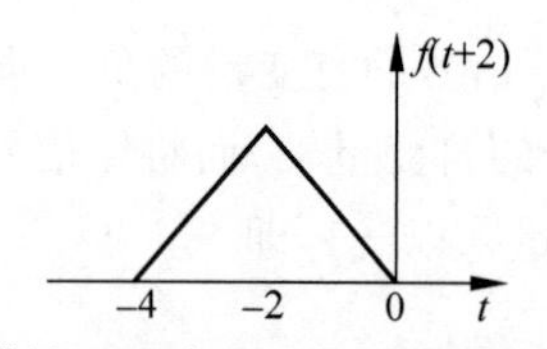

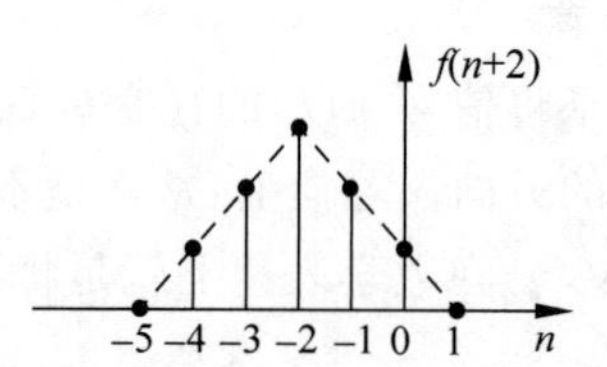

满足$t+2=0$时，$t=-2$，信号波形左移2个单位

(a) 连续信号

满足$n+2=0$时，$n=-2$信号波形左移2个单位

(b) 离散信号

图 1-11　信号平移的几何图解

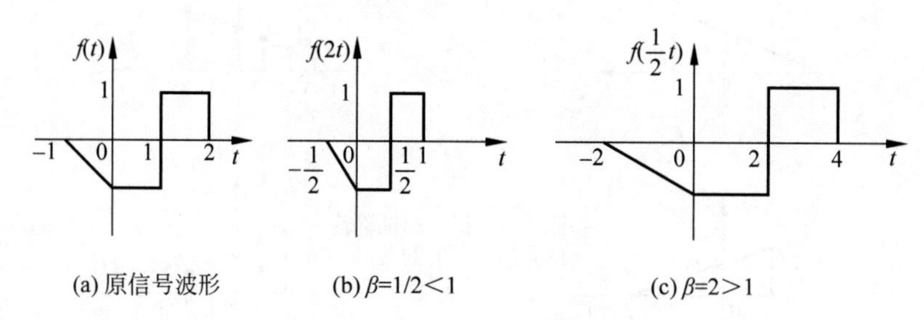

(a) 原信号波形　　(b) $\beta=1/2<1$　　(c) $\beta=2>1$

图 1-12　信号波形展缩的几何图解

例 1.2　已知信号 $f(t)$的波形如图 1-12(a)，试画出 $f(2-2t)$的波形。

解　一般而言，在 t 轴尺度保持不变的情况下，当 $a\neq 0$ 时，信号 $f(at+b)$的波形根据变换操作顺序的不同，有多种画法。本例给出如下 4 种处理办法。

(1) 展缩→平移→翻转　$f(t)\to f(2t)\to f(2(t+1))\to f(2-2t)$。

如图 1-13 所示，按照展缩→平移→翻转的顺序画出信号波形。

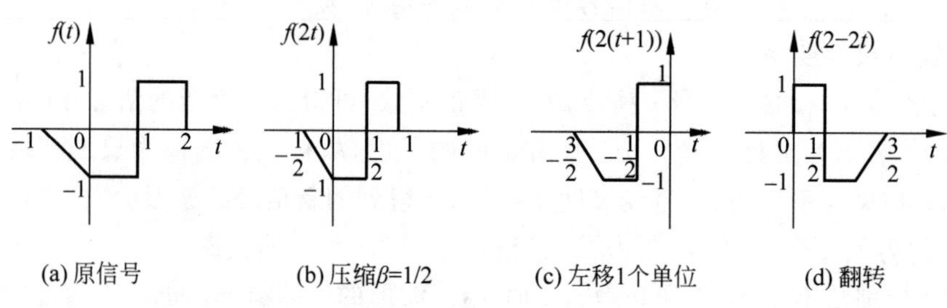

(a) 原信号　　(b) 压缩$\beta=1/2$　　(c) 左移1个单位　　(d) 翻转

图 1-13　信号波形画法(1)

(2) 平移→翻转→展缩 $f(t)\to f(t+2)\to f(-t+2)\to f(2-2t)$。

如图 1-14 所示，按照平移→翻转→展缩的顺序画出信号波形。

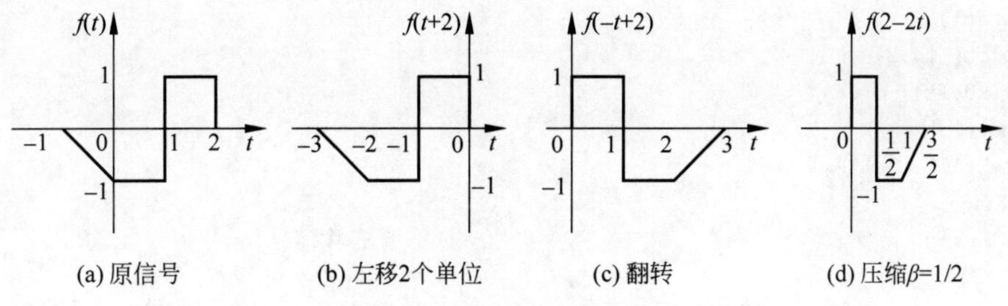

图 1-14 信号波形画法(2)

(3) 翻转→展缩→平移 $f(t)\to f(-t)\to f(-2t)\to f(2-2t)=f(-2(t-1))$。

如图 1-15 所示，按照翻转→展缩→平移的顺序画出信号波形。

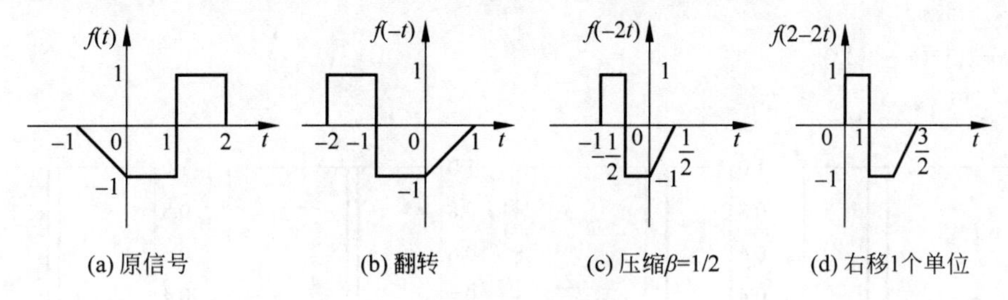

图 1-15 信号波形画法(3)

就本例而言，还可以按照翻转→平移→展缩、展缩→翻转→平移、平移→展缩→翻转的顺序画出信号 $f(at+b)$的波形。

(4) 翻转→展缩→平移的 MATLAB 实现程序和波形(见图 1-16)如下：

```
clear;
x0 = -5:0.01:5;
x = x0;
ft = (-x-1).*(heaviside(x+1) - heaviside(x)) - (heaviside(x) - heaviside(x-1))
 + (heaviside(x-1) - heaviside(x-2));                     %原信号
figure(1)
subplot(1,4,1)
plot(x0,ft);
xlabel('t');
ylabel('f(t)');
hold on;
x1 = -x;                                                  %翻转信号
x = x1;
ft = (-x-1).*(heaviside(x+1) - heaviside(x)) - (heaviside(x) - heaviside(x-1))
 + (heaviside(x-1) - heaviside(x-2));
figure(1)
subplot(1,4,2)
plot(x0,ft);
xlabel('t');ylabel('f(-t)');hold on;
x2 = 2*x1;                                                %压缩信号
```

```
x = x2;
ft = ( - x - 1). * (heaviside(x + 1) - heaviside(x)) - (heaviside(x) - heaviside(x - 1))
 + (heaviside(x - 1) - heaviside(x - 2));
figure(1)
subplot(1,4,3)
plot(x0,ft);
xlabel('t');
ylabel('f( - 2t)');
hold on;
x3 = 1 + x2;                                              % 右移信号
x = x3;
ft = ( - x - 1). * (heaviside(x + 1) - heaviside(x)) - (heaviside(x) - heaviside(x - 1))
 + (heaviside(x - 1) - heaviside(x - 2));
figure(1)
subplot(1,4,4)
plot(x0,ft);
xlabel('t');
ylabel('f(2 - 2t)');
hold on;
```

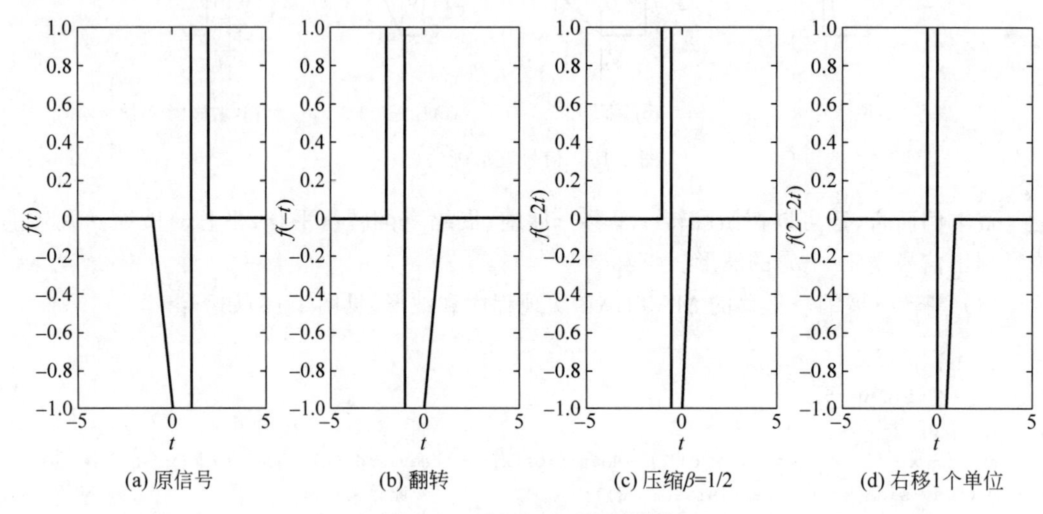

图 1-16　MATLAB绘制图形

4. 卷积积分

卷积是一种重要的数学方法，设有函数 $f_1(t)$和 $f_2(t)$，积分

$$f(t)=\int_{-\infty}^{+\infty} f_1(\tau) f_2(t-\tau)\mathrm{d}\tau \tag{1-24}$$

称为卷积积分(convolution integral)，简称卷积。表示为：

$$f(t)=f_1(t) * f_2(t) \tag{1-25}$$

显然，两个关于 t 的函数经过卷积运算后仍然是关于 t 的函数。

1）卷积积分的基本性质

(1) 交换律(commutative property)，应用积分变量代换法很容易证明：

$$f_1(t) * f_2(t)=f_2(t) * f_1(t) \tag{1-26}$$

(2) 分配律(distributive property)，由于卷积积分是线性运算，所以它必定服从分配律：

$$f_1(t)*[f_2(t)+f_3(t)]=f_1(t)*f_2(t)+f_1(t)*f_3(t) \tag{1-27}$$

(3) 结合律(associative property)，考查如下三个信号的卷积：

$$\begin{aligned}&(f_1(t)*f_2(t))*f_3(t)\\&=\int_{-\infty}^{+\infty}\left[\int_{-\infty}^{+\infty}f_1(\lambda)f_2(\tau-\lambda)\mathrm{d}\lambda\right]f_3(t-\tau)\mathrm{d}\tau=\int_{-\infty}^{+\infty}\int_{-\infty}^{+\infty}f_1(\lambda)f_2(\tau-\lambda)f_3(t-\tau)\mathrm{d}\lambda\mathrm{d}\tau\\&=\int_{-\infty}^{+\infty}f_1(\lambda)\left[\int_{-\infty}^{+\infty}f_2(\tau-\lambda)f_3(t-\tau)\mathrm{d}\tau\right]\mathrm{d}\lambda=\int_{-\infty}^{+\infty}f_1(\lambda)\left[\int_{-\infty}^{+\infty}f_2(\tau)f_3(t-\lambda-\tau)\mathrm{d}\tau\right]\mathrm{d}\lambda\\&=\int_{-\infty}^{+\infty}f_1(\lambda)f_{23}(t-\lambda)\mathrm{d}\lambda=f_1(t)*[f_2(t)*f_3(t)]\end{aligned}$$

其中 $f_{23}(t)=f_2(t)*f_3(t)$。可见，卷积积分满足结合律，这样，两个以上信号的连续卷积运算可以写成：

$$(f_1(t)*f_2(t))*f_3(t)=f_1(t)*(f_2(t)*f_3(t))=f_1(t)*f_2(t)*f_3(t) \tag{1-28}$$

这表明两个以上信号相卷积时，可以方便地进行组合，而无须考虑积分的先后次序。

(4) 普通函数与冲激函数的卷积

$$f(t)*\delta(t)=f(t),\quad f(t)*\delta(t-t_0)=f(t-t_0) \tag{1-29}$$

即普通函数和冲激函数的卷积就是它本身，与冲激函数平移的卷积等于它本身的平移。

证明　由卷积积分的定义可得：

$$\begin{aligned}f(t)*\delta(t)&=\int_{-\infty}^{+\infty}\delta(\tau)f(t-\tau)\mathrm{d}\tau\\&=\int_{0_-}^{0_+}\delta(\tau)f(t-\tau)\mathrm{d}\tau\\&=f(t)\int_{0_-}^{0_+}\delta(\tau)\mathrm{d}\tau=f(t)\end{aligned}$$

$$\begin{aligned}f(t)*\delta(t-t_0)&=\int_{-\infty}^{+\infty}\delta(\tau-t_0)f(t-\tau)\mathrm{d}\tau=\int_{0_-}^{0_+}\delta(\tau)f(t-\tau-t_0)\mathrm{d}\tau\\&=f(t-t_0)\int_{0_-}^{0_+}\delta(\tau)\mathrm{d}\tau=f(t-t_0)\end{aligned}$$

(5) 延时相加性质

$$f_1(t-t_1)*f_2(t-t_2)=f_1(t)*f_2[t-(t_1+t_2)] \tag{1-30}$$

证明　因为 $f_1(t-t_1)=f_1(t)*\delta(t-t_1)$，$f_2(t-t_2)=f_2(t)*\delta(t-t_2)$

所以
$$\begin{aligned}f_1(t-t_1)*f_2(t-t_2)&=[f_1(t)*\delta(t-t_1)]*[f_2(t)*\delta(t-t_2)]\\&=f_1(t)*f_2(t)*\delta(t-t_1)*\delta(t-t_2)\\&=f_1(t)*[f_2(t)*\delta(t-t_1-t_2)]\\&=f_1(t)*f_2[t-(t_1+t_2)]\end{aligned}$$

显然，这一特征为处理信号时延带来了很大的方便，使得周期函数可以进行卷积，表示为：

$$f_T(t)=\sum_{n=-\infty}^{+\infty}f_1(t-nT)=f_1(t)*\delta_T(t)$$

其中 $f_1(t)$为周期信号的第一个周期，$\delta_T(t)=\sum\limits_{n=-\infty}^{+\infty}\delta(t-nT)$ 为周期为 T 的冲激函数序

列。其过程如图 1-17 所示。

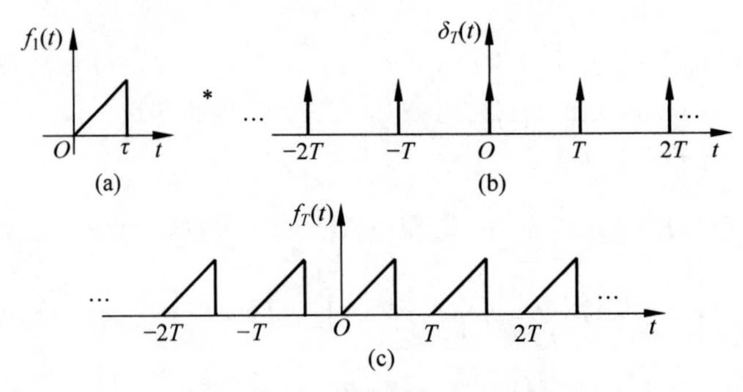

图 1-17　周期函数的卷积表示

(6) 卷积运算中的微分、积分转移性质

两信号卷积后的微分等于一个信号微分后再去与另一个信号做卷积，即

$$\frac{\mathrm{d}}{\mathrm{d}t}[f_1(t)*f_2(t)]=f_1(t)*\frac{\mathrm{d}}{\mathrm{d}t}f_2(t)=\frac{\mathrm{d}}{\mathrm{d}t}f_1(t)*f_2(t) \tag{1-31}$$

证明

$$\begin{aligned}\frac{\mathrm{d}}{\mathrm{d}t}[f_1(t)*f_2(t)]&=\frac{\mathrm{d}}{\mathrm{d}t}\int_{-\infty}^{+\infty}f_1(\tau)f_2(t-\tau)\mathrm{d}\tau\\&=\int_{-\infty}^{+\infty}f_1(\tau)\frac{\mathrm{d}}{\mathrm{d}t}f_2(t-\tau)\mathrm{d}\tau=f_1(t)*\frac{\mathrm{d}}{\mathrm{d}t}f_2(t)\end{aligned}$$

实际上，对卷积积分性质的证明方法直截了当，就是直接从定义出发代入对应的函数做简单的运算就可以了。下面几条性质只做说明，其证明过程感兴趣的读者可自己完成。

两信号卷积后的积分，等于一个信号积分后再去与另一个信号做卷积，即

$$\int_{-\infty}^{t}f_1(\tau)*f_2(\tau)\mathrm{d}\tau=f_1(t)*\int_{-\infty}^{t}f_2(\tau)\mathrm{d}\tau=\int_{-\infty}^{t}f_1(\tau)\mathrm{d}\tau*f_2(t) \tag{1-32}$$

两信号卷积后的积分再微分等价于将一个信号微分后再与将另一个信号积分后的结果做卷积，其结果等于将两原始信号直接做卷积，即

$$\begin{aligned}\frac{\mathrm{d}}{\mathrm{d}t}\left[\int_{-\infty}^{t}f_1(\tau)*f_2(\tau)\mathrm{d}\tau\right]&=\frac{\mathrm{d}}{\mathrm{d}t}\left[f_1(t)*\int_{-\infty}^{t}f_2(\tau)\mathrm{d}\tau\right]\\&=\frac{\mathrm{d}}{\mathrm{d}t}f_1(t)*\int_{-\infty}^{t}f_2(\tau)\mathrm{d}\tau=f_1(t)*\frac{\mathrm{d}}{\mathrm{d}t}\left[\int_{-\infty}^{t}f_2(\tau)\mathrm{d}\tau\right]\\&=f_1(t)*f_2(t)\end{aligned} \tag{1-33}$$

这个特性直接应用式(1-31)、式(1-32)即可证明。更一般地，若用如下符号：

$$f^{(n)}(t)=\begin{cases}\int_{-\infty}^{t}\cdots\int_{-\infty}^{t}f(\tau)\mathrm{d}\tau\mathrm{d}t\cdots\mathrm{d}t, & n<0\\ f(t), & n=0\\ \dfrac{\mathrm{d}^n}{\mathrm{d}t^n}f(t), & n>0\end{cases}$$

分别表示 $f(t)$ 的 n 重积分($n<0$)，$f(t)$ 的 n 阶导数($n>0$)，原函数($n=0$)，则可合并式(1-31)、式(1-32)成下面的形式：

$$[f_1(t)*f_2(t)]^{(n)}=f_1^{(m)}(t)*f_2^{(n-m)}(t) \tag{1-34}$$

可见，利用这条性质可以将对卷积结果的微积分运算根据需要转移到参与卷积的信号，

这对简化或寻找更为便捷的卷积解决方法是很有意义的。

例 1.3 计算门宽为 τ 的门函数 $g_\tau(t)$ 之间的卷积 $f(t)=g_\tau(t)*g_\tau(t)$。

解 由于 $f(t)=f^{(1-1)}(t)=g_\tau^{(1)}(t)*g_\tau^{(-1)}(t)$，$g_\tau(t)=u\left(t+\frac{\tau}{2}\right)-u\left(t-\frac{\tau}{2}\right)$

$$g_\tau^{(1)}(t)=\delta\left(t+\frac{\tau}{2}\right)-\delta\left(t-\frac{\tau}{2}\right),\ g_\tau^{(-1)}(t)=\left(t+\frac{\tau}{2}\right)u\left(t+\frac{\tau}{2}\right)-\left(t-\frac{\tau}{2}\right)u\left(t-\frac{\tau}{2}\right)$$

所以，$f(t)=g_\tau^{(1)}(t)*g_\tau^{(-1)}(t)=(t+\tau)u(t+\tau)-2tu(t)+(t-\tau)u(t-\tau)$

上述计算过程很容易采用图形描述，希望大家画出上述过程的图形。

2）卷积积分的图解法

当两个被积函数的定义域为有限区间时，可采用图解法简单地得到卷积结果，当定义域为无限区间时只能采用普通积分的方法进行卷积积分，相对比较复杂。同时，图解法可以从几何图形的角度更深入地理解卷积的概念。由卷积的定义式(1-24)可以给出两个信号 $f_1(t)$ 与 $f_2(t)$ 卷积的图解法如下。

(1) 变自变量为 τ：先把两个信号 $f_1(t)$ 和 $f_2(t)$ 的自变量变为 τ，即 $f_1(\tau)$、$f_2(\tau)$；

(2) 关于 τ 翻转：由卷积积分的交换律可知，随便将两个函数中的一个进行反转都可以，这里选择图形简单的一个进行反转，例如 $f_2(\tau)$ 关于 τ 翻转得到 $f_2(-\tau)$；

(3) 平移 t：将 $f_2(-\tau)$ 平移 t 得到 $f_2[-(\tau-t)]=f_2(t-\tau)$；

(4) 两信号相乘：将 $f_2(t-\tau)$ 与 $f_1(\tau)$ 相乘得 $f_1(\tau)f_2(t-\tau)$；

(5) 积分：对 τ 进行积分有 $\int_{-\infty}^{+\infty}f_1(\tau)f_2(t-\tau)\mathrm{d}\tau$，这就得到 $f(t)$。

在步骤(5)的积分过程中，实际积分限根据具体的被积函数的不同而不尽相同，还需要进行分段积分。一般来说，按照从左向右平移的次序，可以将其分为五段，即两个被积函数不相交、部分相交、全部相交、部分相交以及不相交，分别确定每个段的参变量 t 的范围，进而通过图形观察确定各段的积分限(就是图形的交集部分)，计算出每个段的积分结果。

例 1.4 用图解法求如图 1-18 所示两矩形脉冲信号的卷积 $f(t)=f_1(t)*f_2(t)$。

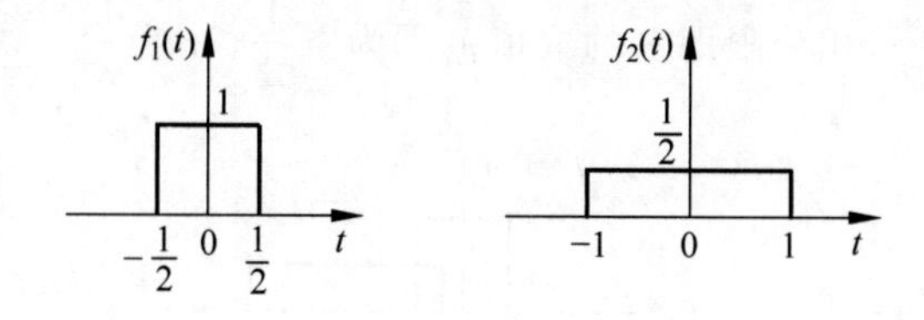

图 1-18 信号 $f_1(t)$，$f_2(t)$ 波形

解 图解过程如图 1-19～图 1-24 所示。

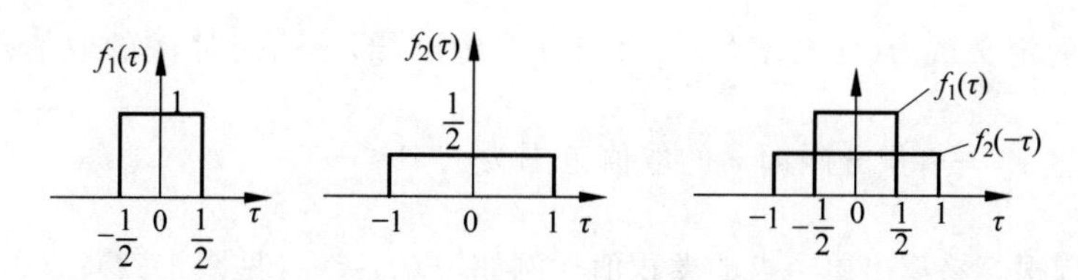

图 1-19 变自变量 $t\to\tau$；$f_2(\tau)$ 翻转 $\to f_2(-\tau)$

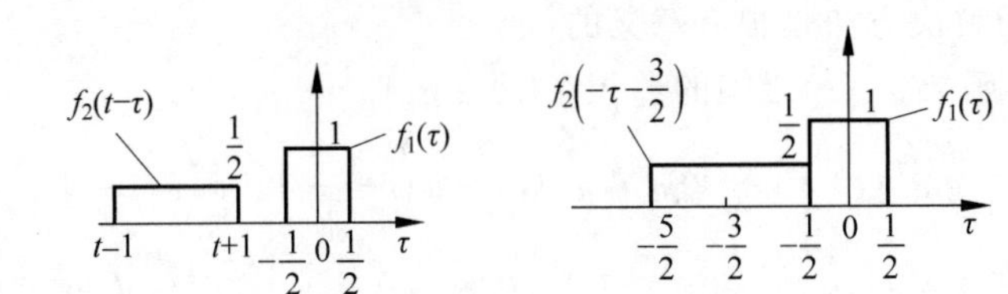

f(t)

0 t

图 1-20 不相交区间 $t\leqslant-\frac{3}{2}$ 上的卷积积分过程及结果

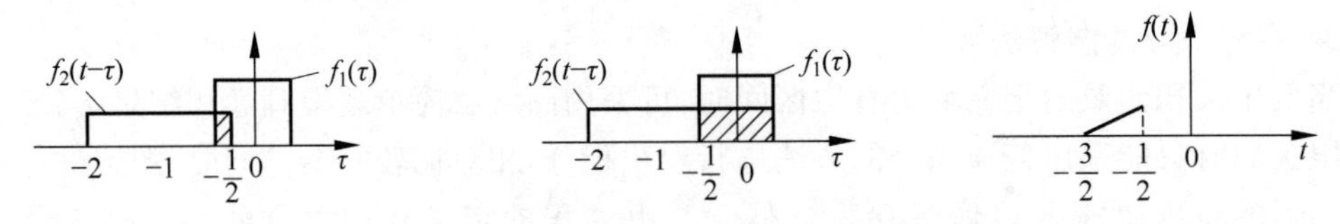

图 1-21 部分相交区间上的卷积积分过程及结果

$f_2(t-\tau)$的定义域为$(t-1,t+1)$，由图可以看出，部分相交时，t 的取值范围为$-\frac{1}{2}<t+1\leqslant\frac{1}{2}$，即$-\frac{3}{2}<t\leqslant-\frac{1}{2}$，积分限即 τ 的取值范围为$-\frac{1}{2}<\tau<t+1$。

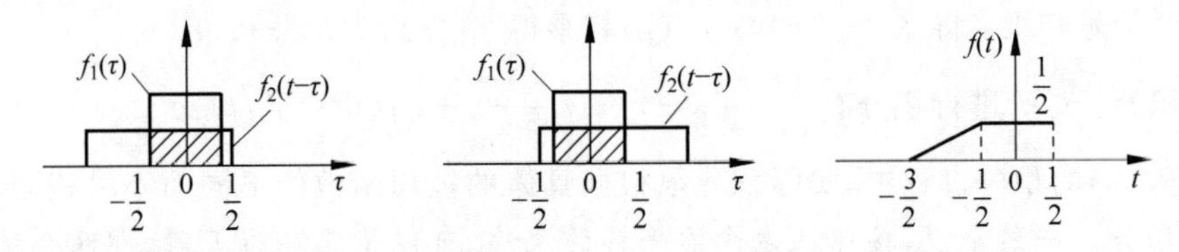

图 1-22 全部相交区间上的卷积积分过程及结果

$f_2(t-\tau)$的定义域为$(t-1,t+1)$，由图可以看出，全部相交时，t 的取值范围为$\frac{1}{2}<t+1\leqslant\frac{3}{2}$，即$-\frac{1}{2}<t\leqslant\frac{1}{2}$，积分限即 τ 的取值范围为$-\frac{1}{2}<\tau<\frac{1}{2}$。

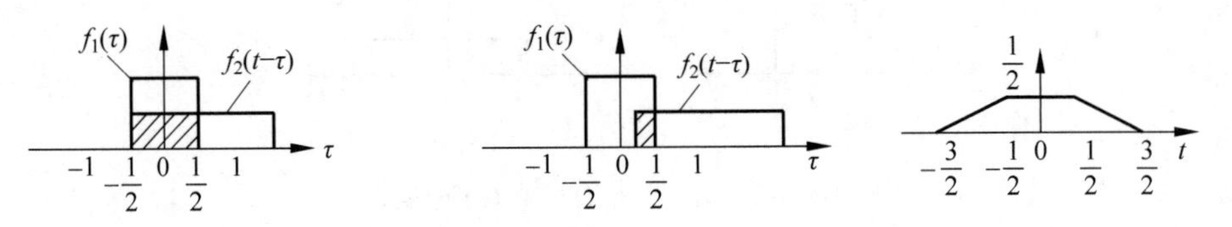

图 1-23 部分相交区间上的卷积积分过程及结果

$f_2(t-\tau)$的定义域为$(t-1,t+1)$，由图可以看出，部分相交时，t 的取值范围为$-\frac{1}{2}<t-1\leqslant\frac{1}{2}$，即$\frac{1}{2}<t\leqslant\frac{3}{2}$，积分限即 τ 的取值范围为$t-1<\tau<\frac{1}{2}$。

由上述过程很容易算出单个点的卷积值。例如，$f(0)=\frac{1}{2}$（见图 1-22）；$f(-1)=f(1)=\frac{1}{4}$（见图 1-21 和图 1-23）。

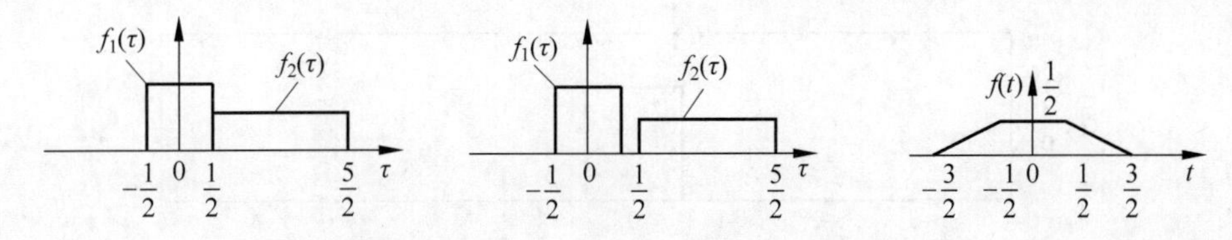

图 1-24 不相交区间 $t>\frac{3}{2}$上的卷积积分过程及结果

分析上例,不难发现卷积后的定义域为$\left(-\frac{3}{2},\frac{3}{2}\right)$,其下限正好为两个函数定义域下限之和,而其上限正好为两个函数定义域上限之和。这个结果具有一般性,所以有以下结论:

若函数 $f_1(t)$的定义域为$[a_1,b_1]$,函数 $f_2(t)$的定义域为$[a_2,b_2]$,则它们卷积后的函数 $f(t)$的定义域为$[a_1+a_2,b_1+b_2]$。这个结论对频域函数的卷积仍然成立。

3)卷积积分的 MATLAB 实现

在 MATLAB 的基本函数中,有卷积函数 conv,可以直接调用它实现信号卷积(或者扩展卷积函数 convwthn)。调入 conv 函数的简单程序如下:

```
u = input('输入 u 数组 u= ');                    %输入 u 序列
h = input('输入 h 数组 h= ');                    %输入 h 序列
dt = input('输入时间间隔 h= ');
y = conv(u,h);                                   %卷积计算
plot(dt * ([1:length(y)] - 1),y),grid            %绘制结果
```

上例卷积的 MATLAB 程序及波形(见图 1-25)如下:

```
clear;
T = 0.01; t1 = - 2; t2 = 3; t3 = - 2; t4 = 2;
t5 = t1:T:t2;
t6 = t3:T:t4;
f1 = (stepfun(t5, - 0.5) - stepfun(t5,0.5));            %给定信号 f1(t)
f2 = 0.5 * (stepfun(t6, - 1) - stepfun(t6,1));          %给定信号 f2(t)
y = conv (f1, f2);                                       %卷积计算 y(t)
y = y * T; t = (t1 + t3):T:(t2 + t4);
subplot(3,1,1);
plot(t5,f1);
axis([(t1 + t3),(t2 + t4),min(f1),max(f1) + 0.5]);
title('例 1.4 卷积');
ylabel('f1(t)');
subplot(3,1,2);
plot(t6,f2);
axis([(t1 + t3),(t2 + t4),min(f2),max(f2) + 0.5]);
ylabel('f2(t)');
subplot(3,1,3);
plot(t,y);
axis([(t1 + t3),(t2 + t4),min(y),max(y) + 0.5]);
ylabel('y(t)');
```

5. 冲激函数的性质与运算

冲激函数 $\delta(t)$是一个非常规函数(奇异函数),对它的定义和运算不能完全按普通函数

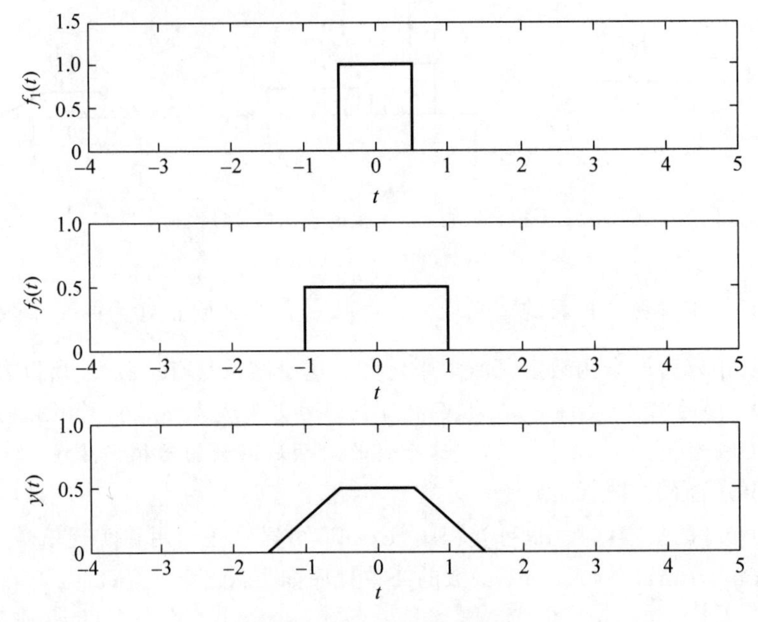

图 1-25 卷积积分运行结果

的意义理解。然而就时间变量 t 而言，$\delta(t)$又可以作为具有第一类间断点的连续信号对待。由于单位冲激函数 $\delta(t)$在信号分析和系统分析中具有特殊的重要性，下面对这些规则予以说明。

1）与普通函数的乘积

如有普通函数 $f(t)$，将它与冲激函数的乘积 $f(t)\delta(t)$看作是广义函数，则按广义函数定义有：

$$\int_{-\infty}^{+\infty}[\delta(t)f(t)]\varphi(t)\mathrm{d}t=\int_{-\infty}^{+\infty}\delta(t)[f(t)\varphi(t)]\mathrm{d}t=f(0)\varphi(0)$$

另一方面，$\int_{-\infty}^{+\infty}[f(0)\delta(t)]\varphi(t)\mathrm{d}t = f(0)\varphi(0)$。按广义函数相等的原理，考虑到 $\int_{-\infty}^{+\infty}\delta(t)\mathrm{d}t=1$，则有：

$$f(t)\delta(t)=f(0)\delta(t) \tag{1-35}$$

$$\int_{-\infty}^{+\infty}f(t)\delta(t)\mathrm{d}t=\int_{-\infty}^{+\infty}f(0)\delta(t)\mathrm{d}t=f(0) \tag{1-36}$$

从以上可看出冲激函数具有取样性质，即冲激函数从 $f(t)$函数中选出零点值 $f(0)$。

如果将 $f(t)$与 $\delta'(t)$的乘积看作是广义函数，由广义函数定义有：

$$\begin{aligned}\int_{-\infty}^{+\infty}[f(t)\delta'(t)]\varphi(t)\mathrm{d}t&=\int_{-\infty}^{+\infty}\delta'(t)[f(t)\varphi(t)]\mathrm{d}t\\&=-\int_{-\infty}^{+\infty}\delta(t)[f(t)\varphi(t)]'\mathrm{d}t=-\int_{-\infty}^{+\infty}\delta(t)[f'(t)\varphi(t)+f(t)\varphi'(t)]\mathrm{d}t\\&=-f(0)\varphi'(0)-f'(0)\varphi(0)\end{aligned}$$

另一方面，$\int_{-\infty}^{+\infty}[f(0)\delta'(t)-f'(0)\delta(t)]\varphi(t)\mathrm{d}t=-f(0)\varphi'(0)-f'(0)\varphi(0)$，比较两式，按广义函数相等的原理，得：

$$f(t)\delta'(t)=f(0)\delta'(t)-f'(0)\delta(t) \tag{1-37}$$

普通函数与冲激函数的高阶导数乘积情况类似可求得。须注意 $\varepsilon(t)\delta(t)$、$\delta(t)\delta(t)$、$\delta(t)\delta'(t)$等都没有定义。

2）移位

$\delta(t)$表示在 $t=0$ 处的冲激，在 $t=t_1$ 处的冲激函数可表示为 $\delta(t-t_1)$，式中 t_1 为常数。按冲激函数的定义，令 $x=t-t_1$，有：

$$\int_{-\infty}^{+\infty}\delta(t-t_1)\varphi(t)\mathrm{d}t=\int_{-\infty}^{+\infty}\delta(x)\varphi(x+t_1)\mathrm{d}x=\varphi(t_1) \tag{1-38}$$

即冲激函数 $\delta(t-t_1)$给检验函数的赋值为 $\varphi(t_1)$。

由前所学，可得：$\int_{-\infty}^{+\infty}\delta'(t-t_1)\varphi(t)\mathrm{d}t=\int_{-\infty}^{+\infty}\delta'(x)\varphi(x+t_1)\mathrm{d}x=-\varphi'(t_1)$ (1-39)

对于普通函数 $f(t)$（在 $t=t_1$ 处连续），也有：

$$f(t)\delta(t-t_1)=f(t_1)\delta(t-t_1) \tag{1-40}$$

$$\int_{-\infty}^{+\infty}f(t)\delta(t-t_1)\mathrm{d}t=f(t_1) \tag{1-41}$$

$$f(t)\delta'(t-t_1)=f(t_1)\delta'(t-t_1)-f'(t_1)\delta(t-t_1) \tag{1-42}$$

$$\int_{-\infty}^{+\infty}f(t)\delta'(t-t_1)\mathrm{d}t=-f'(t_1) \tag{1-43}$$

3）尺度变换

设有常数 $a(a\neq 0)$，现在研究广义函数 $\delta(at)$，即研究 $\int_{-\infty}^{+\infty}\delta(at)\varphi(t)\mathrm{d}t$。

若 $a>0$，则$|a|=a$。令 $x=at$，可得：

$$\int_{-\infty}^{+\infty}\delta(at)\varphi(t)\mathrm{d}t=\int_{-\infty}^{+\infty}\delta(x)\varphi\left(\frac{x}{a}\right)\frac{\mathrm{d}x}{|a|}=\frac{1}{|a|}\varphi(0)$$

若 $a<0$，则$|a|=-a$，令 $x=at$，有：

$$\int_{-\infty}^{+\infty}\delta(at)\varphi(t)\mathrm{d}t=\int_{+\infty}^{-\infty}\delta(x)\varphi\left(\frac{x}{a}\right)\frac{\mathrm{d}x}{-|a|}=\int_{-\infty}^{+\infty}\delta(x)\varphi\left(\frac{x}{a}\right)\frac{\mathrm{d}x}{|a|}=\frac{1}{|a|}\varphi(0)$$

又由于 $\int_{-\infty}^{+\infty}\frac{1}{|a|}\delta(t)\varphi(t)\mathrm{d}t=\frac{1}{|a|}\varphi(0)$，因此有：

$$\delta(at)=\delta(t)/|a| \tag{1-44}$$

类似地，对于 $\delta(at)$的一阶导数，有：

$$\int_{-\infty}^{+\infty}\delta^{(1)}(at)\varphi(t)\mathrm{d}t=\frac{1}{|a|}\int_{-\infty}^{+\infty}\delta^{(1)}(x)\varphi\left(\frac{x}{a}\right)\mathrm{d}x=\frac{-1}{|a|}\int_{-\infty}^{+\infty}\delta(x)\frac{1}{a}\varphi^{(1)}\left(\frac{x}{a}\right)\mathrm{d}x=\frac{-1}{|a|}\frac{1}{a}\varphi^{(1)}(0)$$

按照 $\delta'(t)$的定义，可得：

$$\delta^{(1)}(at)=\delta^{(1)}(t)/(|a|a) \tag{1-45}$$

类推可得 $\delta(at)$的 n 阶导数为 $\delta^{(n)}(at)=\frac{1}{|a|}\frac{1}{a^n}\delta^{(n)}(t)$，显然该式对于 $n=0$ 也成立。

4）奇偶性

对于式 $\delta^{(n)}(at)=\frac{1}{|a|}\frac{1}{a^n}\delta^{(n)}(t)$，若取 $a=-1$，得：

$$\delta^{(n)}(-t)=(-1)^{(n)}\delta^{(n)}(t) \tag{1-46}$$

这表明，当 n 为偶数时，有 $\delta^{(n)}(-t)=\delta^{(n)}(t)$。它们可看作是 t 的偶函数。当 n 为奇数时，

有 $\delta^{(n)}(-t)=-\delta^{(n)}(t)$。它们可看作是 t 的奇函数。

5）与普通函数的卷积

利用冲激函数的取样性质和卷积运算的交换律,可得:

$$f(t)*\delta(t)=\delta(t)*f(t)=\int_{-\infty}^{+\infty}\delta(\tau)f(t-\tau)\mathrm{d}\tau=f(t) \tag{1-47}$$

即 $f(t)=f(t)*\delta(t)$。

式(1-47)表明,普通函数与冲激函数的卷积就是它本身,这是卷积运算中的重要性质之一,进一步推广可得:

$$f(t)*\delta(t-t_1)=\delta(t-t_1)*f(t)=f(t-t_1) \tag{1-48}$$

1.1.6 信号的分解

针对不同的应用目的,信号有多种分解方法。有些分解有明显的物理意义,如傅里叶分解,而有些分解对求解信号通过系统的响应带来方便。因此,研究信号分解是很有意义的。本节讨论若干信号分解的方法。

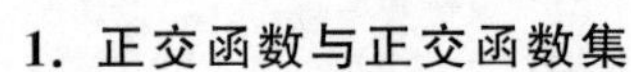

1. 正交函数与正交函数集

若信号 $\varphi_1(t)$和 $\varphi_2(t)$满足式(1-49):

$$\int_{t_1}^{t_2}\varphi_1(t)\varphi_2(t)^*\,\mathrm{d}t=0 \tag{1-49}$$

称 $\varphi_1(t)$和 $\varphi_2(t)$在区间(t_1,t_2)正交,(t_1,t_2)称为正交区间。

设有一定义在区间(t_1,t_2)上的函数集$\{\varphi_1(t),\varphi_2(t),\cdots,\varphi_n(t)\}$,若对所有的 i,j(可取 $1,2,\cdots,n$)都有:

$$\int_{t_1}^{t_2}\varphi_i(t)\varphi_j(t)^*\,\mathrm{d}t=\begin{cases}0, & i\neq j\\ K_i, & i=j\end{cases} \tag{1-50}$$

则称该函数集为在区间(t_1,t_2)上的正交函数集。式中 K_i 为一常数。若 $K_i=1$,即

$$\int_{t_1}^{t_2}\varphi_i(t)\varphi_j(t)^*\,\mathrm{d}t=\begin{cases}0, & i\neq j\\ 1, & i=j\end{cases} \tag{1-51}$$

则称这个函数集为归一化正交函数集。

如果在正交函数集$\{\varphi_1(t),\varphi_2(t),\cdots,\varphi_n(t)\}$之外不存在区间$(t_1,t_2)$上的函数 $\psi(t)$满足等式 $\int_{t_1}^{t_2}\psi(t)\varphi_i(t)^*\,\mathrm{d}t=0\,(i=1,2,\cdots,n)$ 则称此函数集为完备正交函数集。这里$\varphi_j(t)^*$表示 $\varphi_j(t)$ 的共轭。

2. 信号 $f(t)$的正交展开

有了正交函数集,就可以用在区间(t_1,t_2)上的正交函数集$\{\varphi_i(t)\}$中的各个函数的线性组合逼近定义在区间(t_1,t_2)上的信号 $f(t)$,即

$$f(t)\approx\sum_{i=1}^{n}\hat{c}_i\varphi_i(t) \tag{1-52}$$

这种近似表示所产生的均方误差为:

$$E_e=\frac{1}{t_2-t_1}\int_{t_1}^{t_2}\left|f(t)-\sum_{i=1}^{n}\hat{c}_i\varphi_i(t)\right|^2\mathrm{d}t \tag{1-53}$$

选择加权系数 $\hat{c}_i$，使误差 E_e 最小。为此，求解式(1-54)得到系数如式(1-55)所示。

$$\frac{\partial E_e}{\partial \hat{c}_i}=0 \tag{1-54}$$

$$c_i=\frac{\int_{t_1}^{t_2} f(t)\varphi_i^*(t)\mathrm{d}t}{\int_{t_1}^{t_2}|\varphi_i(t)|^2\mathrm{d}t} \tag{1-55}$$

注意式(1-55)中已经去掉了系数 c_i 上面的符号"∧"，这意味着由式(1-55)所确定的系数是在均方误差最小意义下的最佳系数。此时的均方误差为：

$$E_e=\frac{1}{t_2-t_1}\left(\int_{t_1}^{t_2}|f(t)|^2\mathrm{d}t-\sum_{i=1}^{n}\int_{t_1}^{t_2}|c_i\varphi_i(t)|^2\mathrm{d}t\right) \tag{1-56}$$

如果所选择的正交函数集 $\{\varphi_i(t)\}$ 能使式(1-56)中的 E_e 等于零，则称该正交函数集 $\{\varphi_i(t)\}$ 是完备的正交函数集，这也意味着：

$$\int_{t_1}^{t_2}|f(t)|^2\mathrm{d}t=\sum_{i=1}^{n}\int_{t_1}^{t_2}|c_i\varphi_i(t)|^2\mathrm{d}t \tag{1-57}$$

式(1-57)称为帕塞瓦尔方程。其物理意义是：$f(t)$ 的能量等于各个分量的能量之和，即能量守恒。若在一种正交展开中，式(1-57)不成立，则说明所使用的正交函数集不完备。

至此可以给出如下定理：

设 $\{\varphi_i(t)\}$ 是区间 (t_1,t_2) 上的完备正交函数集，$f(t)$ 为定义在相同区间上的任意连续函数，则 $f(t)$ 可以分解为 $\{\varphi_i(t)\}$ 的加权线性组合：

$$f(t)=\sum_i c_i\varphi_i(t),\quad t\in(t_1,t_2) \tag{1-58}$$

$$c_i=\frac{\int_{t_1}^{t_2} f(t)\varphi_i^*(t)\mathrm{d}t}{\int_{t_1}^{t_2}|\varphi_i(t)|^2\mathrm{d}t}=\frac{1}{K_i}\int_{t_1}^{t_2} f(t)\varphi_i^*(t)\mathrm{d}t \tag{1-59}$$

式(1-58)称为信号 $f(t)$ 的正交展开式，c_i 为展开系数。这种分解的均方误差为零。

3. 常用的正交展开式

信号的正交分解在信号分析中具有重要的意义。通过选择不同的正交函数集，可得到不同的信号分析方法。

1) 三角函数展开式

三角函数集 $\{1,\cos n\omega_1 t,\sin n\omega_1 t|_{n=1,2,\cdots}\}$ 是一个完备的正交集，正交区间为 $\{t_0,t_0+T\}$，t_0 可任意选择，例如 $t_0=0$、$t_0=-\frac{T}{2}$ 等，其中 $\omega_1=\frac{2\pi}{T}$。其正交性的证明如下：

$$\begin{cases}\int_{t_0}^{t_0+T}\cos n\omega_1 t\cdot\cos m\omega_1 t\,\mathrm{d}t=\begin{cases}0 & m\neq n\\ \frac{T}{2} & m=n\end{cases}\\ \int_{t_0}^{t_0+T}\sin n\omega_1 t\cdot\sin m\omega_1 t\,\mathrm{d}t=\begin{cases}0 & m\neq n\\ \frac{T}{2} & m=n\end{cases}\\ \int_{t_0}^{t_0+T}\cos n\omega_1 t\cdot\sin m\omega_1 t\,\mathrm{d}t=0\end{cases} \tag{1-60}$$

可以将任一周期为 T 的周期信号分解为这个正交函数集中各函数的线性组合：

$$f(t)=\frac{a_0}{2}+\sum_{n=1}^{\infty}(a_n\cos n\omega_1 t+b_n\sin n\omega_1 t) \tag{1-61}$$

其中，$\omega_1=\frac{2\pi}{T}$称为基波角频率，$\frac{a_0}{2}$和 a_n,b_n 为展开系数。由式(1-59)可得展开系数为：

$$\begin{cases}a_n=\dfrac{\int_{t_0}^{t_0+T}f(t)\cos n\omega_1 t\,\mathrm{d}t}{\int_{t_0}^{t_0+T}\cos^2 n\omega_1 t\,\mathrm{d}t}=\dfrac{2}{T}\int_{t_0}^{t_0+T}f(t)\cos n\omega_1 t\,\mathrm{d}t\\ b_n=\dfrac{\int_{t_0}^{t_0+T}f(t)\sin n\omega_1 t\,\mathrm{d}t}{\int_{t_0}^{t_0+T}\sin^2 n\omega_1 t\,\mathrm{d}t}=\dfrac{2}{T}\int_{t_0}^{t_0+T}f(t)\sin n\omega_1 t\,\mathrm{d}t\end{cases} \tag{1-62}$$

式(1-61)和式(1-62)就是著名的傅里叶级数。需要指出的是，周期信号的三角傅里叶级数展开对周期信号有一定的要求，即周期信号应满足狄里赫利条件。在应用中，绝大多数信号都满足这个要求，因而对此以后不再特别强调。关于狄里赫利条件，将在第 3 章详细说明。

2）复指数函数展开式

复指数函数集$\{e^{jn\omega_1 t}\mid n=0,\pm1,\pm2,\cdots\}$在区间$\{t_0,t_0+T\}$上也是一个完备的正交函数集。其中 $\omega_1=\frac{2\pi}{T}$，t_0 可任意选择。利用欧拉公式及式(1-60)可以证明：

$$\int_{t_0}^{t_0+T}e^{jn\omega_1 t}\cdot(e^{jm\omega_1 t})^*\,dt=\int_{t_0}^{t_0+T}e^{jn\omega_1 t}\cdot e^{-jm\omega_1 t}\,dt=\begin{cases}0, & m\neq n\\ T, & m=n\end{cases} \tag{1-63}$$

因此，任一周期为 T 的函数 $f(t)$可在区间$\{t_0,t_0+T\}$内分解为复指数函数集中各函数的线性组合：

$$f(t)=\sum_{n=-\infty}^{\infty}F_n e^{jn\omega_1 t} \tag{1-64}$$

这就是著名的周期信号的指数形式的傅里叶级数展开式。式中展开系数如下：

$$F_n=\frac{1}{K_i}\int_{t_0}^{t_0+T}f(t)e^{-jn\omega_1 t}\,dt=\frac{1}{T}\int_{t_0}^{t_0+T}f(t)e^{-jn\omega_1 t}\,dt \tag{1-65}$$

还有一些其他正交函数集。如勒让德多项式在区间($-1<t<1$)内构成一个完备正交函数集；沃尔什函数在区间 $0\leqslant t<1$ 构成一个完备的正交函数集。雅可比多项式、切比雪夫多项式、拉德马赫函数都可构成正交函数集，但它们不是完备的正交函数集。这里不一一讨论。

3）信号的脉冲分解

一个信号可近似分解为许多脉冲分量之和，如图 1-26 所示。

按照这种分解方式，函数 $f(t)$可近似等价于脉冲信号的叠加：

$$\begin{aligned}f(t)&\approx\sum_{i=-\infty}^{\infty}f(t_i)[u(t-t_i)-u(t-t_i-\Delta t)]\\&=\sum_{i=-\infty}^{\infty}f(t_i)\left[\frac{u(t-t_i)-u(t-t_i-\Delta t)}{\Delta t}\right]\Delta t\end{aligned} \tag{1-66}$$

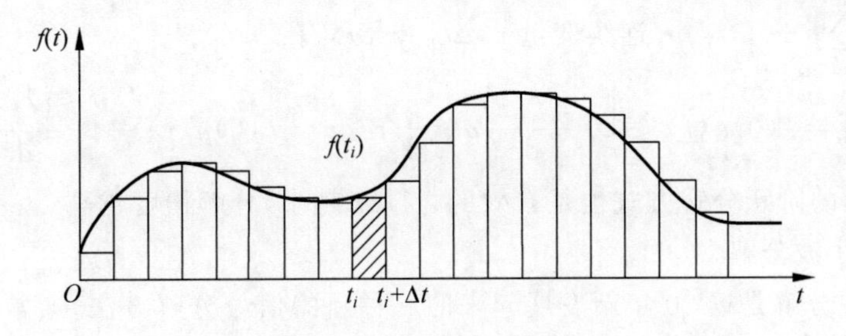

图 1-26　信号的脉冲分解

式中，Δt 为矩形脉冲的宽度，$f(t_i)$为由 $f(t)$在 t_i 时刻被分解的矩形脉冲的高度，

$$\lim_{\Delta t\to 0}\frac{u(t-t_i)-u(t-t_i-\Delta t)}{\Delta t}=\delta(t-t_i)$$

注意到当 $\Delta t\to 0$ 时，$t_i\to$连续变量 τ，$\sum\limits_i \to \int$，$\Delta t \to \mathrm{d}\tau$，则这种分解的可行性可以通过取 $\Delta t \to 0$ 的极限得到证明：

$$\begin{aligned}f(t)&=\lim_{\Delta t\to 0}\sum_{i=-\infty}^{\infty}f(t_i)\left[\frac{u(t-t)-u(t-t_i-\Delta t)}{\Delta t}\right]\Delta t\\&=\sum_{i=-\infty}^{\infty}f(t_i)\lim_{\Delta t\to 0}\frac{u(t-t_i)-u(t-t_i-\Delta t)}{\Delta t}\cdot\Delta t\\&=\int_{-\infty}^{\infty}f(\tau)\delta(t-\tau)\mathrm{d}\tau\end{aligned}\tag{1-67}$$

这也表明，Δt 越小，式(1-66)的分解表示就越精确。

与矩形脉冲分解方式相对应，还可以将信号 $f(t)$分解为各个阶跃信号的叠加。为方便起见，假定 $f(t)$为因果信号，即

$$f(t)=\begin{cases}0, & t<0\\ \text{不全为零}, & t\geqslant 0\end{cases}\tag{1-68}$$

则有(参见图 1-27)：

$$\begin{aligned}f(t)&\approx f(0)u(t)+\sum_{i=0}^{\infty}[f(t_i)-f(t_i-\Delta t_1)]\cdot u(t-t_i)\\&=f(0)u(t)+\sum_{i=0}^{\infty}\frac{f(t_i)-f(t_i-\Delta t_1)}{\Delta t_1}\cdot u(t-t_i)\cdot\Delta t_1\end{aligned}\tag{1-69}$$

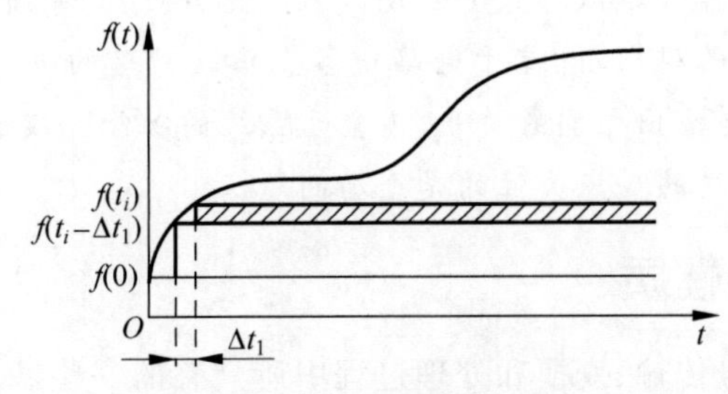

图 1-27　信号阶跃分析

当 $\Delta t_1 \to 0$ 时，$\sum\limits_i \to \int$，$t_i \to$ 连续变量 τ，$\Delta t_1 \to \mathrm{d}\tau$，有：

$$f(t)=f(0)u(t)+\int_0^{\infty}\frac{\mathrm{d}f(\tau)}{\mathrm{d}\tau}u(t-\tau)\mathrm{d}\tau=f(0)u(t)+\int_0^{t}\frac{\mathrm{d}f(\tau)}{\mathrm{d}\tau}\mathrm{d}\tau \tag{1-70}$$

这表明式(1-69)的阶跃分解方式也是有效的，且 Δt 越小，分解精度越高。

4) 信号的小波分解

信号的小波分解是近20年新发展起来的一种新的信号分解方法，通常称为小波变换。利用小波变换可以通过对时间和频率轴进行非均匀划分，针对性地提高时间和频率分辨率，因而已在许多领域得到了广泛的应用，并取得了显著的成效。

小波变换是将信号在一组经过平移和展扩而形成的正交基上进行分解，即

$$\mathrm{Wf}_{ab}(a,b)=\int_{-\infty}^{+\infty}f(t)\varphi_{ab}^{*}(t)\mathrm{d}t \tag{1-71}$$

函数 $\varphi(t)$ 称为小波函数，表示为：

$$\varphi_{ab}(t)=\frac{1}{\sqrt{|a|}}\varphi\left(\frac{t-b}{a}\right) \tag{1-72}$$

$$\int\varphi_{ab}(t)\varphi_{a'b'}(t)\mathrm{d}t=\delta(b-b')\delta(a-a') \tag{1-73}$$

式(1-73)表明了展开基的正交性。利用式(1-71)的“展开系数”，可将 $f(t)$ 表示为：

$$f(t)=\frac{1}{c_{\varphi}}\int_{-\infty}^{+\infty}\int_{-\infty}^{+\infty}\mathrm{Wf}(a,b)\varphi_{ab}(t)\frac{\mathrm{d}a\,\mathrm{d}b}{a^2},\quad c_{\varphi}=\int_{-\infty}^{+\infty}\frac{|\varphi(\omega)|^2}{|\omega|}\mathrm{d}\omega \tag{1-74}$$

1.2 系统的基本概念

1.2.1 电路与系统

系统是一个非常广泛的概念。从一般意义上讲，系统是由若干相互依赖、相互作用的事物组合而成的具有特定功能的整体。系统可以是物理的，如通信系统、计算机控制系统、机械系统、力学系统等；也可以是非物理的，如教育系统、生产管理系统、社会经济系统等。本书关注于物理系统，并特指电系统，一种产生、传输、处理、存储和再现信号的物理装置。

与系统概念相关的名词是电路与电网络。以前大家常以复杂程度、规模区分电路、网络和系统，然而随着大规模集成电路技术的发展，各种极为复杂的电路或网络都可以集成在一个很小的芯片上，因此已经很难从形式上确切区分电路、网络与系统了。

事实上，电路或网络的观点，着重于电路中各支路或回路的电流、各节点的电压；而系统的观点则着重于输入与输出之间的关系，着重于系统的功能。或者说电路与网络的观点，关注的是局部问题，而系统的观点关注的是全局问题。

1.2.2 系统的性质

本节介绍系统在信号传输、变换和处理过程中所具有的一些基本特性。应用这些特性既可以为系统分类和解决某些具体信号通过系统的分析问题提供方便，而且可以为推导一般系统分析方法提供基本依据。

1. 线性与非线性特性

系统的基本作用是将输入信号 $f(t)$经过某种处理后,在系统的输出端得到相应的输出响应信号 $y(t)$。可以用下述方法表示这一过程:

$$y(t)=H[f(t)] \tag{1-75}$$

式中,符号 $H(\cdot)$可以称为系统计算子。它将输入信号 $f(t)$变换为输出信号 $y(t)$。若系统对任意的两个激励 $f_1(t)$和 $f_2(t)$以及任意常数 a_1 和 a_2,满足式(1-76),就称该系统具有线性特性。

$$\begin{aligned} y(t)&=H[a_1f_1(t)+a_2f_2(t)]=H[a_1f_1(t)]+H[a_2f_2(t)] \\ &=a_1H[f_1(t)]+a_2H[f_2(t)] \end{aligned} \tag{1-76}$$

由于一般系统的激励常由系统的初始状态和外加输入两部分组成,所对应的完全响应 $y(t)$也对应于零输入响应 $y_x(t)$与零状态响应 $y_f(t)$两部分。零状态响应就是初始状态为零时由系统的外加输入引起的响应;零输入响应就是外加输入为零时由初始状态引起的响应。

若系统的零输入响应 $y_x(t)$与初始状态之间满足式(1-76)的线性特性,称该系统具有零输入线性;若系统的零状态响应 $y_f(t)$与输入信号 $f(t)$之间满足式(1-76)的线性特性,称该系统具有零状态线性。一般而言,一个具有零输入线性、零状态线性和完全响应可分解为零输入响应 $y_x(t)$和零状态响应 $y_f(t)$之和这三个特性的系统称为线性系统。如果三个特性有一个或以上不满足,则为非线性系统。线性系统的数学模型为线性微分方程,否则为非线性微分方程。分解特性如式(1-77)所示。

$$y(t)=y_x(t)+y_f(t) \tag{1-77}$$

2. 时不变与时变特性

一个系统具有时不变特性是指该系统的参数不随时间变化,这种系统称为时不变系统或非时变系统。时变系统的特点是系统参数随时间变化而变化。

一个时不变系统,由于系统内部参数不随时间变化,故系统的输入/输出关系也不会随时间变化,即如果输入信号 $f(t)$作用于系统产生的零状态响应为 $y_f(t)$,那么,当输入信号延迟 t_d 接入时,其零状态响应也延迟相同的时间,且响应的波形形状保持相同。即对一个时不变系统,若

$$y_f(t)=H[f(t)]$$

则:

$$y_f(t-t_d)=H[f(t-t_d)] \tag{1-78}$$

线性时不变(Linear Time-Invariant,LTI)系统,其数学模型为常系数线性微分方程。可以证明,该系统具有微分特性和积分特性。

如果 LTI 系统在激励 $f(t)$作用下,其零状态响应为 $y_f(t)$,那么有如下对应关系成立:

若　$H[\{0\},f(t)]=y_f(t)$

则:　$H\left[\{0\},\dfrac{\mathrm{d}f(t)}{\mathrm{d}t}\right]=\dfrac{\mathrm{d}y_f(t)}{\mathrm{d}t}$

若　$H[\{0\},f(t)]=y_f(t)$ 且 $f(-\infty)=0$、$y_f(-\infty)=0$

则:　$H\left[\{0\},\int_{-\infty}^{t}f(t)\mathrm{d}x\right]=\int_{-\infty}^{t}y_f(x)\mathrm{d}x$

例 1.5　某系统输入/输出关系为 $y_f(t)=f(2t)$,$t\geqslant 0$,试判别该系统是否为时不变系统。

解 已知 $y_f(t)=H[f(t)]=f(2t)$

则 $$H[f(t-t_d)]=f[2(t-t_d)]=f[2t-2t_d]\neq f[2t-t_d]=y_f(t-t_d)$$

故该系统不是时不变系统。这个结果在预料之中。因为该系统代表一个时间上的尺度压缩，系统输出 $y_f(t)$的波形是输入 $f(t)$在时间轴压缩 1/2 后得到的波形。直观上看，任何输入信号在时间上的延迟都会受到这种尺度改变的影响。

3. 因果性与预测性

顾名思义，因果性是指有原因才有结果的一种特性。如果把系统输入激励看成是引起响应的原因，响应就是激励作用于系统的结果，因此将零状态响应永远出现在激励之后的系统称为因果系统。因果性是一个系统能否物理实现的必要条件。

也就是说，一个系统如果激励在 $t<t_0$ 时为零，相应的零状态响应在 $t<t_0$ 时也恒为零，就称该系统具有因果性，并称这种系统为因果系统，否则为非因果系统。

在因果系统中原因决定结果，结果不会出现在原因作用之前，因此，系统在任一时刻的响应只与该时刻以及该时刻以前的激励有关，而与该时刻以后的激励无关。显然，因果系统没有预测未来的能力，因而也称为不可预测系统。

若输入信号 $f(t)$是因果信号，而系统的零状态响应 $y_f(t)$是非因果的，表明 $y_f(t)$不仅取决于输入 $f(t)$的当前值，而且还决定于将来值，即系统预知了将来的输入值，则称这种系统为预测系统或非因果系统。

在信号与系统分析中，常以 $t=0$ 作为初始观察时刻，在当前输入信号作用下，因果系统的零状态响应只能出现在 $t\geqslant 0$ 的时间区间上，因此借因果这一名词常把 $t=0$ 时刻开始的信号称为因果信号，而把从 t_0 时刻开始的信号称为有始信号。对因果系统，在因果信号的激励下，响应也是因果信号。

例 1.6 下列系统的输入都是 $f(t)$，判断其因果性：

$$y_f(t)=\int_0^t f(\tau)\mathrm{d}\tau,\quad y_f(t)=af(t),\quad y_f(t)=cf(t)+\frac{\mathrm{d}}{\mathrm{d}t}f(t-2)$$

$$y_f(t)=f(t+2),\quad y_f(t)=f(2t)$$

解 对于前三个系统，由于任一时刻的零状态响应均与该时刻及该时刻之前的输入有关，激励在先，响应在后，故都是因果关系。对于后两个系统，由于其任一时刻的响应都将与该时刻以后的激励有关，响应在先，激励在后，故都是非因果系统。

4. 稳定性

一个系统如果对任何有界的输入产生的零状态响应都是有界的，即如果 $|f(t)|<A<\infty$，则 $|y_f(t)|<M<\infty$，其中 A 和 M 为常数，则称这个系统是稳定系统，也可称为有界输入/有界输出稳定系统(Bound Input/Bound Output，BI/BO)，否则称系统是不稳定的。

稳定性是系统固有的特性之一，系统稳定与否与激励信号的情况无关。根据研究问题的类型和角度不同，系统稳定性的定义有不同形式，涉及的内容也相当丰富，在本书的后续章节中将对此做进一步的介绍。

除了以上性质以外，系统还有有效性、可靠性等性质。例如在通信系统中，系统的有效性定义为系统的频带利用率，系统的可靠性定义为系统的功率利用率，有兴趣的同学百度了解具体内容。

1.2.3 系统的描述

现实中的系统呈现出各种各样的形态，例如管理系统、环境系统、动力系统以及电路系统等。要对不同的系统开展研究，就必须建立其数学模型，得到系统的各种数学及框图描述。

1. 系统模型

为了对系统进行描述和分析，必须先建立系统的模型。所谓系统模型，就是用数学表达式或具有理想特性的符号和组合图形表征系统特性，它是对系统物理特性的数学抽象。

严格地讲，所建立的系统模型只能是近似的模型，因为系统模型的建立是有一定条件的，对于同一个物理系统，在不同的条件下，可以得到不同形式的数学模型。以电子线路为例，在中低频范围内，采用简化的集总参数模型，这种情况下，由于线圈、电容中损耗相对很小，所以电路中的寄生参量往往被忽略而不予考虑，系统由理想元件构成，如图 1-28 所示。然而，随着工作频率的提高，就需要考虑分布电容、引线电感和损耗等电路中的寄生参量，系统模型就变得十分复杂，如图 1-29 所示；当工作频率更高时，系统无法用集总参数模型表示，而需要采用分布参数模型。另外，同一模型也可以描述物理外貌截然不同的系统，如电学系统、力学系统、生物学系统等都可以用同样的模型描述。这表明，本节中所学习的系统分析方法具有普遍的适应性。

当系统的激励是连续信号时，若其响应也是连续信号，则称其为连续系统；当系统的激励是离散信号时，若其响应也是离散信号，则称其为离散系统。描述连续系统的数学模型是微分方程，描述离散系统的数学模型是差分方程。

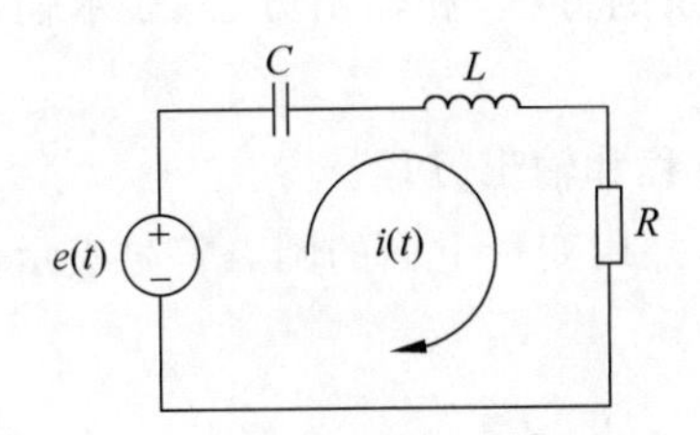

图 1-28 中低频情况下由理想元件构成的 RLC 电路

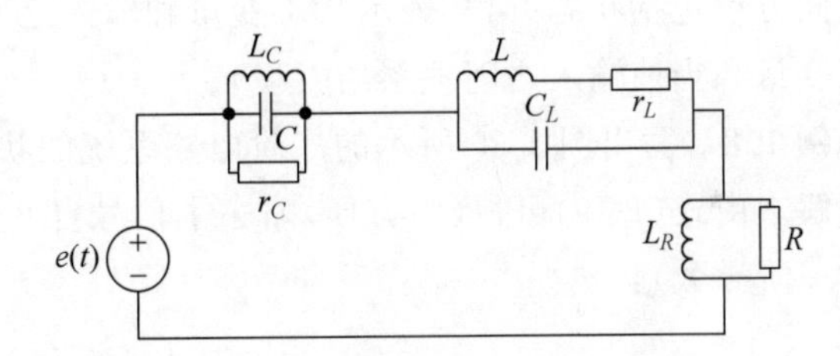

图 1-29 高频情况下考虑了寄生参量的 RLC 电路模型

2. 系统的输入/输出描述

系统的输入/输出描述着眼于建立系统的输入/输出关系，相应的数学模型称为系统的输入/输出方程，对于连续系统通常为微分方程。

例 1.7 如图 1-30 所示电路系统，$f_1(t)$和 $f_2(t)$是电路的激励，$i_L(t)$是电路的输出响应，试确定该电路系统的数学模型。

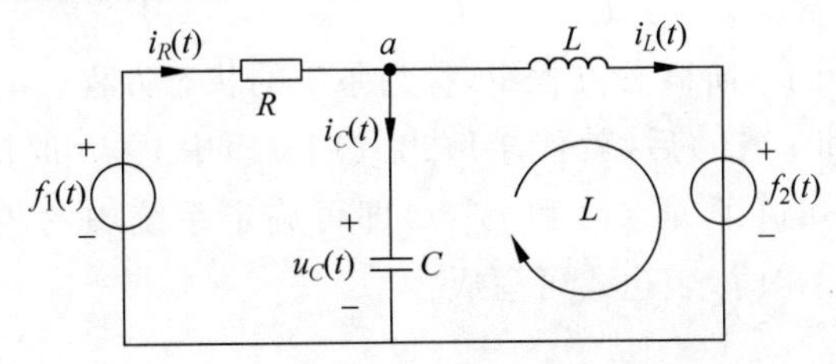

图 1-30 二阶 LTI 系统的电路模型

解 由基尔霍夫定律可写出节点 a 的节点电流方程为：

$$i_L(t)=i_R(t)-i_C(t) \tag{1-79}$$

考虑以下的电流电压关系：

$$i_R(t)=\frac{f_1(t)-u_C(t)}{R}=\frac{1}{R}\left[f_1(t)-L\frac{\mathrm{d}i_L(t)}{\mathrm{d}t}-f_2(t)\right]$$

$$i_C(t)=C\frac{\mathrm{d}u_C(t)}{\mathrm{d}t}=C\frac{\mathrm{d}}{\mathrm{d}t}\left[L\frac{\mathrm{d}i_L(t)}{\mathrm{d}t}+f_2(t)\right]=LC\frac{\mathrm{d}^2i_L(t)}{\mathrm{d}t^2}+C\frac{\mathrm{d}f_2(t)}{\mathrm{d}t}$$

代入式(1-79)，经整理后得到：

$$\frac{\mathrm{d}^2}{\mathrm{d}t}i_L(t)+\frac{1}{RC}\frac{\mathrm{d}}{\mathrm{d}t}i_L(t)+\frac{1}{LC}i_L(t)=\frac{1}{RLC}[f_1(t)-f_2(t)]-\frac{1}{L}\frac{\mathrm{d}}{\mathrm{d}t}f_2(t) \tag{1-80}$$

这就是图1-30电路系统的数学模型。这是一个二阶常系数微分方程。给定初始条件 $i_L(0)$、$i'_L(0)$后，就可以求解得到该系统的输出 $i_L(t)$。由上述分析过程可以看出，微分方程的阶数就是电路中独立动态元件的个数，微分方程的系数由电路中电阻、电容及电感的取值唯一确定，这就是数学模型和实际系统的对应关系。

3. 系统的状态空间描述

在许多实际应用中，除了分析系统的输入输出关系之外，还常需要研究系统内部变量对系统特性或输出信号的影响。这时需要一种涉及系统内部变量的系统描述方法——系统的状态空间描述，这是一种利用状态空间方程描述系统输出、输入和状态变量关系的方法。状态空间方程包括状态方程(表示状态变量和输入之间关系的方程)和输出方程(表示输出与状态变量和当前输入之间关系的方程)。

例1.8 写出图1-30所示的二阶电路系统的状态方程和输出方程。

解 由式(1-79)可得(为方便，略去了信号自变量 t，并用变量上面的圆点符号表示该变量的一阶导数)：

$$i_C=i_R-i_L=\frac{1}{R}(f_1-u_C)-i_L=C\dot{u}_C$$

对回路 L 写出KVL方程：

$$u_L=L\dot{i}_L=u_C-f_2$$

整理后可得：

$$\left.\begin{aligned}\dot{u}_C&=-\frac{1}{RC}u_C-\frac{1}{C}i_L+\frac{1}{RC}f_1\\ \dot{i}_L&=\frac{1}{L}u_C-\frac{1}{L}f_2\end{aligned}\right\} \tag{1-81}$$

这是一个关于 u_C 和 i_L 的一阶微分方程组，称为系统的状态方程。u_C 和 i_L 为状态变量，当给出 $t=0$ 时的 $u_C(0)$ 和 $i_L(0)$ 后，就能求解出式(1-81)中 $t\geqslant 0$ 时的 $u_C(t)$ 和 $i_L(t)$。由图1-21可以看出，只要知道了 $u_C(t)$ 和 $i_L(t)$ 即可确定系统中的相应输出。例如当选取 i_R、u_L 和 i_C 作为系统输出时，表达式可写成：

$$\left.\begin{aligned} i_R &= -\frac{1}{R}u_C + \frac{1}{R}f_1 \\ u_L &= u_C - f_2 \\ i_C &= -\frac{1}{R}u_C - i_L + \frac{1}{R}f_1 \end{aligned}\right\} \tag{1-82}$$

式(1-82)称为图 1-30 所示系统的输出方程。

综上讨论，在建立系统状态空间描述模型时，需要注意以下几点：

(1) 系统的状态变量是描述系统状态随时间变化的一组独立变量，利用状态变量，结合输入变量，能完全确定系统在 t 时刻的输出，或者说能完全确定系统在任意时刻的状态。

(2) 状态空间描述就是利用状态变量的一阶导数的方程组来描述系统，与输入/输出描述所需的高阶微分方程不同，有利于计算机的计算。

(3) 习惯上，状态方程和输出方程常用矩阵形式表示，如对图 1-30 所示电路系统的状态方程式(1-81)和输出方程式(1-82)可以写为：

$$\begin{bmatrix} \dot{u}_C \\ \dot{i}_L \end{bmatrix} = \begin{bmatrix} -\frac{1}{RC} & -\frac{1}{C} \\ \frac{1}{L} & 0 \end{bmatrix} \begin{bmatrix} u_C \\ i_L \end{bmatrix} + \begin{bmatrix} \frac{1}{RC} & 0 \\ 0 & -\frac{1}{L} \end{bmatrix} \begin{bmatrix} f_1 \\ f_2 \end{bmatrix} \tag{1-83}$$

$$\begin{bmatrix} i_R \\ u_L \\ i_c \end{bmatrix} = \begin{bmatrix} -1/R & 0 \\ 1 & 0 \\ -1/R & 1 \end{bmatrix} \begin{bmatrix} u_C \\ i_L \end{bmatrix} + \begin{bmatrix} 1/R & 0 \\ 1 & -1 \\ 1/R & 0 \end{bmatrix} \begin{bmatrix} f_1 \\ f_2 \end{bmatrix} \tag{1-84}$$

写成一般形式如下：

$$\begin{aligned} \dot{\boldsymbol{X}} &= \boldsymbol{AX} + \boldsymbol{Bf} \\ \boldsymbol{Y} &= \boldsymbol{CX} + \boldsymbol{Df} \end{aligned} \tag{1-85}$$

式中，$\boldsymbol{X}$ 为状态矢量，$\boldsymbol{f}$ 为输入矢量，$\boldsymbol{Y}$ 为输出矢量，$\boldsymbol{A}$、$\boldsymbol{B}$、$\boldsymbol{C}$、$\boldsymbol{D}$ 均为常数矩阵。

4. 系统框图描述

系统框图描述是一种用若干基本运算单元的相互连接反映系统变量之间运算关系的一种描述系统的方法，也称为系统仿真或系统模拟(simulation)。这种方法能以图形方式直接地表示各单元在系统中的地位和作用，具有方便直观的特点，并且与输入/输出描述法中的系统方程可以相互转换。

系统框图描述常用加法器、数乘器和积分器三种基本运算单元，如图 1-31 所示。

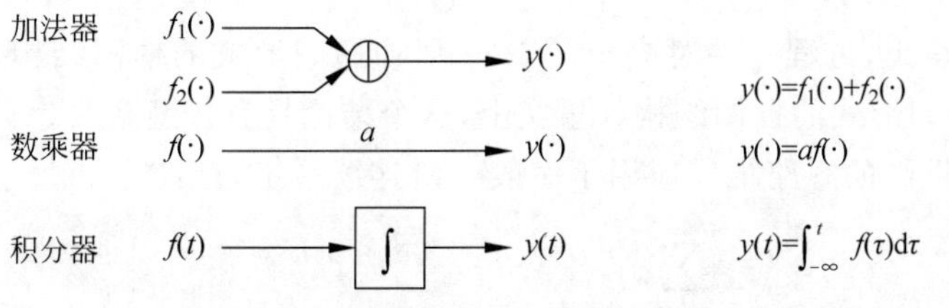

加法器 $f_1(\cdot)$，$f_2(\cdot)$ → $y(\cdot)$　　$y(\cdot)=f_1(\cdot)+f_2(\cdot)$

数乘器 $f(\cdot)$ →(a)→ $y(\cdot)$　　$y(\cdot)=af(\cdot)$

积分器 $f(t)$ → $\int$ → $y(t)$　　$y(t)=\int_{-\infty}^{t} f(\tau)\mathrm{d}\tau$

图 1-31　框图描述常用基本运算单元

例 1.9　某连续系统的输入/输出方程为：

$$y''(t) + a_1 y'(t) + a_0 y(t) = b_1 f'(t) + b_0 f(t) \tag{1-86}$$

试给出该系统的方框图。

解 该系统方程是一个常系数的二阶微分方程。方程中除含有输入信号 $f(t)$外,还含有 $f(t)$的导数。根据线性系统的性质(由常系数线性微分方程所描述的系统是一个线性非时变系统),总的输出响应可以看成是系统分别对 $f(t)$和 $f'(t)$输入激励的响应和,有:

输入信号	经过系统后	相应的输出信号
$f(t)$	$\longrightarrow$	$x(t)$
$b_0f(t)$	$\longrightarrow$	$b_0x(t)$
$f'(t)$	$\longrightarrow$	$x'(t)$
$b_1f'(t)$	$\longrightarrow$	$b_1x'(t)$
$b_0f(t)+b_1f'(t)$	$\longrightarrow$	$b_0x(t)+b_1x'(t)$

这表明 $y(t)$与 $x(t)$之间存在如下关系:

$$y(t)=b_1x'(t)+b_0x(t) \tag{1-87}$$

式中,$x(t)$满足:

$$x''(t)+a_1x'(t)+a_0x(t)=f(t) \tag{1-88}$$

为了画出系统框图,改写式(1-88)为:

$$x''(t)=f(t)-a_1x'(t)-a_0x(t) \tag{1-89}$$

则可画出图 1-32。

由式(1-87)可以画出图 1-33。

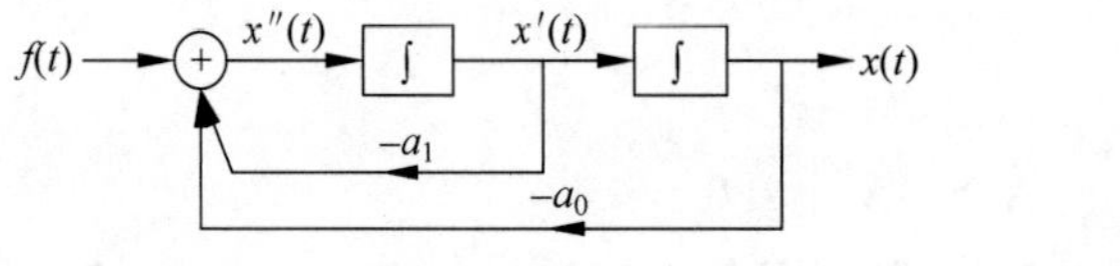

图 1-32 式(1-88)对应的系统框图

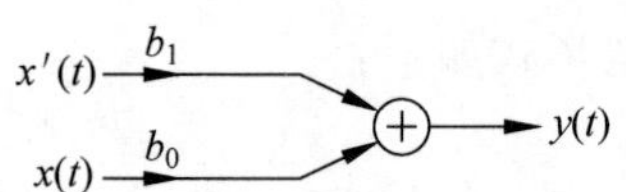

图 1-33 式(1-87)对应的系统框图

将式(1-87)和式(1-88)结合起来考虑,即将图 1-32 和图 1-33 合并得到图 1-34。

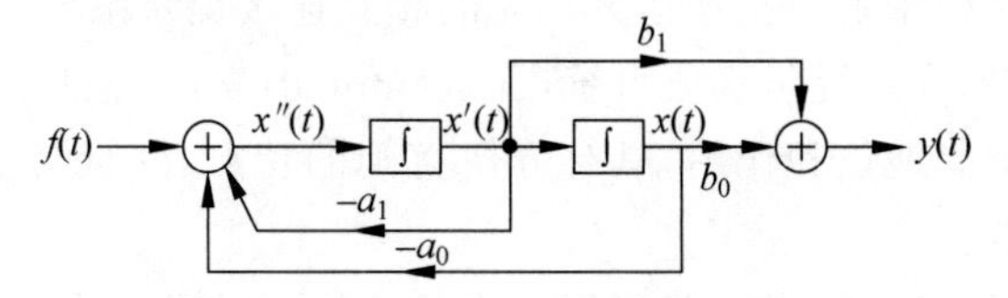

图 1-34 式(1-86)所对应的二阶系统的系统框图

从本例可以得出,方程左端对应于图 1-32 那种递归形式的框图结构,方程右端对应于如图 1-33 的非递归形式的框图结构。事实上,这个结论具有普遍意义。如果将例 1.9 中由系统方程画系统框图的思路推广应用于一般 n 阶连续系统,有:

$$\sum_{i=0}^{n}a_iy^{(i)}(t)=\sum_{j=1}^{m}b_jf^{(j)}(t) \tag{1-90}$$

便可以直接画出一个 n 阶系统所对应的系统框图,如图 1-35 所示。

根据不同的应用需要,还有其他描述系统的方法,如系统的传输函数表示、频率特征表示、零极点图表示等,将在第 6 章详细讨论,这里不一一论述。

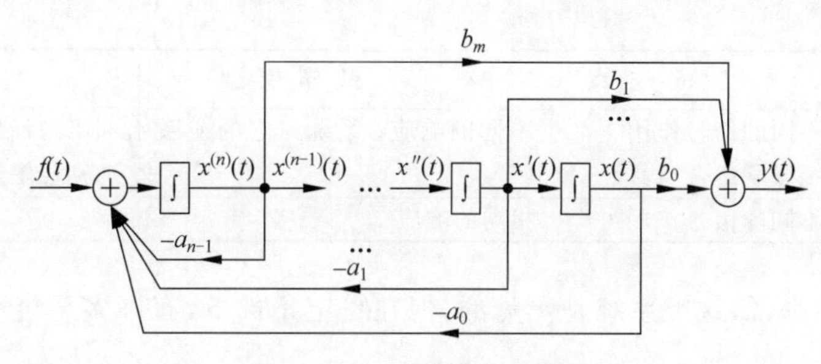

图 1-35 n 阶系统的方框图

1.2.4 系统的分类

系统的分类问题错综复杂，根据研究问题的类型和角度不同有不同的分类方法。例如，可以按照系统形成的来源将系统分成自然系统（如海洋系统、生态系统等）和人造系统（如通信系统、雷达系统等）以及复合系统（如水电系统是人工系统和自然系统的复合系统）；按照系统的物质特性，将系统分为物理系统（如由矿物、机械、人等实体为构成要素的系统）和概念系统（如由概念、原理、方法、原则、制度、程序构成的非物质实体为要素构成的系统，如国家系统、社会系统、科技系统、教育系统等）；按照系统功能将系统分为控制系统（一个系统能够对另一系统施加作用，并使其按某种规定的要求运行的系统）和行为系统（被施加作用并按规定目的运行的系统）等。

就本节的目的而言，主要考虑根据系统数据模型的差异划分系统的类型。表 1-1 给出了各种类型的系统特点及其描述方法。其中线性非时变系统具有如下特点。

表 1-1 基于数学模型差异的系统分类

系统类型	特点	数学模型	示例
连续时间系统	输入和输出都是连续信号，且其内部也未转换为离散信号	微分方程	RLC 电路
离散时间系统	输入和输出都是离散信号	差分方程	数字计算机系统
即时系统	系统中没有动态元件	代数方程	只有电阻元件组成的系统
动态系统	系统中采用动态元件	微分方程 差分方程	包含记忆元件的系统（C、L、存储器等）
集总参数系统	系统的几何尺寸远小于系统所处理信号的最短波长	常微分方程	低频电路系统
分布参数系统	系统所处理信号的波长与系统的几何尺寸相当	偏微分方程	射频电路，微波天线系统
线性系统	满足零状态线性、零输入线性及分解特性	线性方程	$y''(t)+y(t)=af(t)$
非线性系统	不满足线性系统三个要素中的任何一个	非线性方程	$y''(t)+by^2(t)=af(t)$
时变系统	系统参数随时间变化	变系数微分/差分方程	$C(t)\frac{\mathrm{d}q(t)}{\mathrm{d}t}+q(t)=f(t)$
时不变系统	系统参数不随时间变化	常系数微分/差分方程	$C\frac{\mathrm{d}i(t)}{\mathrm{d}t}+i(t)=f(t)$

续表

系统类型	特点	数学模型	示例
可逆系统	不同的信号作用下产生不同的响应；系统与它的逆系统级联组合，构成一个恒等系统		编码与译码 加密与解密
不可逆系统	不同的信号作用可产生相同的响应		

(1) 尽管严格来说，这类系统是罕见的，但在一定条件下，有许多系统可以近似地看作线性非时变系统。

(2) 近年来，与线性非时变系统理论密切相关的一些学科发展很快，如数字信号处理、模式识别、正交变换、通信理论、自动控制等。线性非时变系统不仅与这些学科彼此交叉、相互渗透，而且也是这些学科的基础理论，因此其重要性是显而易见的。

(3) 线性非时变系统理论上比较完善，有许多成熟的研究成果可供应用，而针对非线性系统和时变系统的分析理论，尽管已发展了许多新的方法，但迄今仍不够完善。因此，也常利用线性非时变系统理论来分析非线性和时变系统。

因此，线性非时变系统在系统理论中具有特殊的地位，也是本书讨论的重点。

1.3 信号与系统

信号与系统是为完成某一特定功能而相互作用、相互依存、不可分割的统一体，所以为了有效地应用系统传输和处理信息，必须对信号和系统自身的特性、对信号特性与系统特性之间的关系(相互匹配)等问题进行深入的研究，这也是本节的目的所在。

1.3.1 信号分析方法

信号分析的主要任务是研究信号的描述、运算、特性以及信号发生某些变化时其特性的相应变化，基本目的是揭示信号自身的特性，例如确定性信号的时域特性和频域特性，随机信号的统计特性等。实现信号分析的主要途径是研究信号的分解，即将一般信号分解成众多基本信号单元的线性组合。通过研究这些基本信号单元在时域或变换域的特性(如分布规律)达到了解信号特性的目的。由于信号的分解可以在时域进行，也可以在变换域(频域或复频域)进行，因此，信号分析方法也有时域方法和变换域(如频域或复频域)方法。

在信号的时域分析中，采用单位冲激信号 $\delta(t)$ 或单位脉冲序列 $\delta(k)$ 作为基本信号，将连续信号表示为 $\delta(t)$ 的加权积分，将离散信号表示为 $\delta(k)$ 的加权和，从而通过基本信号单元的加权值随变量 t(或 k)的变化，直接表示信号的时域特性。

在信号的变换域分析中，根据所采用的基本信号的不同，有频域分析、小波域分析等。其共同特点是将表示信号的时间变量函数变换成相应的变换域的某种变量函数。如在信号的频域分析中，采用虚指数信号 $e^{j\omega_1 t}$(或 $e^{j\Omega k}$)作为基本信号，将连续时间(或离散时间)信号表示为 $e^{j\omega_1 t}$ 的加权积分(或 $e^{j\Omega k}$ 的加权求和)，从而产生了信号分析的傅里叶理论和方法，也产生了信号频谱的概念，即通过各基本信号单元振幅(或振幅密度)、相位随频率的变化来反映信号的频谱特性。而在复频域分析信号时，采用复指数信号 $e^{st}|_{s=\sigma+j\omega}$(或 $z^k|_{z=re^{j\theta}}$)作为基本信号，将连续(或离散)时间信号表示 e^{st} 的加权积分(或 z^k 的加权求和)，产生了

拉普拉斯变换(或 z 变换)的理论和方法。

特别需要指出的是,在变换域中分析信号可"发掘"信号在时域无法明显表现出的特性,如信号经正交变换后可用一组变换系数(如谱线)表示信号,则在允许一定误差的情况下,变换系数的数目可以很少。这不仅有利于判别信号中带有特征性的分量,而且有利于信号的简洁表示(信号压缩)、带宽判断等。

小波分析方法是当前信息与信号处理中一个迅速发展的新领域,与前述几种方法相比,小波变换是空间(时间)和频率的局域变换,因而能有效地从信号中提取信息,通过伸缩和平移等运算功能对函数或信号进行多尺度细化分析,解决了傅里叶变换所不能解决的许多困难问题,被誉为分析信号的"数学显微镜"。

1.3.2　系统分析方法

*系统分析的主要任务是分析给定系统在激励作用下产生的响应,或者从已知的系统激励和响应分析系统应有的特性。*由于信号的分解可以在时域、频域和变换域进行,故系统分析的主要方法也相应地有时域分析法、频域分析法、变换域分析法。而无论采用什么样的系统分析方法,系统分析基本过程是相似的,即首先给待分析的系统建立数学模型;然后用数学方法对数学模型进行求解获得系统在给定激励下的响应;最后对所得到的解给予物理解释,赋予其物理意义。

系统的数学模型通常可以分为两大类:一类称为输入/输出模型,其特点是该模型可以用输入/输出方程描述,这种描述只反映系统的外特性,对线性时不变系统而言,这种方程通常是一个常系数线性微分(差分)方程;另一类称为状态变量模型,该模型可以用状态方程描述,对线性时不变系统而言状态变量方程是一个一阶常系统微分方程组或差分方程组。状态变量法更适合描述多输入/多输出系统。

线性时不变系统是本书研究的重点。在系统的时域分析中,直接分析时间变量的函数,研究系统的时域特性。在这里以单位冲激(或单位脉冲)作为构成信号的基本单元,即可以将输入信号分解成这些基本信号的线性组合,只要求得了系统的单位冲激响应,则线性时不变系统的输出响应就可以表示成系统单位冲激响应的线性组合,这一思想导致了卷积积分(卷积和)的产生。卷积积分(卷积和)是线性系统时域分析中最受重视的方法,也是研究的重点。在系统的变换域分析中,根据在变换域中所使用的变量性质的不同,有频域分析和复频域分析之分,其共同的特点是将信号与系统模型的时间变量函数变换成相应的变换域的某种变量函数,如傅里叶变换以频率 ω 为独立变量,以系统的频域特征为主要研究对象;而拉普拉斯变换(或 z 变换)以复频率 $s=\sigma+\mathrm{j}\omega$ 为独立变量,侧重分析研究系统的零极点特性。这类基于函数域变换的方法,将时域分析中的微积分运算转换为代数运算,将卷积积分运算转换为相乘运算,从而为系统响应问题的求解带来了方便。另外,变换域方法在解决实际问题时有许多有用的特点,如根据信号占有频带与系统带宽间的适应关系分析信号传输问题等。

综上可见,线性系统分析的理论基础是信号的分解特性和系统的线性时不变特性;进行系统分析的基本思想和方法是:激励信号可以分解为若干基本信号的线性组合;系统对任意激励所产生的响应是系统对各基本信号分别作用时产生的响应的叠加;不同的信号分解方法将导致不同的系统分析方法。

1.3.3 信号与系统分析方法在工程领域的应用

尽管信号分析和系统分析有其相对的独立性,但是信号与系统本质上是一个相互作用、相互依存的整体。信号必须通过系统才能被传输、存储和处理,而系统也只有在通过对信号处理的过程中才能发挥其作用,体现其价值,实现其功能。因此,信号与系统分析的理论和方法广泛地应用在诸如电力电子工程、工业过程控制、语音及图像处理、通信信号处理、电路设计、生物医学、经济预测与调控等众多的科学和技术领域。

研究特定系统对各种输入信号的响应。例如对人类听觉系统的研究,研究在特定激励下,人耳空气传导和骨传导的性能;又如对某一特定地面区域经济特性的研究,当出现某种自然灾害时(作为输入)对该地区经济的影响(系统的响应)。依据输出信号的改变,判断系统故障等。

研究为了使给定信号经过系统后所产生的输出响应满足预定的要求,系统应具有何种特性,进而设计该系统的结构和参量。各种滤波器、信号处理器的设计、图像的恢复、增强和轮廓边界提取、通信信号噪声处理以及为实现特定经济目标对该区域经济体系、经济环境的要求等都是这方面的例子。

研究如何改变已知系统的特性,以达到所预期的要求。工业过程控制就是典型的应用例子。在工业工程控制中,通过传感器测量出各种物理信号,如温度、压力、化学成分、液体、流量等,并据此由调节器产生控制信号,去推动执行机构调整正在进行的生产过程。

除了这些直接的应用之外,还有大量潜在的应用。而这些应用具有更为宽广的领域,甚至远超出通常认为是隶属于常规的科学和工程技术领域。这不仅是因为信号与系统是一个极为普遍而宽广的概念,从历史演变中产生了一套应用领域极为广泛的基本理论和方法,而且是由于随着科学技术,如计算机和大规模集成电路技术的不断发展,信号与系统分析的理论和方法也在不断地发展和演变,以适应当今各种新技术、新问题、新机遇的挑战。

1.3.4 信号与系统原理及分析方法在思政方面的应用

课程思政的精髓是价值引领、立德树人和知识传授、能力培养的统一,是合理利用自然科学的原理诠释正确的价值观和人生观。它可以和思政课程利用人文科学的原理对正确的价值观和人生观的诠释形成有效的互补,最大化教育效果。在本教材中,我们重点采用信号与系统的原理和分析方法分析 24 字的社会主义核心价值观,即国家层面的富强、民主、文明、和谐;社会层面的自由、平等、公正、法治;以及个人层面的爱国、敬业、诚信、友善;同时还要重点分析科学思维、工匠精神、理想抱负等科学和文化素养。

本节首先利用信号与系统的科学原理重点分析“思政素养”中个人的价值准则,在随后的章节中将适时地分析其他思政元素。

人是具有智慧和自学习能力的高级生命系统,也是一个物理系统,人在不断地接收各种知识的过程中成长、成熟,同时也在不断地创造和付出。依据前面 1.2.2 节介绍的物理系统的一般性质,人应该满足因果性、稳定性、非时变性和时变性,否则人要么不可能立于世间,要么就一定是一个失败的人。

具体来看,因果性是物理系统可实现的必要条件,所以从我们降生的那天起,我们一定满足因果性。由因果性的原理我们容易知道，有激励才有响应，有原因才有结果，只有付出才有可能收获，不吃苦流汗，仅靠幻想，将一事无成；要想成功，要想事业有成，努力学习，辛勤工作，才有可能；这就是说，我们要"敬业"才能成功。同样，由因果性也容易看出，做正确的事，做好事，会有好的回报；做坏事，做违法乱纪的事，会受到法律的严惩，这就是说我们要"友善"才能有"善报"。

一般物理系统稳定性原理在人身上的表现应该是小的刺激不应该出现剧烈的反应。具体来说，我们应该荣辱不惊，开得起玩笑，具有包容心和抗压能力。一般物理系统非时变性原理在人身上的表现应该是重信守诺，做人要有"诚信"；时变性主要体现在做人要不断学习进步、不断成长，与时俱进。只有这样做，我们才能拥有越来越多的朋友，才能很好地融入社会，才能在复杂的学习和工作环境中健康成长，才能在不断进步中走向成功。

"爱国"是人的本分，不管自己的祖国是贫是富，我们都应该热爱自己的祖国，这是因为没有国就没有家，没有家就没有我们。加之我们的祖国具有五千年中华文化不间断的稳定传承，尤其是改革开放 40 年来，我们祖国经济和国防建设高速发展，人们生活水平快速提高，已经成长为世界第二大经济体，表现出很强的稳定性和有效性；在海外撤侨、抗洪、抗震救灾、抗击非典和新冠病毒方面表现出很强的责任心，人民生命利益至上，取得了优异的成绩，表现出很强的可靠性；中国共产党建党 100 年来，不忘为人民服务的初心，全心全意为人民对美好生活的向往而奋斗，表现出很强时不变特性，同时又不断自我更新，适应不断变化的内外部环境，表现出与时俱进的时变性。所以我们的由中国共产党领导下的社会主义祖国是一个具有稳定性、可靠性和有效性的好的国家系统，值得我们珍惜和热爱。

由此可见，社会主义核心价值观第三层面对个人的四点要求：爱国、敬业、诚信、友善，完全符合对一个优秀物理系统的基本要求，有利于我们成才和成功，完全可以作为我们的价值准则，值得我们遵从和实践。

本章小结

本章重点介绍了信号与系统的基本概念和基本运算。主要包括信息、消息、信号、系统的概念和性质，信号的反转、平移、尺度变换、卷积、正交分解等运算方法，信号和系统的基本描述方法，以冲激函数为代表的奇异函数的不同描述方法和基本运算方法。这些内容是信号与系统理论和原理的重要基础，希望大家熟练掌握。

习题

1.1　简答题。

(1) 什么是信号？　(2) 什么是系统？什么是线性非时变系统？

(3) 信号具有哪些属性？　(4) 帕塞瓦尔方程的物理意义是什么？

1.2　画出下列各信号的波形(式中 $r(t)=tu(t)$ 为斜升函数)。

(1) $f(t)=r(\sin t)$　(2) $f(t)=r(t)-2r(t-1)+r(t-2)$

(3) $f(t)=u(t)r(2-t)$　(4) $f(t)=r(2t)u(2-t)$

1.3 求下列积分式的值。

(1) $\int_{-\infty}^{+\infty} \delta(at-t_0)f(t)\mathrm{d}t$　　(2) $\int_{-\infty}^{+\infty} \mathrm{e}^{-t}[\delta(t)+\delta'(t)]\mathrm{d}t$

(3) $\int_{-2\pi}^{2\pi} (1+t)\delta(\cos t)\mathrm{d}t$　　(4) $\int_{-\infty}^{+\infty} A\sin t\delta'(t)\mathrm{d}t$

(5) $\int_{-\infty}^{+\infty} \delta(t-1)\left[t^2+\frac{\mathrm{e}^{-t}\sin\pi t}{t-1}\right]\mathrm{d}t$　　(6) $\int_{-\infty}^{+\infty} \mathrm{e}^{-5t}\delta''(t)\mathrm{d}t$

(7) $\int_{-\infty}^{+\infty} f(t+t_0)\delta(t-t_0)\mathrm{d}t$　　(8) $\int_{0}^{+\infty} \mathrm{e}^{-t}\sin t\delta(t+1)\mathrm{d}t$

(9) $\int_{-\infty}^{t} \mathrm{e}^{-\tau}\delta'(\tau)\mathrm{d}\tau$　　(10) $\int_{-1}^{1} \delta(t^2-4)\mathrm{d}t$

1.4 已知信号 $f(t)$的波形如图 1-36 和图 1-37 所示,试画出下列各信号的波形。

(1) $f(2t)$　　(2) $f(t-3)u(t-3)$

(3) $f(2-t)u(2-t)$　　(4) $f(-2-t)u(-t)$

(5) $f(t-1)[u(t)-u(t-2)]$　　(6) $f(t-1)u(t)$

(7) $f(2-t)u(t)$　　(8) $f\left(\frac{1}{2}t-2\right)$

(9) $\frac{\mathrm{d}f(t)}{\mathrm{d}t}$　　(10) $\int_{-\infty}^{t} f(x)\mathrm{d}x$

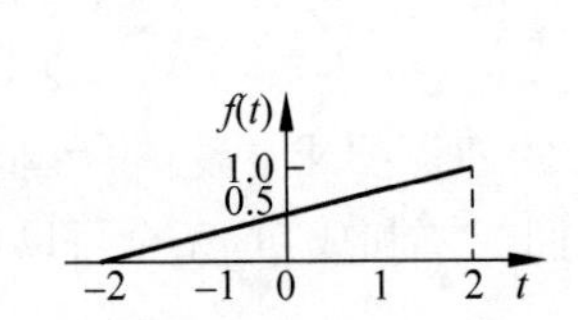

图 1-36 信号 $f(t)$的波形(一)

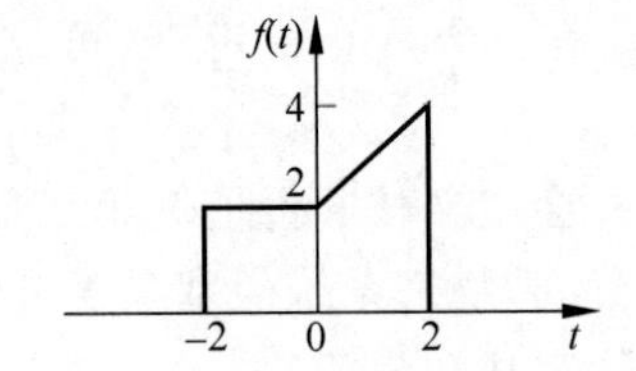

图 1-37 信号 $f(t)$的波形(二)

1.5 已知 $f(t)=\sin[u(t)-u(t-\pi)]$,求:

(1) $f_1(t)=\frac{\mathrm{d}^2}{\mathrm{d}t^2}f(t)+f(t)$; (2) $f_2(t)=\int_{-\infty}^{t} f(\tau)\mathrm{d}\tau$; (3) 画出它们的波形。

1.6 求下列函数的卷积积分 $f_1(t) * f_2(t)$。

(1) $f_1(t)=tu(t), f_2(t)=u(t)$　　(2) $f_1(t)=f_2(t)=\mathrm{e}^{-2t}u(t)$

(3) $f_1(t)=tu(t), f_2(t)=\mathrm{e}^{-2t}u(t)$　　(4) $f_1(t)=u(t+2), f_2(t)=u(t-3)$

(5) $f_1(t)=u(t)-u(t-4), f_2(t)=\sin(\pi t)u(t)$

1.7 已知 $f_1(t)=\mathrm{e}^{2t}, -\infty<t<+\infty, f_2(t)=\mathrm{e}^{-t}u(t)$,求 $f_1(t) * f_2(t)=y(t)$,并画出波形。

1.8 $f_1(t)$与 $f_2(t)$的波形如图 1-38 和图 1-39 所示。

(1) 利用图解法计算 $y(t)=f_1(t) * f_2(t)$,并画出波形。

(2) 利用 MATLAB 编程近似计算 $y(t)=f_1(t) * f_2(t)$,并画出波形。

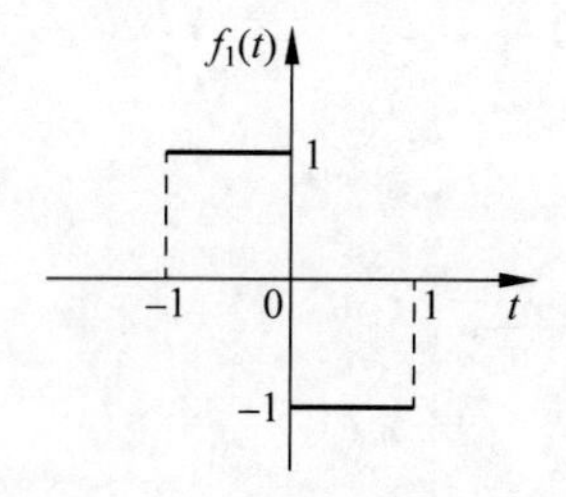

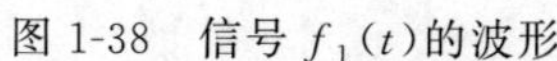
图 1-38 信号 $f_1(t)$的波形

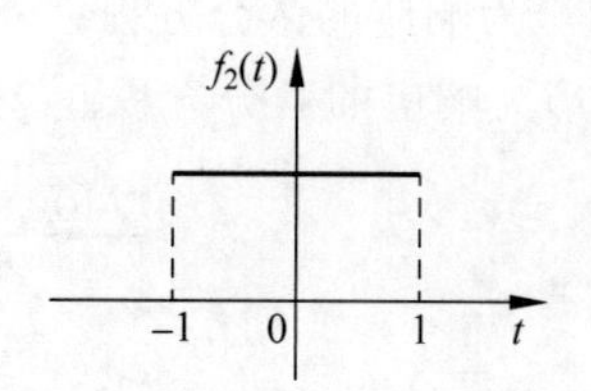

图 1-39 信号 $f_2(t)$的波形

1.9 考虑一连续时间系统，其输入 $x(t)$和输出 $y(t)$的关系为 $y(t)=x(\sin(t))$，试回答：

(1) 系统是因果的吗？

(2) 该系统是线性的吗？

1.10 判定下列连续时间信号的周期性；若是周期的，确定它的基波周期。

(1) $x(t)=3\cos\left(4t+\dfrac{\pi}{3}\right)$　　(2) $x(t)=\mathrm{e}^{\mathrm{j}(\pi t-1)}$

(3) $x(t)=\left[\cos\left(2t-\dfrac{\pi}{3}\right)\right]^2$　　(4) $x(t)=\mathrm{j}\mathrm{e}^{\mathrm{j}10t}$

(5) $x(t)=\mathrm{e}^{(-1+\mathrm{j})t}$　　(6) $x(t)=2\cos(10t+1)-\sin(4t-1)$

1.11 设系统的初始状态为 $x(0)$，激励为 $f(t)$，各系统的全响应 $y(t)$与激励和初始状态的关系表示如下，试分析各系统是否是线性的。

(1) $y(t)=\mathrm{e}^{-t}x(0)+\int_0^t \sin x f(x)\mathrm{d}x$

(2) $y(t)=f(t)x(0)+\int_0^t f(x)\mathrm{d}x$

(3) $y(t)=\sin[x(0)\cdot t]+\int_0^t f(x)\mathrm{d}x$

1.12 下列微分方程所描述的系统，是线性的还是非线性的？是时变的还是时不变的？

(1) $y'(t)+2y(t)=f'(t)-2f(t)$

(2) $y'(t)+\sin t y(t)=f(t)$

(3) $y'(t)+[y(t)]^2=f(t)$

1.13 设激励为 $f(t)$，下列是各系统的零状态响应 $y(t)$。判断各系统是否是线性的、时不变的、因果的、稳定的。

(1) $y_f(t)=f(t)\cos(2\pi t)$　　(2) $y_f(t)=|f(t)|$

(3) $y_f(t)=f(-t)$　　(4) $y_f(t)=\dfrac{\mathrm{d}f(t)}{\mathrm{d}t}$

1.14 某线性时不变系统有两个初始条件 $x_1(0)$、$x_2(0)$，已知：

(1) 当 $x_1(0)=1, x_2(0)=0$ 时，其零输入响应为$(\mathrm{e}^{-t}+\mathrm{e}^{-2t})u(t)$；

(2) 当 $x_1(0)=0, x_2(0)=1$ 时，其零输入响应为$(\mathrm{e}^{-t}-\mathrm{e}^{-2t})u(t)$；

(3) 当 $x_1(0)=1, x_2(0)=-1$，激励为 $f(t)$时，其全响应为$(2+\mathrm{e}^{-t})u(t)$。

求当 $x_1(0)=3, x_2(0)=2$，激励为 $2f(t)$时的全响应 $y(t)$。

1.15 针对图 1-40 所示电路,写出:

(1) 以 $u_C(t)$为响应的微分方程;

(2) 以 $i_C(t)$为响应的微分方程。

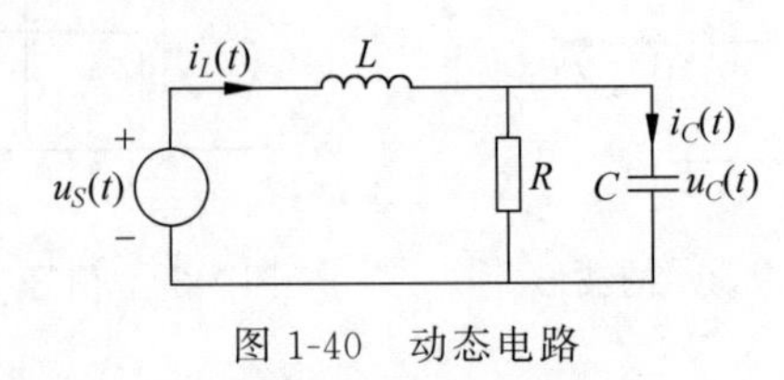

图 1-40 动态电路

1.16 利用 MATLAB 编程,画出阶跃信号波形图。

第2章 线性时不变系统的时域分析

CHAPTER 2

线性时不变系统的时域分析是指在分析过程中涉及信号的自变量都是时间 t 的一种分析方法，即在分析过程中对信号的变换、系统的描述及整个分析过程都在时域进行。时域分析方法比较直观，物理概念清楚，也是学习其他各种变换域分析方法的基础。

2.1 引言

如第1章所述，LTI系统的数学模型就是常系数的线性微分方程，其时域分析的过程实际上就是微分方程的求解过程。

微分方程的一般形式见式(2-1)，它描述了一个系统的复合激励 $\sum_{k=0}^{m} b_k f^{(k)}(t)$ 和响应 $y(t)$ 之间的关系。当假设激励为单一的 $f(t)$ 时，该系统的全响应为 $y_1(t)$，则它们之间的关系满足式(2-2)。

$$\sum_{k=0}^{n} a_k y^{(k)}(t) = \sum_{k=0}^{m} b_k f^{(k)}(t) \tag{2-1}$$

$$\sum_{k=0}^{n} a_k y_1^{(k)}(t) = f(t) \tag{2-2}$$

由系统线性特性和微分特性，可以得到式(2-3)。

$$y(t) = \sum_{k=0}^{m} b_k y_1^{(k)}(t) \tag{2-3}$$

由此可见，只要能求出式(2-2)所示微分方程的解，就可以很容易地通过式(2-3)得到一般微分方程式(2-1)的解。所以后面主要研究式(2-2)所描述的系统。

2.2 连续时间LTI系统的经典分析法

常系数线性微分方程可以描述极为广泛的一类连续时间系统，通过系统的微分方程分析系统，实质上就是求解这个方程。而直接应用微分方程经典解法分析系统的方法为经典分析法。由于这种方法在高等数学里已有详尽的讨论，这里仅归纳相应的结果。

设描述连续时间LTI系统输入/输出关系的线性常系数微分方程为：

$$\sum_{k=0}^{n} a_k y^{(k)}(t) = f(t) \tag{2-4}$$

式中，$f(t)$为系统的输入，$y(t)$为系统的输出。一般情况下，在已知方程的同时，还给出一组初始条件 $y^{(k)}(0^+)$，$k=0,1,2,\cdots,n-1$。按照微分方程求解的经典解法，线性微分方程的完全解由齐次解 $y_h(t)$和特解 $y_p(t)$组成，即

$$y(t) = y_h(t) + y_p(t) \tag{2-5}$$

2.2.1 齐次解 $y_h(t)$

齐次解是齐次微分方程

$$\sum_{k=0}^{n} a_k y^{(k)}(t) = 0 \tag{2-6}$$

的解。它与系统的输入 $f(t)$无关，完全由系统本身及反映系统 $t=0^+$ 时的初始条件 $y^k(0^+)$，$k=0,1,2,\cdots,n-1$ 所确定。通常将该解对应的响应称为系统的自由响应。

根据微分方程的经典解法，求解齐次微分方程，可以先写出对应的特征方程：

$$\sum_{k=0}^{n} a_k \lambda^k = 0 \tag{2-7}$$

然后再求出相应的特征根 λ_i，$i=1,2,\cdots,n$。最后，根据特征根的具体情况写出齐次解的一般形式如下。

(1) 当特征根为单根时，

$$y_h(t) = \sum_{k=1}^{n} c_k e^{\lambda_k t} \tag{2-8}$$

(2) 当特征根 λ_1 为 r 重根，其余为单根时，

$$y_h(t) = [c_0 + c_1 t + \cdots + c_{(r-1)} t^{(r-1)}] e^{\lambda_1 t} + \sum_{k=r+1}^{n} c_k e^{\lambda_k t} \tag{2-9}$$

式中，c_k 是一组待定系数，这组系数是完全解中的待定系数，必须在完全响应下，由初始条件来确定。表 2-1 汇总了几种特征根情况下齐次解的形式。

表 2-1 特征根及其相应的齐次解

特 征 根	齐次解 $y_h(t)$
单根 λ	$ce^{\lambda t}$
r 重根 λ	$(c_0+c_1t+\cdots+c_{r-1}t^{r-1})e^{\lambda t}$
共轭复根 $\lambda_{1,2}=\alpha\pm j\beta$	$e^{\alpha t}(A\cos\beta t+B\sin\beta t)$或 $ce^{\alpha t}\cos(\beta t+\varphi)$
r 重共轭复根	$e^{\alpha t}(c_0\cos(\beta t+\varphi_0)+c_1 t\cos(\beta t+\varphi_1)+\cdots+c_{r-1}t^{r-1}\cos(\beta t+\varphi_{r-1}))$

2.2.2 特解 $y_p(t)$

微分方程特解的函数形式与输入信号 $f(t)$的函数形式有关，具体对应关系如表 2-2 所示。求解特解的基本方法是：根据不同类型的输入信号形式，依据表 2-2 选择相应的特解 $y_p(t)$的函数形式；再将 $f(t)$、$y_p(t)$及其 $y_p(t)$的各阶导数代入原微分方程，最后通过比

较方程两端同次项的系数求出特解函数式中的待定系数即得到微分方程的特解。通常将和特解对应的响应称为强迫响应。

表 2-2　典型的输入函数对应的特解形式

输入函数	特解 $y_p(t)$的相应形式
c(常数)	p(常数)
t^r	$\sum_{i=0}^{r} p_i t^i$
$e^{\alpha t}$	α 等于特征根：$e^{\alpha t}(p_0+p_1 t)$
	α 不等于特征根：$p_0 e^{\alpha t}$
	α 等于 r 重特征根：$\sum_{i=0}^{r} p_i t^i e^{\alpha t}$
$\cos(\omega t)$ 或 $\sin(\omega t)$	$p_1\cos(\omega t)+p_2\sin(\omega t)$ 或 $p\cos(\omega t+\varphi)$
$t^r e^{\alpha t}\cos(\omega t)$ 或 $t^r e^{\alpha t}\sin(\omega t)$	$\sum_{i=0}^{r} p_i t^i e^{\alpha t}\cos(\omega t)+\sum_{i=0}^{r} q_i t^i e^{\alpha t}\sin(\omega t)$

2.2.3　完全解

由式(2-5)将微分方程的齐次解和特解相加，就得到系统响应的完全解。在完全解中有些项随着时间 t 的增加趋于 0，将这些项对应的响应称为系统的瞬态响应；在完全解中除去瞬态响应后剩余的项对应的响应称为系统的稳态响应。

对于 n 阶系统，完全解中的待定系数，即 $y_h(t)$中的待定系数 c_k，需要通过 n 个初始条件来确定。其方法是对 $y(t)$及其 $y(t)$的各阶导数，令 $t=0^+$，结合已知初始条件可得到一个方程组，联立求解即可求解出 n 个待定系数。

例 2.1　某给定 LTI 系统的微分方程为：

$$y''(t)+5y'(t)+6y(t)=10\sin t,\quad t\geqslant 0$$

已知 $y(0^+)=-2, y'(0^+)=5$。求系统响应的完全解。

解　(1) 齐次解

由齐次方程　$y''(t)+5y'(t)+6y(t)=0$

可写出特征方程　$\lambda^2+5\lambda+6=0$

求解得特征根为：　$\lambda_1=-2, \lambda_2=-3$

则微分方程的齐次解为：

$$y_h(t)=c_1 e^{-2t}+c_2 e^{-3t}$$

(2) 特解

根据输入信号 $f(t)=10\sin t, t\geqslant 0$ 的形式，选择如下形式的特解：

$$y_p(t)=p_1\cos t+p_2\sin t,\quad t\geqslant 0$$

为确定系数 p_1 和 p_2，将 $y_p(t)$、$y'_p(t)$、$y''_p(t)$和 $f(t)$代入原方程，得：

$$5(p_1+p_2)\cos t-5(p_1-p_2)\sin t=10\sin t,\quad t\geqslant 0$$

对比方程两端同类项的系数，有：

$$p_1+p_2=0$$

$$p_1 - p_2 = -2$$

解系数方程组，求得 $p_1=-1, p_2=1$。故特解为：

$$y_p(t) = -\cos t + \sin t = \sqrt{2}\sin\left(t - \frac{\pi}{4}\right)$$

(3) 完全解

将齐次解与特解相加得完全解：

$$y(t) = c_1 e^{-2t} + c_2 e^{-3t} + \sqrt{2}\sin\left(t - \frac{\pi}{4}\right)$$

相应的一阶导数：$$y'(t) = -2c_1 e^{-2t} - 3c_2 e^{-3t} + \sqrt{2}\cos\left(t - \frac{\pi}{4}\right)$$

为确立待定系数，令 $t=0^+$，结合已知的初始条件，得到：

$$y(0^+) = c_1 + c_2 - 1 = -2$$

$$y'(0^+) = -2c_1 - 3c_2 + 1 = 5$$

联立求解得到：$c_1=1, c_2=-2$

故系统响应的完全解为：

$$y(t) = e^{-2t} - 2e^{-3t} + \sqrt{2}\sin\left(t - \frac{\pi}{4}\right)$$

可以看出，该系统的自由响应和瞬态响应为 $e^{-2t}-2e^{-3t}$，强迫响应和稳态响应为 $\sqrt{2}\sin\left(t-\frac{\pi}{4}\right)$。

MATLAB 中求解常微分方程的指令是 S=dsolve('a_1','a_2',…,'a_n')。其中输入变量包括微分方程、初始条件和指定独立变量，其中微分方程是必不可少的内容，其余可以省略，且输入变量必须以字符形式编写。

采用 MATLAB 编程求解例 2.1，可分两步实现，具体如下：

(1) 求微分方程通解：

```
y = dsolve('D2y(t) + 5 * Dy(t) + 6 * y(t) = 10 * sin(t)','t')
```

运行结果：y = C1 * exp(- 2 * t) - 2^(1/2) * cos(t + pi/4) + C2 * exp(- 3 * t)

(2) 代入初始条件求微分方程完全解：

```
y = dsolve('D2y(t) + 5 * Dy(t) + 6 * y(t) = 10 * sin(t)','y(0) = - 2,Dy(0) = 5','t')
```

运行结果：y = exp(- 2 * t) - 2 * exp(- 3 * t) - 2^(1/2) * cos(t + pi/4)

2.2.4 实际系统的初始条件和初始状态

在应用经典方法求解系统微分方程时，要使用 $t=0^+$ 时刻的初始条件确定完全解中的待定系数。然而在实际系统中一般选择 $t=0$ 为初始观测时刻。考虑到系统的激励是在 $t=0$ 时刻加入的，由于输入信号的作用，响应 $y(t)$ 及其各阶导数在 $t=0^+$ 处可能发生跳变或出现冲激，所以不易求得。而响应 $y(t)$ 及其各阶导数在 $t=0^-$ 时刻的值与激励没有关系，只与系统的历史状况有关，所以容易求得。将响应 $y(t)$ 及其各阶导数在 $t=0^-$ 时刻的值定义为系统的初始状态。因此在采用经典解法分析系统时，有必要解决初始状态到初始条件的转换问题，也就是从 0^- 到 0^+ 的转换问题。

实际上，由 $t=0^-$ 时刻到 $t=0^+$ 时刻系统状态的变化是由于输入信号 $f(t)$ 在 $t=0$ 时刻作用于系统的结果(参见图 2-1)。即如果输入信号 $f(t)=0$，则连续系统在 $t=0^-$ 和 $t=0^+$ 时刻的状态必然是不变的；如果输入信号 $f(t)$ 在 $t=0$ 处连续，则系统在 $t=0^-$ 和 $t=0^+$ 时刻的状态也一定是相同的；但当输入信号 $f(t)$ 在 $t=0$ 处不连续，或者是阶跃函数、冲激函数等奇异信号时，这时系统在 $t=0^-$ 和 $t=0^+$ 时刻的状态可能是不同的。

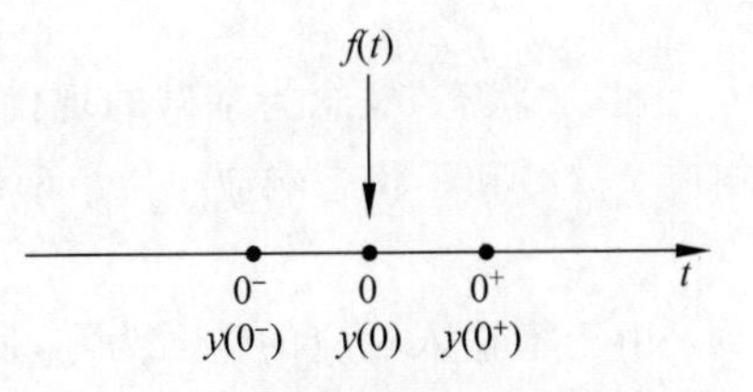

图 2-1 系统初始状态到初始条件变化

下面以二阶系统为例，说明从 0^- 条件求得 0^+ 条件的方法。

例 2.2 某连续 LTI 系统的输入输出方程如下，已知 $f(t)=u(t)$，初始状态 $y(0^-)=1, y'(0^-)=2$。试计算初始条件 $y(0^+)$ 和 $y'(0^+)$。

$$y''(t)+5y'(t)+6y(t)=f'(t)-2f(t)$$

解 由于输入信号 $f(t)=u(t)$，所以微分方程右端含有 $f'(t)=u'(t)=\delta(t)$ 项，根据方程两端奇异函数平衡的原则，方程左端也应含有 $\delta(t)$ 项，但方程左端 $\delta(t)$ 包含在方程的哪一部分？可做如下分析：若 $y(t)$ 中含有 $\delta(t)$ 项，则 $y'(t)$ 中就必有 $\delta'(t)$ 项，而方程右端没有 $\delta'(t)$ 项，因此，$y(t)$ 中不可能含有 $\delta(t)$ 项；若 $y'(t)$ 中含有 $\delta(t)$，则 $y''(t)$ 中就必含有 $\delta'(t)$ 项，这显然也是不可能的，即 $y'(t)$ 中也不可能含有 $\delta(t)$ 项；所以，$\delta(t)$ 项应包含在 $y''(t)$ 中，这样 $y'(t)$ 作为 $y''(t)$ 积分的结果，其中就应该含有 $u(t)$ 项($u(t)$ 是 $\delta(t)$ 的积分)，由 $u(t)$ 函数的性质知，$y'(t)$ 在 $t=0$ 处具有幅度为 1 的跃变。而 $y(t)$ 是 $y'(t)$ 积分的结果，故 $y(t)$ 在 $t=0$ 处连续。所以若将 $f(t)=u(t)$ 代入原方程，并从 0^- 到 0^+ 对方程两边积分，即

$$\int_{0^-}^{0^+} y''(t)\mathrm{d}t+5\int_{0^-}^{0^+} y'(t)\mathrm{d}t+6\int_{0^-}^{0^+} y(t)\mathrm{d}t=\int_{0^-}^{0^+} \delta(t)\mathrm{d}t-2\int_{0^-}^{0^+} u(t)\mathrm{d}t$$

根据上述分析可以得到：

$$y'(t)\Big|_{0^-}^{0^+}+5y(t)\Big|_{0^-}^{0^+}+0=1-0$$

$$y'(0^+)-y'(0^-)=1 \quad (y'(t)\text{ 在 } t=0 \text{ 处有幅度为 1 的跃变})$$

$$y(0^+)-y(0^-)=0 \quad (y(t)\text{ 在 } t=0 \text{ 处连续})$$

将 $y(0^-)=1, y'(0^-)=2$ 代入上式，可以求得：

$$y'(0^+)=3$$

$$y(0^+)=1$$

从例 2.2 可以看到，对于高阶方程，特别是在微分方程右端含有 $\delta(t)$ 各阶导数时，从 0^- 到 0^+ 转换的计算是一件麻烦的事情。注意到实际系统分析中，初始状态容易求得，因此在实际应用中，若已知初始状态一般不用经典方法求解，而直接采用下述的现代系统分析方法。

2.3 连续时间LTI系统的现代分析法

在以"状态"概念为基础的现代系统理论中，LTI系统的完全响应 $y(t)$ 被分解为零输入响应 $y_x(t)$ 和零状态响应 $y_f(t)$ 两部分，即

$$y(t)=y_x(t)+y_f(t) \tag{2-10}$$

由于零输入响应的输入为零，所以其初始条件一定等于原系统的初始状态，而零状态响应的初始状态一定为零，就为这两个响应计算过程中初始状态到初始条件的转换创造了条件。下面按照现代系统理论的基本观点，介绍连续系统零输入响应和零状态响应的计算方法。

2.3.1 零输入响应 $y_x(t)$

由于零输入响应 $y_x(t)$ 是由系统的初始状态引起的，因此 $y_x(t)$ 是方程

$$\sum_{k=0}^{n}a_k y_x^{(k)}(t)=0 \tag{2-11}$$

满足初始条件的解。当特征根为单根时，

$$y_x(t)=\sum_{k=1}^{n}c_{xk}\mathrm{e}^{\lambda_k t} \tag{2-12}$$

当特征根 λ_1 为 r 重根，其余为单根时，

$$y_x(t)=(c_{x0}+c_{x1}t+\cdots+c_{x(r-1)}t^{(r-1)})\mathrm{e}^{\lambda_1 t}+\sum_{k=r+1}^{n}c_{xk}\mathrm{e}^{\lambda_k t} \tag{2-13}$$

由于其初始条件等于系统的初始状态，所以式中系数 $c_{xk}\,|\,k=1,2,\cdots,n$ 由初始状态确定，与输入信号无关。由此可见，求解系统的零输入响应 $y_x(t)$ 与求解微分方程的齐次解 $y_h(t)$ 方法步骤完全相同，所不同的是，$y_x(t)$ 中的待定系数由初始状态确定。

例如，可以计算例2-2所示系统的零输入响应。

其齐次方程为： $y''_x(t)+5y'_x(t)+6y_x(t)=0$

零输入响应通式为： $y_x(t)=c_{x1}\mathrm{e}^{-2t}+c_{x2}\mathrm{e}^{-3t}$

利用初始状态确定的待定系数为： $c_{x1}=5, c_{x2}=-4$

零输入响应为： $y_x(t)=5\mathrm{e}^{-2t}-4\mathrm{e}^{-3t}$

2.3.2 零状态响应 $y_f(t)$

顾名思义，零状态响应就是系统在初始状态为零情况下的响应，因此，零状态响应 $y_f(t)$ 完全是系统在输入信号激励下产生的响应。在现代系统理论中对这部分响应的分析求解使用卷积积分。

利用卷积积分求解系统零状态响应 $y_f(t)$ 的基本出发点，一是LTI系统的线性和时不变性；二是任意信号 $f(t)$ 的可分解性。基于此依据，就可以根据系统对单位冲激信号的响应来确定在任意信号作用下系统的零状态响应。

一个初始状态为零的LTI连续系统，当系统的输入为单位冲激信号 $\delta(t)$ 时，系统的输

出响应 $h(t)$ 称为单位冲激响应，简称冲激响应。可以表示为：

$$\delta(t) \xrightarrow{h(t)\text{ 的定义}} h(t)$$

这里的箭头左边是输入信号，右边是系统的零状态响应，箭头上方表示的是箭头两边关系所依据的理由。根据系统的时不变性，当输入为 $\delta(t-i\Delta\tau)$ 时，其输出响应为 $h(t-i\Delta\tau)$，即

$$\delta(t-i\Delta\tau) \xrightarrow{\text{系统的时不变性}} h(t-i\Delta\tau)$$

又根据系统的齐次性可得：

$$f(i\Delta\tau)\delta(t-i\Delta\tau)\cdot\Delta\tau \xrightarrow{\text{系统的齐次性}} f(i\Delta\tau)h(t-i\Delta\tau)\cdot\Delta\tau$$

如果将不同延时和强度的冲激信号加起来再输入系统，根据系统的叠加性，则系统的输出就是各种不同延时和强度的冲激响应的叠加，即：

$$\sum_{(i)} f(i\Delta\tau)\delta(t-i\Delta\tau)\cdot\Delta\tau \xrightarrow{\text{系统的叠加性}} \sum_{(i)} f(i\Delta\tau)h(t-i\Delta\tau)\cdot\Delta\tau$$

对箭头两边取极限，$\Delta\tau\to 0$，则 $i\Delta\tau\to\tau$、$\Delta\tau\to \mathrm{d}\tau$，求和变成积分，即

$$\lim_{\Delta\tau\to 0}\sum_{(i)} f(i\Delta\tau)\delta(t-i\Delta\tau)\cdot\Delta\tau = \int_{-\infty}^{+\infty} f(\tau)\delta(t-\tau)\mathrm{d}\tau$$

$$\lim_{\Delta\tau\to 0}\sum_{i} f(i\Delta\tau)h(t-i\Delta\tau)\cdot\Delta\tau = \int_{-\infty}^{+\infty} f(\tau)h(t-\tau)\mathrm{d}\tau$$

于是有：

$$f(t)=\int_{-\infty}^{+\infty} f(\tau)\delta(t-\tau)\mathrm{d}\tau \to y_f(t)=\int_{-\infty}^{+\infty} f(\tau)h(t-\tau)\mathrm{d}\tau \tag{2-14}$$

此箭头两边的运算就是卷积积分。这表明，一个 LTI 系统的零状态响应 $y_f(t)$ 等于输入信号 $f(t)$ 与系统单位冲激响应的卷积。

$$y_f(t)=f(t)*h(t) \tag{2-15}$$

以上分析过程和式(2-14)、式(2-15)说明，信号 $f(t)$ 被分解成一系列强度不同、位置不同的冲激信号的代数和，即 $f(t)=\lim\limits_{\Delta\tau\to 0}\sum\limits_{(i)} f(i\Delta\tau)\delta(t-i\Delta\tau)\cdot\Delta\tau$，采用 $f(t)$ 激励系统所得的零状态响应，等价于分别采用这些冲激函数激励系统，将其零状态响应相加的结果。说明冲激函数是正交分解的基本信号，是时域分析的重要信号。

例 2.3　已知某 LTI 系统的单位冲激响应为 $h(t)=(\mathrm{e}^{-t}+\mathrm{e}^{-2t})u(t)$，输入为 $f(t)=\mathrm{e}^{-t}u(t)$，求该系统的零状态响应 $y_f(t)$。

解　由式(2-15)所示，系统的零状态响应为：

$$\begin{aligned}
y_f(t)&=f(t)*h(t)\\
&=[\mathrm{e}^{-t}u(t)]*[(\mathrm{e}^{-t}+\mathrm{e}^{-2t})u(t)]\\
&=\mathrm{e}^{-t}u(t)*\mathrm{e}^{-t}u(t)+\mathrm{e}^{-t}u(t)*\mathrm{e}^{-2t}u(t)\\
&=\int_0^t \mathrm{e}^{-(t-\tau)}\cdot\mathrm{e}^{-\tau}\mathrm{d}\tau+\int_0^t \mathrm{e}^{-(t-\tau)}\cdot\mathrm{e}^{-2\tau}\mathrm{d}\tau\\
&=\int_0^t \mathrm{e}^{-t}\mathrm{d}\tau+\int_0^t \mathrm{e}^{-t}\cdot\mathrm{e}^{-\tau}\mathrm{d}\tau\\
&=t\mathrm{e}^{-t}u(t)+(\mathrm{e}^{-t}-\mathrm{e}^{-2t})u(t)\\
&=(1+t)\mathrm{e}^{-t}u(t)-\mathrm{e}^{-2t}u(t)
\end{aligned}$$

上述过程的MATLAB实现程序和结果(见图2-2)如下：

```
t = 0:0.1:5;
h = exp( - t) + exp( - 2 * t);
f = exp( - t);
yf = conv(h,f);
figure(1)
plot(yf);
title('系统零状态响应');
xlabel('t');
ylabel('ft');
```

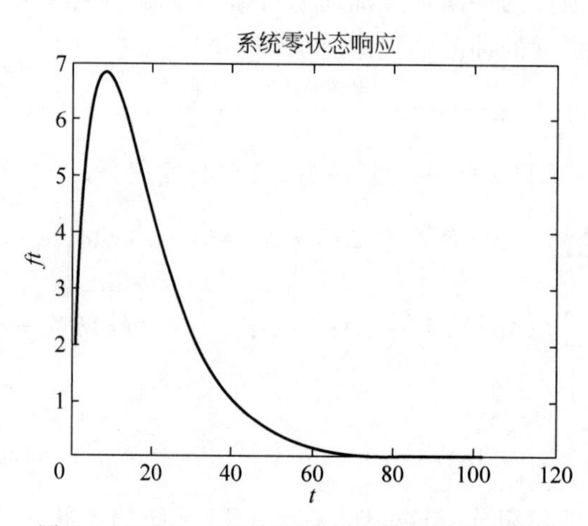

图2-2 MATLAB计算的系统零状态响应结果

2.4 单位冲激响应

如上所述，一个初始状态为零的LTI连续系统，当系统的输入为单位冲激信号$\delta(t)$时，系统的输出响应$h(t)$称为单位冲激响应，简称冲激响应。从2.3.2节可以看到，求解系统在任意输入信号$f(t)$激励下的零状态响应$y_f(t)$，实际上就是求解$f(t)$与系统单位冲激响应$h(t)$的卷积。换句话说，为了求$y_f(t)$，必须先求知系统的冲激响应。

2.4.1 单位冲激响应的相关特性

根据冲激信号的定义及式(2-15)，可以引申出冲激响应$h(t)$的一些特性。

(1) $h(t)$是系统的一种特殊的零输入响应。根据$h(t)$的定义及$\delta(t)$函数的特性，$\delta(t)$只是在$t=0$时对系统作用，在$t>0$后$\delta(t)$就不存在了。$\delta(t)$的这种瞬间的作用，可以等效成对系统建立了一个初始储能，使得0^+初始条件不为0。所以在$t>0$的响应$h(t)$就是在没有输入信号作用的情况下，由$\delta(t)$建立的这个初始储能引起的响应。因此，$h(t)$可以看成是一种特殊的零输入响应，其函数形式与零输入响应$y_x(t)$的形式相同。

(2) 冲激响应可完全表征系统的特性。根据特性(1)及式(2-15)可知，一个连续时间LTI系统对任意输入信号$f(t)$的零状态响应$y_f(t)$，取决于系统冲激响应$h(t)$。这表明，$h(t)$完全由系统的结构和参数确定，与外部输入信号无关。因此，可以把$h(t)$看成是系统结构和参数的数学模型，用来表示一个 LTI 系统，如图 2-3 所示。

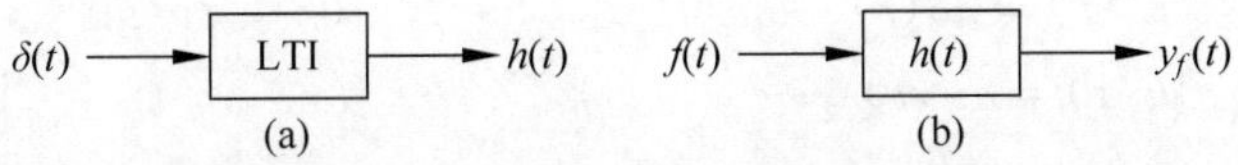

图 2-3　单位冲激响应的概念及系统的 $h(t)$ 表示

(3) LTI 系统的 $h(t)$ 具有因果性。因为 $h(t)$ 是一种特殊的零状态响应，它是 $\delta(t)$ 在 $t=0$ 时刻作用于初始状态为零的 LTI 系统产生的响应，因此 $h(t)$ 符合因果律，即 $h(t)$ 只有在 $t\geqslant 0$ 上，即 $\delta(t)$ 作用之后存在。故 $h(t)$ 必是一个因果函数。

2.4.2　LTI 系统冲激响应 $h(t)$ 的求取方法

系统的冲激响应可完全表征系统的特性，所以分析和计算系统的冲激响应具有重要的意义。下面给出几种具体的计算方法。

1. 由微分方程求 $h(t)$

将 $h(t)$ 看作是特殊的零输入响应，即 $h(t)$ 是 $\delta(t)$ 在 $t=0$ 时刻在系统中建立的 0^+ 初始条件 $y_f(0^+)$ 引起的零输入响应，这时可先求出微分方程的齐次解，然后根据冲激平衡法，使微分方程左右两边的冲激函数及其导数的对应项相等，求出 $\delta(t)$ 所建立的 0^+ 初始条件 $y_f(0^+)$，之后由此确定出齐次方程解的系数，这便求得了 $h(t)$。由式(2-4)所示的一般系统的微分方程描述，可得其冲激响应满足：$\sum_{k=0}^{n} a_k h^{(k)}(t)=\delta(t)$，由冲激平衡法可以得到其初始条件为：

$$\begin{cases} h^{(j)}(0^+)=0, & j=0,1,2,\cdots,n-2 \\ h^{(n-1)}(0^+)=1 \end{cases}$$

例 2.4　某系统的微分方程为：

$$y''(t)+4y'(t)+3y(t)=f'(t)+2f(t)$$

求冲激响应 $h(t)$。

解　根据冲激响应的定义，可将原方程写为：

$$h''(t)+4h'(t)+3h(t)=\delta'(t)+2\delta(t) \tag{2-16}$$

(1) 求解 $h(t)$ 的一般形式，为此，先写出系统的特征方程。

$$\lambda^2+4\lambda+3=0$$

并解得特征根 $\lambda_1=-1,\lambda_2=-3$，则系统冲激响应 $h(t)$ 的一般形式为：

$$h(t)=c_1\mathrm{e}^{-t}+c_2\mathrm{e}^{-3t} \tag{2-17}$$

(2) 确定 $\delta(t)$ 建立的 0^+ 初始条件。

为了确定待定系数 c_1 和 c_2，先要确定出由 $\delta(t)$ 建立的 0^+ 初始条件 $h(0^+)$ 和 $h'(0^+)$。为此，利用冲激函数平衡的原则，确定出方程左端各导数项的奇异函数项形式，然后代入原方程。通过比较同类奇异函数项系数，求解出相应的系数，进而计算出 0^+ 初始条件值。本例中，由于方程右端奇异函数的最高阶导数为 $\delta'(t)$，所以方程左端也必须有 $\delta'(t)$ 项，且这个 $\delta'(t)$ 项只能包含在方程左端最高阶导数项 $h''(t)$ 中。设各阶导数项的奇异函数项为：

$$\begin{cases} h''(t)=a\delta'(t)+b\delta(t)+cu(t) \\ h'(t)=a\delta(t)+bu(t) \\ h(t)=au(t) \end{cases}, \quad 0^- < t < 0^+ \tag{2-18}$$

代入式(2-16)有：

$$[a\delta'(t)+b\delta(t)+cu(t)]+4[a\delta(t)+bu(t)]+3au(t)=\delta'(t)+2\delta(t)$$

整理后得：$a\delta'(t)+(b+4a)\delta(t)+(c+4b+3a)u(t)=\delta'(t)+2\delta(t)$

对比两端同类项系数，得：$a=1, b+4a=2, c+4b+3a=0$

求解得到 $a=1, b=-2, c=5$，代入式(2-18)$h'(t)$和 $h(t)$中，并令 $t=0^+$，解得：

$$h'(0^+)=-2, \quad h(0^+)=1$$

(3) 确定待定系数。

由于 $h(t)=c_1\mathrm{e}^{-t}+c_2\mathrm{e}^{-3t}$，$h'(t)=-c_1\mathrm{e}^{-t}-3c_2\mathrm{e}^{-3t}$，所以当 $t=0^+$ 时，可得：

$$h(0^+)=c_1+c_2, \quad h'(0^+)=-c_1-3c_2$$

将 $h'(0^+)=-2, h(0^+)=1$ 代入得：

$$c_1+c_2=1, \quad -c_1-3c_2=-2$$

解得：

$$c_1=\frac{1}{2}, \quad c_2=\frac{1}{2}$$

代入式(2-17)中得：$h(t)=\frac{1}{2}(\mathrm{e}^{-t}+\mathrm{e}^{-3t})u(t)$。

上述过程的 MATLAB 实现程序和结果如下：

```
sys = tf([1, 2],[1, 4, 3]);
t = 0:0.1:10;
ht = impulse(sys,t);
plot(ht);
title('系统冲激响应');
xlabel('t');
ylabel('ht');
```

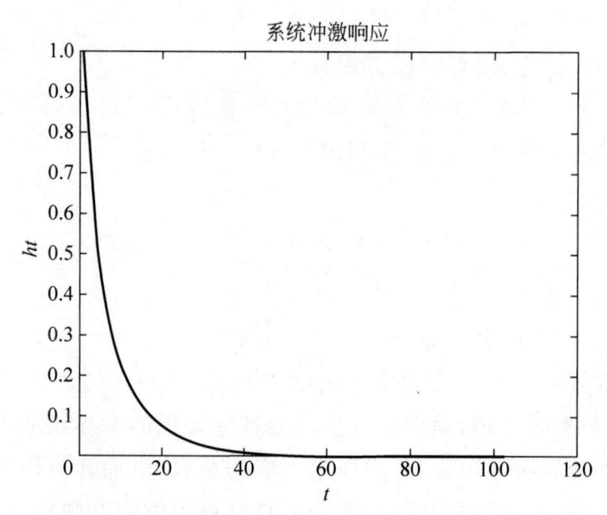

图 2-4　MATLAB 计算的系统冲激响应结果

2. 从系统结构直接求 $h(t)$

在某些情况下，当系统结构很清楚时，则可按 $h(t)$的定义，在系统输入设定一个 $\delta(t)$作用，由系统结构就可直接写出其零状态响应，即求得 $h(t)$。

例 2.5 如图 2-5 所示的横向滤波器，它由延时单元、加法器、放大器组成，试求其 $h(t)$。

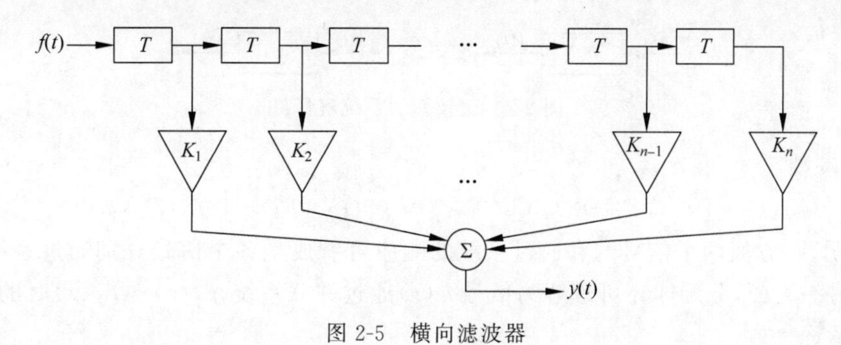

图 2-5 横向滤波器

解 该系统结构清楚，且适于用直接法求其冲激响应 $h(t)$。为此设 $\delta(t)$为系统输入。其输出的零状态响应，即 $h(t)$为：

$$h(t)=K_1\delta(t-T)+K_2\delta(t-2T)+\cdots+K_n\delta(t-nT)=\sum_{i=1}^{n}K_i\delta(t-iT)$$

3. 实验测定 $h(t)$

在许多情况下，当系统的结构或是其中所进行的信号处理过程不是很清楚时，可以通过实验确定系统的 $h(t)$——即通过观测系统的一组输入、输出数据确定系统的数学模型。在简单情况下可以直接测定，在较复杂情况下，应用系统辨识解决这一问题。

直接通过实验测定 $h(t)$的原理如图 2-6 所示。

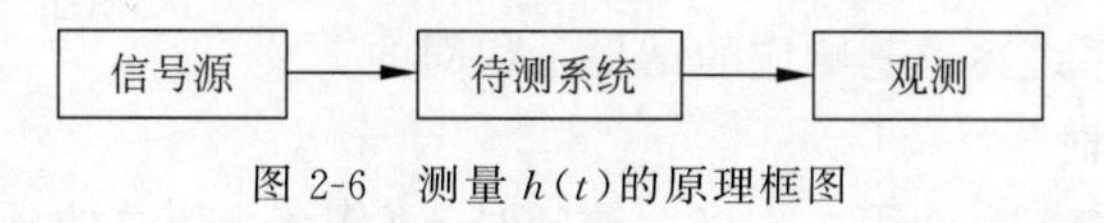

图 2-6 测量 $h(t)$的原理框图

用一个产生脉冲序列的振荡器做信号源，信号源输出的脉冲宽度可调、周期可调。让待测系统起始状态为零，将脉冲序列作为待测系统的输入信号，并用观察记录设备对待测系统的输出进行观测和记录。在测试时，先调节信号源的输出脉冲周期，使待测系统输出波形前后彼此不相交叠，即使输出脉冲周期大于待测系统输出波形的持续期，以表明能观测到的一个周期内的波形是由单个输入脉冲所产生的；然后再调节信号源的输出脉冲宽度，由宽变窄，直到继续变窄时，待测系统输出波形及参数不再改变为止，以表明此时信号源输出脉冲可认为是 $\delta_\tau(t)$序列，则此时的输出波形就是系统的 $h(t)$。基于类似的思路，也可测定系统的阶跃响应。暂态特定测试仪就是基于这种方法的专门仪器。

2.4.3 卷积积分的系统意义

2.3.2 节通过将一般输入信号分解为一系列不同强度冲激函数之和的方法，建立了信号通过线性非时变系统时，零状态响应与卷积积分的关系，即任意信号 $f(t)$通过冲激响应为 $h(t)$的线性非时变系统时，系统的零状态响应等于输入信号与系统冲激响应的卷积：$y_f(t)=f(t)*h(t)$，基于这个关系，可以从系统的观点理解卷积的意义。

1. 交换律

$$y(t)=f(t)*h(t)=h(t)*f(t) \tag{2-19}$$

如果暂不考虑系统的可实现性问题,则此式表明,若两个函数卷积,可以将其中任一个函数解释为系统,如图 2-7 所示。

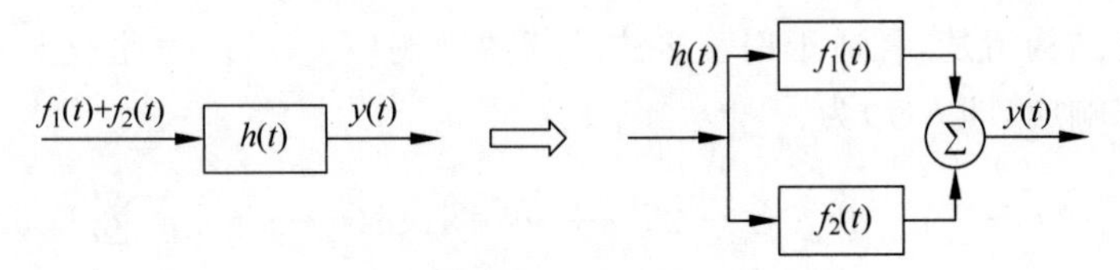

图 2-7 交换律的系统解释

2. 分配律

$$y(t)=[f_1(t)+f_2(t)]*h(t)=f_1(t)*h(t)+f_2(t)*h(t) \tag{2-20}$$

这表明,一方面两个信号的和通过系统的响应可看成是各个信号分别通过系统时的响应的和;另一方面,分配律还可理解为信号 $h(t)$通过并联系统 $f_1(t)+f_2(t)$时的响应,如图 2-8 所示。

图 2-8 分配律的系统解释

3. 结合律

$$y(t)=f(t)*(h_1(t)*h_2(t))=(f(t)*h_1(t))*h_2(t) \tag{2-21}$$

此式表明,当系统级联时,可以改变系统级联的先后次序而不影响系统的输出。如图 2-9 所示,按照这个次序分析的结果与先分析级联系统再求其响应的结果是相同的。

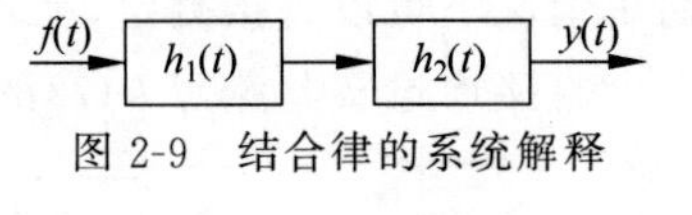

图 2-9 结合律的系统解释

4. 级联系统的延时

参考图 2-9,若系统 $h_1(t)$延时 τ_1,$h_2(t)$延时 τ_2,则该系统总的延时为 $\tau_1+\tau_2$,即

$$\begin{aligned}&f(t)*h_1(t-\tau_1)*h_2(t-\tau_2)\\&=f(t)*h_1(t)*h_2(t)*\delta(t-\tau_1-\tau_2)\\&=y(t)*\delta(t-(\tau_1+\tau_2))\\&=y[t-(\tau_1+\tau_2)]\end{aligned} \tag{2-22}$$

这表明在级联系统中,系统的延时是相加的。

5. 微分系统与积分系统

图 2-10 给出了一种基于式(2-23)卷积关系的微分系统框图描述。由框图看出,将信号微分后通过系统与通过系统后再微分是等价的。实际上,对积分系统也有类似的结果。

$$y(t)=f'(t)*h(t)=f(t)*h'(t) \tag{2-23}$$

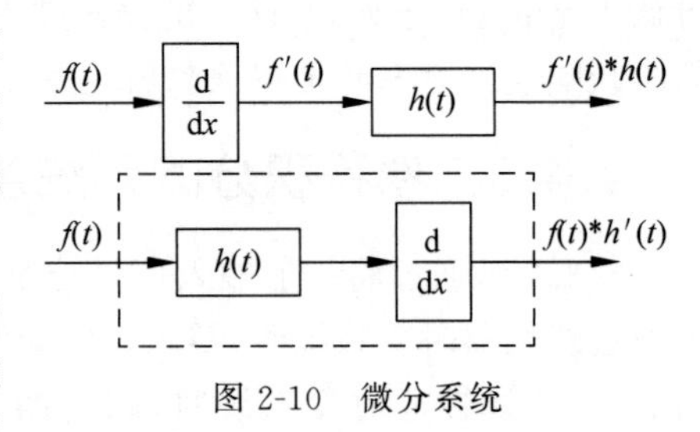

图 2-10 微分系统

上面从系统的角度解释了卷积积分的一些性质,这种解释表明:从数学上看系统就是一个运算

器，用系统可以实现一种运算及一种以上的运算组合，从而完成一种信号处理的算法，在对信号的数字处理中，研究算法是一项非常重要的工作。

2.5　阶跃响应

定义 LTI 系统的激励为阶跃函数时的零状态响应为阶跃响应，记为 $g(t)$，则容易得到：

$$h(t)=g'(t),\quad g(t)=\int_0^t h(\tau)\mathrm{d}\tau,\quad y_f(t)=f'(t)*g(t) \tag{2-24}$$

由式(2-24)可以通过冲激响应很容易地得到阶跃响应，也可以通过阶跃响应得到系统的任何零状态响应。

本章小结

本章重点介绍了线性非时变系统的数学模型——常系数的线性微分方程及其经典解法；重点介绍了激励、冲激响应以及零状态响应三者之间的关系以及现代系统分析方法。其中涉及初始状态、初始条件、零输入响应、零状态响应、全响应、自由响应、强迫响应、瞬态响应、稳态响应、冲激响应、阶跃响应等大量概念。希望大家重点掌握相关概念，在第 6 章有更简单的微分方程求解方法，所以这里的具体分析方法做了解即可。

习题

2.1　描述系统的微分方程和初始状态如下，试求其零输入响应。

(1) $y''(t)+5y'(t)+6y(t)=f(t),y(0^-)=1,y'(0^-)=-1$

(2) $y''(t)+2y'(t)+5y(t)=f(t),y(0^-)=2,y'(0^-)=-2$

2.2　已知描述系统的微分方程和初始状态，试求其 0^+ 初始值。

(1) $y''(t)+4y'(t)+5y(t)=f'(t),y(0^-)=1,y'(0^-)=2,f(t)=\mathrm{e}^{-2t}u(t)$

(2) $y''(t)+4y'(t)+3y(t)=f'(t)+f(t),y(0^-)=0,y'(0^-)=1,f(t)=u(t)$

2.3　已知描述系统的微分方程和初始状态，求其零输入响应、零状态响应和完全响应。

(1) $y''(t)+4y'(t)+3y(t)=f(t),y(0^-)=y'(0^-)=1,f(t)=u(t)$

(2) $y''(t)+2y'(t)+2y(t)=f'(t),y(0^-)=0,y'(0^-)=1,f(t)=u(t)$

2.4　已知系统的微分方程为 $y''(t)+3y'(t)+2y(t)=f'(t)+3f(t)$，当激励 $f(t)=\mathrm{e}^{-4t}u(t)$时，系统的全响应为：

$$y(t)=\left(\frac{14}{3}\mathrm{e}^{-t}-\frac{7}{2}\mathrm{e}^{-2t}-\frac{1}{6}\mathrm{e}^{-4t}\right)u(t)$$

求冲激响应 $h(t)$、零状态响应 $y_f(t)$与零输入响应 $y_x(t)$、自由响应与强迫响应、瞬态响应与稳态响应。

2.5　已知系统的微分方程为 $y''(t)+7y'(t)+12y(t)=2f'(t)+3f(t),t\geqslant 0,f(t)=2\mathrm{e}^{-2t}u(t),y(0^+)=1,y'(0^+)=2$。求系统的零输入响应 $y_x(t)$、单位冲激响应 $h(t)$、零状态响应 $y_f(t)$和全响应 $y(t)$。

2.6　电路如图 2-11 所示，已知 $R=3\Omega$，$L=1\mathrm{H}$，$C=\frac{1}{2}\mathrm{F}$，$u_S(t)=\cos t u(t)\mathrm{V}$，若以 $u_C(t)$ 为输出，求其零状态响应。

2.7　已知图 2-12 中 $L=\frac{1}{5}\mathrm{H}$，$C=1\mathrm{F}$，$R=\frac{1}{2}\Omega$，输出为 $i_L(t)$，求其冲激响应和阶跃响应。

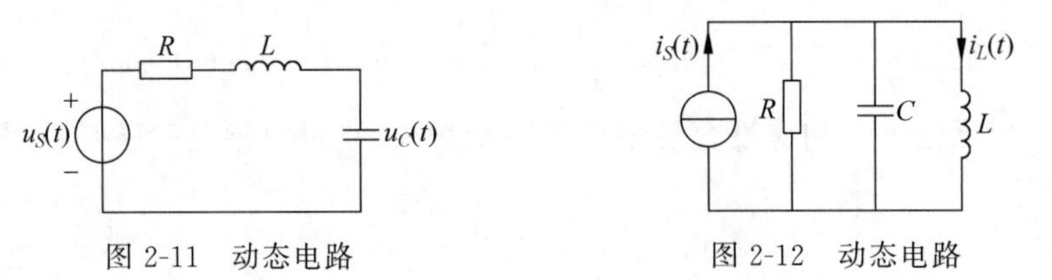

图 2-11　动态电路　　　　图 2-12　动态电路

2.8　某 LTI 系统的输入 $f(t)$ 与输出 $y(t)$ 的关系为：

$$y(t)=\int_{t-1}^{+\infty}\mathrm{e}^{-2(t-x)}f(x-2)\mathrm{d}x$$

求该系统的冲激响应 $h(t)$，并采用 MATLAB 编程画出 $0<t<3$ 时的冲激响应曲线。

2.9　如图 2-13 所示的系统，试求当输入 $f(t)=u(t)-u(t-4\pi)$ 时系统的零状态响应。

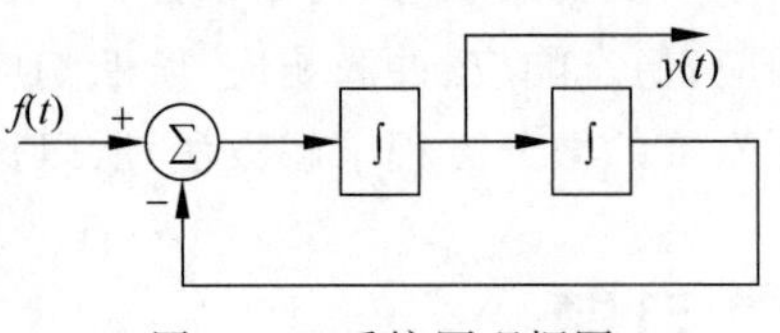

图 2-13　系统原理框图

2.10　如图 2-14 所示系统，它由几个子系统组合而成，各子系统的冲激响应分别为 $h_1(t)=u(t)$（积分器），$h_2(t)=\delta(t-1)$（单位延时），$h_3(t)=-\delta(t)$（反相器），求复合系统的冲激响应。

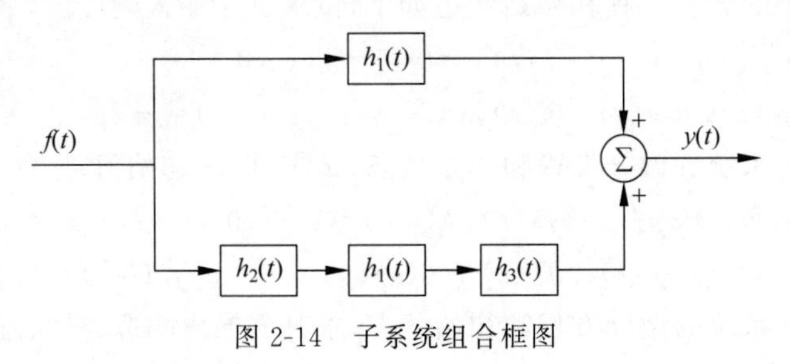

图 2-14　子系统组合框图

2.11　已知系统的微分方程为 $y'(t)+2y(t)=2f(t)$，$t\geqslant 0$，求以下各种情况下的零状态响应 $y(t)$：(1) $f(t)=\delta(t)$；(2) $f(t)=\delta'(t)$；(3) $f(t)=u(t)$。

2.12　描述某 LTI 系统的微分方程为 $y''(t)+5y'(t)+6y(t)=f(t)$，利用经典法求：

(1) 当 $f(t)=2\mathrm{e}^{-t}$，$t\geqslant 0$；$y(0)=2$，$y'(0)=-1$ 时的全解；

(2) 当 $f(t)=\mathrm{e}^{-2t}$，$t\geqslant 0$；$y(0)=1$，$y'(0)=0$ 时的全解。

2.13　已知系统的微分方程为 $y'''(t)+4y''(t)+5y'(t)+2y(t)=f(t)$，求系统的冲激响应 $h(t)$。

2.14　描述某 LTI 系统的微分方程为 $y''(t)+3y'(t)+2y(t)=2f'(t)+6f(t)$，利用 MATLAB 编程计算系统的单位冲激响应和阶跃响应。

第3章 傅里叶级数与傅里叶变换

CHAPTER 3

本章将重点介绍傅里叶级数展开方法和傅里叶变换方法。这种方法可以理解为将时域空间的信号映射到频域空间,进而观察在时域空间无法观察到的信号的频率特性,例如,信号含有哪些频率分量,不同的频率分量对时域表现的影响等。通过这两种方法的介绍,将引入信号的频谱、带宽等重要概念以及通过变换方法分析和解决实际问题的思想。

3.1 引言

本章将从傅里叶级数展开开始变换域分析方法及应用相关问题的讨论。尽管讨论是从傅里叶级数开始的,但随着讨论的深入,可以将傅里叶级数看成是傅里叶变换的一种特殊表达形式,或者将傅里叶变换看成是傅里叶级数的一种扩展,这样便从概念和方法上实现了傅里叶级数到傅里叶变换的"无缝"连接。这一思想还应用于从傅里叶变换到拉普拉斯变换、从傅里叶变换到小波变换的过渡。

傅里叶分析方法(也可以理解为频域分析方法)的研究与应用至今已经历了一百余年,百余年来这一方法在电力工程,在通信和控制领域,在力学、光学、量子物理和各种线性系统分析等许多有关数学、物理和工程技术领域中得到了广泛的应用,从而成为信号分析与系统设计不可缺少的重要工具。

然而,傅里叶方法仍有其一定的局限性,并非对解决实际应用中的一切问题都那么有效。例如对非线性系统和非平稳信号等问题的分析就很显不足。也正因为如此,20世纪70年代以来,人们对其他正交变换方法产生了浓厚的兴趣,如沃尔什变换(基于一种正交函数的变换),小波变换(一种在时空域都具有局部分析能力的变换)等。但是,傅里叶方法在上述众多领域不仅始终有着极其广泛的应用,而且也是研究其他变换方法的基础,应该牢靠掌握。

3.2 傅里叶级数

在1.1.6节中已经详尽讨论了正交函数、正交函数集及完备正交函数集的相关概念,并得到结论:*在均方误差为零的情况下,任何与完备正交函数集有相同定义域的函数都可以分解为该函数集中正交函数的代数和*。三角函数集是一个完备的正交函数集,傅里叶级数就是利用三角函数集对任意周期函数的分解。

在时间域观察周期信号，只能看到周期信号的周期 T，进而可以计算其频率 $f=1/T$，除此之外再也无法看出其含有的其他频率分量。在实际应用中，常需要了解周期信号含有的所有频率分量，进而得到其频谱和带宽。为了实现这一目的，对周期信号做傅里叶级数展开。

3.2.1 傅里叶级数的三种形式

傅里叶级数展开包括基本形式、余弦形式（正弦形式）和指数形式三种，下面对其分别进行介绍。

1. 傅里叶级数的基本形式

设 $f(t)$为任意周期函数，其周期为 T，角频率为 $\omega_1=2\pi/T$。若 $f(t)$满足下列狄里赫利条件：

(1) $f(t)$在一个周期内连续或在一个周期内只有有限个第一类间断点；

(2) $f(t)$在一个周期内只有有限个极值点（极大值点或极小值点）；

则 $f(t)$可以展开成如下基本形式的傅里叶级数：

$$\begin{aligned}f(t)&=\frac{a_0}{2}+a_1\cos\omega_1 t+a_2\cos2\omega_1 t+\cdots+b_1\sin\omega_1 t+b_2\sin2\omega_1 t+\cdots\\&=\frac{a_0}{2}+\sum_{k=1}^{\infty}(a_k\cos k\omega_1 t+b_k\sin k\omega_1 t)\end{aligned}\tag{3-1}$$

式中，ω_1 为原函数 $f(t)$的角频率，不同周期的周期函数具有不同的角频率；a_0、a_k 和 b_k 为傅里叶系数，各参数都有相应的物理意义。

在工程技术上所遇到的周期函数一般都满足狄里赫利条件，所以在本书以后的描述中若无特别需要不再注明此条件。

式(3-1)中的傅里叶系数，可根据式(1-62)求得，也可根据三角函数集的正交性很方便得求知。

首先求傅里叶系数 a_0。直接对式(3-1)等号两端从 $-T/2$ 到 $T/2$ 逐项积分，得：

$$\int_{-T/2}^{T/2}f(t)\mathrm{d}t=\int_{-T/2}^{T/2}\frac{a_0}{2}\mathrm{d}t+\int_{-T/2}^{T/2}\sum_{k=1}^{\infty}(a_k\cos k\omega_1 t+b_k\sin k\omega_1 t)\mathrm{d}t=\frac{Ta_0}{2}$$

即有：

$$\frac{a_0}{2}=\frac{1}{T}\int_{-T/2}^{T/2}f(t)\mathrm{d}t\tag{3-2}$$

式(3-2)表明，$\frac{a_0}{2}$是 $f(t)$在积分周期内的平均值，所以称$\frac{a_0}{2}$为周期信号 $f(t)$的直流分量。

其次求傅里叶系数 a_k，b_k。用 $\cos n\omega_1 t$ 乘以式(3-1)等式两端，并从 $-T/2$ 到 $T/2$ 积分，根据三角函数的正交性，可得：

$$\begin{aligned}\int_{-T/2}^{T/2}f(t)\cos n\omega_1 t\,\mathrm{d}t&=\int_{-T/2}^{T/2}\frac{a_0}{2}\cos n\omega_1 t\,\mathrm{d}t+\int_{-T/2}^{T/2}\sum_{k=1}^{\infty}(a_k\cos k\omega_1 t+b_k\sin k\omega_1 t)\cos n\omega_1 t\,\mathrm{d}t\\&=\begin{cases}Ta_k/2, & n=k\\0, & n\neq k\end{cases}\end{aligned}$$

即：

$$a_k=\frac{2}{T}\int_{-T/2}^{T/2}f(t)\cos k\omega_1 t\,\mathrm{d}t\quad k=1,2,\cdots\tag{3-3}$$

同理,用 $\sin n\omega_1 t$ 乘以式(3-1)等式两端,并取一个周期的定积分得:

$$b_k=\frac{2}{T}\int_{-T/2}^{T/2}f(t)\sin k\omega_1 t\,\mathrm{d}t\quad k=1,2,\cdots \tag{3-4}$$

2. 傅里叶级数的余弦形式

若将式(3-1)中的同频率项加以合并,则式(3-1)可以写成:

$$f(t)=\frac{A_0}{2}+\sum_{k=1}^{\infty}A_k\cos(k\omega_1 t+\varphi_k) \tag{3-5}$$

或者

$$f(t)=\frac{d_0}{2}+\sum_{k=1}^{\infty}d_k\sin(k\omega_1 t+\theta_k) \tag{3-6}$$

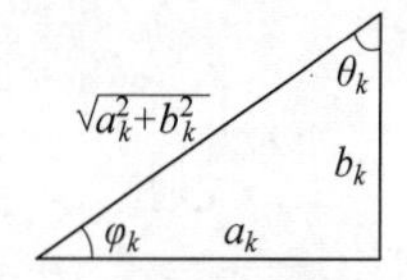

图 3-1　傅里叶系数的关系三角形

式(3-5)称为傅里叶级数的余弦形式,式(3-6)称为傅里叶级数的正弦形式。比较式(3-1)和式(3-5)、式(3-6),可构造如图 3-1 所示的关系三角形,并从中可以得出傅里叶级数中各系数间的关系。

$$\begin{cases}a_0=A_0=d_0\\ A_k=d_k=\sqrt{a_k^2+b_k^2}\\ a_k=A_k\cos\varphi_k=d_k\sin\theta_k\\ b_k=-A_k\sin\varphi_k=d_k\cos\theta_k\\ \theta_k=\arctan\dfrac{a_k}{b_k}\\ \varphi_k=-\arctan\dfrac{b_k}{a_k}\end{cases} \tag{3-7}$$

式(3-1)和式(3-5)表明,任何周期信号只要满足狄里赫利条件就可以分解成直流分量、正弦或余弦分量的代数和。这些正弦、余弦分量的角频率必定是原函数 $f(t)$ 角频率的整数倍。通常把角频率为 ω_1 的分量称为基波;角频率为 $k\omega_1$ 的分量称为谐波,即角频率为 $2\omega_1$, $3\omega_1$,…的分量分别称为二次谐波,三次谐波等;$\varphi_k(\theta_k)$ 称为第 k 次谐波的初始相位;A_k, d_k 称为第 k 次谐波的幅度,而 a_k, b_k 称为第 k 次谐波的余弦分量幅度和正弦分量幅度。

可以看出,通过对周期信号做傅里叶级数展开,可以得到该周期信号所含有的谐波分量,而这些频率分量在没有展开之前的时域信号中是直接看不出来的,这就是傅里叶级数展开所带来的好处。同时,傅里叶级数展开也可以提供信号逼近、近似处理以及波形合成等新方法。

3. 傅里叶级数的指数形式

周期信号展开为傅里叶级数的几种形式如表 3-1 所示。由前面正交分解部分的讲解,知道指数函数集$\{e^{jk\omega_1 t}\,|\,k=0,\pm1,\pm2,\cdots\}$是一个完备正交函数集,满足狄里赫利条件的周期函数都可以分解为每个正交函数的代数和,这样就可以很容易地得到指数形式傅里叶级数展开式如下:

$$f(t)=\sum_{k=-\infty}^{\infty}F_k e^{jk\omega_1 t} \tag{3-8}$$

其中,F_k 称为傅里叶系数。由正交分解过程可知:

$$F_k=\frac{1}{T}\int_{-T/2}^{T/2}f(t)e^{-jk\omega_1 t}\,\mathrm{d}t,\quad k=0,\pm1,\pm2,\cdots \tag{3-9}$$

$$
\begin{aligned}
F_k &= \frac{1}{T}\int_{-T/2}^{T/2} f(t)\mathrm{e}^{-\mathrm{j}k\omega_1 t}\,\mathrm{d}t = \frac{1}{T}\int_{-T/2}^{T/2} f(t)(\cos k\omega_1 t - \mathrm{j}\sin k\omega_1 t)\,\mathrm{d}t \\
&= \frac{1}{2}\left(\frac{2}{T}\int_{-T/2}^{T/2} f(t)\cos k\omega_1 t\,\mathrm{d}t - \mathrm{j}\,\frac{2}{T}\int_{-T/2}^{T/2} f(t)\sin k\omega_1 t\,\mathrm{d}t\right) \\
&= \frac{1}{2}(a_k - \mathrm{j}b_k)
\end{aligned}
\tag{3-10}
$$

从式(3-7)和式(3-10)可以推知几种傅里叶系数之间的关系如下：

$$
\begin{gathered}
F_0 = \frac{a_0}{2} = \frac{A_0}{2} = \frac{d_0}{2};\ F_k = \frac{1}{2}(a_k - \mathrm{j}b_k) = \frac{1}{2}A_k \mathrm{e}^{\mathrm{j}\varphi_k} \\
F_{-k} = \frac{1}{2}(a_k + \mathrm{j}b_k);\ |F_k| = \frac{1}{2}\sqrt{a_k^2 + b_k^2} = \frac{1}{2}A_k;\ \varphi_k = -\varphi_{-k}
\end{gathered}
\tag{3-11}
$$

表 3-1 周期信号展开为傅里叶级数的几种形式

形式		展开式	傅里叶系数	系数的性质	系数间的关系
指数形式		$f(t) = \sum_{k=-\infty}^{+\infty} F_k \mathrm{e}^{\mathrm{j}k\omega_1 t}$	$F_k = \frac{1}{T}\int_{-T/2}^{T/2} f(t)\mathrm{e}^{-\mathrm{j}k\omega_1 t}\mathrm{d}t$ $k = 0, \pm 1, \pm 2, \cdots$	$F_k = \|F_k\| \mathrm{e}^{\mathrm{j}\varphi_k}$ $\|F_k\| = \|F_{-k}\|$ $\varphi_k = -\varphi_{-k}$	$F_k = \frac{1}{2}(a_k - \mathrm{j}b_k)$ $= \frac{1}{2}A_k \mathrm{e}^{\mathrm{j}\varphi_k}$
三角函数形式	基本形式	$f(t) = \frac{a_0}{2} + \sum_{k=1}^{\infty}(a_k\cos(k\omega_1 t) + b_k\sin(k\omega_1 t))$	$a_k = \frac{2}{T}\int_{-T/2}^{T/2} f(t)\cos(k\omega_1 t)\mathrm{d}t$ $b_k = \frac{2}{T}\int_{-T/2}^{T/2} f(t)\sin(k\omega_1 t)\mathrm{d}t$ $\varphi_k = -\arctan\left(\frac{b_k}{a_k}\right)$ $k = 0, 1, 2, \cdots$	$a_k = a_{-k}$ $b_k = -b_{-k}$ $\varphi_k = -\varphi_{-k}$	$a_k = A_k\cos\varphi_k$ $= F_k + F_{-k}$ $b_k = -A_k\sin\varphi_k$ $= \mathrm{j}(F_k - F_{-k})$
	余弦形式	$f(t) = \frac{A_0}{2} + \sum_{k=1}^{\infty} A_k\cos(k\omega_1 t + \varphi_k)$	$A_k = \sqrt{a_k^2 + b_k^2}$ $\varphi_k = -\arctan\left(\frac{b_k}{a_k}\right)$	$A_k = A_{-k}$ $\varphi_k = -\varphi_{-k}$	$A_k = 2\|F_k\|$ $A_k = \sqrt{a_k^2 + b_k^2}$

例 3.1 求图 3-2 所示信号的傅里叶级数展开式。

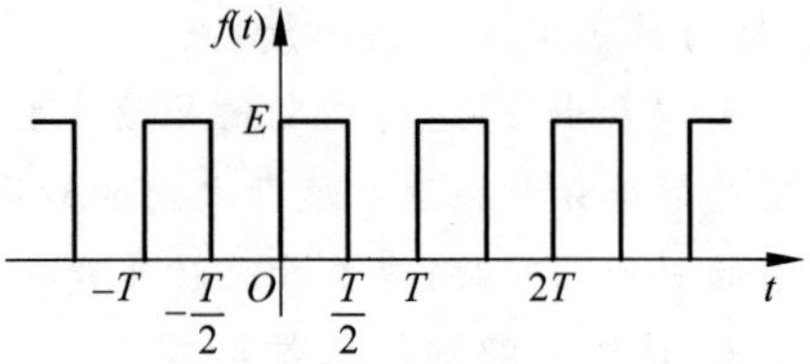

解 根据 a_0 的计算公式，有 $a_0 = \frac{2}{T}\int_0^T f(t)\mathrm{d}t = \frac{2}{T}\int_0^{T/2} E\,\mathrm{d}t = E$。这表明信号 $f(t)$ 的直流分量为 $a_0/2 = E/2$。

图 3-2 方波信号

$$
a_k = \frac{2}{T}\int_0^T f(t)\cos k\omega_1 t\,\mathrm{d}t = \frac{2}{T}\int_0^{T/2} E\cos k\omega_1 t\,\mathrm{d}t = \frac{2E}{T}\cdot\left.\frac{\sin k\omega_1 t}{k\omega_1}\right|_0^{\frac{T}{2}}
$$

考虑到上式中 $\omega_1 = 2\pi/T$，则 $a_k = 0$。同样可得：

$$
\begin{aligned}
b_k &= \frac{2}{T}\int_0^T f(t)\sin(k\omega_1 t)\,\mathrm{d}t = \frac{2}{T}\int_0^{T/2} E\sin(k\omega_1 t)\,\mathrm{d}t \\
&= \frac{2E}{T}\left.\frac{-\cos(k\omega_1 t)}{k\omega_1}\right|_0^{\frac{T}{2}} = \frac{E}{k\pi}[1 - \cos(k\pi)]
\end{aligned}
$$

$$=\begin{cases}\dfrac{2E}{k\pi}, & k=1,3,5,\cdots\\ 0, & k=2,4,6,\cdots\end{cases}$$

代入式(3-1),即得 $f(t)$ 的傅里叶级数展开式为:

$$\begin{aligned}f(t)&=\frac{E}{2}+\sum_{k=1}^{\infty}\frac{2E}{k\pi}\sin(k\omega_1 t)\\&=\frac{E}{2}+\frac{2E}{\pi}\left[\sin(\omega_1 t)+\frac{1}{3}\sin(3\omega_1 t)+\frac{1}{5}\sin(5\omega_1 t)+\cdots\right]\end{aligned}\tag{3-12}$$

据式(3-7),有:

$$A_0=a_0=E$$

$$A_k=\sqrt{a_k^2+b_k^2}=\frac{2E}{k\pi},\quad k=1,3,5,\cdots$$

$$\varphi_k=-\arctan\frac{b_k}{a_k}=-\frac{\pi}{2}$$

则 $f(t)$ 可按式(3-3)展开为:

$$\begin{aligned}f(t)&=\frac{E}{2}+\sum_{k=1}^{\infty}\frac{2E}{k\pi}\cos\left(k\omega_1 t-\frac{\pi}{2}\right)\\&=\frac{E}{2}+\frac{2E}{\pi}\left[\cos\left(\omega_1 t-\frac{\pi}{2}\right)+\frac{1}{3}\cos\left(3\omega_1 t-\frac{\pi}{2}\right)+\frac{1}{5}\cos\left(5\omega_1 t-\frac{\pi}{2}\right)+\cdots\right]\end{aligned}$$

据式(3-10),有:

$$F_k=\frac{1}{2}(a_k-\mathrm{j}b_k)=\begin{cases}-\mathrm{j}\dfrac{E}{k\pi}, & k=1,3,5,\cdots\\ 0, & k=2,4,6,\cdots\end{cases}$$

则其指数形式的傅里叶级数展开式为 $f(t)=\sum\limits_{\substack{k=-\infty\\k=\text{odd}}}^{+\infty}\dfrac{-\mathrm{j}E}{k\pi}\mathrm{e}^{\mathrm{j}k\omega_1 t}$。

由此例不难看出：这样的方波信号包含直流和奇次谐波分量,不含偶次谐波分量。这是一般规律。如表 3-2 给出了常用周期信号的傅里叶级数。

表 3-2 常用周期信号的傅里叶级数

名称	函数形式与信号波形	傅里叶级数系数 $\omega_0=\dfrac{2\pi}{T}$
三角波	$f(t)=\begin{cases}-\dfrac{4}{T}(t-nT)-2, & nT-\dfrac{T}{2}<t\leqslant nT-\dfrac{T}{4}\\ \dfrac{4}{T}(t-nT), & nT-\dfrac{T}{4}<t\leqslant nT+\dfrac{T}{4}\\ -\dfrac{4}{T}(t-nT)+2, & nT+\dfrac{T}{4}<t\leqslant nT+\dfrac{T}{2}\end{cases}$ f(t) 1 −1 −T −T/2 O T/2 T t …	$a_n=0$ $b_n=\dfrac{8}{(n\pi)^2}\sin\left(\dfrac{n\pi}{2}\right)=\dfrac{4}{n\pi}\mathrm{Sa}\left(\dfrac{n\pi}{2}\right)$

续表

名称	函数形式与信号波形	傅里叶级数系数$\omega_0=\frac{2\pi}{T}$
三角波	$f(t)=\begin{cases}\frac{2}{T}(t-nT)+1, & nT-\frac{T}{2}<t\leqslant nT\\ -\frac{2}{T}(t-nT)+1, & nT<t\leqslant nT+\frac{T}{2}\end{cases}$ f(t) 1 … … $-T$ $-\frac{T}{2}$ O $\frac{T}{2}$ T t	$a_0=1$ $a_n=\frac{4}{(n\pi)^2}\sin^2\left(\frac{n\pi}{2}\right)$ $b_n=0$
三角脉冲	$f(t)=\begin{cases}\frac{2}{\tau}(t-nT)+1, & nT-\frac{\tau}{2}<t\leqslant nT\\ -\frac{2}{\tau}(t-nT)+1, & nT<t\leqslant nT+\frac{\tau}{2}\\ 0, & 其他\end{cases}$ f(t) 1 … … $-T$ $-\frac{T}{2}$ $-\frac{\tau}{2}$ O $\frac{\tau}{2}$ $\frac{T}{2}$ T t	$\frac{a_0}{2}=\frac{\tau}{2T}$ $a_n=\frac{4T}{\tau}\cdot\frac{1}{(n\pi)^2}\sin^2\left(\frac{n\omega_1\tau}{4}\right)$ $=\frac{T}{4\tau}\mathrm{Sa}^2\left(\frac{n\omega_1\tau}{4}\right)$ $b_n=0$ $\omega_1=\frac{2\pi}{T}$
半波余弦信号	$f(t)=\begin{cases}\cos(\omega_1 t), & nT-\frac{1}{4}T<t<nT+\frac{1}{4}T\\ 0, & 其他\end{cases}$ f(t) 1 … … $-T$ $-\frac{T}{4}$ O $\frac{T}{4}$ T t	$\frac{a_0}{2}=\frac{1}{\pi}$ $a_n=\frac{2}{(1-n^2)\pi}\cos\left(\frac{n\pi}{2}\right)$ $b_n=0$ $\omega_1=\frac{2\pi}{T}$
全波余弦信号	$f(t)=\lvert\cos(\omega_1 t)\rvert$ f(t) 1 … … $-T$ $-\frac{T}{2}$ O $\frac{T}{2}$ T t	$\frac{a_0}{2}=\frac{2}{\pi}$ $a_n=(-1)^{n+1}\frac{4}{(n^2-1)\pi}$ $b_n=0$ $\omega_1=\frac{2\pi}{T}$

3.2.2 波形合成和误差分析的 MATLAB 实现

依据式(3-12)，图 3-3 给出基于 MATLAB 画出的一个周期的方波信号 $f(t)$的组成情况。其程序如下：

```
T = 20;
w = 2 * pi/T;
t = 0:0.01:20;
f = 1/2 + 2/pi * (sin(w * t));
f1 = 1/2 + 2/pi * (sin(w * t) + 1/3 * sin(3 * w * t));
```

```
f2 = 1/2 + 2/pi * (sin(w * t) + 1/3 * sin(3 * w * t) + 1/5 * sin(5 * w * t));
f3 = 1/2 + 2/pi * (sin(w * t) + 1/3 * sin(3 * w * t) + 1/5 * sin(5 * w * t) + 1/7 * sin(7 * w * t));
figure(1);
plot(f);
xlabel('t');
ylabel('f(t)');
figure(2);
plot(f1);
xlabel('t');
ylabel('f(t)');
figure(3);
plot(f2);
xlabel('t');
ylabel('f(t)');
figure(4);
plot(f3);
xlabel('t');
ylabel('f(t)');
```

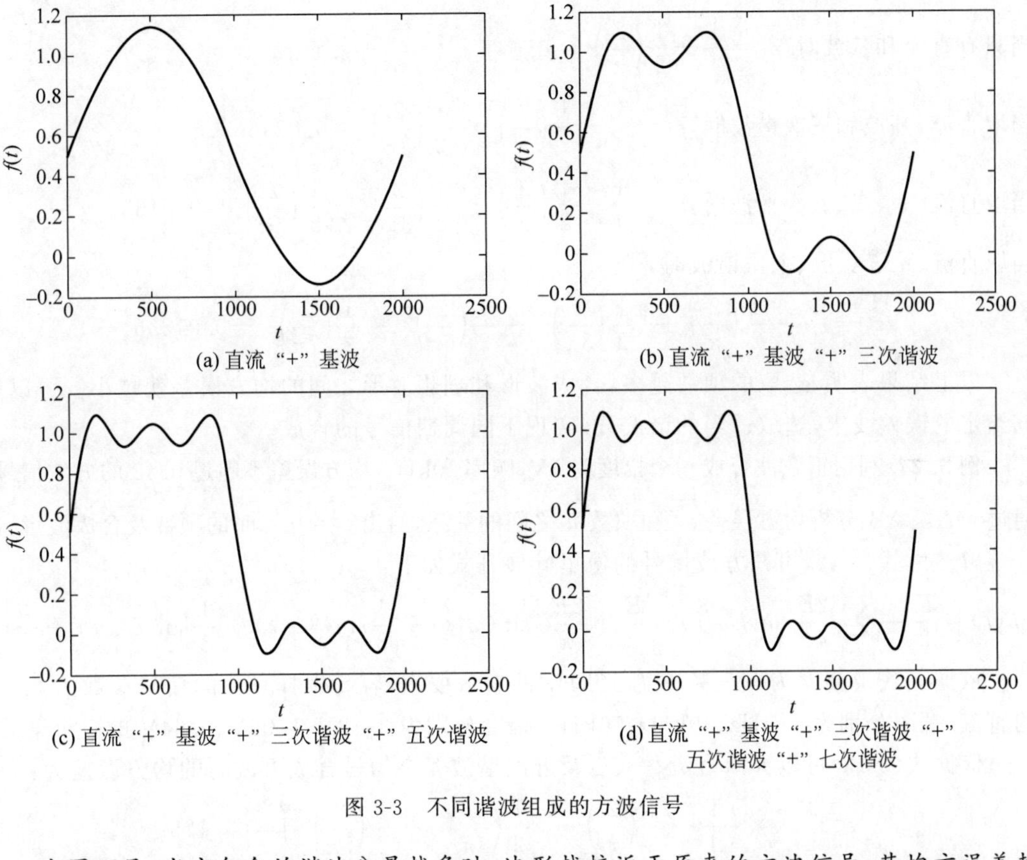

(a) 直流“+”基波

(b) 直流“+”基波“+”三次谐波

(c) 直流“+”基波“+”三次谐波“+”五次谐波

(d) 直流“+”基波“+”三次谐波“+”五次谐波“+”七次谐波

图 3-3　不同谐波组成的方波信号

由图可见，当它包含的谐波分量越多时，波形越接近于原来的方波信号，其均方误差越小。还可看出，频率较低的谐波，其振幅较大，它们组成方波的主体，而频率较高的高次谐波振幅较小，它们主要影响波形的细节，波形中所包含的高次谐波越多，波形的边缘越陡峭。

波形合成就是用有限项正交函数的代数和逼近这个波形。这时必然会带来误差，其均方误差公式如下，其中 $k_r=\int_{t_1}^{t_2} g_r^2(t)\mathrm{d}t$。

$$f(t) \approx \sum_{i=1}^{n} c_i g_i(t)$$

$$\overline{\varepsilon^2} = \frac{1}{t_2 - t_1}\left[\int_{t_1}^{t_2} f^2(t)\mathrm{d}t - \sum_{i=1}^{n} c_i^2 k_i\right] \tag{3-13}$$

这里以例3.1的结果为依据，计算用有限项级数逼近$f(t)$引起的均方误差。这里取$E=1, t_2=T, t_1=0, K_0=T, K_j=T/2(j\neq 0)$。

根据均方误差的计算公式，可得其均方误差为：

$$\begin{aligned}\overline{\varepsilon^2} &= \frac{1}{T}\left[\int_0^T f^2(t)\mathrm{d}t - (a_0)^2 T - \sum_{j=1}^{n} b_j^2 \frac{T}{2}\right] \\ &= \frac{1}{T}\left[\int_0^{T/2}\mathrm{d}t - \left(\frac{1}{2}\right)^2 T - \frac{T}{2}\sum_{j=1}^{n} b_j^2\right] \\ &= \frac{1}{4} - \frac{1}{2}\sum_{j=1}^{n} b_j^2\end{aligned}$$

当只有直流和基波时，$\overline{\varepsilon^2} = \frac{1}{4} - \frac{1}{2}\left(\frac{2}{\pi}\right)^2 = 0.047$

当取直流、基波和三次谐波时，$\overline{\varepsilon^2} = \frac{1}{4} - \frac{1}{2}\left(\frac{2}{\pi}\right)^2 - \frac{1}{2}\left(\frac{2}{3\pi}\right)^2 = 0.0246$

当取直流、一、三、五次谐波时，$\overline{\varepsilon^2} = \frac{1}{4} - \frac{1}{2}\left(\frac{2}{\pi}\right)^2 - \frac{1}{2}\left(\frac{2}{3\pi}\right)^2 - \frac{1}{2}\left(\frac{2}{5\pi}\right)^2 = 0.0165$

当取直流、一、三、五、七次谐波时，

$$\overline{\varepsilon^2} = \frac{1}{4} - \frac{1}{2}\left(\frac{2}{\pi}\right)^2 - \frac{1}{2}\left(\frac{2}{3\pi}\right)^2 - \frac{1}{2}\left(\frac{2}{5\pi}\right)^2 - \frac{1}{2}\left(\frac{2}{7\pi}\right)^2 = 0.01236$$

以上结果表明，选取的项数越多，合成波形和理想波形之间的均方误差就越小。可以依据给定的误差要求，选取适当的谐波数，实现不同周期信号的合成。

例3.2 利用正弦波合成一个幅度为5V，频率10kHz，均方误差不超过0.42的方波信号。通过MATLAB分析均方误差$\overline{\varepsilon^2}$和项数n之间的关系，给出$\overline{\varepsilon^2}=0.1$时的项数及合成波形。

解 由式(3-12)可知方波信号的傅里叶展开式如下：

$$f(t) = \frac{E}{2} + \sum_{k=1}^{+\infty}\frac{2E}{k\pi}\sin(k\omega_1 t) = \frac{E}{2} + \frac{2E}{\pi}\left[\sin(\omega_1 t) + \frac{1}{3}\sin(3\omega_1 t) + \frac{1}{5}\sin(5\omega_1 t) + \cdots\right]$$

依据上式及幅度为5V、频率为10kHz的参数要求，容易选择具体的信号参数为2.5V的直流，频率分别为10kHz、30kHz、50kHz，幅度分别为3.18V、1.06V、0.64V的三个谐波。

依据式(3-13)可以算出直流、一、三及五次谐波4个信号合成方波时的均方误差为：

$$\overline{\varepsilon^2} = 5^2 \times \left(\frac{1}{4} - \frac{1}{2}\left(\frac{2}{\pi}\right)^2 - \frac{1}{2}\left(\frac{2}{3\pi}\right)^2 - \frac{1}{2}\left(\frac{2}{5\pi}\right)^2\right) = 0.4125$$

误差小于0.42，满足要求，所以选择并产生这4个信号且保持同相位，将这4个信号采用运算放大器叠加，就可以得到一个幅度为5V，频率为10kHz的方波信号。具体波形相似于图3-3(c)。

依据式(3-12)和式(3-13)，取$E=5, T=20$，可通过如下MATLAB程序得到均方误差$\overline{\varepsilon^2}$和n的关系曲线(见图3-4)。

```
clear;
for i = 1:60
a(i) = cumpt(i);                                          % 计算不同次谐波下的误差
end
set(gca, 'Fontname', 'Times New Roman','FontSize',12);    % 设置字体及大小
plot(a(i),'k')                                            % 绘制图像
xlabel('n');
ylabel('均方误差');
function [s] = cumpt(n)
s = 0.25 * 25;
for i = 1:n
a = (2/((2 * i - 1) * 3.14)) * (2/((2 * i - 1) * 3.14)) * 0.5 * 25; % 计算谐波成分
s = s - a;                                                % 叠加每个谐波成分
end
end
```

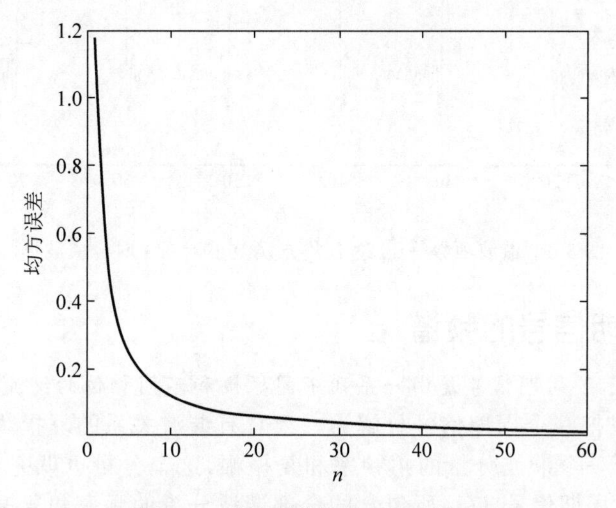

图 3-4　谐波项数与均方误差关系

通过 cumpt()函数可知,谐波项数等于 23 时误差小于 0.1,此时编程计算合成的波形如图 3-5 所示。

```
T = 20;
w = 2 * pi/T;
t = 0:0.01:90;
f = sin(w * t) + sin(3 * w * t)/3 + sin(5 * w * t)/5 + sin(7 * w * t)/7 + sin(9 * w * t)/9 +
sin(11 * w * t)/11 + sin(13 * w * t)/13 + sin(15 * w * t)/15 + sin(17 * w * t)/17 + sin(19 * w *
t)/19 + sin(21 * w * t)/21 + sin(23 * w * t)/23;
f = 2.5 + f * 2/pi;
plot(t,f);
xlabel('t');
ylabel('合成波形 f(t)');
```

由此可见,根据傅里叶级数展开式,参考上面的方法,还可以用正弦波方便地合成锯齿波、三角波等。原则上看,采用正弦波可合成任意周期信号的波形。通过 MATLAB 编程可以自己验证。

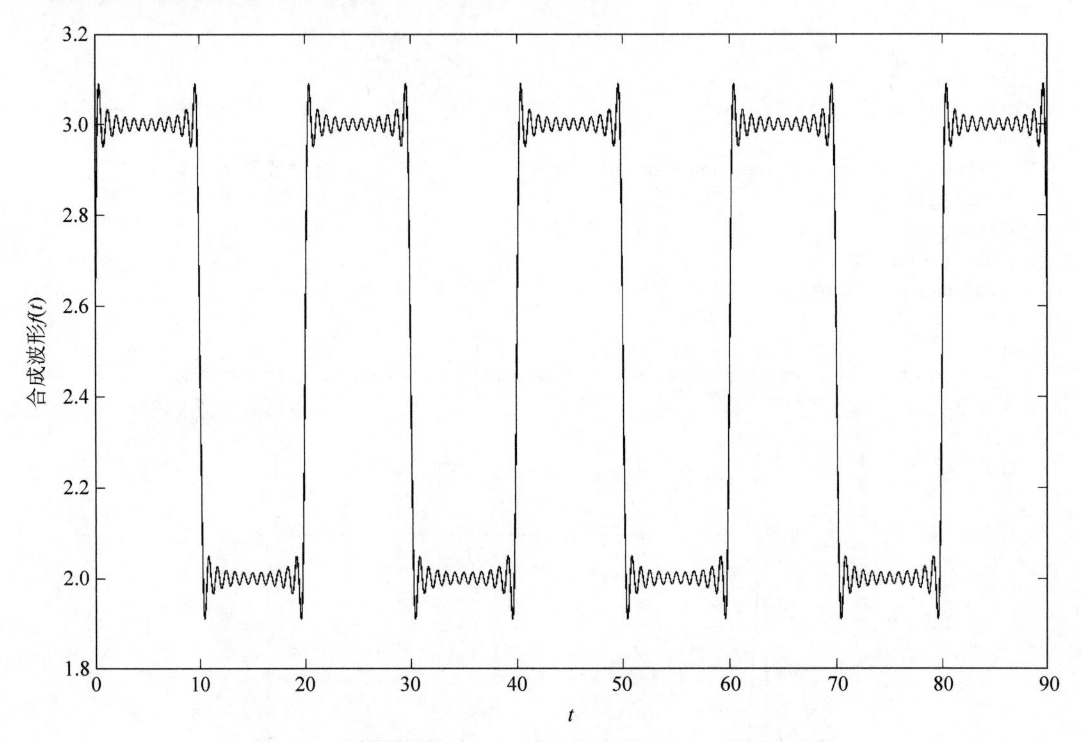

图 3-5 谐波项数等于 23 且均方误差小于 0.1 时合成波形

3.2.3 周期信号的频谱

傅里叶级数揭示了周期信号是由一系列不同振幅和不同相位的谐波分量叠加而成。通过傅里叶级数,可以把一个周期信号分解为一组具有谐波关系的复指数信号的线性组合。这表明,只要知道了一个谐波分量的角频率和复振幅,这个分量也就完全确定了。换句话说,如果知道了一个周期信号 $f(t)$ 所包含的全部谐波分量的频率和复振幅,这个周期信号 $f(t)$ 也就完全确定了。因此,只要将一个周期信号 $f(t)$ 的所有谐波分量的复振幅随频率的分布表示出来,就等于表示了信号本身。称周期信号的所有谐波分量的复振幅随频率的分布为周期信号的频谱。将复振幅随角频率的分布绘制成的图形,称为频谱图。由于复振幅包含了谐波分量的幅度和相位,除少数情况外,将其绘制在一幅图中一般比较困难,因此,在绘制频谱图时,常常分别绘制出幅度与频率的关系和相位与频率的关系,前者称为幅度频谱,后者称为相位频谱。

具体来说,就是将式(3-5)所示的余弦形式和式(3-8)所示的指数形式的傅里叶级数的频率 $k\omega_1$ 及其对应振幅 $A_k(|F_k|)$ 以及对应的相位 φ_k 画在两张图上,分别称为幅度谱和相位谱。基于余弦形式傅里叶级数画出的称为单边谱,基于指数形式傅里叶级数画出的称为双边谱。单边谱和双边谱可以通过式(3-14)进行转换。

$$F_k = |F_k| e^{j\varphi_k} = \frac{1}{2} A_k e^{j\varphi_k}, \quad |F_k| = |F_{-k}|, \quad \varphi_{-k} = -\varphi_k \tag{3-14}$$

例 3.3 已知周期信号 $f(t)=1+3\cos(\pi t+10°)+2\cos(2\pi t+20°)+0.4\cos(3\pi t+45°)+0.8\cos(6\pi t+30°)$,试绘出该信号的单边及双边频谱图。

解 依据式(3-5)中余弦形式傅里叶级数展开式,容易看出该信号的谐波分量、振幅及相位的对应关系,据此画出的单边谱如图 3-6 所示。依据式(3-8)或者式(3-14)中系数转换关系及奇偶性，可以得到双边谱如图 3-7 所示。

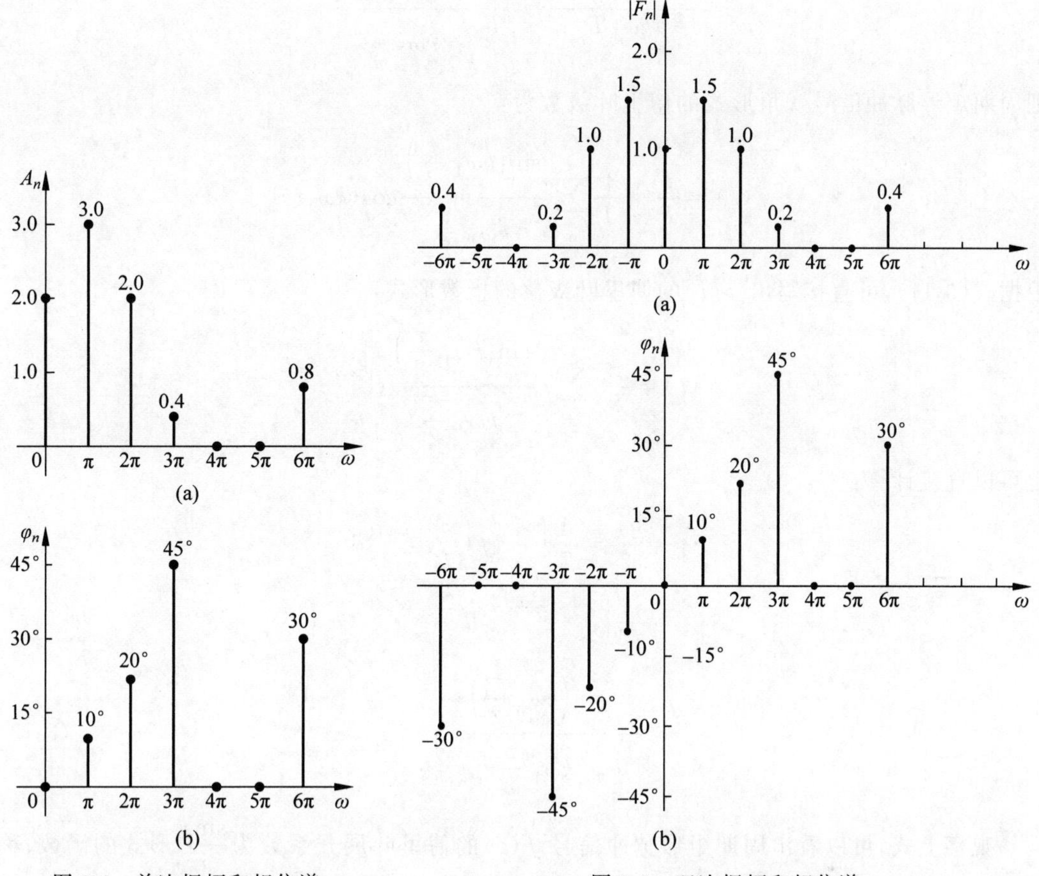

图 3-6 单边振幅和相位谱

图 3-7 双边振幅和相位谱

例 3.4 如图 3-8(a)所示，$f(t)$是一个周期矩形脉冲信号，其幅度为 1，脉冲宽度为 τ，重复周期为 T，角频率为 $\omega_1=2\pi/T$，分析其频谱。

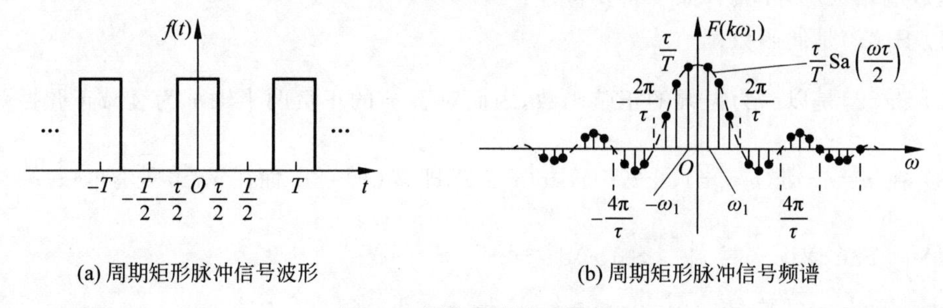

(a) 周期矩形脉冲信号波形

(b) 周期矩形脉冲信号频谱

图 3-8 周期矩形脉冲信号

解 可以看出这是一个偶函数，所以容易计算得到 $b_k=0$，也容易求出 $a_0=\frac{2\tau}{T}$。

$$a_k=\frac{4}{T}\int_0^{\tau/2} f(t)\cos(k\omega_1 t)\mathrm{d}t=\frac{4}{T}\int_0^{\tau/2}\cos(k\omega_1 t)\mathrm{d}t=\frac{4}{T}\cdot\frac{\sin(k\omega_1 t)}{k\omega_1}\Bigg|_0^{\frac{\tau}{2}}$$

$$=\frac{4\sin\left(k\omega_1\frac{\tau}{2}\right)}{k\omega_1 T}=\frac{2\tau}{T}\frac{\sin\left(k\omega_1\frac{\tau}{2}\right)}{k\omega_1\frac{\tau}{2}}$$

则周期矩形脉冲信号三角形式的傅里叶级数为：

$$f(t)=\frac{\tau}{T}+\frac{2\tau}{T}\sum_{k=1}^{\infty}\frac{\sin\left(k\omega_1\frac{\tau}{2}\right)}{k\omega_1\frac{\tau}{2}}\cos(k\omega_1 t)$$

根据式(3-11)，可直接写出 $f(t)$的傅里叶级数的指数形式：

$$f(t)=\frac{\tau}{T}\sum_{k=-\infty}^{\infty}\frac{\sin\left(k\omega_1\frac{\tau}{2}\right)}{k\omega_1\frac{\tau}{2}}\mathrm{e}^{\mathrm{j}k\omega_1 t}$$

也可以直接计算：

$$\begin{aligned}F_k&=\frac{a_k}{2}=\frac{1}{T}\int_{-\tau/2}^{\tau/2}f(t)\mathrm{e}^{-\mathrm{j}k\omega_1 t}\mathrm{d}t\\&=\frac{1}{T}\int_{-\tau/2}^{\tau/2}\mathrm{e}^{-\mathrm{j}k\omega_1 t}\mathrm{d}t\\&=\frac{\tau}{T}\frac{\sin\left(k\omega_1\frac{\tau}{2}\right)}{k\omega_1\frac{\tau}{2}}\end{aligned}\tag{3-15}$$

观察上式，可以看出周期矩形脉冲信号 $f(t)$的傅里叶展开系数为$\frac{\sin x}{x}$形式的函数，称为抽样函数，记为：

$$\mathrm{Sa}(x)=\frac{\sin x}{x}$$

这个函数应用很广，并具有如下重要特性：

(1) $\mathrm{Sa}(x)$是偶函数；

(2) $\mathrm{Sa}(x)$是以$\frac{1}{x}$为振幅的正弦函数，因而对于 x 的正负两半轴都为衰减正弦振荡；

(3) 在 $x=n\pi$ 处($n=\pm1,\pm2,\cdots$)，$\sin(x)=0$，即 $\mathrm{Sa}(x)=0$；而在 $x=0$ 处有$\lim\limits_{x\to0}\frac{\sin x}{x}=1$；

(4) $\int_0^{\infty}\mathrm{Sa}(x)\mathrm{d}x=\frac{\pi}{2}$，$\int_{-\infty}^{+\infty}\mathrm{Sa}(x)\mathrm{d}x=\pi$。

由此得出的 $\mathrm{Sa}(x)$函数的波形如图 3-9 所示。

应用抽样函数的表示，可以将式(3-15)重写为：

$$F_k=\frac{\tau}{T}\mathrm{Sa}\left(\frac{k\omega_1\tau}{2}\right)$$

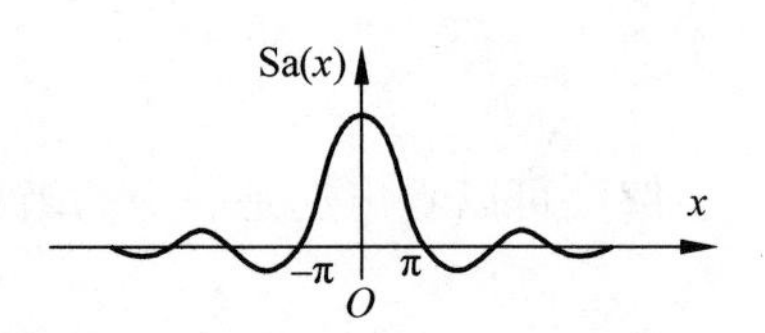

图 3-9 Sa(x)函数的波形

依据该式可画出周期矩形脉冲的频谱图如图 3-8(b)。分析图 3-8(b)，可以得到：

(1) 周期矩形脉冲信号的频谱是离散的。即 ω 只能取离散值 $0, \pm\omega_1, \pm 2\omega_1, \cdots$。

相邻谱线之间的间隔为 $\omega_1 = 2\pi/T$，且脉冲重复周期 T 愈大，谱线之间的间隔愈小，谱线愈稠密，当 T 趋于无穷时，谱线将会粘连变为连续谱，这时，周期信号将退化为非周期信号。

周期矩形脉冲信号的频谱具有谐波性，即 ω 只能取 ω_1 的整数倍 $k\omega_1$。周期矩形脉冲信号的频谱具有收敛性，即当 $k\to\infty$ 时，$F_k\to 0$。离散性、谐波性及收敛性是周期信号频谱的三个重要特点。

(2) 频谱图过零点的坐标可令 $\sin\dfrac{k\omega_1\tau}{2}=0$，即$\dfrac{k\omega_1\tau}{2}=\pm n\pi$ 求得为：

$$k\omega_1 = \pm\frac{2n\pi}{\tau},\quad n=1,2,\cdots$$

并可由此确定出第一个零点之内谱线的根数 M：

$$M=\frac{\dfrac{2\pi}{\tau}}{\omega_1}=\frac{\dfrac{2\pi}{\tau}}{\dfrac{2\pi}{T}}=\frac{T}{\tau}$$

可见，第一个零点之间谱线的根数与信号脉宽 τ 成反比，与信号周期 T 成正比。

(3) 尽管周期矩形脉冲信号包含无穷条谱线，但其主要能量却集中在第一个零点$\dfrac{2\pi}{\tau}$之内。实际上，在允许一定失真的条件下，那些次数较高的频率分量可忽略不计，因此一般情况下，将 ω 在$\left(0\sim\dfrac{2\pi}{\tau}\right)$这段频率范围称为周期矩形脉冲信号的频带宽度，记为：

$$B_\omega=\frac{2\pi}{\tau}\quad 或\quad B_f=\frac{1}{\tau}\tag{3-16}$$

这是一个非常重要的结果：脉冲信号的频带宽度与脉冲信号的时间宽度 τ 成反比关系，脉冲持续时间愈长，其频带愈窄；反之，信号脉冲愈窄，其频带愈宽。

(4) 直流分量、基波及各次谐波分量的大小正比于脉冲幅度和脉冲宽度 τ，反比于周期 T，且各谱线的幅度按 $\mathrm{Sa}(k\omega_1\tau/2)$包络线的规律而变化。亦可将 F_k 看成是包络线的离散抽样。

3.2.4　周期信号的功率

周期信号的能量是无限的，而其平均功率是有界的，因而是功率信号。为了方便，往往将周期信号在 1Ω 电阻上消耗的平均功率定义为周期信号的功率。显然，对于周期信号 $f(t)$，无论它是电压信号还是电流信号，其平均功率均为：

$$P=\frac{1}{T}\int_{-T/2}^{T/2}f^2(t)\,\mathrm{d}t$$

将 $f(t)$的级数展开 $f(t)=\sum\limits_{k=-\infty}^{\infty}F_k\mathrm{e}^{\mathrm{j}k\omega_1 t}$ 代入上式可得：

$$P=\frac{1}{T}\int_{-T/2}^{T/2}|f(t)|^2\,\mathrm{d}t=\frac{1}{T}\int_{-T/2}^{T/2}\left|\sum_{k=-\infty}^{\infty}F_k\mathrm{e}^{\mathrm{j}k\omega_1 t}\right|^2\mathrm{d}t$$

$$
\begin{aligned}
&=\frac{1}{T}\sum_{k=-\infty}^{\infty}\left|F_k\right|^2\int_{-T/2}^{T/2}\left|\mathrm{e}^{\mathrm{j}(k\omega_1 t+\varphi_k)}\right|^2\mathrm{d}t \\
&=\sum_{k=-\infty}^{\infty}\left|F_k\right|^2 \\
&=\left|F_0\right|^2+2\sum_{k=1}^{\infty}\left|F_k\right|^2=\left(\frac{A_0}{2}\right)^2+\sum_{k=1}^{\infty}\frac{1}{2}A_k^2
\end{aligned}
\tag{3-17}
$$

由式(3-17)看出,周期信号的功率就是其各个谐波分量功率之和。这说明傅里叶级数展开没有损失原信号的功率,也可以间接说明三角函数集是一个完备集。一般情况下,频谱分析仪看到的周期信号的功率谱就是式(3-17)的 $\sum\limits_{k=1}^{\infty}\frac{1}{2}A_k^2$。

3.2.5 函数的对称性与傅里叶系数的关系

在傅里叶系数的计算中,利用原函数波形的对称性不仅有利于简化计算,而且可以直接判断周期信号含有哪些频率分量。

1. 偶函数

若 $f(t)$是时间 t 的偶函数,$f(t)=f(-t)$,则其波形对称于纵坐标轴,如图 3-10 所示。

当 $f(t)$是偶函数时,式(3-3)中被积分函数 $f(t)\cos k\omega_1 t$ 是 t 的偶函数,在对称区间$(-T/2,T/2)$的积分等于其半区间$\left(0,\frac{T}{2}\right)$的二倍;式(3-4)中的被积分函数 $f(t)\sin k\omega_1 t$ 是 t 的奇函数,在对称区间的积分为零,即

$$
\left.\begin{aligned}
a_k&=\frac{4}{T}\int_0^{T/2}f(t)\cos k\omega_1 t\,\mathrm{d}t, \\
b_k&=0,
\end{aligned}\right\}\quad k=0,1,2,\cdots
\tag{3-18}
$$

这表明偶函数的傅里叶级数不含正弦分量,只含有直流和余弦分量。

2. 奇函数

若 $f(t)$是时间 t 的奇函数,$f(t)=-f(-t)$,则其波形对称于坐标原点,如图 3-11 所示。

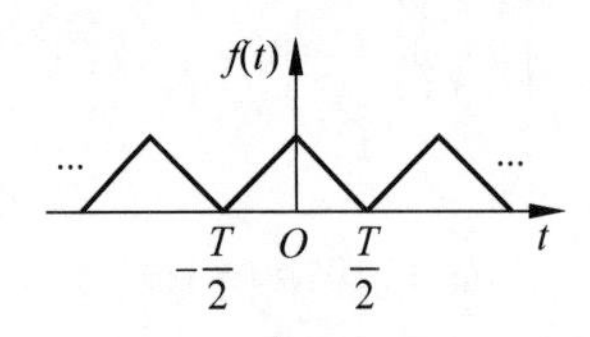

图 3-10 偶函数的例子

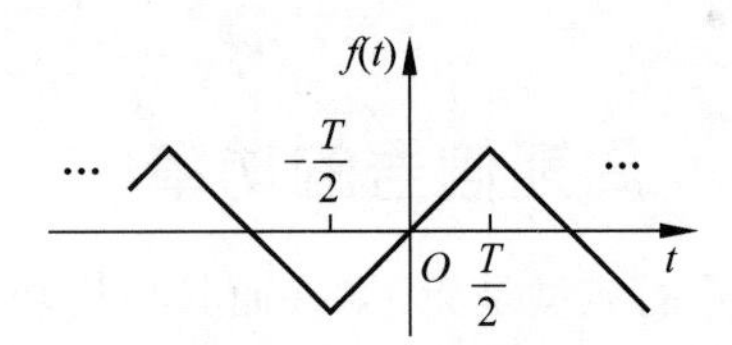

图 3-11 奇函数示例

当 $f(t)$是奇函数时,式(3-3)中被积函数 $f(t)\cos k\omega_1 t$ 是 t 的奇函数,式(3-4)中被积函数 $f(t)\sin k\omega_1 t$ 是 t 的偶函数。在这种情况下,有:

$$
\begin{cases}
a_k=0 \\
b_k=\dfrac{4}{T}\displaystyle\int_0^{T/2}f(t)\sin k\omega_1 t\,\mathrm{d}t, \quad k=0,1,2,\cdots
\end{cases}
\tag{3-19}
$$

这表明奇函数的傅里叶级数不含直流和余弦分量,而只含有正弦分量。

3. 半波镜像对称函数

若 $f(t)$是一个半波镜像对称函数，则将 $f(t)$的前半周期波形移动$\frac{T}{2}$后与后半周期波形关于横轴镜像对称，满足：

$$f(t)=-f\left(t\pm\frac{T}{2}\right) \tag{3-20}$$

半波镜像对称函数的傅里叶级数展开式中不含偶次谐波分量，有：

$$a_0=a_2=a_4=\cdots=b_2=b_4=\cdots=0$$

换句话说，半波镜像对称函数的傅里叶展开式中只含有奇次谐波分量，故将其称为奇谐函数，如图 3-12 所示。

4. 半波对称函数

若 $f(t)$是一个半波对称函数，则将 $f(t)$的前半周期波形移动$\frac{T}{2}$后与后半周期波形完全重合，满足：

$$f(t)=f\left(t\pm\frac{T}{2}\right) \tag{3-21}$$

半波对称函数的傅里叶级数展开式中不含奇次谐波分量，有：

$$a_1=a_3=\cdots=b_1=b_3=\cdots=0$$

换句话说，半波对称函数的傅里叶展开式中只含有偶次谐波分量，故也将其称为偶谐函数，如图 3-13 所示。

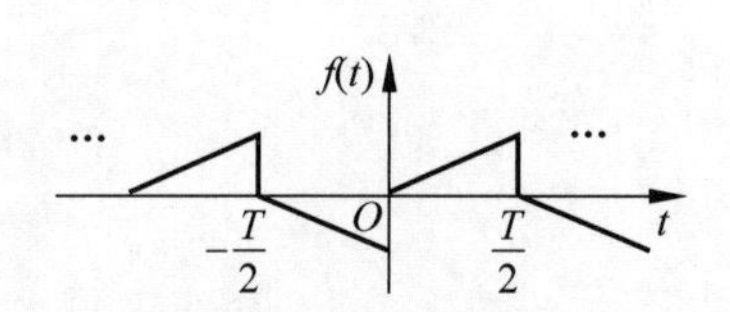

图 3-12　奇谐函数示例

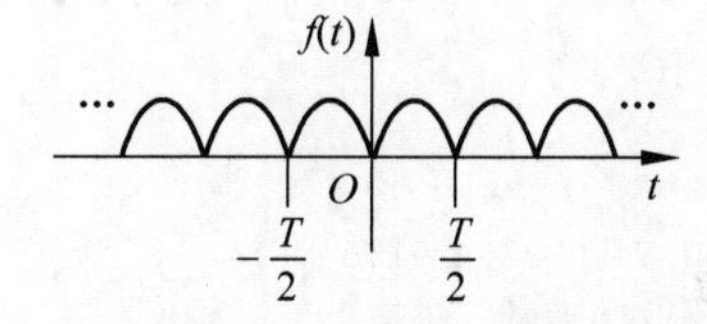

图 3-13　偶谐函数示例

5. 关于对称性有关问题的讨论

(1) 实际上，一个函数是否为偶函数(或奇函数)不仅与周期函数 $f(t)$的波形有关，而且与坐标原点选择有关。

图 3-14 中的三个波形图实际上是同一个信号在不同坐标原点下的结果。图 3-14(a)是一个偶函数，$b_k=0$，若将其纵轴左移 $T/4$ 所得到的图 3-14(b)是一个非奇非偶的函数，则其 a_k，b_k 都不等于零；若再将横轴上移 1/2 形成的图 3-14(c)为一个奇函数，也是一个奇谐函数，则 $a_k=0$，$b_2=b_4=\cdots=0$。

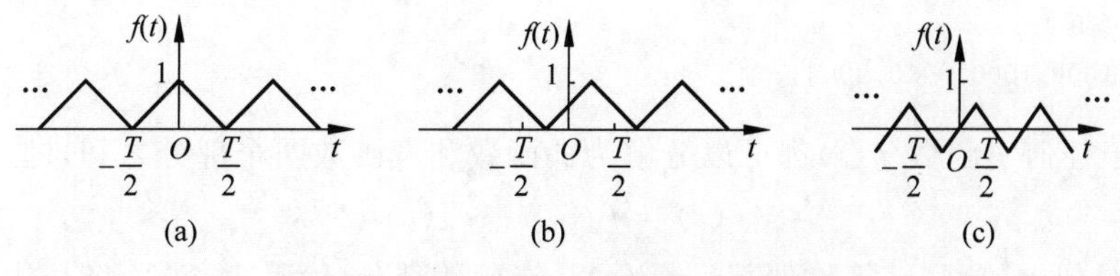

图 3-14　坐标原点对函数对称性的影响

可以看出,信号在时间轴上位置的移动会引起信号各谐波初始相位的变化,横轴的平移,会改变信号的直流分量,但是其所包含的频率成分并没有改变。

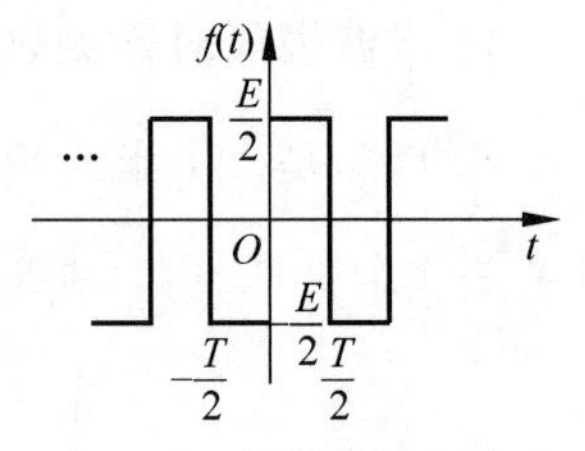

图 3-15 方波信号的波形

例 3.5 将图 3-15 所示的方波信号展开为傅里叶级数。

解 从图 3-15 可知 $f(t)$是一个奇函数,即 $f(t)=-f(-t)$,故 $a_k=0,k=0,1,2,\cdots$。$f(t)$又是一个奇谐函数,即 $f(t)=-f(t\pm T/2)$,故又有 $b_k=0,k=2,4,\cdots$。所以,可以省略对 a_k 的计算,并用 $b_2=b_4=\cdots=0$ 检验计算结果。

$$b_k=\frac{2}{T}\int_{-\frac{T}{2}}^{0}\left(-\frac{E}{2}\right)\sin k\omega_1 t\,\mathrm{d}t+\frac{2}{T}\int_{0}^{\frac{T}{2}}\left(\frac{E}{2}\right)\sin k\omega_1 t\,\mathrm{d}t=\left.\frac{E\cos k\omega_1 t}{k\omega_1 T}\right|_{-\frac{T}{2}}^{0}+\left.\frac{-E\cos k\omega_1 t}{k\omega_1 T}\right|_{0}^{\frac{T}{2}}$$

$$=\frac{E}{k\pi}(1-\cos k\pi)=\begin{cases}\dfrac{2E}{k\pi}, & k\text{ 为奇数}\\ 0, & k\text{ 为偶数}\end{cases}$$

最后得到信号的傅里叶级数展开为:

$$f(t)=\frac{2E}{\pi}\left(\sin\omega_1 t+\frac{1}{3}\sin 3\omega_1 t+\cdots+\frac{1}{2k-1}\sin(2k-1)\omega_1 t+\cdots\right)$$

比较例 3.5 中的图 3-15 和例 3.1 中的图 3-2,容易看出两者之间只是差了直流分量,其展开式也正好差了一个直流项,其他完全相同。这说明在允许和必要的情况下,可以移动函数的坐标使波形具有某种对称性,以简化计算。

当 $E=2$,$T=0.02\text{s}$ 时,该方波信号产生及频谱分析的 MATLAB 程序及结果(见图 3-16)如下:

```
clear;
N = 5000;T = 0.02;n = 1:8 * N;
D = 2 * pi/(N * T);
f = square(2 * pi * n * T);                                    %产生方波
F = T * fftshift(fft(f));
k = floor( - (8 * N - 1)/2:8 * N/2);
subplot(2,1,1);
plot(n * T,f);
axis([0,10, - 1.5,1.5]);
ylabel('f(t)');
line([ - 1,50],[0,0]);
line([0,0],[ - 6.1,4.1]);
subplot(2,1,2);
plot(k * D,abs(F));
ylabel('幅度');
axis([ - 1000,1000, - 10,300]);
```

(2) 由于任何实函数 $f(t)$都可以分解为偶函数和奇函数两个部分之和,即

$$f(t)=f_{\mathrm{e}}(t)+f_{\mathrm{o}}(t)$$

其中,$f_{\mathrm{e}}(t)$是偶函数部分(简称偶部),$f_{\mathrm{o}}(t)$是奇函数部分(简称奇部)。将其代入式(3-9),利用奇偶函数傅里叶系数的特点可以得到:

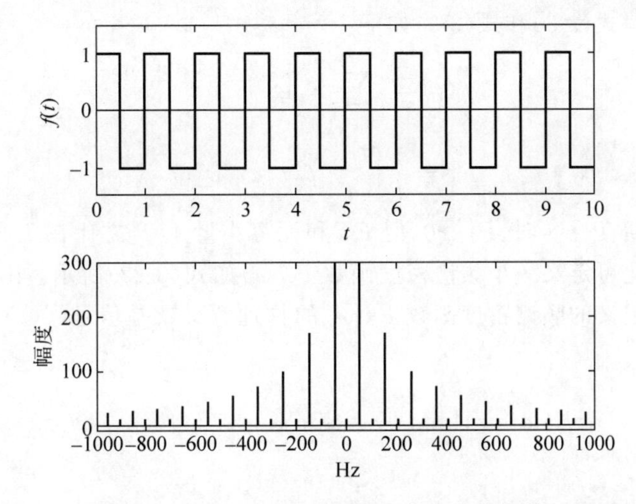

图 3-16　MATLAB绘制方波信号及其频谱

$$
\begin{aligned}
F_k &= \frac{1}{T}\int_{-T/2}^{T/2}[f_{\mathrm{e}}(t)+f_{\mathrm{o}}(t)]\mathrm{e}^{-\mathrm{j}k\omega_1 t}\mathrm{d}t \\
&= \frac{1}{T}\int_{-T/2}^{T/2}f_{\mathrm{e}}(t)\cos k\omega_1 t\,\mathrm{d}t - \mathrm{j}\,\frac{1}{T}\int_{-T/2}^{T/2}f_{\mathrm{o}}(t)\sin k\omega_1 t\,\mathrm{d}t \\
&= \frac{1}{2}a_k - \mathrm{j}\,\frac{1}{2}b_k
\end{aligned}
$$

式中，$\frac{1}{2}a_k$ 是偶部 $f_{\mathrm{e}}(t)$的傅里叶级数的系数，$\frac{1}{2}b_k$ 是奇部 $f_{\mathrm{o}}(t)$的傅里叶级数的系数。换句话说，实信号的偶部对应着信号频谱的实部；实信号的奇部对应着信号频谱的虚部。

3.3　傅里叶变换

前面讨论了周期信号的傅里叶级数，研究了傅里叶级数的若干特性，并得到了它的离散频谱。本节将从傅里叶级数出发，导出傅里叶变换，把上述傅里叶分析方法推广到分析非周期信号中去。

3.3.1　从傅里叶级数到傅里叶变换

傅里叶级数只能对周期信号进行频谱分析，一个周期为 T 的周期信号可以看成是一个时间有限的非周期信号以周期 T 扩展而成。一个时间有限的非周期信号可以看成周期 T 为无穷大的周期信号。

换一个角度看，周期信号的频谱是离散的，相邻谱线之间的间隔为 $\omega_1=2\pi/T$，随着 T 的增加 ω_1 减小，谱线间的间隔减小，谱线变密，当周期 T 趋于无限大时，周期信号就变成只含有一个波形的非周期信号，这时谱线间隔 ω_1 将趋于无穷小，离散谱就变成了连续谱，但是其振幅也将变成无穷小。

下面就沿着这个思路，从周期信号的傅里叶级数推导出非周期信号的傅里叶变换，并说明频谱密度函数的含义。

为了方便，重写式(3-8)和式(3-9)如下：

$$f(t)=\sum_{k=-\infty}^{\infty}F_k\mathrm{e}^{\mathrm{j}k\omega_1 t}$$

$$F_k=\frac{1}{T}\int_{-T/2}^{T/2}f(t)\mathrm{e}^{-\mathrm{j}k\omega_1 t}\,\mathrm{d}t$$

由上式可知，当周期 $T\to\infty$时，$F_k\to 0$，但 F_k 和无穷小量 $1/T$ 之比在 $T\to\infty$时的极限可以是一个有限值，据此可定义一个频谱密度函数 $F(\mathrm{j}\omega)$如式(3-22)所示。由于 $1/T$ 的量纲为频率，所以由此式定义的频谱密度函数 $F(\mathrm{j}\omega)$的物理意义就是信号 $f(t)$单位频率的振幅，也就是其频谱密度。

$$F(\mathrm{j}\omega)=\lim_{T\to\infty}\frac{F_k}{\frac{1}{T}}=\lim_{T\to\infty}\int_{-T/2}^{T/2}f(t)\mathrm{e}^{-\mathrm{j}k\omega_1 t}\,\mathrm{d}t \tag{3-22}$$

相应的原函数可写成：

$$f(t)=\lim_{T\to\infty}\sum_{k=-\infty}^{\infty}\frac{F_k}{\frac{1}{T}}\mathrm{e}^{\mathrm{j}k\omega_1 t}\ \frac{1}{T} \tag{3-23}$$

当周期 $T\to\infty$时，有：

$$\begin{cases}\omega_1=2\pi/T\to\mathrm{d}\omega\\ k\omega_1\to\omega\end{cases} \tag{3-24}$$

则式(3-22)可以写成：

$$F(\mathrm{j}\omega)=\int_{-\infty}^{+\infty}f(t)\mathrm{e}^{-\mathrm{j}\omega t}\,\mathrm{d}t \tag{3-25}$$

又由于 $\omega_1=2\pi/T$，即 $1/T=\omega_1/2\pi$，故当 $T\to\infty$时，$1/T\to\mathrm{d}\omega/2\pi$，同时式(3-23)中的求和变为积分，从而有：

$$f(t)=\frac{1}{2\pi}\int_{-\infty}^{+\infty}F(\mathrm{j}\omega)\mathrm{e}^{\mathrm{j}\omega t}\,\mathrm{d}\omega \tag{3-26}$$

式(3-25)称为傅里叶变换或傅里叶积分；式(3-26)称为傅里叶逆变换。为了书写方便，用符号 $\mathrm{FT}[f(t)]$表示 $f(t)$的傅里叶变换，而 $f(t)$的傅里叶逆变换用符号 $\mathrm{FT}^{-1}[f(t)]$表示，即：

$$F(\mathrm{j}\omega)=\mathrm{FT}[f(t)] \tag{3-27}$$

$$f(t)=\mathrm{FT}^{-1}[F(\mathrm{j}\omega)] \tag{3-28}$$

习惯上，称式(3-25)和式(3-26)构成一个傅里叶变换对，并用如下符号表示：

$$f(t)\leftrightarrow F(\mathrm{j}\omega) \tag{3-29}$$

需要说明的是，前面在推导傅里叶变换对关系时，侧重于理顺思路和突出物理概念，并未遵循数学上的严格步骤。数学证明指出，函数 $f(t)$的傅里叶变换存在的充分条件是在无限区间内 $f(t)$绝对可积，即

$$\int_{-\infty}^{+\infty}|f(t)|\,\mathrm{d}t<+\infty \tag{3-30}$$

但式(3-30)并非是 $f(t)$的傅里叶变换存在的必要条件。当引入广义函数的概念之后，许多不满足绝对可积条件的函数也能进行傅里叶变换，这给信号与系统分析带来了很大方便，也

使得采用傅里叶变换方法统一处理周期信号和非周期信号成为可能。

3.3.2　非周期信号的频谱

前面通过从傅里叶级数到傅里叶变换的讨论，引入了频谱密度函数，并特别说明了频谱密度—单位频率的振幅这一概念。下面着重研究频谱密度函数 $F(\mathrm{j}\omega)$。

从式(3-25)可得：

$$\begin{aligned}F(\mathrm{j}\omega)&=\int_{-\infty}^{+\infty}f(t)\mathrm{e}^{-\mathrm{j}\omega t}\mathrm{d}t=\int_{-\infty}^{+\infty}f(t)\cos\omega t\,\mathrm{d}t-\mathrm{j}\int_{-\infty}^{+\infty}f(t)\sin\omega t\,\mathrm{d}t\\&=R(\omega)+\mathrm{j}I(\omega)\end{aligned}\tag{3-31}$$

$$R(\omega)=\int_{-\infty}^{+\infty}f(t)\cos(\omega t)\mathrm{d}t$$

$$I(\omega)=-\int_{-\infty}^{+\infty}f(t)\sin(\omega t)\mathrm{d}t\tag{3-32}$$

分别是 $F(\mathrm{j}\omega)$的实部和虚部，并分别称为 $f(t)$的实部频谱和虚部频谱。

若对 $f(t)$做奇偶分解，即 $f(t)=f_{\mathrm{e}}(t)+f_{\mathrm{o}}(t)$，其中 $f_{\mathrm{e}}(t)$为 $f(t)$的偶部，$f_{\mathrm{o}}(t)$为 $f(t)$的奇部，将其代入式(3-31)可得：

$$\begin{aligned}F(\mathrm{j}\omega)&=\int_{-\infty}^{+\infty}(f_{\mathrm{e}}(t)+f_{\mathrm{o}}(t))\mathrm{e}^{-\mathrm{j}\omega t}\mathrm{d}t\\&=\int_{-\infty}^{+\infty}f_{\mathrm{e}}(t)\mathrm{e}^{-\mathrm{j}\omega t}\mathrm{d}t+\int_{-\infty}^{+\infty}f_{\mathrm{o}}(t)\mathrm{e}^{-\mathrm{j}\omega t}\mathrm{d}t\\&=\int_{-\infty}^{+\infty}f_{\mathrm{e}}(t)\cos\omega t\,\mathrm{d}t-\mathrm{j}\int_{-\infty}^{+\infty}f_{\mathrm{e}}(t)\sin\omega t\,\mathrm{d}t+\int_{-\infty}^{+\infty}f_{\mathrm{o}}(t)\cos\omega t\,\mathrm{d}t-\mathrm{j}\int_{-\infty}^{+\infty}f_{\mathrm{o}}(t)\sin\omega t\,\mathrm{d}t\\&=\int_{-\infty}^{+\infty}f_{\mathrm{e}}(t)\cos\omega t\,\mathrm{d}t-\mathrm{j}\int_{-\infty}^{+\infty}f_{\mathrm{o}}(t)\sin\omega t\,\mathrm{d}t\\&=R(\omega)+\mathrm{j}I(\omega)\end{aligned}\tag{3-33}$$

式(3-33)中，被积函数 $f_{\mathrm{e}}(t)\sin\omega t$ 和 $f_{\mathrm{o}}(t)\cos\omega t$ 是关于 t 的奇函数，奇函数在对称区间的积分为零。被积函数 $f_{\mathrm{e}}(t)\cos\omega t$ 和 $f_{\mathrm{o}}(t)\sin\omega t$ 是关于 t 的偶函数，偶函数在对称区间的积分不为零。所以得到：

$$R(\omega)=2\int_{0}^{\infty}f_{\mathrm{e}}(t)\cos(\omega t)\mathrm{d}t\tag{3-34}$$

$$I(\omega)=-2\int_{0}^{\infty}f_{\mathrm{o}}(t)\sin\omega t\,\mathrm{d}t\tag{3-35}$$

式(3-34)表明了两个问题：一是 $R(\omega)$是关于 ω 的实偶函数；二是 $R(\omega)$可以由原函数 $f(t)$的偶部 $f_{\mathrm{e}}(t)$的傅里叶变换得到。式(3-35)可以看出，$I(\omega)$是 ω 的实奇函数，$I(\omega)$可以由原函数 $f(t)$的奇部 $f_{\mathrm{o}}(t)$的傅里叶变换得到。

由于在一般情况下 $F(\mathrm{j}\omega)$是一个复函数，可以将其描述成极坐标形式(或者向量形式)：

$$F(\mathrm{j}\omega)=|F(\mathrm{j}\omega)|\mathrm{e}^{\mathrm{j}\varphi(\omega)}\tag{3-36}$$

式中$|F(\mathrm{j}\omega)|$是频谱函数 $F(\mathrm{j}\omega)$的模，它表示非周期信号 $f(t)$各频率分量的振幅的相对大小，称为非周期信号的幅度频谱，简称幅度谱，而$|F(\mathrm{j}\omega)|\sim\omega$ 就是幅度谱曲线，习惯上说的频谱指的就是幅度谱。又由于有：

$$|F(\mathrm{j}\omega)|=|F(-\mathrm{j}\omega)|\tag{3-37}$$

故信号的幅度频谱是 ω 的偶函数，其频谱曲线具有关于纵轴的对称性。

式(3-36)中的$\varphi(\omega)$是$F(\mathrm{j}\omega)$的幅角,它表示非周期信号$f(t)$的各频率分量之间的相位关系,称为非周期信号的相位频谱,简称相位谱,而$\varphi(\omega)\sim\omega$就是相位频谱曲线。又由于有:

$$\varphi(\omega)=\arctan\frac{I(\omega)}{R(\omega)}=-\varphi(-\omega) \tag{3-38}$$

即信号的相位频谱是ω的奇函数,其相位谱曲线具有关于原点的对称性。

归纳一下关于频谱密度函数的讨论得到:

(1) $F(\mathrm{j}\omega)$通常是一个复函数;

(2) 幅度频谱$|F(\mathrm{j}\omega)|$是ω的偶函数,关于纵轴对称;

(3) 相位频谱$\varphi(\omega)$是ω的奇函数,关于原点对称;

(4) 实部频谱$R(\omega)$是ω的偶函数,对应着原信号偶部的傅里叶变换;

(5) 虚部频谱$I(\omega)$是ω的奇函数,对应着原信号奇部的傅里叶变换;

(6) 偶函数的傅里叶变换为实偶函数;

(7) 奇函数的傅里叶变换为虚奇函数。

3.4 常用信号的傅里叶变换

下面介绍几种常用信号的傅里叶变换。其目的在于熟悉和掌握这些常用信号的时域和频域的特点;通过这些常用信号傅里叶变换的计算和分析,熟悉傅里叶变换基本积分方法的应用与运算技巧;了解各种信号相互表示的方法和技巧。

1. 矩形脉冲信号

宽度为τ,幅度为1的矩形脉冲,通常也形象地被称为门函数,并习惯用符号$g_\tau(t)$表示。

$$g_\tau(t)=\begin{cases}1, & |t|<\dfrac{\tau}{2}\\[2mm] 0, & |t|>\dfrac{\tau}{2}\end{cases} \tag{3-39}$$

可以根据傅里叶变换的定义,直接对原函数求其傅里叶积分完成其傅里叶变换:

$$G_\tau(\mathrm{j}\omega)=\int_{-\infty}^{+\infty}g_\tau(t)\mathrm{e}^{-\mathrm{j}\omega t}\,\mathrm{d}t=\int_{-\tau/2}^{\tau/2}\mathrm{e}^{-\mathrm{j}\omega t}\,\mathrm{d}t=\frac{\mathrm{e}^{-\mathrm{j}\omega\tau/2}-\mathrm{e}^{\mathrm{j}\omega\tau/2}}{-\mathrm{j}\omega}$$

$$=\frac{2\sin\dfrac{\omega\tau}{2}}{\omega}=\tau\mathrm{Sa}\left(\frac{\omega\tau}{2}\right)$$

即

$$\mathrm{FT}[g_\tau(t)]=\tau\mathrm{Sa}\left(\frac{\omega\tau}{2}\right) \tag{3-40}$$

式(3-40)表明,矩形脉冲信号的傅里叶变换是一个实函数。一般而言,当一个信号的频谱函数为实函数时,该信号的幅度谱和相位谱就可用一条曲线表示。就本例而言,当$G_\tau(\mathrm{j}\omega)$为正值时,其相位为0;当$G_\tau(\mathrm{j}\omega)$为负值时,其相位在正半轴为π,在负半轴为$-\pi$($\varphi(\omega)$是ω的奇函数),如图3-17所示。

2. 单位冲激信号δ(t)

应用单位冲激函数的抽样性质，可求得单位冲激信号的傅里叶变换为：

$$F(\mathrm{j}\omega)=\int_{-\infty}^{+\infty}\delta(t)\mathrm{e}^{-\mathrm{j}\omega t}\mathrm{d}t=1 \tag{3-41}$$

这个结果表明，单位冲激信号的频谱遍布于整个频率范围且是均匀分布的，它包含了所有频率分量，且其幅度均为1，相位均为0。这很容易理解，根据信号持续时间与其频带宽度成反比这一关系，由于冲激信号只在瞬时作用，其持续时间趋于零，故其信号带宽无限大。常称具有这种特点的频谱为“白色谱”或“均匀谱”。$\delta(t)$及其频谱如图3-18所示。

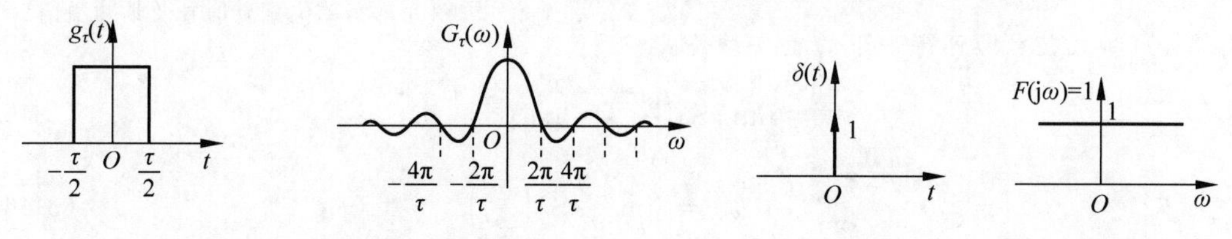

图3-17　矩形脉冲信号及其频谱

图3-18　$\delta(t)$及其白色谱

由逆变换可得：

$$\delta(t)=\frac{1}{2\pi}\int_{-\infty}^{+\infty}\mathrm{e}^{\mathrm{j}\omega t}\mathrm{d}\omega \tag{3-42}$$

这是冲激函数的又一个新的定义。根据广义函数关于$\delta(t)$的定义，有：

$$\int_{-\infty}^{+\infty}\delta(t)\varphi(t)\mathrm{d}t=\varphi(0)\quad(\varphi(t)\text{ 为检验函数})$$

将函数$\frac{1}{2\pi}\int_{-\infty}^{+\infty}1\cdot\mathrm{e}^{\mathrm{j}\omega t}\mathrm{d}\omega$进行这个试验，从而有：

$$\begin{aligned}\int_{-\infty}^{+\infty}\left[\frac{1}{2\pi}\int_{-\infty}^{+\infty}1\cdot\mathrm{e}^{\mathrm{j}\omega t}\mathrm{d}\omega\right]\varphi(t)\mathrm{d}t&=\frac{1}{2\pi}\int_{-\infty}^{+\infty}\left[\int_{-\infty}^{+\infty}\varphi(t)\mathrm{e}^{\mathrm{j}\omega t}\mathrm{d}t\right]\mathrm{d}\omega\\&=\frac{1}{2\pi}\int_{-\infty}^{+\infty}\Phi(-\mathrm{j}\omega)\mathrm{d}\omega\\&=\frac{1}{2\pi}\int_{-\infty}^{+\infty}\Phi(\mathrm{j}\omega)\mathrm{e}^{\mathrm{j}\omega\cdot 0}\mathrm{d}\omega=\varphi(0)\end{aligned}$$

由此证明：

$$\frac{1}{2\pi}\int_{-\infty}^{+\infty}\mathrm{e}^{\mathrm{j}\omega t}\mathrm{d}\omega=\delta(t)$$

这说明常数1的傅里叶逆变换是$\delta(t)$，即$\delta(t)\leftrightarrow 1$。

3. 单位直流信号

单位直流信号$f(t)=1,-\infty<t<\infty$，不满足绝对可积条件，但其傅里叶变换却存在。依据傅里叶变换的定义，可得：

$$F(\mathrm{j}\omega)=\int_{-\infty}^{+\infty}1\cdot\mathrm{e}^{-\mathrm{j}\omega t}\mathrm{d}t$$

对式(3-42)所示的冲激函数定义做变量代换，可得：

$$\delta(-\omega)=\frac{1}{2\pi}\int_{-\infty}^{+\infty}\mathrm{e}^{-\mathrm{j}\omega t}\mathrm{d}t \tag{3-43}$$

由上述两式可以看出：

$$F(\mathrm{j}\omega)=\mathrm{FT}[1]=\int_{-\infty}^{+\infty}1\cdot \mathrm{e}^{-\mathrm{j}\omega t}\mathrm{d}t=2\pi\delta(\omega) \tag{3-44}$$

这说明单位直流信号的傅里叶变换为强度为 2π 的冲激函数,冲激函数 $\delta(\omega)$ 的傅里叶逆变换是 $\frac{1}{2\pi}$,即 $\frac{1}{2\pi}\leftrightarrow\delta(\omega)$。

单位直流信号及其频谱如图 3-19 所示。除了上述的方法外,单位直流信号也可以看成门函数取 $\tau\to\infty$ 的极限。若记该门函数的傅里叶变换为 $\tau\mathrm{Sa}\left(\frac{\omega\tau}{2}\right)$,则由式(3-40)和式(3-44)可得如下的重要结论:

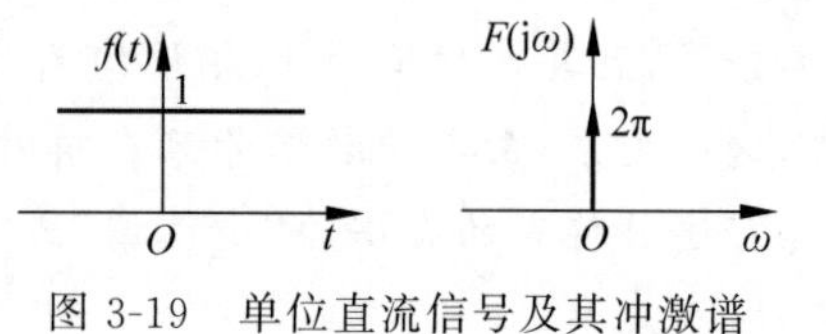

图 3-19 单位直流信号及其冲激谱

$$\lim_{\tau\to\infty}\tau\mathrm{Sa}\left(\frac{\omega\tau}{2}\right)=2\pi\delta(\omega) \tag{3-45}$$

$$\delta(\omega)=\lim_{\tau\to\infty}\frac{\tau}{2\pi}\mathrm{Sa}\left(\frac{\omega\tau}{2}\right) \tag{3-46}$$

4. 符号函数 sgn(*t*)

符号函数(也称正负号函数)也不满足绝对可积条件,但却存在傅里叶变换。符号函数的数学表达式如下:

$$\mathrm{sgn}(t)=\begin{cases}-1, & t<0\\ 0, & t=0\\ 1, & t>0\end{cases} \tag{3-47}$$

符号函数可看作是两个单边指数函数在 $a\to 0$ 时的极限情况的和,即

$$\mathrm{sgn}(t)=\lim_{a\to 0}[\mathrm{e}^{-at}u(t)-\mathrm{e}^{at}u(-t)] \tag{3-48}$$

因此,

$$F(\mathrm{j}\omega)=\mathrm{FT}[\mathrm{sgn}(t)]=\lim_{a\to 0}\left[\int_0^{\infty}\mathrm{e}^{-at}\mathrm{e}^{-\mathrm{j}\omega t}\mathrm{d}t-\int_{-\infty}^{0}\mathrm{e}^{at}\mathrm{e}^{-\mathrm{j}\omega t}\mathrm{d}t\right]$$

$$=\lim_{a\to 0}\left[\frac{1}{a+\mathrm{j}\omega}-\frac{1}{a-\mathrm{j}\omega}\right]=\frac{2}{\mathrm{j}\omega}=\left|\frac{2}{\omega}\right|\mathrm{e}^{-\mathrm{j}\frac{\pi}{2}\mathrm{sgn}(\omega)}$$

即

$$|F(\mathrm{j}\omega)|=2/|\omega|,\quad \varphi(\omega)=\begin{cases}-\pi/2, & \omega>0\\ \pi/2, & \omega<0\end{cases}$$

$$\mathrm{FT}[\mathrm{sgn}(t)]=2/\mathrm{j}\omega \tag{3-49}$$

符号函数和阶跃函数具有重要关系,容易得到如下转换表示:

$$u(t)=\frac{1}{2}+\frac{1}{2}\mathrm{sgn}(t) \tag{3-50}$$

$$\mathrm{sgn}(t)=u(t)-u(-t),\quad \mathrm{sgn}(t)=2u(t)-1 \tag{3-51}$$

符号函数及其频谱如图 3-20 所示。

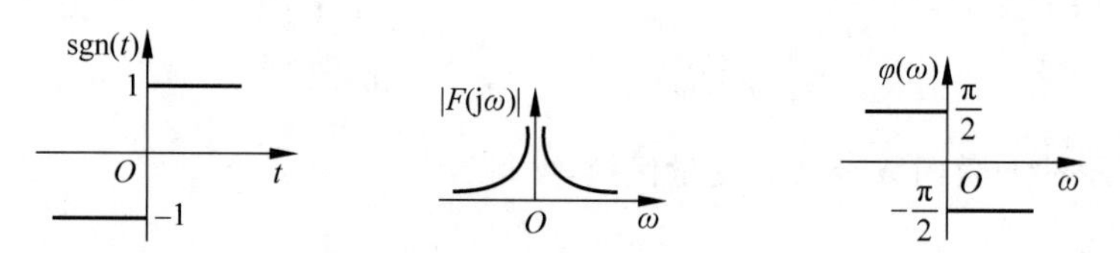

图 3-20 符号函数及其频谱

5. 单位阶跃信号 $u(t)$

单位阶跃信号 $u(t)$ 的定义为：

$$u(t)=\begin{cases}1, & t>0\\ 0, & t<0\end{cases}\tag{3-52}$$

由式(3-50)容易得到：

$$\begin{aligned}U(\mathrm{j}\omega)&=\int_{-\infty}^{+\infty}u(t)\mathrm{e}^{-\mathrm{j}\omega t}\mathrm{d}t\\&=\mathrm{FT}\left[\frac{1}{2}\right]+\frac{1}{2}\mathrm{FT}[\mathrm{sgn}(t)]=\pi\delta(\omega)+\frac{1}{\mathrm{j}\omega}\end{aligned}$$

最后得到：

$$\mathrm{FT}[u(t)]=\int_{0}^{\infty}\mathrm{e}^{-\mathrm{j}\omega t}\mathrm{d}t=\pi\delta(\omega)+\frac{1}{\mathrm{j}\omega}\tag{3-53}$$

单位阶跃信号及其频谱如图 3-21 所示。

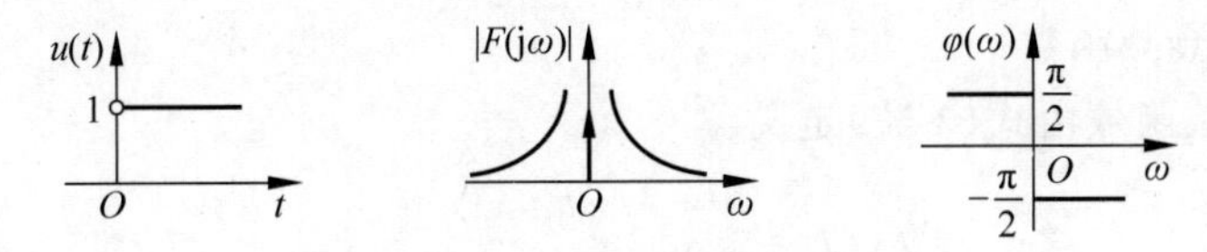

图 3-21　单位阶跃信号及其频谱

6. 高斯信号

高斯信号也依其波形的形状，形象地被称为钟形脉冲信号。

$$f(t)=E\mathrm{e}^{-\left(\frac{t}{\tau}\right)^2},\quad |t|<\infty\tag{3-54}$$

根据傅里叶变换的定义：

$$F(\mathrm{j}\omega)=\int_{-\infty}^{+\infty}E\mathrm{e}^{-\left(\frac{t}{\tau}\right)^2}\mathrm{e}^{-\mathrm{j}\omega t}\mathrm{d}t\tag{3-55}$$

注意到高斯函数是偶函数，对高斯函数的积分有：

$$\int_{-\infty}^{+\infty}\mathrm{e}^{-t^2}\mathrm{d}t=\sqrt{\pi}$$

则可改写式(3-55)为：

$$\begin{aligned}F(\mathrm{j}\omega)&=\int_{-\infty}^{+\infty}E\mathrm{e}^{-\left[\left(\frac{t}{\tau}\right)^2+\mathrm{j}\omega t\right]}\mathrm{d}t\\&=E\int_{-\infty}^{+\infty}\mathrm{e}^{-\left[\left(\frac{t}{\tau}\right)^2+2\mathrm{j}\frac{\omega\tau}{2}\cdot\frac{t}{\tau}+\left(\frac{\mathrm{j}\omega\tau}{2}\right)^2-\left(\frac{\mathrm{j}\omega\tau}{2}\right)^2\right]}\mathrm{d}t\\&=E\int_{-\infty}^{+\infty}\mathrm{e}^{-\left[\left(\frac{t}{\tau}+\frac{\mathrm{j}\omega\tau}{2}\right)^2+\left(\frac{\tau\omega}{2}\right)^2\right]}\mathrm{d}t\\&=E\mathrm{e}^{-\left(\frac{\tau\omega}{2}\right)^2}\int_{-\infty}^{+\infty}\mathrm{e}^{-\left(\frac{t}{\tau}+\frac{\mathrm{j}\omega\tau}{2}\right)^2}\mathrm{d}t\end{aligned}$$

令 $x=\dfrac{t}{\tau}+\mathrm{j}\dfrac{\omega\tau}{2}$，$\mathrm{d}t=\tau\mathrm{d}x$，则有：

$$F(\mathrm{j}\omega)=E\mathrm{e}^{-\left(\frac{\tau\omega}{2}\right)^2}\int_{-\infty}^{+\infty}\mathrm{e}^{-x^2}\tau\mathrm{d}x=E\tau\sqrt{\pi}\mathrm{e}^{-\left(\frac{\tau\omega}{2}\right)^2}$$

即：

$$\mathrm{FT}\left[E\mathrm{e}^{-\left(\frac{t}{\tau}\right)^2}\right]=\int_{-\infty}^{+\infty}E\mathrm{e}^{-\left(\frac{t}{\tau}\right)^2}\mathrm{e}^{-\mathrm{j}\omega t}\,\mathrm{d}t=E\tau\sqrt{\pi}\,\mathrm{e}^{-\left(\frac{\omega\tau}{2}\right)^2} \tag{3-56}$$

式(3-56)表明,高斯信号的频谱仍然是一个高斯函数;式(3-56)还是一个正实函数,所以它的相位谱为零。图 3-22 画出了该信号的波形和频谱。

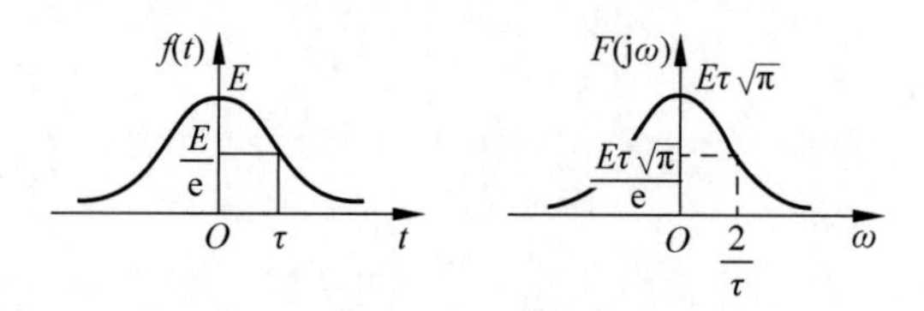

图 3-22　高斯函数信号的波形和频谱

7. 指数函数

这里讨论 4 种形式的指数函数,即单边指数衰减函数、偶双边指数衰减函数、虚指数函数、复指数函数。

1) 单边指数衰减函数

单边指数衰减函数由式(3-57)定义:

$$f(t)=\begin{cases}0, & t<0\\ \mathrm{e}^{-at}, & t>0,a>0\end{cases} \tag{3-57}$$

它的傅里叶变换为:

$$F(\mathrm{j}\omega)=\int_{-\infty}^{+\infty}f(t)\mathrm{e}^{-\mathrm{j}\omega t}\,\mathrm{d}t=\int_{0}^{\infty}\mathrm{e}^{-at}\mathrm{e}^{-\mathrm{j}\omega t}\,\mathrm{d}t=\frac{1}{a+\mathrm{j}\omega} \tag{3-58}$$

相应的幅度谱和相位谱分别为:

$$\begin{cases}|F(\mathrm{j}\omega)|=\dfrac{1}{\sqrt{a^2+\omega^2}}\\ \varphi(\omega)=-\arctan\left(\dfrac{\omega}{a}\right)\end{cases} \tag{3-59}$$

其频谱图的 MATLAB 画图程序如下:

```
clear;
t = 0:dt:tf;                        %定义持续时间
alpha = a;                          %定义指数参数
f = exp( - 1 * alpha * t);          %生成指数信号
plot(t,f);                          %绘图

fs = fs;N = N;                      %定义采样频率和数据点数
n = 0:N - 1;t = n/fs;               %时间序列
y = fft(f,N);                       %对信号进行傅里叶变换
A = abs(y);                         %求得傅里叶变换后的振幅
Q = angle(y);                       %求得傅里叶变换后的相位
w = n * fs/N;                       %频率序列
plot(w,A);                          %绘出随频率变化的振幅
plot(w,Q);                          %绘出随频率变化的相位
```

单边指数衰减信号的波形及其频谱如图 3-23 所示。

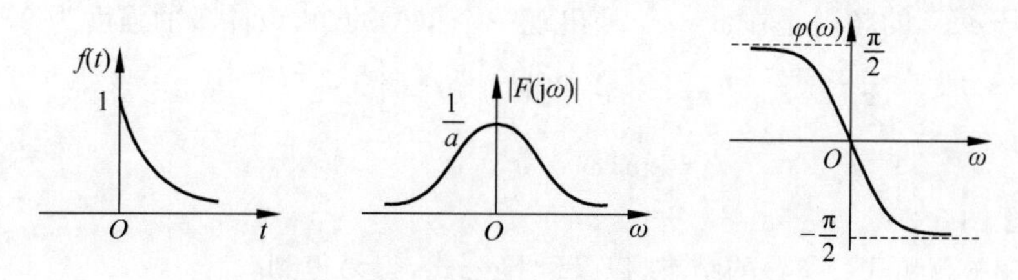

图 3-23 单边指数衰减信号的波形及其频谱

2）偶双边指数衰减函数

偶双边指数衰减函数有以下定义：

$$f(t)=\mathrm{e}^{-a|t|} \quad a>0 \tag{3-60}$$

它的傅里叶变换为：

$$\begin{aligned} F(\mathrm{j}\omega) &= \int_{-\infty}^{0} \mathrm{e}^{at}\mathrm{e}^{-\mathrm{j}\omega t}\mathrm{d}t + \int_{0}^{\infty} \mathrm{e}^{-at}\mathrm{e}^{-\mathrm{j}\omega t}\mathrm{d}t \\ &= \int_{-\infty}^{0} \mathrm{e}^{-(\mathrm{j}\omega-a)t}\mathrm{d}t + \int_{0}^{\infty} \mathrm{e}^{-(\mathrm{j}\omega+a)t}\mathrm{d}t \\ &= \frac{1}{a-\mathrm{j}\omega}+\frac{1}{a+\mathrm{j}\omega} \\ &= \frac{2a}{a^2+\omega^2} \end{aligned} \tag{3-61}$$

是一个实偶函数，其相应的幅度谱和相位谱分别为：

$$\begin{cases} |F(\mathrm{j}\omega)| = \dfrac{2a}{a^2+\omega^2} \\ \varphi(\omega)=0 \end{cases} \tag{3-62}$$

图 3-24 画出了它的波形和频谱。

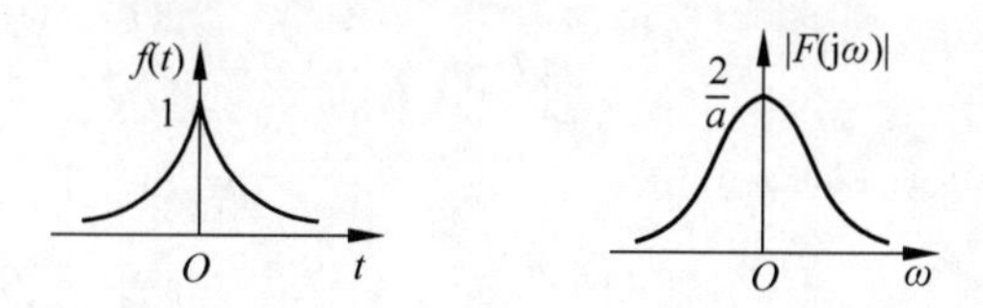

图 3-24 偶双边指数信号的波形及其频谱

3）虚指数信号

根据傅里叶变换的定义，虚指数信号 $\mathrm{e}^{\mathrm{j}\omega_0 t}$ 的傅里叶变换为：

$$F(\mathrm{j}\omega)=\int_{-\infty}^{+\infty}\mathrm{e}^{\mathrm{j}\omega_0 t}\mathrm{e}^{-\mathrm{j}\omega t}\mathrm{d}t=\int_{-\infty}^{+\infty}\mathrm{e}^{-\mathrm{j}(\omega-\omega_0)t}\mathrm{d}t$$

将此式与式(3-44)单位直流信号的傅里叶变换

$$2\pi\delta(\omega)=\int_{-\infty}^{+\infty}1\cdot\mathrm{e}^{-\mathrm{j}\omega t}\mathrm{d}t$$

比较，可知虚指数信号的傅里叶变换为：

$$\begin{aligned} F(\mathrm{j}\omega) &= \int_{-\infty}^{+\infty}\mathrm{e}^{-\mathrm{j}(\omega-\omega_0)t}\mathrm{d}t \\ &= 2\pi\delta(\omega-\omega_0) \end{aligned} \tag{3-63}$$

即虚指数信号 $e^{j\omega_0 t}$ 的频谱是在 $\omega=\omega_0$ 处出现一个单位冲激，该冲激的强度为 2π，同理

$$\begin{aligned}\mathrm{FT}[e^{-j\omega_0 t}] &= \int_{-\infty}^{+\infty} e^{-j\omega_0 t} e^{-j\omega t}\,dt = \int_{-\infty}^{+\infty} e^{-j(\omega+\omega_0)t}\,dt \\ &= 2\pi\delta(\omega+\omega_0)\end{aligned} \tag{3-64}$$

其频谱图示于图 3-25。

利用式(3-63)和式(3-64)的结果，以及欧拉公式，容易得到：

$$\mathrm{FT}[\cos\omega_0 t] = \pi[\delta(\omega-\omega_0)+\delta(\omega+\omega_0)] \tag{3-65}$$

$$\mathrm{FT}[\sin\omega_0 t] = \frac{\pi}{j}[\delta(\omega-\omega_0)-\delta(\omega+\omega_0)] \tag{3-66}$$

4) 复指数信号

对如下形式的复指数信号

$$f(t) = e^{(-a+j\omega_0)t} = e^{-at}e^{j\omega_0 t}, \quad t>0, a>0 \tag{3-67}$$

做傅里叶变换：

$$\begin{aligned}F(j\omega) &= \int_0^{\infty} e^{(-a+j\omega_0)t} e^{-j\omega t}\,dt \\ &= \int_0^{\infty} e^{-at} e^{-j(\omega-\omega_0)t}\,dt\end{aligned}$$

将式(3-58)与此式比较，便可以直接得到式(3-68)所示的复指数信号的傅里叶变换为：

$$F(j\omega) = \int_0^{\infty} e^{-[j(\omega-\omega_0)+a]t}\,dt = \frac{1}{a+j(\omega-\omega_0)} \tag{3-68}$$

其幅度谱和相位谱分别为：

$$\begin{cases} |F(j\omega)| = \dfrac{1}{\sqrt{a^2+(\omega-\omega_0)^2}} \\ \varphi(\omega) = -\arctan\left(\dfrac{\omega-\omega_0}{a}\right) \end{cases} \tag{3-69}$$

图 3-26 画出了它的频谱。

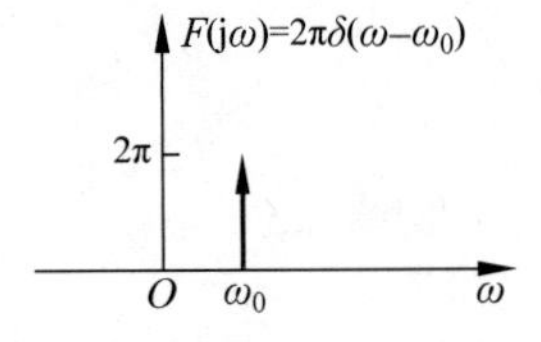

图 3-25 虚指数信号的频谱

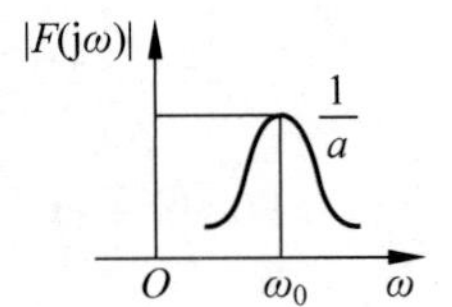

图 3-26 复指数信号的频谱

式(3-68)信号的频谱，实际是将单边指数衰减函数的频谱中心搬移到 ω_0 的位置。

常用傅里叶变换对如表 3-3 所示。

表 3-3 常用傅里叶变换对

编　号	$f(t)$	$F(j\omega)$
1	$g_\tau(t)$	$\tau\mathrm{Sa}(\omega\tau/2)$
2	$\tau\mathrm{Sa}(\tau t/2)$	$2\pi g_\tau(\omega)$
3	$e^{-at}u(t), a>0$	$1/(a+j\omega)$

续表

编　号	$f(t)$	$F(\mathrm{j}\omega)$
4	$t\mathrm{e}^{-at}u(t), a>0$	$1/(a+\mathrm{j}\omega)^2$
5	$\mathrm{e}^{-a\|t\|},\ a>0$	$2a/(a^2+\omega^2)$
6	$\delta(t)$	1
7	1	$2\pi\delta(\omega)$
8	$\cos\omega_0 t$	$\pi\delta(\omega-\omega_0)+\pi\delta(\omega+\omega_0)$
9	$\sin\omega_0 t$	$\pi[\delta(\omega-\omega_0)-\delta(\omega+\omega_0)]/\mathrm{j}$
10	$u(t)$	$\pi\delta(\omega)+1/\mathrm{j}\omega$
11	$\mathrm{sgn}(t)$	$2/\mathrm{j}\omega, F(0)=0$
12	$1/\pi t$	$-\mathrm{j}\,\mathrm{sgn}(\omega)$
13	$\delta_T(t)$	$\omega_1\delta_{\omega_1}(\omega), \omega_1=\dfrac{2\pi}{T}$
14	$\sum\limits_{n=-\infty}^{\infty}F_n\mathrm{e}^{\mathrm{j}n\omega_1 t}, \omega_1=\dfrac{2\pi}{T}$	$2\pi\sum\limits_{n=-\infty}^{\infty}F_n\delta(\omega-n\omega_1)$
15	$\dfrac{t^{n-1}}{(n-1)!}\mathrm{e}^{-\alpha t}u(t), \alpha>0$	$\dfrac{1}{(\alpha+\mathrm{j}\omega)^n}$
16	$E\mathrm{e}^{-\left(\frac{t}{\tau}\right)^2}, \|t\|<\infty$	$E\tau\sqrt{\pi}\,\mathrm{e}^{-\left(\frac{\tau\omega}{2}\right)^2}$
17	$\mathrm{e}^{\pm\mathrm{j}\omega_0 t}$	$2\pi\delta(\omega\mp\omega_0)$

3.5 傅里叶变换的性质

傅里叶变换有很多重要的性质，这些性质反映了信号在时域描述和频域描述的对应关系，熟悉这些性质对深刻理解傅里叶变换的实质有重要意义。应用这些性质求取 $f(t)$的傅里叶变换或逆变换，为在频域分析问题和解决问题带来极大的便利。

1. 线性性质

若

$$f_1(t)\leftrightarrow F_1(\mathrm{j}\omega)$$

$$f_2(t)\leftrightarrow F_2(\mathrm{j}\omega)$$

则对于任意常数 a_1 和 a_2，有：

$$a_1 f_1(t)+a_2 f_2(t)\leftrightarrow a_1 F_1(\mathrm{j}\omega)+a_2 F_2(\mathrm{j}\omega) \tag{3-70}$$

以上关系很容易用从傅里叶变换的定义式出发去证明，这里从略。

2. 共轭对称性

如果 $f(t)$是时间 t 的实函数，则有：

$$F^*(\mathrm{j}\omega)=F(-\mathrm{j}\omega)=\mathrm{FT}[f(-t)] \tag{3-71}$$

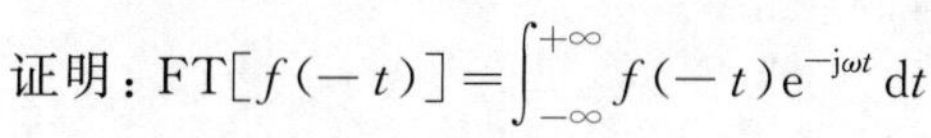

证明：$\mathrm{FT}[f(-t)]=\int_{-\infty}^{+\infty}f(-t)\mathrm{e}^{-\mathrm{j}\omega t}\mathrm{d}t$

令 $\tau=-t$，得：

$$\mathrm{FT}[f(-t)]=\int_{+\infty}^{-\infty}f(\tau)\mathrm{e}^{\mathrm{j}\omega\tau}\mathrm{d}(-\tau)=\int_{-\infty}^{+\infty}f(\tau)\mathrm{e}^{-\mathrm{j}(-\omega)\tau}\mathrm{d}\tau=F(-\mathrm{j}\omega)$$

$$F^*(\mathrm{j}\omega)=\left(\int_{-\infty}^{+\infty}f(t)\mathrm{e}^{-\mathrm{j}\omega t}\mathrm{d}t\right)^*=\int_{-\infty}^{+\infty}f(t)\mathrm{e}^{\mathrm{j}\omega t}\mathrm{d}t=F(-\mathrm{j}\omega)$$

证毕。

这个性质说明，实信号的傅里叶变换具有式(3-71)所示共轭对称性，即其共轭等于其反转，也等于原信号反转后的傅里叶变换。这一性质决定了实信号的频谱常常具有双边性(例如 $\cos\omega_0 t$)，而复信号的傅里叶变换没有这种共轭对称性，其频谱常常呈现单边性(例如 $\mathrm{e}^{\pm\mathrm{j}\omega_0 t}$)。

3. 对称性质

若
$$f(t)\leftrightarrow F(\mathrm{j}\omega)$$
则：
$$F(\mathrm{j}t)\leftrightarrow 2\pi f(-\omega) \tag{3-72}$$
式(3-72)表明，如果函数 $f(t)$ 的频谱函数为 $F(\mathrm{j}\omega)$，那么时间函数 $F(\mathrm{j}t)$ 的频谱函数是 $2\pi f(-\omega)$，这称为傅里叶变换的对称性。它可证明如下：

将傅里叶逆变换式 $f(t)=\dfrac{1}{2\pi}\int_{-\infty}^{+\infty}F(\mathrm{j}\omega)\mathrm{e}^{\mathrm{j}\omega t}\mathrm{d}\omega$ 中的 t 换为 $-\omega$，ω 换为 t，得：

$$f(-\omega)=\frac{1}{2\pi}\int_{-\infty}^{+\infty}F(\mathrm{j}t)\mathrm{e}^{-\mathrm{j}\omega t}\mathrm{d}t$$

两边同乘以 2π，得到：

$$2\pi f(-\omega)=\int_{-\infty}^{+\infty}F(\mathrm{j}t)\mathrm{e}^{-\mathrm{j}\omega t}\mathrm{d}t$$

上式表明，时间函数 $F(\mathrm{j}t)$ 的傅里叶变换为 $2\pi f(-\omega)$，即式(3-72)。证毕。

例如，$\delta(t)\leftrightarrow 1$，$1\leftrightarrow 2\pi\delta(\omega)$($\delta(\omega)$是 ω 的偶函数)。

$g_\tau(t)\leftrightarrow \tau\mathrm{Sa}\left(\dfrac{\omega\tau}{2}\right)$，由对称性可得：

$$\mathrm{Sa}\left(\frac{\tau t}{2}\right)\leftrightarrow\frac{2\pi}{\tau}g_\tau(\omega) \tag{3-73}$$

取 $\tau=2\pi$，显然有：

$$\mathrm{Sa}(\pi t)\leftrightarrow g_{2\pi}(\omega) \tag{3-74}$$

一般情况下，当 $\tau=2a(a>0)$时，可得一般的关系式：

$$\mathrm{Sa}(at)\leftrightarrow\frac{\pi}{a}g_{2a}(\omega) \tag{3-75}$$

由式(3-75)的结果，容易计算如下积分：

$$\int_{-\infty}^{+\infty}\frac{\sin at}{at}\mathrm{e}^{-\mathrm{j}\omega t}\mathrm{d}t=\frac{\pi}{a}g_{2a}(\omega) \tag{3-76}$$

取式(3-76)中的 $\omega=0$，可得：

$$\int_{-\infty}^{+\infty}\frac{\sin at}{at}\mathrm{d}t=\frac{\pi}{a} \tag{3-77}$$

例如，$\mathrm{sgn}(t)\leftrightarrow\dfrac{2}{\mathrm{j}\omega}$，由对称性可得：

$$\frac{1}{\pi t}\leftrightarrow -\mathrm{j}\,\mathrm{sgn}(\omega) \tag{3-78}$$

4. 尺度变换性质

尺度变换是一种对信号波形的展缩变换，其概念已在第1章中作了详细讨论，这里仅给出变换前、后傅里叶变换的关系。

若
$$f(t)\leftrightarrow F(\mathrm{j}\omega)$$
则：
$$f(at)\leftrightarrow \frac{1}{|a|}F\left(\mathrm{j}\frac{\omega}{a}\right) \tag{3-79}$$

式(3-79)表明，若信号 $f(t)$ 在时间坐标上压缩到原来的 $1/a$，那么其频谱函数在频率坐标上将展宽 a 倍，同时幅度减小到原来的 $1/|a|$，即在时域中信号占据时间的压缩对应于其频谱在频域中占有频带的扩展，反之亦然。这一规律称为尺度变换或时频展缩特性。

证明　设 $f(t)\leftrightarrow F(\mathrm{j}\omega)$，则有：$\mathrm{FT}[f(at)]=\int_{-\infty}^{+\infty}f(at)\mathrm{e}^{-\mathrm{j}\omega t}\mathrm{d}t$

令 $x=at$，则 $t=\dfrac{x}{a}$，$\mathrm{d}t=\dfrac{1}{a}\mathrm{d}x$

当 $a>0$ 时，$\mathrm{FT}[f(at)]=\int_{-\infty}^{+\infty}f(x)\mathrm{e}^{-\mathrm{j}\omega\frac{x}{a}}\cdot\dfrac{1}{a}\mathrm{d}x=\dfrac{1}{a}\int_{-\infty}^{+\infty}f(x)\mathrm{e}^{-\mathrm{j}\frac{\omega}{a}x}\mathrm{d}x=\dfrac{1}{a}F\left(\mathrm{j}\dfrac{\omega}{a}\right)$

当 $a<0$ 时，$\mathrm{FT}[f(at)]=\int_{+\infty}^{-\infty}f(x)\mathrm{e}^{-\mathrm{j}\omega\frac{x}{a}}\cdot\dfrac{1}{a}\mathrm{d}x=-\dfrac{1}{a}\int_{-\infty}^{+\infty}f(x)\mathrm{e}^{-\mathrm{j}\frac{\omega}{a}x}\mathrm{d}x=-\dfrac{1}{a}F\left(\mathrm{j}\dfrac{\omega}{a}\right)$

综合以上两种情况，即得式(3-79)，证毕。

由尺度变换特性可知，信号的持续时间与信号的占有频带宽度成反比。例如，对于门函数 $g_\tau(t)$，其频带宽度 $\Delta f=1/\tau$。在通信技术中，为了加快信息传输速度，就需要将信号持续时间缩短，其付出的代价就是信号的带宽被扩展。

例 3.6　作为尺度变换的应用，本例给出了矩形脉冲信号 $f(at)=g_\tau(at)$ 中，$a=1$，$a=1/2$，$a=2$ 时信号波形及其频谱(见图3-27)，其分析过程可自己完成。

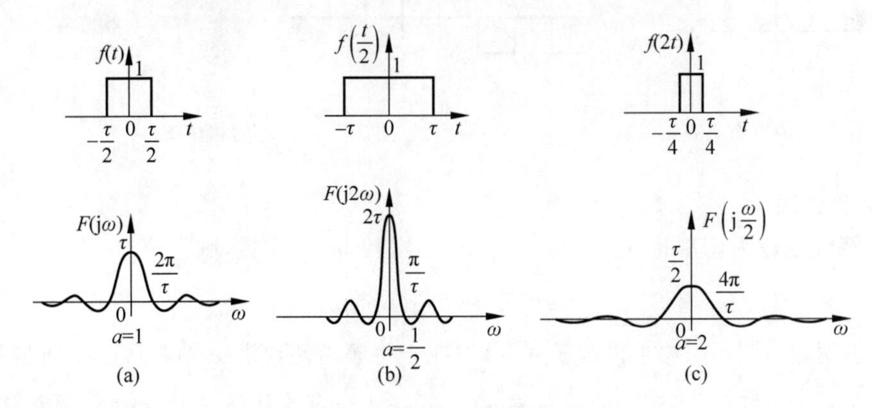

图 3-27　不同尺度下的带宽

5. 时移性质

时移特性也称为延时特性。若 $f(t)\leftrightarrow F(\mathrm{j}\omega)$，$t_0$ 为常数，则有：

$$f(t\pm t_0)\leftrightarrow \mathrm{e}^{\pm\mathrm{j}\omega t_0}F(\mathrm{j}\omega)=|F(\mathrm{j}\omega)|\,\mathrm{e}^{\mathrm{j}(\varphi(\omega)\pm\omega t_0)} \tag{3-80}$$

式(3-80)表示，在时域中信号沿时间轴右移(即延时)t_0，则在频域中所有频率“分量”相应落

后一相位 ωt_0，而其幅度保持不变，即时域的时间平移引起的是频域的相位平移。

证明 若 $f(t)\leftrightarrow F(\mathrm{j}\omega)$，则迟延信号的傅里叶变换为：

$$\mathrm{FT}[f(t-t_0)]=\int_{-\infty}^{+\infty}f(t-t_0)\mathrm{e}^{-\mathrm{j}\omega t}\mathrm{d}t$$

令 $x=t-t_0$，则上式可以写为：

$$\mathrm{FT}[f(t-t_0)]=\int_{-\infty}^{+\infty}f(x)\mathrm{e}^{-\mathrm{j}\omega(x+t_0)}\mathrm{d}x=\mathrm{e}^{-\mathrm{j}\omega t_0}\int_{-\infty}^{+\infty}f(x)\mathrm{e}^{-\mathrm{j}\omega x}\mathrm{d}x=\mathrm{e}^{-\mathrm{j}\omega t_0}F(\mathrm{j}\omega)$$

同理可得：
$$\mathrm{FT}[f(t+t_0)]=\mathrm{e}^{\mathrm{j}\omega t_0}F(\mathrm{j}\omega)$$

可以证明，如果信号既有时移又有尺度变换，则有：

$$f(at-b)\leftrightarrow\frac{1}{|a|}\mathrm{e}^{-\mathrm{j}\frac{b}{a}\omega}F\left(\mathrm{j}\frac{\omega}{a}\right)\tag{3-81}$$

显然，尺度变换和时移特性是式(3-81)的两种特殊情况。

例 3.7 求图 3-28 所示信号的频谱函数。

解 由图看出 $f(t)=g_\tau(t-\tau/2)$，已知标准门函数的傅里叶变换为：

$$g_\tau(t)\leftrightarrow\tau\mathrm{Sa}(\omega\tau/2)$$

根据时移特性可求得：
$$f(t)\leftrightarrow\tau\mathrm{Sa}(\omega\tau/2)\mathrm{e}^{-\mathrm{j}\omega\tau/2}$$

其相位谱如图 3-29 所示。

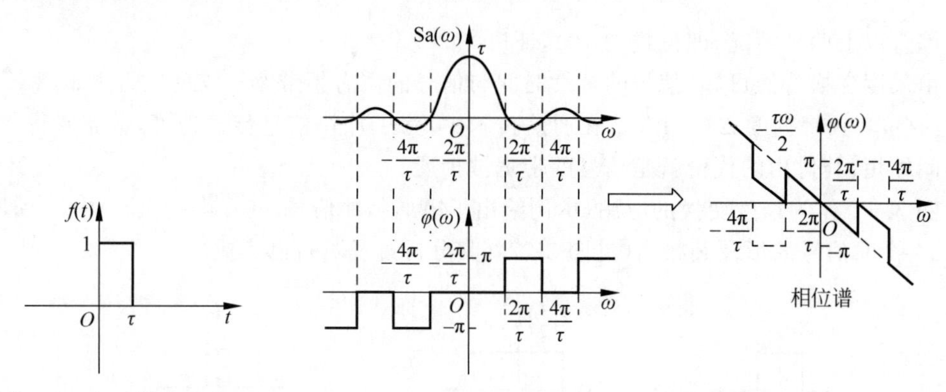

图 3-28 门函数右平移 $\tau/2$

图 3-29 $f(t)$的相位谱

6. 频移性质

频移特性也称为调制特性。若 $f(t)\leftrightarrow F(\mathrm{j}\omega)$，且 ω_0 为常数，则：

$$f(t)\mathrm{e}^{\pm\mathrm{j}\omega_0 t}\leftrightarrow F[\mathrm{j}(\omega\mp\omega_0)]\tag{3-82}$$

式(3-82)表明，将信号 $f(t)$乘以因子 $\mathrm{e}^{\mathrm{j}\omega_0 t}$，对应于将频谱函数沿 ω 轴右移 ω_0；将信号 $f(t)$ 乘以因子 $\mathrm{e}^{-\mathrm{j}\omega_0 t}$，对应于将频谱函数左移 ω_0。式(3-82)直接从傅里叶变换定义出发即可证明，请读者自己完成，这里从略。

频谱搬移的原理是将信号 $f(t)$(调制信号)乘以载频信号 $\cos\omega_0 t$ 或 $\sin\omega_0 t$，从而得到高频已调信号 $f(t)\cos\omega_0 t$ 或 $f(t)\sin\omega_0 t$。因为

$$\cos\omega_0 t=\frac{1}{2}(\mathrm{e}^{\mathrm{j}\omega_0 t}+\mathrm{e}^{-\mathrm{j}\omega_0 t}),\quad \sin\omega_0 t=\frac{1}{2\mathrm{j}}(\mathrm{e}^{\mathrm{j}\omega_0 t}-\mathrm{e}^{-\mathrm{j}\omega_0 t})$$

可以导出

$$\begin{cases}F[f(t)\cos\omega_0 t]=\dfrac{1}{2}[F(\mathrm{j}(\omega-\omega_0))+F(\mathrm{j}(\omega+\omega_0))]\\ F[f(t)\sin\omega_0 t]=\dfrac{1}{2\mathrm{j}}[F(\mathrm{j}(\omega-\omega_0))-F(\mathrm{j}(\omega+\omega_0))]\end{cases}\tag{3-83}$$

例 3.8　求图 3-30 所示的高频脉冲信号 $f(t)$的频谱。

解　该高频脉冲信号 $f(t)$可以表述为门函数 $g_\tau(t)$与 $\cos\omega_0 t$ 相乘，即

$$f(t)=g_\tau(t)\cos\omega_0 t$$

因为 $g_\tau(t)\leftrightarrow\tau\mathrm{Sa}(\omega\tau/2)$，根据式(3-83)所示的调制定理有：

$$F[f(t)]=\frac{\tau}{2}\left[\mathrm{Sa}\left(\frac{(\omega-\omega_0)\tau}{2}\right)+\mathrm{Sa}\left(\frac{(\omega+\omega_0)\tau}{2}\right)\right]$$

上式即为高频脉冲信号的频谱函数，频谱如图 3-30 所示。

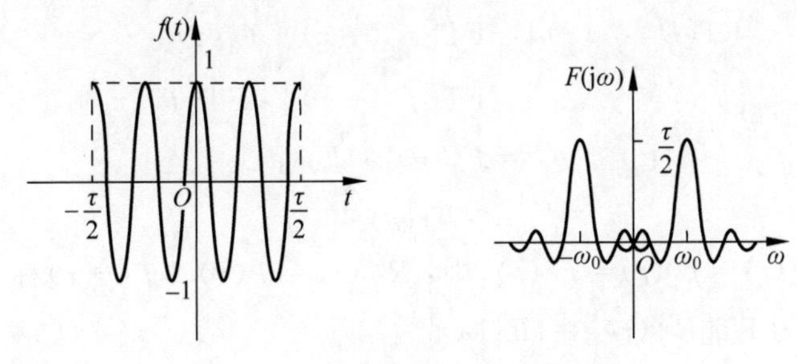

图 3-30　高频脉冲信号及其频谱

7. 卷积性质

1）时域卷积

若 $f_1(t)\leftrightarrow F_1(\mathrm{j}\omega)$，$f_2(t)\leftrightarrow F_2(\mathrm{j}\omega)$，则：

$$f_1(t)*f_2(t)\leftrightarrow F_1(\mathrm{j}\omega)F_2(\mathrm{j}\omega)\tag{3-84}$$

式(3-84)表明，在时域中两函数的卷积对应于在频域中两函数频谱的乘积，证明如下：

根据卷积积分的定义：

$$f_1(t)*f_2(t)=\int_{-\infty}^{+\infty}f_1(\tau)f_2(t-\tau)\mathrm{d}\tau$$

其傅里叶变换为：

$$\begin{aligned}\mathrm{FT}[f_1(t)*f_2(t)]&=\int_{-\infty}^{+\infty}\left[\int_{-\infty}^{+\infty}f_1(\tau)f_2(t-\tau)\mathrm{d}\tau\right]\mathrm{e}^{-\mathrm{j}\omega t}\mathrm{d}t\\&=\int_{-\infty}^{+\infty}f_1(\tau)\left[\int_{-\infty}^{+\infty}f_2(t-\tau)\mathrm{e}^{-\mathrm{j}\omega t}\mathrm{d}t\right]\mathrm{d}\tau\end{aligned}$$

由时移特性知：

$$\int_{-\infty}^{+\infty}f_2(t-\tau)\mathrm{e}^{-\mathrm{j}\omega t}\mathrm{d}t=F_2(\mathrm{j}\omega)\mathrm{e}^{-\mathrm{j}\omega\tau}$$

代入上式，得：

$$\begin{aligned}\mathrm{FT}[f_1(t)*f_2(t)]&=\int_{-\infty}^{+\infty}f_1(\tau)F_2(\mathrm{j}\omega)\mathrm{e}^{-\mathrm{j}\omega\tau}\mathrm{d}\tau\\&=F_2(\mathrm{j}\omega)\int_{-\infty}^{+\infty}f_1(\tau)\mathrm{e}^{-\mathrm{j}\omega\tau}\mathrm{d}\tau\\&=F_2(\mathrm{j}\omega)F_1(\mathrm{j}\omega)\end{aligned}$$

例 3.9 两个实信号在间隔 τ 时刻的相关程度，可以用如下积分式描述，该积分式是间隔 τ 的函数，称为信号 $f_1(t)$ 和 $f_2(t)$ 的互相关函数。求互相关函数的傅里叶变换。

$$R_{f_1f_2}(\tau)=\int_{-\infty}^{+\infty}f_1(t+\tau)f_2(t)\mathrm{d}t$$

解 将题中的相关积分式与卷积积分式比较，可得：

$$\begin{aligned}R_{f_1f_2}(\tau)&=\int_{-\infty}^{+\infty}f_1(t+\tau)f_2(t)\mathrm{d}t\\&=\int_{-\infty}^{+\infty}f_1(\tau+t)f_2(t)\mathrm{d}t\\&=f_1(-\tau)*f_2(\tau)\end{aligned}$$

这表明相关积分运算可以通过卷积积分来完成。应用卷积定理与共轭对称性质，可得相关积分的傅里叶变换为：

$$\begin{aligned}\mathrm{FT}[R_{f_1f_2}(\tau)]&=\mathrm{FT}[f_1(-\tau)*f_2(\tau)]\\&=\mathrm{FT}[f_1(-\tau)]\cdot\mathrm{FT}[f_2(\tau)]\\&=F_1(-\mathrm{j}\omega)F_2(\mathrm{j}\omega)\\&=F_1^*(\mathrm{j}\omega)F_2(\mathrm{j}\omega)\end{aligned}$$

特别地，如果 $f(t)=f_1(t)=f_2(t)$，则：$R_f(\tau)=f(\tau)*f(-\tau)$ 称为 $f(t)$ 自相关函数。其傅里叶变换为 $\mathrm{FT}[R_f(\tau)]=|F(\mathrm{j}\omega)|^2$。

2）频域卷积

若 $f_1(t)\leftrightarrow F_1(\mathrm{j}\omega)$，$f_2(t)\leftrightarrow F_2(\mathrm{j}\omega)$，则：

$$f_1(t)f_2(t)\leftrightarrow\frac{1}{2\pi}F_1(\mathrm{j}\omega)*F_2(\mathrm{j}\omega)\tag{3-85}$$

式中，

$$F_1(\mathrm{j}\omega)*F_2(\mathrm{j}\omega)=\int_{-\infty}^{+\infty}F_1(\mathrm{j}\eta)F_2(\mathrm{j}\omega-\mathrm{j}\eta)\mathrm{d}\eta\tag{3-86}$$

式(3-86)表明，两时间函数乘积的傅里叶变换，等于各函数的傅里叶变换在频域的卷积积分的 $1/2\pi$ 倍。频域卷积的证明类似于时域卷积，这里从略。

8. 微分性质

信号 $f(t)$ 和其频谱函数 $F(\mathrm{j}\omega)$ 的导数可用下述符号表示：

$$f^{(n)}(t)=\frac{\mathrm{d}^nf(t)}{\mathrm{d}t^n},\quad F^{(n)}(\mathrm{j}\omega)=\frac{\mathrm{d}^nf(\mathrm{j}\omega)}{\mathrm{d}\omega^n}$$

1）时域微分

若

$$f(t)\leftrightarrow F(\mathrm{j}\omega)$$

则：

$$f^{(n)}(t)\leftrightarrow(\mathrm{j}\omega)^nF(\mathrm{j}\omega)\tag{3-87}$$

证明 由卷积的微分运算知，$f(t)$ 的一阶导数可写为：

$$f'(t)=f'(t)*\delta(t)=f(t)*\delta'(t)$$

由于：

$$\mathrm{FT}[\delta'(t)]=\int_{-\infty}^{+\infty}\delta'(t)\mathrm{e}^{-\mathrm{j}\omega t}\mathrm{d}t=-(\mathrm{e}^{-\mathrm{j}\omega t})'\Big|_{t=0}=\mathrm{j}\omega$$

根据时域卷积定理，有：

$$\mathrm{FT}[f'(t)]=\mathrm{FT}[f(t)]\mathrm{FT}[\delta'(t)]=\mathrm{j}\omega F(\mathrm{j}\omega)$$

重复运用以上结果，得：$\mathrm{FT}[f^{(n)}(t)]=(\mathrm{j}\omega)^n F(\mathrm{j}\omega)$
即式(3-87)，证毕。

2）频域微分

若
$$f(t)\leftrightarrow F(\mathrm{j}\omega)$$
则：
$$(-\mathrm{j}t)^n f(t)\leftrightarrow F^{(n)}(\mathrm{j}\omega) \tag{3-88}$$

证明　由于 $F(\mathrm{j}\omega)=\int_{-\infty}^{+\infty} f(t)\mathrm{e}^{-\mathrm{j}\omega t}\mathrm{d}t$，所以其导数可以表示为：
$$F^{(1)}(\mathrm{j}\omega)=\int_{-\infty}^{+\infty}(-\mathrm{j}t)f(t)\mathrm{e}^{-\mathrm{j}\omega t}\mathrm{d}t$$
该式表明：$(-\mathrm{j}t)f(t)\leftrightarrow F^{(1)}(\mathrm{j}\omega)$，重复运用以上结果，可得式(3-88)，证毕。

9. 积分性质

信号 $f(t)$ 和其频谱函数 $F(\mathrm{j}\omega)$ 的积分可用下述符号表示：
$$f^{(-1)}(t)=\int_{-\infty}^{t} f(x)\mathrm{d}x,\quad F^{(-1)}(\mathrm{j}\omega)=\int_{-\infty}^{\omega} F(\mathrm{j}\eta)\mathrm{d}\eta$$

1）时域积分

若 $f(t)\leftrightarrow F(\mathrm{j}\omega)$，则：
$$f^{(-1)}(t)\leftrightarrow \pi F(0)\delta(\omega)+\frac{F(\mathrm{j}\omega)}{\mathrm{j}\omega} \tag{3-89}$$
其中 $F(0)=F(\mathrm{j}\omega)\big|_{\omega=0}=\int_{-\infty}^{+\infty} f(t)\mathrm{d}t$，是 $f(t)$ 的直流分量。如果 $F(0)=0$，则式(3-89)变为：
$$f^{(-1)}(t)\leftrightarrow \frac{F(\mathrm{j}\omega)}{\mathrm{j}\omega} \tag{3-90}$$

证明　函数 $f(t)$ 的积分可写为：
$$f^{(-1)}(t)=f^{(-1)}(t)*\delta(t)=f(t)*\delta^{(-1)}(t)=f(t)*u(t)$$
根据时域卷积性质并考虑到冲激函数的取样性质，得：
$$\begin{aligned}\mathrm{FT}[f^{(-1)}(t)]&=\mathrm{FT}[f(t)]\mathrm{FT}[u(t)]\\&=F(\mathrm{j}\omega)\left[\pi\delta(\omega)+\frac{1}{\mathrm{j}\omega}\right]\\&=\pi F(0)\delta(\omega)+\frac{F(\mathrm{j}\omega)}{\mathrm{j}\omega}\end{aligned}$$
证毕。

2）频域积分

若 $f(t)\leftrightarrow F(\mathrm{j}\omega)$，则：
$$\pi f(0)\delta(t)+\frac{-1}{\mathrm{j}t}f(t)\leftrightarrow F^{(-1)}(\mathrm{j}\omega) \tag{3-91}$$
式中 $f(0)=\frac{1}{2\pi}\int_{-\infty}^{\infty} F(\mathrm{j}\omega)\mathrm{d}\omega$，如果 $f(0)=0$，则有：
$$\frac{-1}{\mathrm{j}t}f(t)\leftrightarrow F^{(-1)}(\mathrm{j}\omega) \tag{3-92}$$

证明　由于 $\pi f(0)\delta(t)+\frac{-1}{\mathrm{j}t}f(t)=f(t)\left(\pi\delta(t)+\frac{-1}{\mathrm{j}t}\right)$，又由于：

$$u(t)\leftrightarrow\pi\delta(\omega)+\frac{1}{\mathrm{j}\omega}$$

$$u(-t)\leftrightarrow\pi\delta(-\omega)+\frac{1}{-\mathrm{j}\omega}=\pi\delta(\omega)+\frac{-1}{\mathrm{j}\omega}$$

由对称性可知：
$$\pi\delta(t)+\frac{-1}{\mathrm{j}t}\leftrightarrow 2\pi U(\mathrm{j}\omega)$$

由频域卷积性质可得：

$$\mathrm{FT}\left[\pi f(0)\delta(t)+\frac{-1}{\mathrm{j}t}f(t)\right]=\frac{1}{2\pi}F(\mathrm{j}\omega)*2\pi U(\mathrm{j}\omega)=F^{(-1)}(\mathrm{j}\omega)$$，证毕。

例 3.10 利用时域微积分性质计算图 3-31 所示梯形信号的傅里叶变换。

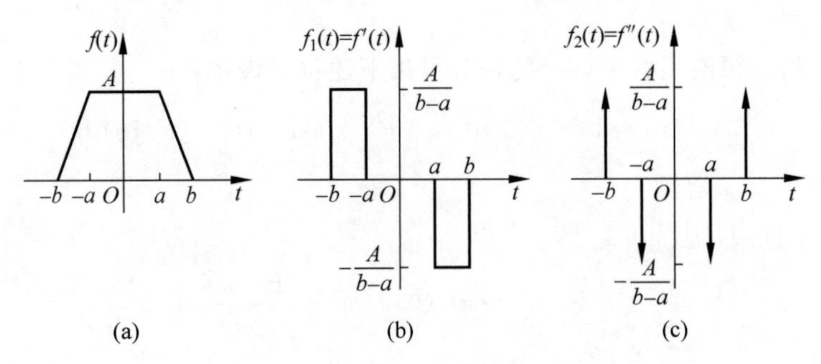

图 3-31 梯形信号及其求导的波形

解 先对 $f(t)$ 求一阶和二阶导数，得到 $f_1(t)$ 和 $f_2(t)$，如图 3-31(b) 和图 3-31(c) 所示。由图看出，$\int_{-\infty}^{+\infty}f_2(t)\mathrm{d}t=0$，即 $F_2(0)=0$，$\int_{-\infty}^{+\infty}f_1(t)\mathrm{d}t=0$，即 $F_1(0)=0$。由时域积分性质可得：

$$f_2(t)\leftrightarrow F_2(\mathrm{j}\omega)=\frac{A}{b-a}[\mathrm{e}^{\mathrm{j}\omega b}-\mathrm{e}^{\mathrm{j}\omega a}-\mathrm{e}^{-\mathrm{j}\omega a}+\mathrm{e}^{-\mathrm{j}\omega b}]$$
$$=\frac{2A}{b-a}[\cos\omega b-\cos\omega a]$$

$$f_1(t)\leftrightarrow F_1(\mathrm{j}\omega)=\frac{F_2(\mathrm{j}\omega)}{\mathrm{j}\omega}=\frac{2A}{\mathrm{j}\omega(b-a)}[\cos\omega b-\cos\omega a]$$

$$f(t)\leftrightarrow F(\mathrm{j}\omega)=\frac{F_1(\mathrm{j}\omega)}{\mathrm{j}\omega}=\frac{2A}{b-a}\left[\frac{\cos\omega a-\cos\omega b}{\omega^2}\right]$$

在应用性质 $\int_{-\infty}^{t}f(x)\mathrm{d}x\leftrightarrow F(\mathrm{j}\omega)/\mathrm{j}\omega$ 时，应特别注意 $F(0)=0$ 这个前提条件。例如，知道 $\delta(t)\leftrightarrow 1$，而 $\varepsilon(t)=\int_{-\infty}^{t}\delta(x)\mathrm{d}x$，但 $\varepsilon(t)$ 的频谱函数绝不是 $1/\mathrm{j}\omega$。这是因为 $F(0)=\int_{-\infty}^{+\infty}\delta(t)\mathrm{d}t=1$，不为零，所以有 $\varepsilon(t)\leftrightarrow\pi F(0)\delta(\omega)+\frac{F(\mathrm{j}\omega)}{\mathrm{j}\omega}=\pi\delta(\omega)+\frac{1}{\mathrm{j}\omega}$。

当 $A=1,a=1,b=2$ 时，基于 MATLAB 的频谱图如图 3-32 所示，其中 $\omega=0$ 时的幅度为无穷大。

```
clear;
N = 101; T = 0.1; t = -5:0.1:5;D = 2 * pi * (N * T);
```

```
ft = (t+2).*(heaviside(t+2)-heaviside(t+1)) + (heaviside(t+1)-heaviside(t-1)) +
(-t+2).*(heaviside(t-1)-heaviside(t-2));            %产生信号
subplot(3,1,1);
plot(t,ft,'k');                                      %绘图
ylabel('f(t)');
F = fftshift(fft(ft));                               %对信号进行傅里叶变换
k = floor(-(N-1)/2:N/2);
subplot(3,1,2);
plot(k*D,abs(F),'k');                                %画出幅频图
ylabel('幅度');
subplot(3,1,3);
plot(k*D,angle(F),'k');                              %画出相频图
ylabel('相位');
```

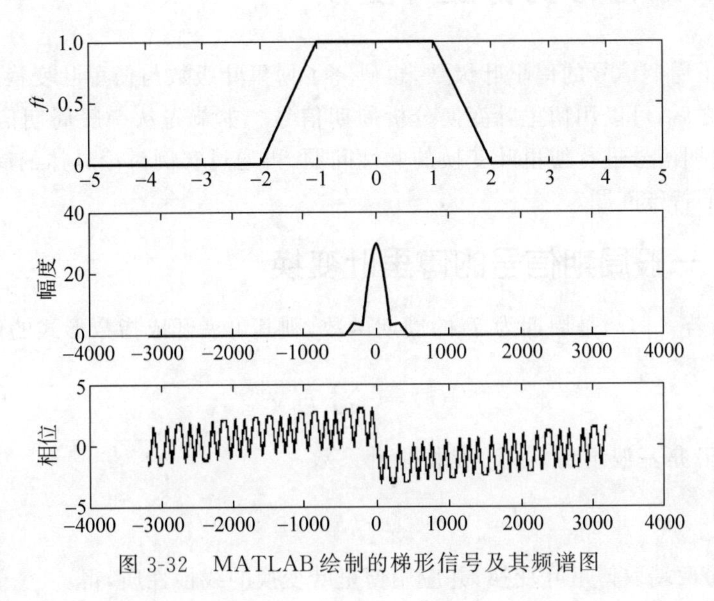

图 3-32 MATLAB绘制的梯形信号及其频谱图

10. 能量谱

若 $f(t)\leftrightarrow F(\mathrm{j}\omega)$，则：

$$\int_{-\infty}^{+\infty} f(t)^2 \mathrm{d}t = \frac{1}{2\pi}\int_{-\infty}^{+\infty} |F(\mathrm{j}\omega)|^2 \mathrm{d}\omega = \frac{1}{\pi}\int_{0}^{\infty} |F(\mathrm{j}\omega)|^2 \mathrm{d}\omega \tag{3-93}$$

式(3-93)也称为帕塞瓦尔定理，它表明傅里叶变换前信号能量等于变换后的能量，也就是说傅里叶变换没有能量损失。证明如下：

$$\begin{aligned}
\int_{-\infty}^{+\infty} f(t)^2 \mathrm{d}t &= \int_{-\infty}^{+\infty} f(t) f(t)^* \mathrm{d}t = \int_{-\infty}^{+\infty} \frac{1}{2\pi}\int_{-\infty}^{+\infty} F(\mathrm{j}\omega)\mathrm{e}^{\mathrm{j}\omega t}\mathrm{d}\omega \frac{1}{2\pi}\int_{-\infty}^{+\infty} F(\mathrm{j}\omega)^* \mathrm{e}^{-\mathrm{j}\omega t}\mathrm{d}\omega\mathrm{d}t \\
&= \frac{1}{2\pi}\int_{-\infty}^{+\infty}\int_{-\infty}^{+\infty} F(\mathrm{j}\omega)^2 \frac{1}{2\pi}\int_{-\infty}^{+\infty} \mathrm{e}^{\mathrm{j}\omega t}\mathrm{d}\omega \mathrm{e}^{-\mathrm{j}\omega t}\mathrm{d}\omega\mathrm{d}t \\
&= \frac{1}{2\pi}\int_{-\infty}^{+\infty}\int_{-\infty}^{+\infty} F(\mathrm{j}\omega)^2 \delta(t)\mathrm{e}^{-\mathrm{j}\omega t}\mathrm{d}\omega\mathrm{d}t \\
&= \frac{1}{2\pi}\int_{-\infty}^{+\infty} F(\mathrm{j}\omega)^2 \int_{-\infty}^{+\infty} \delta(t)\mathrm{e}^{-\mathrm{j}\omega t}\mathrm{d}t\mathrm{d}\omega \\
&= \frac{1}{2\pi}\int_{-\infty}^{+\infty} F(\mathrm{j}\omega)^2 \mathrm{d}\omega
\end{aligned}$$

定义：

$$G(\omega)=\frac{1}{\pi}\mid F(\mathrm{j}\omega)\mid^{2} \tag{3-94}$$

为信号 $f(t)$ 的能量频谱密度，简称能量谱，其量纲为功率。由例 3.9 容易知道，实信号自相关函数的傅里叶变换就是该信号的能量谱，即 $\mathrm{FT}[R_f(\tau)]=|F(\mathrm{j}\omega)|^2=\pi G(\omega)$。

由式(3-17)可以得到周期信号的功率谱为：

$$P(n\omega_1)=\left(\frac{A_0}{2}\right)^2+\sum_{n=1}^{\infty}\frac{1}{2}A_n^2 \tag{3-95}$$

3.6 周期信号的傅里叶变换

前面讨论了周期信号的傅里叶级数，也研究了傅里叶级数与傅里叶变换的关系，并指出引入冲激函数之后，可以用傅里叶变换分析周期信号。本节先从一般周期信号的傅里叶变换入手，研究周期信号进行傅里叶变换的共性问题，再通过实例讨论具体的周期信号的傅里叶变换等相关的特殊问题。

3.6.1 一般周期信号的傅里叶变换

如前所述，若 $f_T(t)$ 是周期为 T 的周期函数，则其可展开成指数形式的傅里叶级数：

$$f_T(t)=\sum_{k=-\infty}^{\infty}F_k\mathrm{e}^{\mathrm{j}k\omega_1 t} \tag{3-96}$$

式中，$\omega_1=2\pi/T$ 是基波角频率，F_k 是傅里叶系数：

$$F_k=\frac{1}{T}\int_{-T/2}^{T/2}f_T(t)\mathrm{e}^{-\mathrm{j}k\omega_1 t}\mathrm{d}t \tag{3-97}$$

对式(3-96)等号两端取傅里叶变换，并应用傅里叶变换的线性性质，得：

$$\begin{aligned}\mathrm{FT}[f_T(t)]&=\mathrm{FT}\left[\sum_{k=-\infty}^{\infty}F_k\mathrm{e}^{\mathrm{j}k\omega_1 t}\right]\\&=\sum_{k=-\infty}^{\infty}F_k\cdot\mathrm{FT}[\mathrm{e}^{\mathrm{j}k\omega_1 t}]\\&=\sum_{k=-\infty}^{\infty}F_k\cdot 2\pi\delta(\omega-k\omega_1)\end{aligned} \tag{3-98}$$

这表明，周期信号的傅里叶变换，即周期信号的频谱密度函数，由无穷多个冲激函数组成(这一点反映了周期信号频谱离散性的特点)；这些冲激函数信号的各谐波角频率 $k\omega_1(k=0,\pm1,\pm2,\cdots)$ 均是 ω_1 的整数倍(这一点反映了周期信号频谱的谐波性特点)，其强度为 $2\pi F_k$。

例 3.11 计算例 3.4 所给出的周期矩形脉冲信号的频谱函数。

解 由例 3.4 可知其傅里叶系数为：

$$F_k=\frac{\tau}{T}\mathrm{Sa}\left(\frac{k\omega_1\tau}{2}\right)$$

将其代入式(3-98)，可得其傅里叶变换为：

$$
\begin{aligned}
F(\mathrm{j}\omega) &= \sum_{k=-\infty}^{\infty} 2\pi F_k \delta(\omega - k\omega_1) \\
&= \sum_{k=-\infty}^{\infty} 2\pi \cdot \frac{\tau}{T} \mathrm{Sa}\left(\frac{k\omega_1 \tau}{2}\right) \delta(\omega - k\omega_1) \\
&= \omega_1 \tau \sum_{k=-\infty}^{\infty} \mathrm{Sa}\left(\frac{k\omega_1 \tau}{2}\right) \delta(\omega - k\omega_1)
\end{aligned}
$$

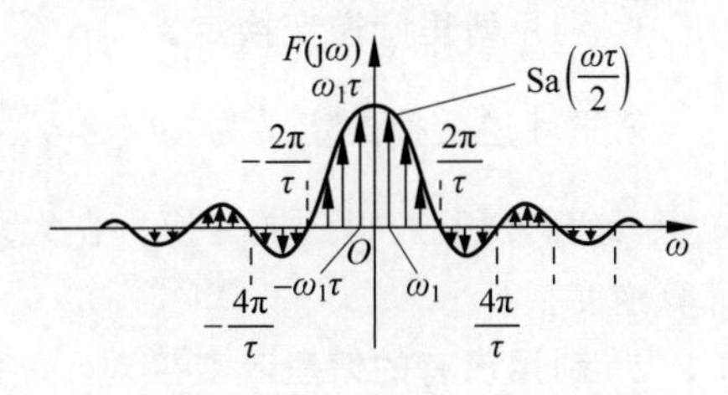

图 3-33　周期矩形脉冲信号的频谱

画出其频谱如图 3-33 所示。

3.6.2　冲激函数序列的傅里叶变换

周期为 T 的冲激函数序列 $\delta_T(t)$ 可表示为：

$$
\delta_T(t) = \sum_{n=-\infty}^{\infty} \delta(t - nT) \tag{3-99}
$$

容易计算其傅里叶系数为：

$$
\begin{aligned}
F_k &= \frac{1}{T}\int_{-\infty}^{+\infty} \delta_T(t) \mathrm{e}^{-\mathrm{j}k\omega_1 t} \mathrm{d}t \\
&= \frac{1}{T}\int_{-T/2}^{T/2} \delta_T(t) \mathrm{e}^{-\mathrm{j}k\omega_1 t} \mathrm{d}t = \frac{1}{T}
\end{aligned}
$$

故有其傅里叶级数展开式为：

$$
\delta_T(t) = \frac{1}{T} \sum_{k=-\infty}^{\infty} \mathrm{e}^{\mathrm{j}k\omega_1 t} \tag{3-100}
$$

式(3-100)表明，单位冲激信号序列 $\delta_T(t)$ 的傅里叶级数中，包含 $\omega = 0, \pm\omega_1, \pm 2\omega_1, \cdots, \pm n\omega_1, \cdots$ 的频率分量，每个频率分量的幅度大小相等，均为 $1/T$。

其傅里叶变换为：

$$
\begin{aligned}
\mathrm{FT}[\delta_T(t)] &= \frac{2\pi}{T} \sum_{k=-\infty}^{\infty} \delta(\omega - k\omega_1) \\
&= \omega_1 \sum_{k=-\infty}^{\infty} \delta(\omega - k\omega_1) = \omega_1 \delta_{\omega_1}(\omega)
\end{aligned} \tag{3-101}
$$

此式表明，单位冲激信号序列的傅里叶变换仍是一个冲激信号序列，其冲激强度为 ω_1，周期为 ω_1，如图 3-34 所示。

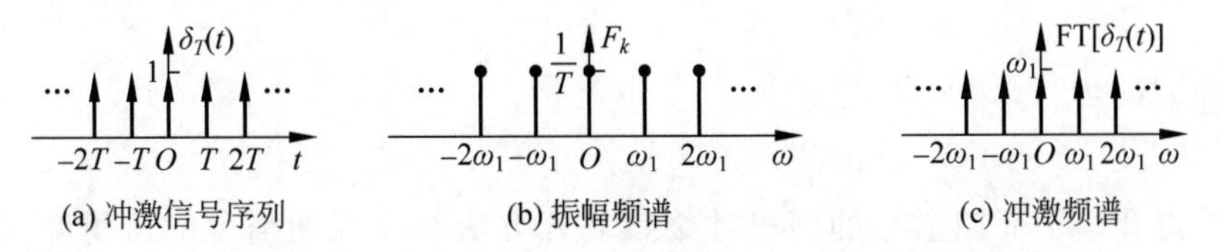

图 3-34　单位冲激信号序列的波形及其频谱

3.7　傅里叶逆变换的计算方法

在傅里叶分析的过程中，常常需要将频域的分析结果转换到时间域，这就需要做傅里叶逆变换。傅里叶逆变换一般有三种计算方法，下面分别介绍。

1. 利用傅里叶逆变换定义

傅里叶逆变换的定义为：$f(t)=\frac{1}{2\pi}\int_{-\infty}^{+\infty}F(\mathrm{j}\omega)\mathrm{e}^{\mathrm{j}\omega t}\mathrm{d}\omega$，依据该定义，利用复变函数的相关知识，计算该积分，得到逆变换。在大多数情况下，由于$F(\mathrm{j}\omega)$不规则，都需要采用这种方法计算逆变换。

2. 利用已有的傅里叶变换对

由于信号的傅里叶变换和其逆变换是一一对应的，所以当知道 $f(t)\leftrightarrow F(\mathrm{j}\omega)$傅里叶变换对时，$F(\mathrm{j}\omega)$的逆变换一定是 $f(t)$。所以可以通过表 3-3 所示常用傅里叶变换对计算逆变换。

3. 利用傅里叶变换的性质

傅里叶变换的性质给出了时间域信号变化与其傅里叶变换变化之间的对应关系，所以可以利用这些性质计算一些特殊信号的逆变换。

当频谱密度函数为有理分式时，可以采用部分分式展开法计算其逆变换，具体算法将在第 5 章详细介绍。

例 3.12 计算下列频域信号的逆变换。

$$\frac{3}{5+\mathrm{j}\omega};\quad -\mathrm{j}\,\mathrm{sgn}(2\omega);\quad \frac{\sin\omega}{\omega};\quad \frac{\sin(\omega-1)}{\omega-1};\quad \frac{\sin\omega}{\omega}\mathrm{e}^{-\mathrm{j}2\omega}$$

解 查表 3-3 得$\frac{3}{5+\mathrm{j}\omega}\leftrightarrow 3\mathrm{e}^{-5t}\varepsilon(t)$；查表及利用尺度性质可得$-\mathrm{j}\,\mathrm{sgn}(2\omega)\leftrightarrow\frac{1}{\pi t}$；查表可得$\frac{\sin\omega}{\omega}\leftrightarrow\frac{1}{2}g_2(t)$；由频移性质可得$\frac{\sin(\omega-1)}{\omega-1}\leftrightarrow\frac{1}{2}g_2(t)\mathrm{e}^{\mathrm{j}t}$；由时移性质可得$\frac{\sin\omega}{\omega}\mathrm{e}^{-\mathrm{j}2\omega}\leftrightarrow\frac{1}{2}g_2(t-2)$。

例 3.13 计算下列频域信号的逆变换。

$$\frac{7}{-\omega^2+3\mathrm{j}\omega-10}$$

解 由于$\frac{7}{-\omega^2+3\mathrm{j}\omega-10}=\frac{7}{(5+\mathrm{j}\omega)(-2+\mathrm{j}\omega)}=\frac{-1}{5+\mathrm{j}\omega}+\frac{1}{-2+\mathrm{j}\omega}$

查表 3-3 可得$\mathrm{FT}^{-1}\left[\frac{7}{-\omega^2+3\mathrm{j}\omega-10}\right]=-(\mathrm{e}^{-5t}-\mathrm{e}^{2t})\varepsilon(t)$。

本章小结

本章重点介绍了周期信号的傅里叶级数展开方法和非周期信号的傅里叶变换及其性质，给出了信号频域特性的描述方法；重点介绍了信号所含频率分量、频谱以及带宽的概念，为第 4 章的傅里叶分析打下了良好的基础。希望大家深刻理解频谱和带宽的概念，重点掌握傅里叶级数展开方法、傅里叶变换方法以及逆变换的计算方法，牢记常用傅里叶变换对。

习题

3.1　将图 3-35 所示信号展开成三角形式的傅里叶级数，画出频谱图并计算其带宽。

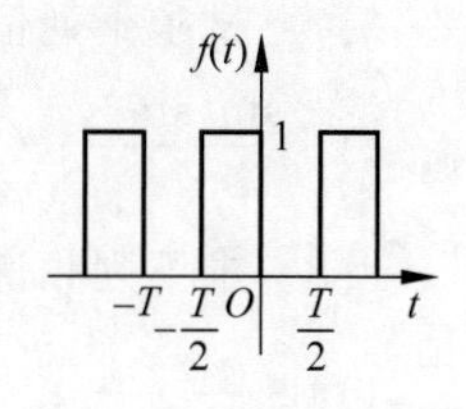

图 3-35　方波信号波形

3.2　求图 3-36 所示周期信号的指数型傅里叶级数系数 F_k，画出频谱图并计算其带宽。

3.3　已知周期函数 $f(t)$前四分之一周期的波形如图 3-37 所示。根据下列各情况的要求，画出 $f(t)$在一个周期($0<t<T$)的波形。

(1) $f(t)$是偶函数，只含有偶次谐波；

(2) $f(t)$是偶函数，只含有奇次谐波；

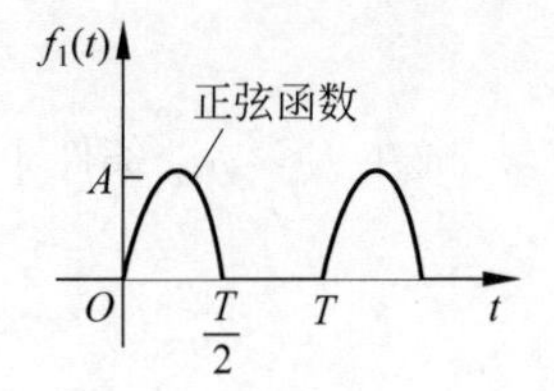

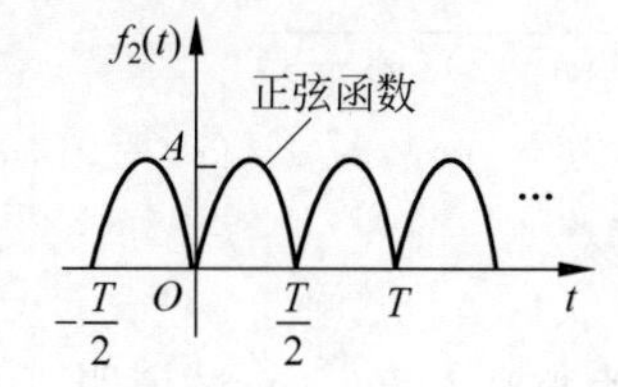

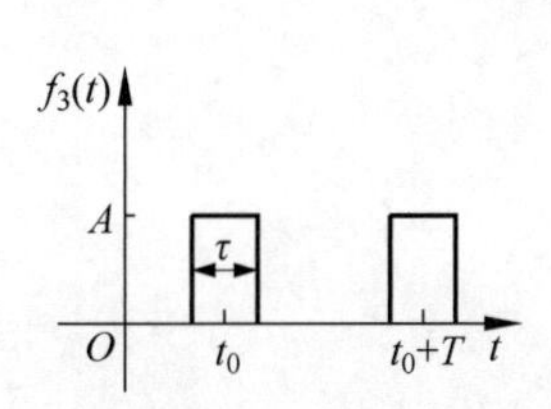

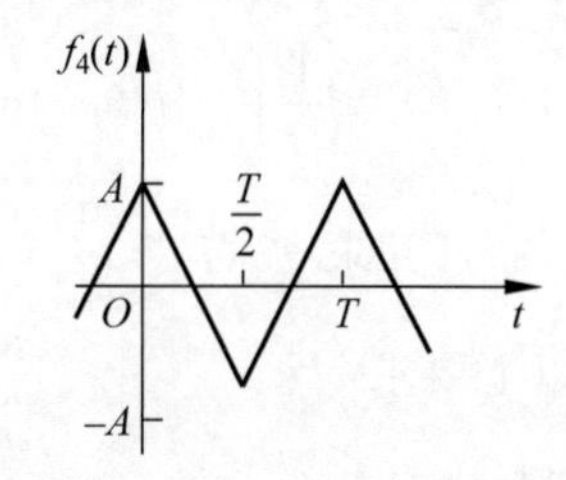

图 3-36　不同周期信号波形

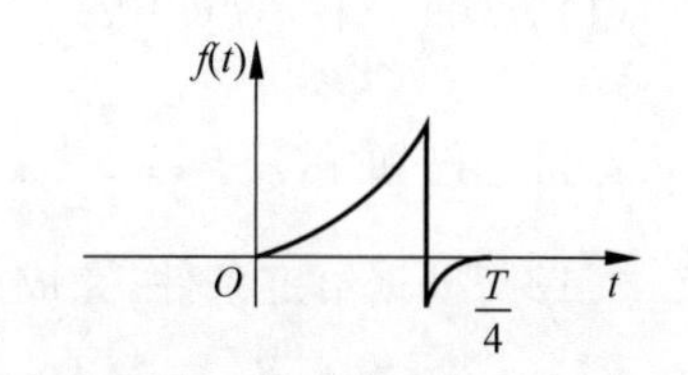

图 3-37　信号 $f(t)$前四分之一周期的波形

(3) $f(t)$是偶函数，含有偶次和奇次谐波；

(4) $f(t)$是奇函数，只含有偶次谐波；

(5) $f(t)$是奇函数，只含有奇次谐波；

(6) $f(t)$是奇函数，含有偶次和奇次谐波。

3.4　求图 3-38 所示单周期信号的傅里叶变换。

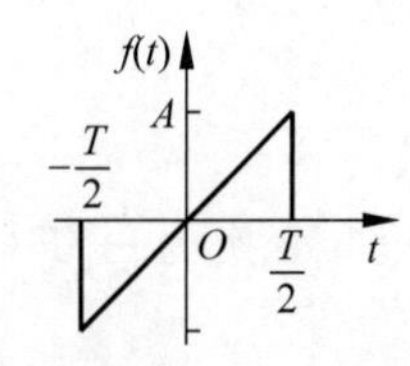

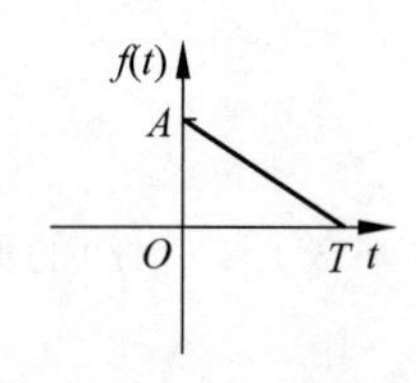

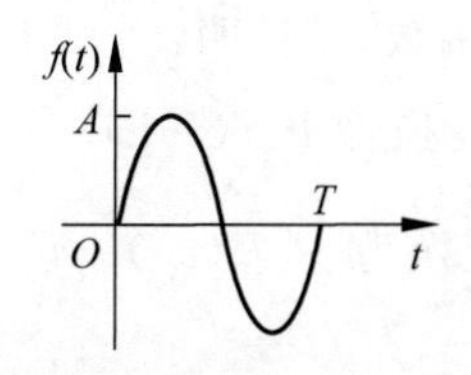

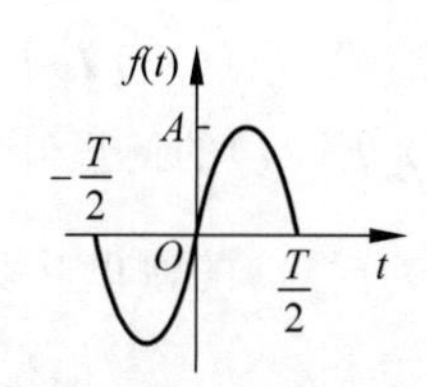

图 3-38　不同信号波形

3.5　已知 $f(t)$的傅里叶变换为 $F(\mathrm{j}\omega)$，试求以下函数的傅里叶变换。

$tf(2t)$；　$(t-2)f(t)$；　$(t-2)f(-2t)$；　$t\dfrac{\mathrm{d}f(t)}{\mathrm{d}t}$；　$(1-t)f(1-t)$

3.6　利用傅里叶变换及其性质证明如下等式。

(1) $\frac{1}{\pi}\int_{-\infty}^{+\infty}\frac{\sin\omega t}{\omega}d\omega=\begin{cases}1, & t>0\\-1, & t<0\end{cases}$；(2) $\int_{-\infty}^{+\infty}\frac{\sin a\omega}{a\omega}d\omega=\frac{\pi}{|a|}$

3.7　试求下列信号的频谱密度函数。

(1) $\frac{\sin t\sin 2t}{t^2}$；(2) $g_{2\pi}(t)\cos 5t$；(3) $e^{-(2+2t)}u(t)$；(4) $\text{sgn}(t)g_2(t)$

3.8　求下列频谱函数的傅里叶逆变换。

(1) $\frac{1}{(2+j\omega)^2}$；$-\frac{2}{\omega^2}$；$\delta(\omega-\omega_0)$；$g_{2\omega_0}(\omega)$

(2) ω^2；$\frac{1}{\omega^2}$；$\delta(\omega-2)$；$2\cos\omega$

(3) $e^{a\omega}U(-\omega)$；$6\pi\delta(\omega)+\frac{5}{(j\omega-2)(j\omega+3)}$

3.9　设 $f(t)$ 的傅里叶变换为 $F(j\omega)$，且 $F(j\omega)=0(|\omega|\geqslant\omega_m)$，试在 $K\geqslant\omega_m$ 条件下化简下式：$\frac{K}{\pi}[f(t)*\text{Sa}(Kt)]$。

3.10　设信号 $f(t)$ 的傅里叶变换为 $F(j\omega)$，试证明：

(1) $F(0)=\int_{-\infty}^{+\infty}f(t)dt$；(2) $f(0)=\frac{1}{2\pi}\int_{-\infty}^{+\infty}F(j\omega)d\omega$

3.11　已知 $f(t)=\frac{1}{t}$，求 $F(j\omega)$，并求 $f_1(t)=\frac{1}{t}*\frac{1}{t}$。

3.12　根据给定条件，完成以下要求。

(1) 证明，若 $x_p(t)$ 是奇谐函数，则 $x_p(t)=-x_p\left(t+\frac{T}{2}\right)$。

(2) 证明，若 $x_p(t)$ 满足 $x_p(t)=-x_p\left(t+\frac{T}{2}\right)$，则是奇谐函数。

(3) 假设 $x_p(t)$ 是一个周期为 2 的奇谐周期信号，且 $x_p(t)=t(0<t<1)$，画出 $x_p(t)$，并求其傅里叶级数的系数。

3.13　已知 $y(t)=h(t)*x(t)$，$g(t)=h(3t)*x(3t)$，当 $g(t)=Ay(Bt)$ 时，求 A 和 B 的值。

3.14　若 $f(t)$ 为复函数，可表示为 $f(t)=f_r(t)+jf_i(t)$，且其傅里叶变换为 $F(j\omega)$，式中 $f_r(t)$，$f_i(t)$ 均为实函数，试证明：

(1) $f^*(t)$ 的傅里叶变换为 $F^*(-j\omega)$。

(2) $f_r(t)$ 的傅里叶变换为 $\frac{1}{2}[F(j\omega)+F^*(-j\omega)]$，$f_i(t)$ 的傅里叶变换为 $\frac{1}{2j}[F(j\omega)-F^*(-j\omega)]$。

3.15　通过 MATLAB 编程计算 $e^{-t}u(t)$ 的傅里叶变换。

3.16　通过 MATLAB 编程实现，通过正弦波合成周期为 10s，幅度为 1V 的三角波，要求其均方误差小于 0.1。

第4章 傅里叶分析方法在系统分析中的应用

CHAPTER 4

在第3章重点学习了傅里叶级数展开方法和傅里叶变换及其性质，通过这种变换很好地认识了信号的频域特性，比如信号含有哪些频率分量、信号的频谱以及信号的带宽等。系统和信号一样，不仅有时域(时间域)特性，也同样有频域(频率域)特性。在时域(时间域)，系统的数学模型为微分方程，通过求解微分方程，可以得到某种激励下的系统响应，但是很难直接看清楚系统总体的频率响应特性，也就是不同频率激励下系统响应的大小随频率如何变化等，也不容易得到系统的带宽。在本章首先利用傅里叶变换分析系统激励与响应之间的关系，得到系统的频率响应函数，进而给出一般的频域分析方法，即傅里叶分析方法，最后给出傅里叶分析方法在无失真传输系统、理想低通滤波器、取样系统、调制解调等系统分析中的应用。

4.1 系统的频率响应函数

从系统的时域分析可知，对一个线性时不变系统，假设系统的激励为 $f(t)$，则该系统的零状态响应 $y_f(t)$ 等于激励 $f(t)$ 和系统单位冲激响应 $h(t)$ 的卷积：

$$y_f(t)=f(t)*h(t)=\int_{-\infty}^{+\infty}f(\tau)h(t-\tau)\mathrm{d}\tau \tag{4-1}$$

考虑到傅里叶变换的时域卷积性质，对式(4-1)等号两边求傅里叶变换，显然有：

$$Y_f(\mathrm{j}\omega)=F(\mathrm{j}\omega)H(\mathrm{j}\omega) \tag{4-2}$$

式中，$H(\mathrm{j}\omega)$ 为单位冲激响应 $h(t)$ 的傅里叶变换。通常，式(4-2)可以变换为零状态响应的傅里叶变换 $Y_f(\mathrm{j}\omega)$ 与系统激励的傅里叶变换 $F(\mathrm{j}\omega)$ 之比的形式：

$$H(\mathrm{j}\omega)=\frac{Y_f(\mathrm{j}\omega)}{F(\mathrm{j}\omega)} \tag{4-3}$$

通常，$H(\mathrm{j}\omega)$ 被称为系统的频率响应函数(简称频率响应，有时也称为传输函数或系统函数)，是关于角频率 ω 的复函数，可表示为：

$$H(\mathrm{j}\omega)=|H(\mathrm{j}\omega)|\mathrm{e}^{\mathrm{j}\varphi(\omega)} \tag{4-4}$$

类似地，也可以将 $Y_f(\mathrm{j}\omega)$ 和 $F(\mathrm{j}\omega)$ 表示为：

$$Y_f(\mathrm{j}\omega)=|Y_f(\mathrm{j}\omega)|\mathrm{e}^{\mathrm{j}\theta_y(\omega)} \tag{4-5}$$

$$F(\mathrm{j}\omega)=|F(\mathrm{j}\omega)|\mathrm{e}^{\mathrm{j}\theta_f(\omega)} \tag{4-6}$$

将式(4-4)、式(4-5)和式(4-6)代入式(4-3)可知：

$$H(\mathrm{j}\omega)=\frac{Y_f(\mathrm{j}\omega)}{F(\mathrm{j}\omega)}=\frac{|Y_f(\mathrm{j}\omega)|\mathrm{e}^{\mathrm{j}\theta_y(\omega)}}{|F(\mathrm{j}\omega)|\mathrm{e}^{\mathrm{j}\theta_f(\omega)}}$$

$$=\frac{|Y_f(\mathrm{j}\omega)|}{|F(\mathrm{j}\omega)|}\mathrm{e}^{\mathrm{j}[\theta_y(\omega)-\theta_f(\omega)]}$$

$$=|H(\mathrm{j}\omega)|\mathrm{e}^{\mathrm{j}\varphi(\omega)}$$

所以有：

$$|H(\mathrm{j}\omega)|=\frac{|Y_f(\mathrm{j}\omega)|}{|F(\mathrm{j}\omega)|} \tag{4-7}$$

$$\varphi(\omega)=\theta_y(\omega)-\theta_f(\omega) \tag{4-8}$$

由此可见，系统的幅度响应函数$|H(\mathrm{j}\omega)|$是频率为ω的输出响应与输入激励的幅度之比，简称为系统的幅频响应(或幅频特性)；系统的相位响应函数$\varphi(\omega)$是频率为ω的输出响应与输入激励的相位差，简称为系统的相频响应(或相频特性)。

此外，由于$H(\mathrm{j}\omega)$是函数$h(t)$的傅里叶变换，根据奇偶性可知，$|H(\mathrm{j}\omega)|$是ω的偶函数，$\varphi(\omega)$是ω的奇函数。

特别需要注意的是频率响应函数$H(\mathrm{j}\omega)$只取决于系统的结构和元件的参数，反映了系统的固有特性，与系统的激励和响应无关，所以将其称为系统的频率响应函数。下面给出两方面的原因。

(1) 假设同一个系统有n个激励和相应的零状态响应，则可以得到$y_{f_i}(t)=f_i(t)*h(t)$，$i=1,2,\cdots,n$，进而得到$H(\mathrm{j}\omega)=Y_{f_i}(\mathrm{j}\omega)/F_i(\mathrm{j}\omega)$，$i=1,2,\cdots,n$。这个结果表明，频率响应函数$H(\mathrm{j}\omega)$只是响应和激励傅里叶变换的比值，而与具体的激励及响应没有关系。

(2) 假设某个LTI系统的微分方程如下：

$$\sum_{k=0}^{N}a_k\frac{\mathrm{d}^k y(t)}{\mathrm{d}t^k}=\sum_{k=0}^{M}b_k\frac{\mathrm{d}^k f(t)}{\mathrm{d}t^k}$$

对其两边进行傅里叶变换并利用傅里叶变换的线性性质和时域微分性质得：

$$\sum_{k=0}^{N}a_k(\mathrm{j}\omega)^kY(\mathrm{j}\omega)=\sum_{k=0}^{M}b_k(\mathrm{j}\omega)^kF(\mathrm{j}\omega),\quad H(\mathrm{j}\omega)=\frac{Y(\mathrm{j}\omega)}{F(\mathrm{j}\omega)}=\frac{\sum_{k=0}^{M}b_k(\mathrm{j}\omega)^k}{\sum_{k=0}^{N}a_k(\mathrm{j}\omega)^k}$$

上式表明，频率响应函数$H(\mathrm{j}\omega)$只和反映系统固有性能的参数a_k,b_k,M,N有关，与其他参数以及输入和输出无关。

基于以上分析可知，频率响应函数$H(\mathrm{j}\omega)$反映系统所有固有特征，系统可以由$H(\mathrm{j}\omega)$完全决定。所以，系统在时域可以用图4-1(a)来描述；其频域可以用图4-1(b)描述。

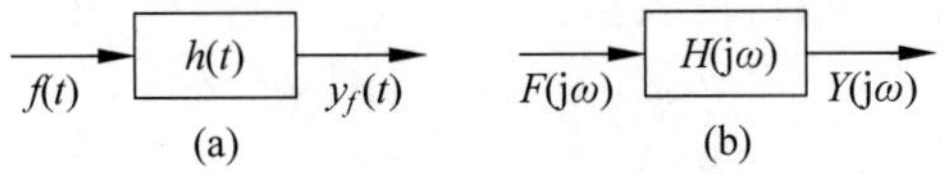

图4-1 系统的时域和频域描述

频率响应函数$H(\mathrm{j}\omega)$以及由其获得的幅频特性$|H(\mathrm{j}\omega)|$和相频特性$\varphi(\omega)$是描述系统频域特性的重要函数，它完全反映和决定了系统的所有固有性能。通过系统的幅频特性

$|H(\mathrm{j}\omega)|$随频率ω的变化曲线，可以直观地判断该系统对不同频率的增益情况，判断系统的带宽，对滤波器进行分类等。

系统的幅频特性和相频特性曲线常常采用MATLAB画图工具来完成。下面是描述冲激响应为$h(t)=\mathrm{e}^{-0.1t}u(t)$的系统的幅频特性和相频特性曲线(见图4-2)以及MATLAB程序。

```
clear;
N = 500;                                   %定义快速傅里叶变换长度
T = 0.1;n = 1:N;
D = 2 * pi/(N * T);
f = exp( - 0.1 * n * T);                   %定义指数信号
subplot(3,1,1);
plot(n * T,f);axis([ - 1,50, - 0.1,1.2]);  %画出信号
ylabel('f(t)');
line([ - 1,50],[0,0]);
line([0,0],[ - 0.1,1.2]);
F = T * fftshift(fft(f));                  %进行傅里叶变换,并将傅里叶的DC分量移到频谱中心
k = floor( - (N - 1)/2:N/2);               %向下取整
subplot(3,1,2);
plot(k * D,abs(F));                        %画出信号幅频曲线
ylabel('幅频');
axis([ - 2,2, - 0.1,10]);
subplot(3,1,3);
plot(k * D,angle(F));                      %画出信号相频曲线
ylabel('相频');
axis([ - 2,2, - 2,2]);
```

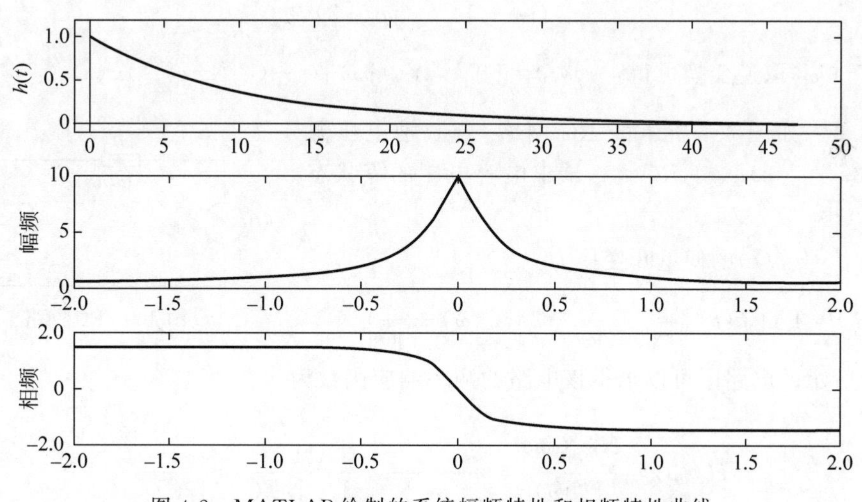

图4-2　MATLAB绘制的系统幅频特性和相频特性曲线

4.2 傅里叶分析方法

傅里叶变换和逆变换在时域和频域之间建立了一种一一对应的映射关系。利用这种关系，可以将时域的信号、系统通过傅里叶变换映射到频域，在频域解决信号与系统的分析问题，将取得的频域分析结果再通过傅里叶逆变换映射到时域。将这种分析方法称为傅里叶

分析方法,也称为虚频域分析法。

采用虚频域分析法求解系统的零状态响应的一般步骤可以归纳如下：

(1) 求输入信号 $f(t)$的傅里叶变换 $F(\mathrm{j}\omega)$；

(2) 求系统的频率响应函数 $H(\mathrm{j}\omega)$；

(3) 求系统零状态响应 $y_f(t)$的傅里叶变换：$Y_f(\mathrm{j}\omega)=F(\mathrm{j}\omega)H(\mathrm{j}\omega)$；

(4) 求 $Y_f(\mathrm{j}\omega)$的傅里叶逆变换得 $y_f(t)=\mathrm{FT}^{-1}[Y_f(\mathrm{j}\omega)]=\frac{1}{2\pi}\int_{-\infty}^{+\infty}Y_f(\mathrm{j}\omega)\mathrm{e}^{\mathrm{j}\omega t}\mathrm{d}\omega$。

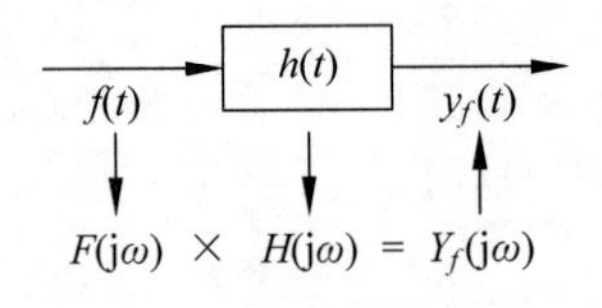

图 4-3　系统响应频域分析方法

上述运算步骤可用图 4-3 表示。

例 4.1　一个 LTI 系统由下面微分方程所表征。

$$\frac{\mathrm{d}^2y(t)}{\mathrm{d}t^2}+4\frac{\mathrm{d}y(t)}{\mathrm{d}t}+3y(t)=\frac{\mathrm{d}f(t)}{\mathrm{d}t}+2f(t)$$

若激励为 $f(t)=\mathrm{e}^{-2t}u(t)$,求其零状态响应。

解　由于 $f(t)\leftrightarrow F(\mathrm{j}\omega)=\mathrm{FT}[\mathrm{e}^{-2t}u(t)]=\frac{1}{\mathrm{j}\omega+2}$

对微分方程两边做傅里叶变换可得：$H(\mathrm{j}\omega)=\frac{\mathrm{j}\omega+2}{(\mathrm{j}\omega)^2+4(\mathrm{j}\omega)+3}=\frac{\mathrm{j}\omega+2}{(\mathrm{j}\omega+1)(\mathrm{j}\omega+3)}$

从而有：

$$Y_f(\mathrm{j}\omega)=H(\mathrm{j}\omega)F(\mathrm{j}\omega)=\frac{\mathrm{j}\omega+2}{(\mathrm{j}\omega+1)(\mathrm{j}\omega+2)(\mathrm{j}\omega+3)}=\frac{1}{(\mathrm{j}\omega+1)(\mathrm{j}\omega+3)}$$

$$=\frac{\frac{1}{2}}{(\mathrm{j}\omega+1)}+\frac{-\frac{1}{2}}{(\mathrm{j}\omega+3)}$$

对 $Y_f(\mathrm{j}\omega)$取逆变换可得：$y_f(t)=\mathrm{FT}^{-1}[Y_f(\mathrm{j}\omega)]=\frac{1}{2}(\mathrm{e}^{-t}-\mathrm{e}^{-3t})u(t)$

例 4.2　如图 4-4 所示的 RC 网络,若激励电压源 $f(t)=(3\mathrm{e}^{-2t}-2)u(t)$,$RC=1$,试求电容电压的零状态响应 $u_{C_f}(t)$。

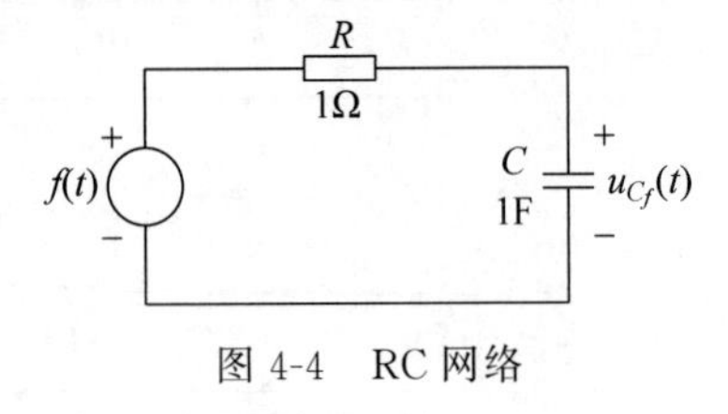

图 4-4　RC 网络

解　信号 $f(t)$的傅里叶变换为：

$$F(\mathrm{j}\omega)=\mathrm{FT}[f(t)]=\frac{3}{2+\mathrm{j}\omega}-2\left[\pi\delta(\omega)+\frac{1}{\mathrm{j}\omega}\right]$$

从图 4-4 所示的电路图可以求得该电路的频率响应函数为：

$$H(\mathrm{j}\omega)=\frac{U_{C_f}(\mathrm{j}\omega)}{F(\mathrm{j}\omega)}=\frac{\frac{1}{\mathrm{j}\omega C}}{R+\frac{1}{\mathrm{j}\omega C}}=\frac{1}{1+\mathrm{j}\omega RC}=\frac{1}{1+\mathrm{j}\omega}$$

因此可得：

$$U_{C_f}(\mathrm{j}\omega)=F(\mathrm{j}\omega)H(\mathrm{j}\omega)$$

$$=\left\{\frac{3}{2+\mathrm{j}\omega}-2\left[\pi\delta(\omega)+\frac{1}{\mathrm{j}\omega}\right]\right\}\frac{1}{1+\mathrm{j}\omega}$$

$$=\frac{3}{(2+\mathrm{j}\omega)(1+\mathrm{j}\omega)}-\frac{2}{1+\mathrm{j}\omega}\left[\pi\delta(\omega)+\frac{1}{\mathrm{j}\omega}\right]$$

注意到$\delta(\omega)$的特性，并为了较方便求得$U_{C_f}(\mathrm{j}\omega)$的傅里叶逆变换，将上式中的$U_{C_f}(\mathrm{j}\omega)$按如下形式整理得：

$$\begin{aligned}U_{C_f}(\mathrm{j}\omega)&=\frac{3}{(2+\mathrm{j}\omega)(1+\mathrm{j}\omega)}-2\pi\delta(\omega)-\frac{2}{\mathrm{j}\omega(1+\mathrm{j}\omega)}\\&=\frac{3}{1+\mathrm{j}\omega}-\frac{3}{2+\mathrm{j}\omega}-2\pi\delta(\omega)+\frac{2}{1+\mathrm{j}\omega}-\frac{2}{\mathrm{j}\omega}\\&=\frac{5}{1+\mathrm{j}\omega}-\frac{3}{2+\mathrm{j}\omega}-2\left(\pi\delta(\omega)+\frac{1}{\mathrm{j}\omega}\right)\end{aligned}$$

从而得出系统的零状态响应为：

$$u_{C_f}(t)=\mathrm{FT}^{-1}[U_{C_f}(\mathrm{j}\omega)]=(5\mathrm{e}^{-t}-3\mathrm{e}^{-2t}-2)u(t)$$

4.3 无失真传输系统

4.3.1 失真的概念

一般情况下，系统的响应波形与激励波形不相同，即说明信号在传输过程中产生了失真。失真有线性失真和非线性失真。

线性失真是信号通过线性系统引起的信号失真。线性失真的特点是在系统响应$y(t)$中不会产生新的频率分量，也就是说，组成系统响应$y(t)$的各频率分量在激励信号$f(t)$中都含有，只不过各频率分量的幅度、相位不同而已。线性失真一般包括幅度失真和相位失真。幅度失真是指系统对激励信号中的各频率分量幅度产生不同程度的衰减，使输出响应中各频率分量的相对幅度产生变化。相位失真是指系统对激励信号中各频率分量产生的相移不与频率成正比，从而使输出响应中各频率分量在时间轴上的相对位置发生变化。由此可见，幅度失真和相位失真都不会产生新的频率分量。如图4-5所示，该系统引起的失真就是线性失真，对响应$y(t)$和激励$f(t)$求傅里叶变换可知，$y(t)$中不会有$f(t)$中不含有的频率分量。

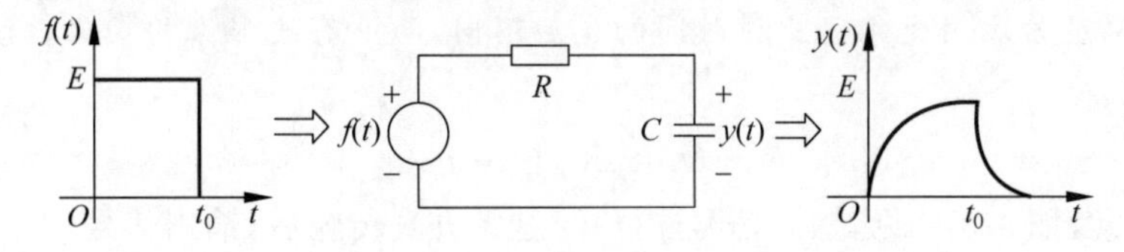

图4-5　线性系统失真

非线性失真是由非线性系统的非线性特性对于激励信号产生的失真。非线性失真的特点是激励信号$f(t)$中的某些频率分量在输出响应$y(t)$中可能不再存在或者$y(t)$中含有激励信号中没有的频率分量，如整流电路的输入/输出间的关系就是如此。如图4-6所示，该系统引起的失真就是非线性失真，系统响应$y(t)$相对于激励信号$f(t)$产生了二倍频。

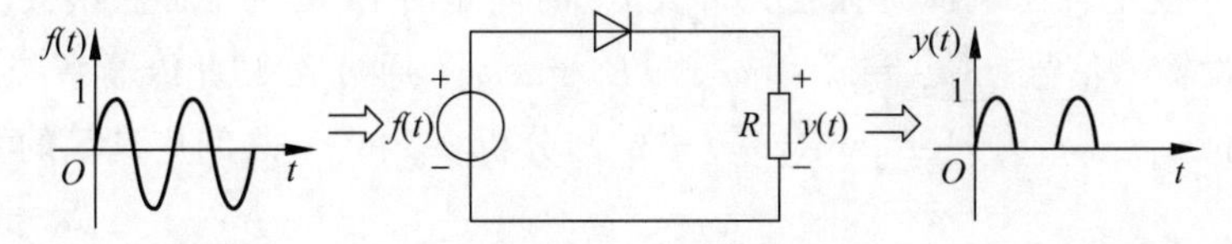

图4-6　非线性系统失真

通常事物都有两面性，失真也是如此。在以传输为目的的系统中，希望信号在传输过程中没有失真，而在有些情况下，却常常有意识地利用系统失真形成特定波形。在这种情况下，系统频率响应函数 $H(\mathrm{j}\omega)$ 则需要根据具体要求（如想要产生什么样的波形）设计。例如要产生宽度 τ，幅度为 E 的矩形脉冲，则可以这样设计。

矩形脉冲的表达式为：

$$y(t)=\begin{cases}E, & |t|<\tau/2\\ 0, & \text{其他}\end{cases}$$

其频谱函数为：

$$Y(\mathrm{j}\omega)=E\tau\frac{\sin\frac{\omega\tau}{2}}{\frac{\omega\tau}{2}}=E\tau\mathrm{Sa}\left(\frac{\omega\tau}{2}\right)$$

如果设计系统的系统函数 $H(\mathrm{j}\omega)=Y(\mathrm{j}\omega)$，即

$$H(\mathrm{j}\omega)=E\tau\mathrm{Sa}\left(\frac{\omega\tau}{2}\right)$$

则在冲激信号 $\delta(t)$ 的激励下，系统的输出响应即为矩形脉冲。需要说明的是，实际应用中 $\delta(t)$ 函数是无法实现的，但只要激励脉冲足够窄，所得到的输出信号就可以近似为矩形脉冲。从信号传输的角度看，上述过程典型地应用了传输过程中的失真产生了特定的信号波形。图 4-7 示意了用这种方法产生矩形脉冲的方框图。

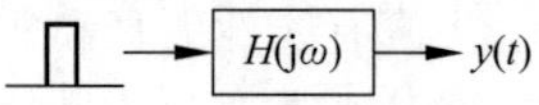

H(jω)
y(t)

图 4-7 利用传输失真产生矩形脉冲

4.3.2 无失真传输系统

所谓无失真传输系统（Lossless Transmission System）是指系统的输出信号与输入信号相比，只有幅度的比例变化和出现时间的先后不同，而没有波形上的变化。这个概念可用公式表述如下：

$$y(t)=Kf(t-t_{\mathrm{d}}) \tag{4-9}$$

从式(4-9)及图 4-8 可见，输入信号 $f(t)$ 经过无失真传输后，输出信号 $y(t)$ 的幅度是输入信号的 K 倍，而且比输入信号延时了 t_{d} 个时间单位。可以由此出发，具体分析无失真传输系统应具备的时域和频域条件。

1. 无失真传输的时域条件

从式(4-9)及图 4-8 容易得出无失真传输系统的时域条件为：

$$h(t)=K\delta(t-t_{\mathrm{d}}) \tag{4-10}$$

即无失真传输系统的冲激响应是强度为常数 K，时间延时 t_{d} 的一个冲激函数。

例 4.3 设输入信号 $f(t)=E_1\sin\omega_1 t+E_2\sin 2\omega_1 t$ 通过无失真传输系统后，输出响应 $y(t)=KE_1\sin(\omega_1 t-\varphi_1)+KE_2\sin(2\omega_1 t-\varphi_2)$，分析 φ_1 和 φ_2 之间应满足的关系。

解 由于

$$y(t)=KE_1\sin(\omega_1 t-\varphi_1)+KE_2\sin(2\omega_1 t-\varphi_2)$$

$$=KE_1\sin\left[\omega_1\left(t-\frac{\varphi_1}{\omega_1}\right)\right]+KE_2\sin\left[2\omega_1\left(t-\frac{\varphi_2}{2\omega_1}\right)\right]$$

又因为信号通过的是无失真传输系统，依据式(4-9)及式(4-10)，系统响应的基波与二次谐波的延迟时间应该相同，即应有 $\varphi_1/\omega_1=\varphi_2/2\omega_1=$ 常数，因此各谐波分量的相移满足关系：$\varphi_1/\varphi_2=\omega_1/2\omega_1=1/2$。

$f(t)$ → 无失真传输系统 → $y(t)=Kf(t-t_d)$

(a) 无失真传输系统框图

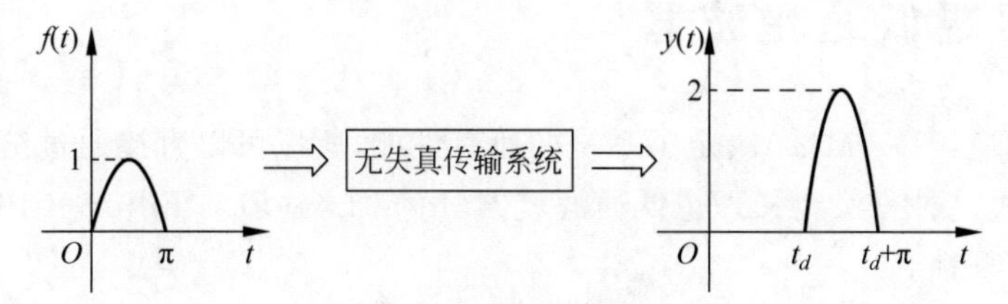

(b) 无失真传输系统输入/输出波形

图 4-8　无失真传输系统

2. 无失真传输的频域条件

对式(4-9)或者式(4-10)两边做傅里叶变换有：

$$Y(\mathrm{j}\omega)=KF(\mathrm{j}\omega)\mathrm{e}^{-\mathrm{j}\omega t_\mathrm{d}}=H(\mathrm{j}\omega)F(\mathrm{j}\omega)$$

由此可知，无失真传输系统的频域条件是：

$$H(\mathrm{j}\omega)=K\mathrm{e}^{-\mathrm{j}\omega t_\mathrm{d}}=|H(\mathrm{j}\omega)|\mathrm{e}^{\mathrm{j}\varphi(\omega)} \tag{4-11}$$

由式(4-11)容易知道无失真传输系统的幅频特性和相频特性如下：

(1) 幅频特性为一常数，即

$$|H(\mathrm{j}\omega)|=K,\quad -\infty<\omega<\infty \tag{4-12}$$

(2) 相频特性是一条过原点的负斜率的直线，即

$$\varphi(\omega)=-\omega t_\mathrm{d},\quad -\infty<\omega<\infty \tag{4-13}$$

式(4-13)相位函数的一阶导数可表示为：

$$\frac{\mathrm{d}\varphi(\omega)}{\mathrm{d}\omega}=-t_\mathrm{d} \tag{4-14}$$

其中，t_d 表示系统的延时常数。这一结论验证了例 4.3 的结果。

实际上，完全在所有频率上满足式(4-12)和式(4-13)条件的系统特性是没有的，因此实际应用中可只考虑适当的频率范围，而此频率范围可理解为输入信号的频带范围，即如果某输入信号 $f(t)$ 的频谱函数为：

$$F(\mathrm{j}\omega)=\begin{cases}\text{非零}, & |\omega|\leqslant\omega_\mathrm{c}\\ 0, & |\omega|>\omega_\mathrm{c}\end{cases}$$

此时，只需考虑在频率范围 $-\omega_\mathrm{c}\leqslant\omega\leqslant\omega_\mathrm{c}$，系统具有如图 4-9 所示的幅度频率特性和相位频率特性，则该系统对于 $f(t)$ 来说，就是无失真传输系统。

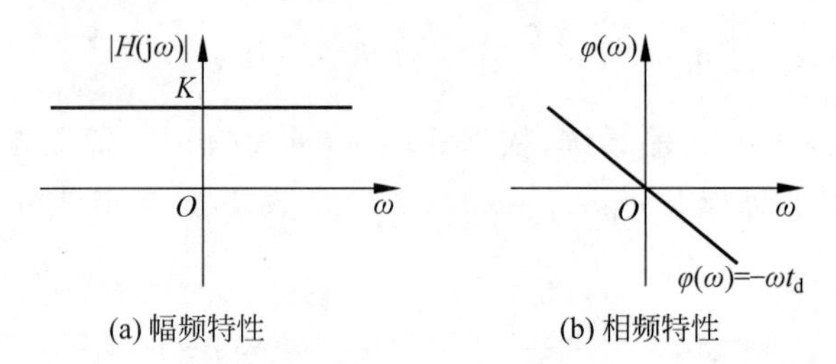

图 4-9 无失真传输系统的幅频特性和相频特性曲线

4.4 理想低通滤波器

由于频率响应函数 $H(\mathrm{j}\omega)$决定了系统的所有性能，所以可以直接通过给定 $H(\mathrm{j}\omega)$定义系统，下面就通过这种方法定义理想低通滤波器(Ideal Low-Pass Filter，ILPF)，进而分析其时域特性及可实现性。

4.4.1 理想低通滤波器的特性

1. 理想低通滤波器的频率响应函数

频率响应函数如式(4-15)所示的系统称为理想低通滤波器。其幅频特性如式(4-16)所示，相频特性如式(4-17)所示，幅频特性和相频特性曲线如图 4-10 所示。

$$H(\mathrm{j}\omega)=|H(\mathrm{j}\omega)|\mathrm{e}^{\mathrm{j}\varphi(\omega)}=\begin{cases}1\cdot \mathrm{e}^{-\mathrm{j}\omega t_{\mathrm{d}}}, & |\omega|\leqslant\omega_{\mathrm{c}}\\0, & |\omega|>\omega_{\mathrm{c}}\end{cases}\tag{4-15}$$

$$|H(\mathrm{j}\omega)|=\begin{cases}1, & |\omega|\leqslant\omega_{\mathrm{c}}\\0, & |\omega|>\omega_{\mathrm{c}}\end{cases}\tag{4-16}$$

$$\varphi(\omega)=\begin{cases}-\omega t_{\mathrm{d}}, & |\omega|\leqslant\omega_{\mathrm{c}}\\0, & |\omega|>\omega_{\mathrm{c}}\end{cases}\tag{4-17}$$

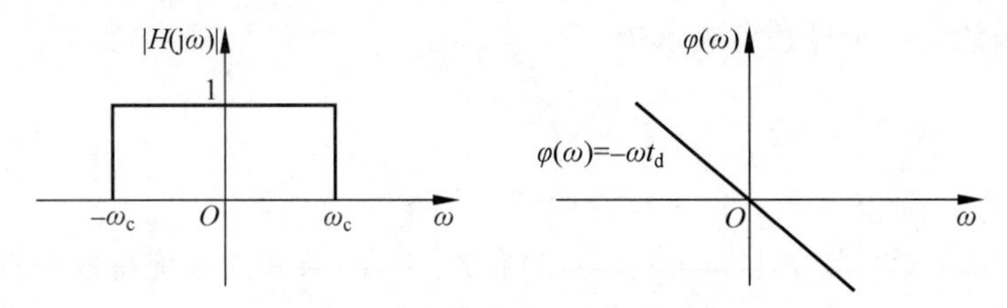

图 4-10 理想低通滤波器的频率特性

从图可见，这种低通滤波器让低于某一频率 ω_{c} 的所有信号无失真地通过，将高于 ω_{c} 的所有信号“理想”地衰减(完全滤除)；相位特性是通过坐标原点的直线。这表明理想低通滤波器在$(-\omega_{\mathrm{c}},\omega_{\mathrm{c}})$的频率区间上是无失真传输信号的。

理想低通滤波器是一种具有矩形幅度特性和线性相位特性的“理想化”的系统模型。通常称阻止信号通过的频率范围$|\omega|>\omega_{\mathrm{c}}$ 为滤波器的阻带，允许信号通过的频率范围$|\omega|\leqslant$

ω_c 为滤波器的通带，ω_c 称为理想低通滤波器的截止频率。

2. 理想低通滤波器的时域特性

对式(4-15)两端求傅里叶逆变换，得理想低通滤波器的冲激响应为：

$$\begin{aligned} h(t) &= \mathrm{FT}^{-1}[H(\mathrm{j}\omega)] = \frac{1}{2\pi}\int_{-\infty}^{+\infty} H(\mathrm{j}\omega)\mathrm{e}^{\mathrm{j}\omega t}\mathrm{d}\omega \\ &= \frac{1}{2\pi}\int_{-\omega_c}^{\omega_c} 1\cdot \mathrm{e}^{-\mathrm{j}\omega t_d}\mathrm{e}^{\mathrm{j}\omega t}\mathrm{d}\omega = \frac{1}{2\pi}\int_{-\omega_c}^{\omega_c}\mathrm{e}^{\mathrm{j}\omega(t-t_d)}\mathrm{d}\omega \\ &= \frac{\omega_c}{\pi}\frac{\sin\omega_c(t-t_d)}{\omega_c(t-t_d)} = \frac{\omega_c}{\pi}\mathrm{Sa}[\omega_c(t-t_d)] \end{aligned} \tag{4-18}$$

其波形示于图 4-11。

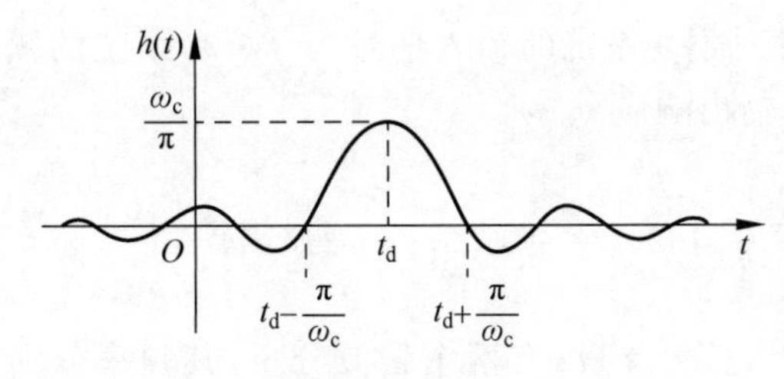

图 4-11 理想低通滤波器的冲激响应

从图中可以看出：

(1) 激励信号 $\delta(t)$ 通过理想低通滤波器后，输出波形 $h(t)$ 不满足式(4-10)，即产生了失真。因为 $\delta(t)$ 的傅里叶变换是等于 1 的常数，包含所有频率分量，所以通过理想低通滤波器后，会将 $\delta(t)$ 中 $|\omega|>\omega_c$ 频率成分全部抑制掉。显然 ω_c 越大，失真越小。随着 $\omega_c\to\infty$ 时，理想低通滤波器就越趋于无失真传输系统，这一点亦可由第 3 章的式(3-42)所确认。具体关系如下：

$$\delta(t-t_d) = \lim_{\omega_c\to\infty}\frac{1}{2\pi}\int_{-\omega_c}^{\omega_c}\mathrm{e}^{\mathrm{j}\omega(t-t_d)}\mathrm{d}\omega = \lim_{\omega_c\to\infty}\frac{\omega_c}{\pi}\mathrm{Sa}[\omega_c(t-t_d)]$$

(2) 理想低通滤波器的冲激响应 $h(t)$ 在 $t<0$ 时不为零，这在物理上不符合因果关系。因为 $\delta(t)$ 是在 $t=0$ 时加入的，而由 $\delta(t)$ 所产生的响应不应出现在激励加入前。这表明理想低通滤波器的理想截止特性，在物理上是无法实现的。这一结论对所有理想低通滤波器都适用。这也说明，直接通过系统函数 $H(\mathrm{j}\omega)$ 定义系统，所得到的系统在现实中不一定能够实现，具体需要满足的条件将在 4.4.3 节中讨论。

(3) 尽管真正的理想低通滤波器是不能实现的，但对它的研究并不会因其无法实现而失去价值。实际滤波器的分析与设计往往需要理想滤波器的理论做指导，而且可以设计一些电路使其频响特性接近或逼近理想滤波器的特性。

4.4.2 信号通过理想低通滤波器

1. 一般信号通过理想低通滤波器

设任意输入信号 $f(t)$，其傅里叶变换为 $F(\mathrm{j}\omega)$，理想低通滤波器的冲激响应为 $h(t)$，其频率响应函数为 $H(\mathrm{j}\omega)$，该信号通过理想低通滤波器后的响应为 $y(t)$，其傅里叶变换为 $Y(\mathrm{j}\omega)$，则有：

$$Y(\mathrm{j}\omega)=F(\mathrm{j}\omega)H(\mathrm{j}\omega)=\begin{cases}F(\mathrm{j}\omega)\mathrm{e}^{-\mathrm{j}\omega t_{\mathrm{d}}}, & |\omega|\leqslant\omega_{\mathrm{c}}\\ 0, & |\omega|>\omega_{\mathrm{c}}\end{cases} \tag{4-19}$$

从频域看,当信号通过理想低通滤波器时,$H(\mathrm{j}\omega)$将输出信号的频率范围限定在了滤波器的频率范围$|\omega|\leqslant\omega_{\mathrm{c}}$,$|\omega|>\omega_{\mathrm{c}}$的频率被滤除掉了,这就是$H(\mathrm{j}\omega)$的滤波作用。换一种方式说,这相当于利用了$H(\mathrm{j}\omega)$矩形频率特性为输入信号的频谱"开窗",在矩形窗口内只能看到$F(\mathrm{j}\omega)$一部分频率分量。

从时域角度看,这个结论也是十分明显的:

$$y(t)=\frac{1}{2\pi}\int_{-\infty}^{+\infty}F(\mathrm{j}\omega)H(\mathrm{j}\omega)\mathrm{e}^{\mathrm{j}\omega t}\mathrm{d}\omega=\frac{1}{2\pi}\int_{-\omega_{\mathrm{c}}}^{\omega_{\mathrm{c}}}F(\mathrm{j}\omega)\mathrm{e}^{\mathrm{j}\omega(t-t_{\mathrm{d}})}\mathrm{d}\omega \tag{4-20}$$

例 4.4 已知一线性时不变系统的输入信号为$f(t)$,系统的频率响应函数为$H(\mathrm{j}\omega)$,具体如下所示,求系统的输出响应$y(t)$。

$$f(t)=\frac{1}{2}+\frac{\sqrt{3}}{2}\sin2\pi t+\frac{5}{2}\sin6\pi t,\quad H(\mathrm{j}\omega)=\begin{cases}\mathrm{e}^{-\mathrm{j}\omega t_{\mathrm{d}}}, & |\omega|\leqslant4\pi\\ 0, & |\omega|>4\pi\end{cases}$$

解 由题意可知,输入信号$f(t)$有两个谐波分量,其频率分别为$\omega_1=2\pi$,$\omega_2=3\omega_1=6\pi$,且滤波器系统$H(\mathrm{j}\omega)$的截止频率$\omega_{\mathrm{c}}=4\pi$,显然输入信号以$\omega_2=6\pi$为频率的频率分量在滤波器的截止频率之外,故输出仅包含直流分量和频率为ω_1的分量,即

$$y(t)=\frac{1}{2}+\frac{\sqrt{3}}{2}\sin[2\pi(t-t_{\mathrm{d}})]$$

2. 阶跃信号通过理想低通滤波器

设理想低通滤波器的阶跃响应为$g(t)$,它可以写成单位冲激响应$h(t)$与单位阶跃函数$u(t)$的卷积积分,即

$$\begin{aligned}g(t)&=\int_{-\infty}^{+\infty}u(t-\tau)h(\tau)\mathrm{d}\tau=\int_{-\infty}^{t}h(\tau)\mathrm{d}\tau\\&=\frac{\omega_{\mathrm{c}}}{\pi}\int_{-\infty}^{t}\frac{\sin[\omega_{\mathrm{c}}(\tau-t_{\mathrm{d}})]}{\omega_{\mathrm{c}}(\tau-t_{\mathrm{d}})}\mathrm{d}\tau\end{aligned} \tag{4-21}$$

做变量替换$\omega_{\mathrm{c}}(\tau-t_{\mathrm{d}})=x$,则$\mathrm{d}\tau=\mathrm{d}x/\omega_{\mathrm{c}}$,积分上限$t\to\omega_{\mathrm{c}}(t-t_{\mathrm{d}})=x_{\mathrm{c}}$,得:

$$g(t)=\frac{1}{\pi}\int_{-\infty}^{x_{\mathrm{c}}}\frac{\sin x}{x}\mathrm{d}x=\frac{1}{\pi}\int_{-\infty}^{0}\frac{\sin x}{x}\mathrm{d}x+\frac{1}{\pi}\int_{0}^{x_{\mathrm{c}}}\frac{\sin x}{x}\mathrm{d}x$$

该积分称为正弦积分,常以符号$\mathrm{Si}(y)$表示:$\mathrm{Si}(y)=\int_0^y\frac{\sin x}{x}\mathrm{d}x$,$\frac{\sin x}{x}$是偶函数,故有:

$$\int_{-\infty}^{0}\frac{\sin x}{x}\mathrm{d}x=\int_{0}^{\infty}\frac{\sin x}{x}\mathrm{d}x=\frac{\pi}{2} \tag{4-22}$$

$$g(t)=\frac{1}{2}+\frac{1}{\pi}\int_{0}^{x_{\mathrm{c}}}\frac{\sin x}{x}\mathrm{d}x=\frac{1}{2}+\frac{1}{\pi}\mathrm{Si}[\omega_{\mathrm{c}}(t-t_{\mathrm{d}})] \tag{4-23}$$

$$\begin{aligned}g\left(t_{\mathrm{d}}+\frac{\pi}{\omega_{\mathrm{c}}}\right)&=\frac{1}{2}+\frac{1}{\pi}\mathrm{Si}\left[\omega_{\mathrm{c}}\left(t_{\mathrm{d}}+\frac{\pi}{\omega_{\mathrm{c}}}-t_{\mathrm{d}}\right)\right]\\&=\frac{1}{2}+\frac{1}{\pi}\mathrm{Si}(\pi)=1.0895\end{aligned} \tag{4-24}$$

式(4-21)的波形如图 4-12 所示。由图 4-12 及上述推导结论可以看出：

(1) 理想低通滤波器的阶跃响应 $g(t)$ 不像阶跃函数那样有陡直的上升沿，而是有一定的变化过程。如果定义输出由最小值到最大值所需时间为系统的上升时间 t_r，则由图 4-12 可得：

$$t_r = 2 \cdot \frac{\pi}{\omega_c} = \frac{2\pi}{\omega_c} = \frac{1}{f_c} = \frac{1}{B} \tag{4-25}$$

$$B = \frac{\omega_c}{2\pi} = f_c \tag{4-26}$$

此值是将角频率折算为频率的滤波器的带宽(截止频率)，于是得到结论：阶跃响应的上升时间与系统的带宽成反比，即滤波器的截止频率愈高，其阶跃响应的上升时间愈短，波形愈陡直。

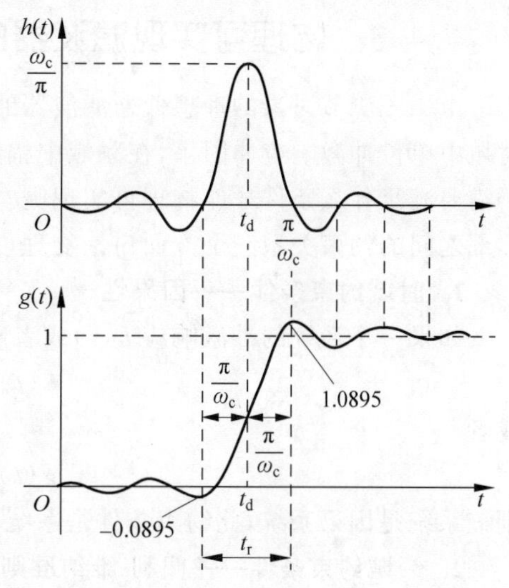

图 4-12　理想低通滤波器对阶跃信号的响应

(2) 由式(4-24)容易看出 $g(t_d + \pi/\omega_c) = 1.0895$，即 $g(t)$ 在 $t = t_d + \pi/\omega_c$ 点的取值不为 1，且与理想低通滤波器的带宽 ω_c 没有关系。这就是说，即使当理想低通滤波器的带宽 ω_c 趋于无穷大时，阶跃函数通过理想低通滤波器的响应仍然有失真，这种现象称为吉布斯现象。

3. 矩形脉冲信号通过理想低通滤波器

如果将矩形脉冲信号用阶跃信号表示成 $f(t) = u(t) - u(t-\tau)$，则借用式(4-21)很容易得到理想低通滤波器对矩形脉冲信号的响应如下，波形如图 4-13 所示。

$$\begin{aligned} y(t) &= f(t) * h(t) = [u(t) - u(t-\tau)] * h(t) = g(t) - g(t-\tau) \\ &= \frac{1}{2} + \frac{1}{\pi}\int_0^{\omega_c(t-t_d)} \frac{\sin x}{x}\mathrm{d}x - \frac{1}{2} - \frac{1}{\pi}\int_0^{\omega_c(t-t_d-\tau)} \frac{\sin x}{x}\mathrm{d}x \\ &= \frac{1}{\pi}[\mathrm{Si}(\omega_c(t-t_d)) - \mathrm{Si}(\omega_c(t-t_d-\tau))] \end{aligned} \tag{4-27}$$

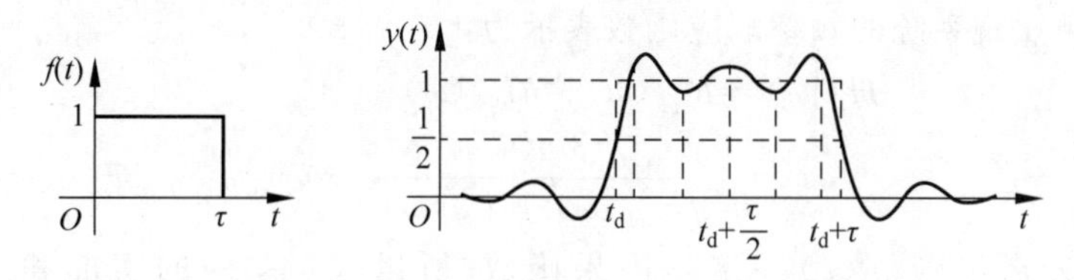

图 4-13　矩形脉冲信号通过理想低通滤波器后的波形($2\pi/\omega_c \leqslant \tau$)

上述讨论表明，矩形脉冲信号通过理想低通滤波器传输时，必须使脉宽 τ 与滤波器的截止频率(带宽)相适应，即 $\tau \geqslant 2\pi/\omega_c = 1/B$，才能得到大体上为矩形的响应脉冲。如果 τ 过窄或 ω_c 过小，则响应波形的上升与下降时间连在一起，就会完全丢失输入信号的脉冲形状。

这个结论可以推广到更一般的情况：为了得到与输入信号相近似的响应波形，输入信号的带宽 B_{IN} 必须与传输系统的带宽 B 相适应，即 $B_{IN} \leqslant B$，从频域看，这意味着必须让输入信号中足够多的频率分量通过传输系统。

4.4.3 物理可实现滤波器的约束条件

由4.4.1节讨论的理想低通滤波器的时域特性和频率特性可知,其不可实现是因为在时域中单位冲激响应非因果,在频域中幅频特性在截止频率处呈阶跃跳变。那么一个滤波器需要满足什么条件才能物理可实现呢?以下将从时域约束条件、频域约束条件及实部和虚部之间的约束关系三个方面讨论物理可实现滤波器所需满足的条件。

1. 时域约束条件——因果性

如果一个系统的冲激响应 $h(t)$ 或者阶跃响应 $g(t)$ 满足因果性约束,即

$$h(t)=0,\quad t<0 \tag{4-28}$$

或者

$$g(t)=0,\quad t<0 \tag{4-29}$$

则该系统是因果系统,此约束条件是系统为物理可实现系统的必要条件。

2. 频域约束条件——佩利-维纳准则

如果一个系统的频率响应 $H(\mathrm{j}\omega)$ 满足式(4-30)的佩利-维纳准则,则该系统物理可实现。

$$\begin{cases}\displaystyle\int_{-\infty}^{+\infty}|H(\mathrm{j}\omega)|^2\mathrm{d}\omega<\infty\\ \displaystyle\int_{-\infty}^{+\infty}\frac{|\ln|H(\mathrm{j}\omega)|^2|}{1+\omega^2}\mathrm{d}\omega<\infty\end{cases} \tag{4-30}$$

佩利-维纳准则是系统可实现的必要条件,该准则表明,如果一个系统的幅频特性在某一频带内为零或者不满足平方可积,则式(4-30)的积分将变为无穷大,从而导致系统物理不可实现。

例如,理想低通滤波器的频率响应函数为 $H(\mathrm{j}\omega)$,满足当 $|\omega|>\omega_c$ 时 $|H(\mathrm{j}\omega)|=0$,从而使式(4-30)不成立。一般来说,当 $|H(\mathrm{j}\omega)|=0$ 在有限频带内成立,则式(4-30)不成立,该系统物理不可实现,所以物理可实现系统 $|H(\mathrm{j}\omega)|$ 除断点外不能为零。

3. 实部和虚部之间的约束关系

如果物理可实现系统的频率响应函数表示为:

$$\begin{aligned}H(\mathrm{j}\omega)&=R_H(\omega)+\mathrm{j}I_H(\omega)\\&=\sqrt{R_H^2(\omega)+I_H^2(\omega)}\,\mathrm{e}^{\mathrm{j}\arctan\frac{I_H(\omega)}{R_H(\omega)}}\end{aligned} \tag{4-31}$$

则由于其单位冲激响应 $h(t)$ 一定是因果函数,所以式(4-31)的实部和虚部一定满足式(4-32)和式(4-33)的要求(具体分析见4.9节的希尔伯特变换)。这说明,因果系统的系统函数的实部和虚部是不独立的,幅频特性和相频特性往往也是相互制约的,在追求幅频特性时可能会以牺牲相频特性为代价,反之亦然。

$$R_H(\omega)=\frac{1}{\pi}I_H(\omega)*\frac{1}{\omega}=\frac{1}{\pi}\int_{-\infty}^{+\infty}\frac{I_H(\lambda)}{\omega-\lambda}\mathrm{d}\lambda \tag{4-32}$$

$$I_H(\omega)=-\frac{1}{\pi}R_H(\omega)*\frac{1}{\omega}=-\frac{1}{\pi}\int_{-\infty}^{+\infty}\frac{R_H(\lambda)}{\omega-\lambda}\mathrm{d}\lambda \tag{4-33}$$

4.4.4 物理可实现低通滤波器

尽管理想滤波器不可实现,但理想滤波器理想的滤波性能有着极大的诱惑,因此人们一直在利用物理可实现系统逼近理想滤波器特性方面付出源源不断的努力。

为了得到逼近于理想滤波器特性的物理可实现系统,需要对其理想特性作一些修正,使之形成某种容限,如图 4-14 所示,通常所做的修正如下:

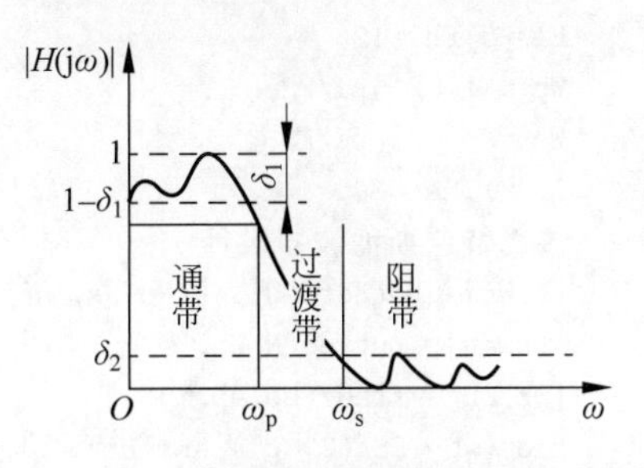

图 4-14 非理想低通滤波器的幅频特性

(1) 允许滤波器的幅频特性在通带内和阻带内有一定的衰减范围,即幅度特性在这一范围内允许有起伏波动。δ_1 称为通带容限,δ_2 称为阻带容限。

(2) 在通带和阻带之间允许有一定的过渡带。$(\omega_r-\omega_p)$的频率范围称为过渡带。

图 4-14 所示的物理可实现低通滤波器的幅频特性与理想低通滤波器形态接近,但其$|H(j\omega)|$始终不为零,而且下降沿比较平缓,即有过渡带,通带和阻带都有一定程度的波动。

在实际应用中,总是希望一个物理可实现的滤波器的性能尽可能逼近理想滤波器的特性。因此一般总是要求一个可实现滤波器的过渡带尽可能窄;幅频特性尽可能平,阻带衰减尽可能大,同样性能下实现过程尽可能简单,实现代价小等。但遗憾的是,这些良好的性能很难兼得,而且为了获得好的性能总是以系统的复杂性(如提高阶数)为代价的。

工程中常用的逼近方法有巴特沃斯(Butterworth)逼近、切比雪夫(Chebyshev)逼近和椭圆函数(Elliptic)逼近,相应地滤波器分别称为巴特沃斯滤波器、切比雪夫滤波器、椭圆滤波器。

MATLAB 的信号处理工具箱中提供滤波器的设计函数,主要包括:

(1) 求巴特沃斯滤波器的最小阶数和截止频率函数:[n,Wn]=buttord(Wp,Ws,Rp,Rs)。其中参数 n:返回符合要求性能指标的滤波器最小阶数;Wn:滤波器的截止频率(即3db 频率);Wp:通带的截止频率;Ws:阻带的截止频率(均为归一化频率,单位 rad/s);Rp:通带内最大衰减;Rs:阻带内最小衰减。

(2) 设计截止频率为 Wn 的 n 阶模拟巴特沃斯滤波器[b,a]=butter(N,wc,'ftype')。其中参数'ftype'为滤波器类型,可选高通'high'、低通'low'和带阻'stop'。

(3) 切比雪夫滤波器和椭圆滤波器的设计函数如下,其中参数含义同上。

```
[n,Wn] = cheb1ord(Wp,Ws,Rp,Rs),[b,a] = cheby1(n,Rp,Wn,'ftype')
[n,Wn] = ellipord(Wp,Ws,Rp,Rs),[b,a] = ellip(n, Wn,'ftype')
```

不同滤波器的幅频特性仿真计算程序如下。其中,滤波器的具体参数分别为通带截止频率 $\omega_p=5$kHz,阻带截止频率 $\omega_s=12$kHz,通带内衰减 $\alpha_p=1$dB,阻带内衰减 $\alpha_s=60$dB。结果如图 4-15 所示。

从图 4-15 可见,巴特沃斯滤波器的幅频特性在通带和阻带内都是单调变化的,故也称为最平坦的滤波器;切比雪夫滤波器的幅频特性在通带呈等幅起伏变化,但在阻带内是单调的;椭圆滤波器的幅频特性在阶数相同的条件下有着最小的通带和阻带波动。一般而言，为了获得更好的通带及阻带性能，总是以提高滤波器的阶数为代价。有关这方面的详细内容，读者可参阅第6章和其他相关参考书。

```
clear all;
FS = 1;
Fl = 5;Fh = 12;
Wp = Fl * 2 * pi/FS;
Ws = Fh * 2 * pi/FS;
Rp = 1;Rs = 60;
%巴特沃斯滤波器设计
[N,Wn] = buttord(Wp,Ws,Rp,Rs,'s');
[bb,ab] = butter(N,Wn,'s');
[Hb,wb] = freqz(bb,ab,256);
plot(wb * FS/(2 * pi),abs(Hb),'b');
hold on;
%切比雪夫滤波器设计
[N,Wn] = cheb1ord(Wp,Ws,Rp,Rs,'s');
[bcl,acl] = cheby1(N,Rp,Wn,'s');
[Hcl,wcl] = freqz(bcl,acl,256);
plot(wcl * FS/(2 * pi),abs(Hcl),'k');
%椭圆滤波器设计
[N,Wn] = ellipord(Wp,Ws,Rp,Rs,'s');
[be,ae] = ellip(N,Rp,Rs,Wn,'s');
[He,we] = freqz(be,ae,256);
%作图
plot(we * FS/(2 * pi),abs(He),'g');
axis([0 20 - 0.05,1.05]);
legend('巴特沃斯低通','切比雪夫低通','椭圆低通');
xlabel('频率/kHz');
ylabel('幅度');
line([0 20],[ - 20 - 20],'color','k','linestyle','--');
line([0 20],[ - 1 - 1],'color','k','linestyle','--');
line([0.1 0.1],[ - 30 2],'color','k','linestyle','--');
```

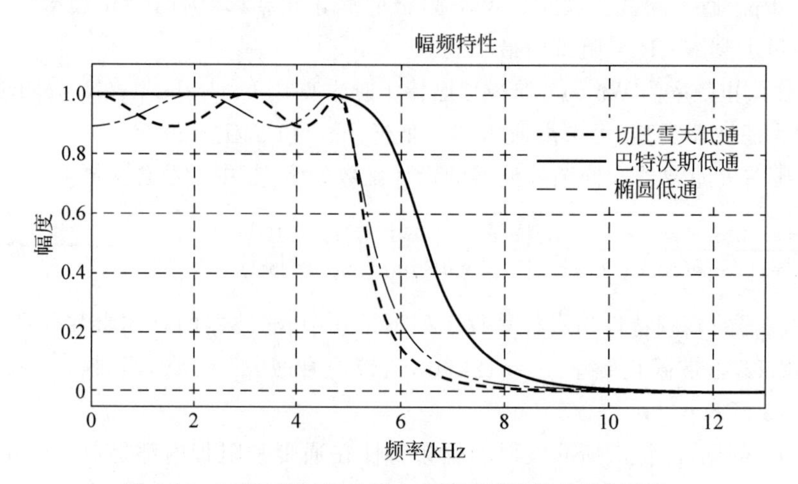

图4-15　巴特沃斯、切比雪夫和椭圆滤波器的幅频特性

4.4.5 正确"理想"的引领作用

由上述内容可知,理想低通滤波器因为它能够达到超级好的性能而不能实现,但是不能认为它不能实现就没有用,实际上它具有非常重要且不可替代的作用,这个作用就是它为设计可实现的低通滤波器指明了方向,成为衡量滤波器好坏的标准,成为滤波器设计追求的目标。如果没有理想滤波器性能的指引,那滤波器的设计将失去方向,设计的效率和效果将大打折扣。同样的道理,在现实生活中,任何组织或者个人都要有正确的"理想",要有奋斗的目标,这样才能少走弯路,才容易成功。

"共产主义理想"是中国共产党人的坚定信仰,在这个伟大而美好的"理想"指引下,中国共产党人不怕牺牲,浴血奋战,从弱小走向强大,成功创建了社会主义新中国;改革开放以来,习近平总书记将"共产主义理想"具体化为"人民对美好生活的向往",并将其作为中国共产党人的奋斗目标,所以有理由相信,在中国共产党的领导下,我们的祖国会越来越强大,我们的生活会越来越好,"共产主义理想"会离我们越来越近。

袁隆平先生从小就以"消除人类饥饿与贫穷"为自己的理想,并为此奋斗一生。在这个崇高的理想指引下,袁隆平先生克服各种困难,一生致力于杂交水稻技术的研究、应用与推广,发明"三系法"籼型杂交水稻,成功研究出"两系法"杂交水稻,并创建了超级杂交稻技术体系,取得了巨大的成功,为解决人类饥饿和消除贫困做出巨大贡献,受得了全世界人民的尊重和崇敬。

我们每个人在事业上都要有正确的长期、中期和短期目标,要有"理想",并为此不断努力奋斗,这样才可能早日成才、成功。但是,在生活上切忌好高骛远,而应该量力而行,脚踏实地,勤奋努力,追求梦想,而不是生活在虚幻却不能实现的想象中。

在一般的系统(尤其是通信系统)中,滤波器的作用主要有两个:一个是净化系统,就是滤除系统中的各种干扰噪声,从而使系统能够正常工作;另一个是规范系统的频谱,就是让系统工作在规定的频带范围内,以免影响别人的信息传输。我们人作为一个具有自学习能力的生命系统,现在生活在一个信息爆炸的时代,每天都会接收到大量的信息,这些信息有真有假,有健康的,也有错误和不健康的,所以在我们的心中也应该有一个滤波器,通过这个滤波器一方面净化我们每天接收到的各种各样的信息,去除对我们有害的信息,留下对我们成长有利的、健康向上的信息;另一方面,约束我们的语言和行为,使其始终处在道德和法律的规范内,从而避免对其他人和社会带来伤害,保证自己的健康成长。

4.5 采样定理

随着集成电路技术和计算机技术的快速发展,数字信号处理已成为当今信息处理技术的主要方式和发展趋势。但是,在实际应用过程中,通过传感器采集的信息信号绝大部分都是连续信号,不能直接进行数字信号处理,例如数字滤波、编码以及时分复用等,必须先进行离散化和数字化。所以学习和研究连续信号数字化方法具有重要的实际意义。

连续信号数字化首先要解决离散化。也就是如何选择采样间隔和采样频率才能保证取样信号中包含原连续信号的所有信息,即通过取样信号可以无失真地恢复原始连续信号。这个问题直接从时域看,很难看清楚,几乎是不可能实现。但是,通过本节的学习,大家很容易看到,通过采用傅里叶分析的方法分析取样过程,可以清楚地得到采样定理。大家在学习过程中,重点关注如下问题,加深对傅里叶分析方法的理解,并掌握采样定理的使用条件和使用方法。

(1) 连续信号 $f(t)$被采样后,采样信号 $f_s(t)$的傅里叶变换是什么样子?和原信号 $f(t)$的傅里叶变换是什么关系?采样信号 $f_s(t)$是否保留了原信号 $f(t)$的全部信息?为了保留原信号 $f(t)$的全部信息,需要满足什么条件?

(2) 如何利用 $f_s(t)$无失真地恢复原信号 $f(t)$?

(3) 在解决实际工程问题时,如何合理应用采样定理?

4.5.1 时域低通采样定理

本节主要包括脉冲采样、冲激采样和具体的采样定理等内容。冲激采样适合理论分析,分析得到的理论结果和脉冲采样相同。实际信号的离散化主要采用脉冲采样。

1. 信号的时域采样

所谓时域采样就是利用采样脉冲序列 $p(t)$从连续时间信号中抽取一系列离散样本值的过程。这样得到的离散信号称为采样信号。如图 4-16 所示的采样模型,连续时间信号通过一个周期闭合的开关抽取得到一组离散样本值,其中的周期闭合开关可以用一个数学上的采样脉冲序列 $p(t)=p_{T_s}(t)$表示。高电平表示开关闭合,取得信号样值,低电平表示开关断开,取得信号值为 0。从时域来看,图 4-16 所示的采样过程可表述为连续时间信号 $f(t)$与采样脉冲序列 $p_{T_s}(t)$的乘积,即

$$f_s(t)=f(t)p(t)=f(t)p_{T_s}(t) \tag{4-34}$$

式中的采样脉冲序列如图 4-17 所示,它就是第 3 章讨论过的周期矩形脉冲函数,可表示为:

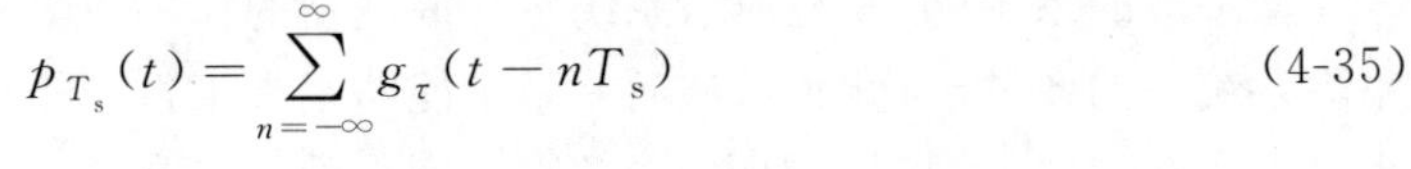

$$p_{T_s}(t)=\sum_{n=-\infty}^{\infty} g_\tau(t-nT_s) \tag{4-35}$$

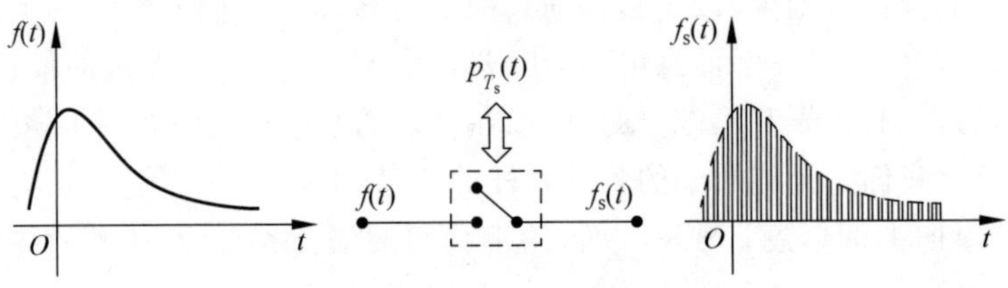

图 4-16 连续时间信号采样模型

这种采样也称为矩形脉冲采样,它的各采样脉冲的时间间隔相同,所以利用图 4-17 的采样脉冲序列进行的是均匀采样。反之,如果采样序列的脉冲时间间隔不相同,则称为非均匀采样,本节讨论的是均匀采样。其中,T_s 为采样脉冲序列 $p_{T_s}(t)$的周期,也称为采样周期,$f_s=1/T_s$ 为采样频率,$\omega_s=2\pi f_s$ 为采样角频率。

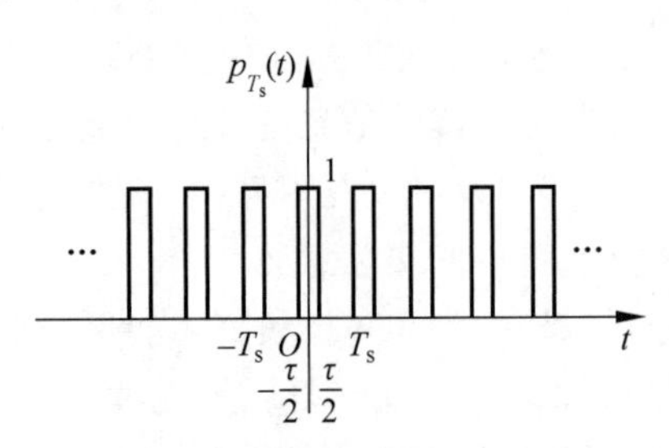

图 4-17 采样脉冲序列 $p_{T_s}(t)$

一般情况下,从式(4-34)以及图 4-16 的取样结果很难判断 $f_s(t)$是否包含 $f(t)$的所有信息,也无法确定合适的取样周期 T_s。下面采用傅里叶分析方法分析这个采样过程,看看有没有新的发现。

由于 $p_{T_s}(t)$是周期信号，其傅里叶变换为：

$$p_{T_s}(j\omega)=2\pi\sum_{k=-\infty}^{\infty}F_k\delta(\omega-k\omega_s) \tag{4-36}$$

式中，F_k 是 $p_{T_s}(t)$的傅里叶级数的系数

$$F_k=\frac{1}{T_s}\int_{-T_s/2}^{T_s/2}p_{T_s}(t)e^{-jk\omega_s t}dt \tag{4-37}$$

对式(4-34)两端求傅里叶变换，则采样信号的傅里叶变换 $F_s(j\omega)$为：

$$\begin{aligned}F_s(j\omega)&=\text{FT}[f(t)p_{T_s}(t)]=\frac{1}{2\pi}F(j\omega)*P_{T_s}(j\omega)\\&=F(j\omega)*\sum_{k=-\infty}^{\infty}F_k\delta(\omega-k\omega_s)\\&=\sum_{k=-\infty}^{\infty}F_kF[j(\omega-k\omega_s)]\end{aligned} \tag{4-38}$$

式(4-38)表明，连续信号 $f(t)$在被采样后，采样信号 $f_s(t)$的频谱 $F_s(j\omega)$是连续信号 $f(t)$的频谱 $F(j\omega)$以 ω_s 为间隔周期地重复，在重复过程中被 $p_{T_s}(t)$的傅里叶级数的系数 F_k 所加权，换句话说，采样信号的频谱是连续信号频谱以 ω_s 为周期的周期延拓或周期化。由式(4-38)可以得到以下结论：

(1) 采样信号的频谱 $F_s(j\omega)$是连续信号的频谱 $F(j\omega)$以 ω_s 为周期的周期化。这是信号 $f(t)$在时域被离散化的必然结果，但是不能保证从 $F_s(j\omega)$可以完全恢复出 $F(j\omega)$，也就是说，没有任何约束的采样不能保证不丢失 $f(t)$中的信息。

(2) 为了使采样信号 $f_s(t)$包含原信号的全部信息或者说为了能从 $f_s(t)$中恢复原信号 $f(t)$，则采样信号的频谱 $F_s(j\omega)$各周期不能有交叠或混叠，这不仅取决于 ω_s 的大小，同时也要求原信号的频谱 $F(j\omega)$必须是频带宽度有限，否则就不能实现对 $f(t)$的恢复。

(3) 采样信号的频谱 $F_s(j\omega)$被 $p_{T_s}(t)$的傅里叶级数的系数 F_k 所加权，因此这种加权会因采样脉冲形状的不同而不同。

如图 4-18 所示，如果连续信号 $f(t)$的频谱 $F(j\omega)$是频带有限的，即 $F(j\omega)$只在区间$(-\omega_m,\omega_m)$内为有限值，而在区间外为零，这种信号称为频带有限信号，简称带限信号。容易知道带限信号的最高角频率为 ω_m，以及当$|\omega|>\omega_m$ 时，$F(j\omega)=0$。

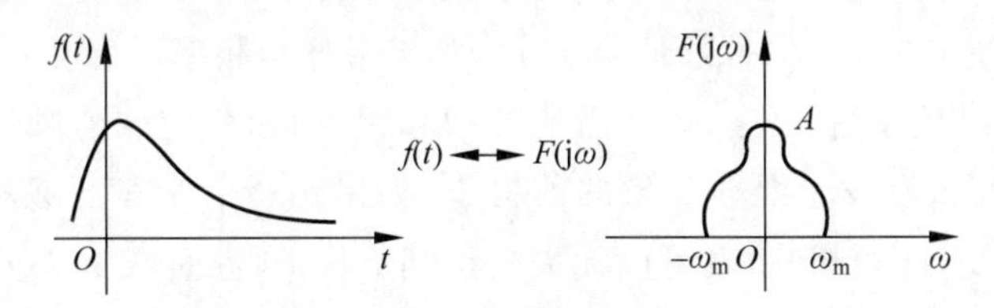

图 4-18　带限信号

2. 带限信号的冲激采样

若采样脉冲 $p(t)$为单位冲激序列，即

$$p(t)=\delta_{T_s}(t)=\sum_{n=-\infty}^{\infty}\delta(t-nT_s) \tag{4-39}$$

则由式(4-34)有：

$$f_s(t)=f(t)p(t)=\sum_{n=-\infty}^{\infty}f(t)\delta(t-nT_s)=\sum_{n=-\infty}^{\infty}f(nT_s)\delta(t-nT_s) \tag{4-40}$$

在这种情况下采样信号 $f_s(t)$ 是由一系列不同强度的冲激函数构成的，每个冲激的间隔为 T_s，强度为连续信号 $f(t)$ 在 $t=nT_s$ 处的样点值 $f(nT_s)$。对式(4-40)两边取傅里叶变换，由于冲激采样序列 $\delta_{T_s}(t)$ 的傅里叶变换仍然是一个周期冲激序列，应用频域卷积定理，可以得到：

$$F_s(\mathrm{j}\omega)=\frac{1}{2\pi}F(\mathrm{j}\omega)*\left[\omega_s\sum_{k=-\infty}^{\infty}\delta(\omega-k\omega_s)\right]=\frac{1}{T_s}\sum_{k=-\infty}^{\infty}F[\mathrm{j}(\omega-k\omega_s)] \tag{4-41}$$

由于连续信号 $f(t)$ 是带限信号，其最高角频率为 ω_m，容易画出式(4-40)和式(4-41)对应的示意图形描述如图 4-19 所示。

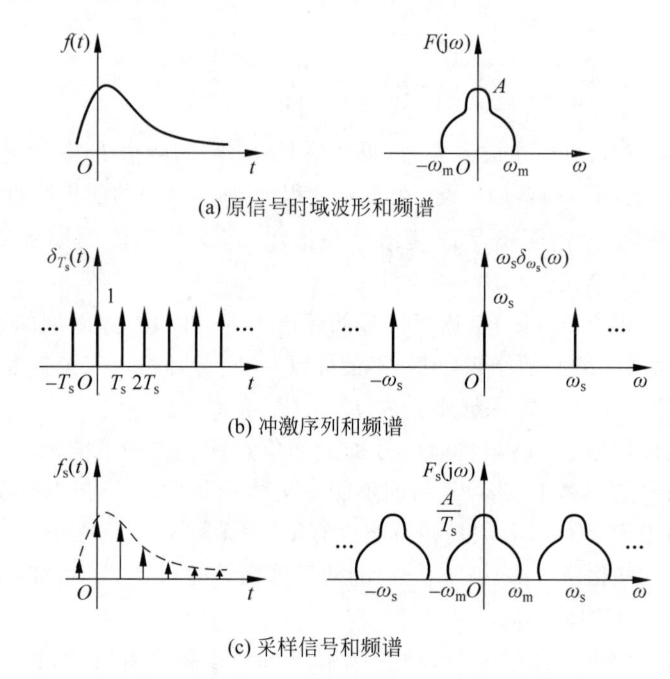

图 4-19 冲激序列采样的时域过程和频谱

由图容易看出：采样信号的频谱 $F_s(\mathrm{j}\omega)$ 是连续信号频谱 $F(\mathrm{j}\omega)$ 以 ω_s 为周期的等幅周期延拓；对最高角频率为 ω_m 的带限信号 $f(t)$，如果采样角频率 $\omega_s\geqslant 2\omega_m$，那么频移后的各相邻频谱不会发生相互重叠，反之，频移后的各相邻频谱将相互重叠，频谱重叠的这种现象称为“混叠现象”；在没有发生混叠现象的前提下，如果选择一个截止频率为 ω_m 的理想低通滤波器 $H(\mathrm{j}\omega)$ 和 $F_s(\mathrm{j}\omega)$ 相乘，就可以无失真得到 $F(\mathrm{j}\omega)$，进而恢复 $f(t)$。

3. 带限信号的矩形脉冲采样

实际采样过程中，采样序列 $p(t)$ 不能是单位冲激序列，而只能是周期矩形脉冲。在周期矩形脉冲采样的情况下，假设采样脉冲 $p(t)$ 是幅值为 1，脉宽为 τ，采样角频率为 ω_s 的周期矩形脉冲，如图 4-17 所示。这种采样也被称为“自然采样”。

该周期矩形脉冲信号的傅里叶级数的系数为 $F_k=\tau\mathrm{Sa}(k\omega_s\tau/2)/T_s$，将其代入式(4-38)，便可得到矩形脉冲采样情况下采样信号 $f_s(t)$ 的频谱：

$$F_s(j\omega)=\frac{\tau}{T_s}\sum_{k=-\infty}^{\infty}\mathrm{Sa}\left(\frac{k\omega_s\tau}{2}\right)F[j(\omega-k\omega_s)]$$

上式表明，在矩形脉冲采样情况下，采样信号的频谱 $F_s(j\omega)$ 在以 ω_s 为周期的重复过程中，幅度以 $\tau\mathrm{Sa}(k\omega_s\tau/2)/T_s$ 为包络进行变化。其采样及其对应的傅里叶变换如图 4-20 所示。由图 4-20 容易得到和图 4-19 相同的结论。

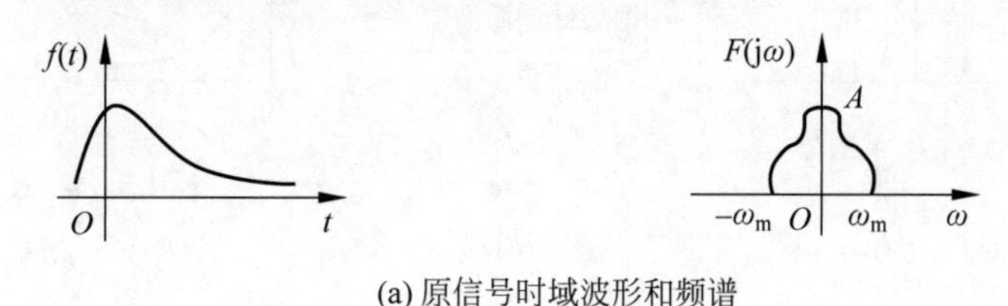

(a) 原信号时域波形和频谱

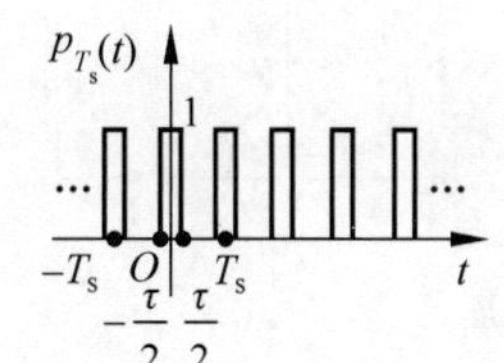

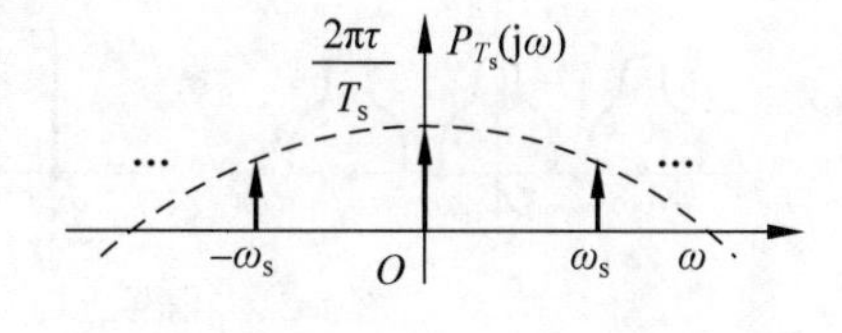

(b) 周期矩形脉冲信号和频谱

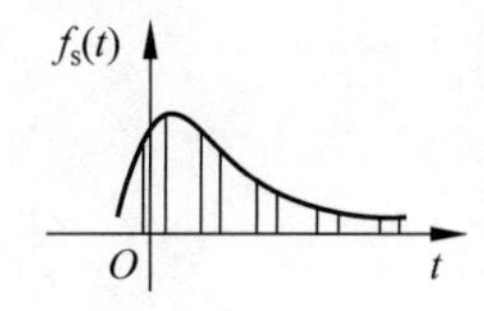

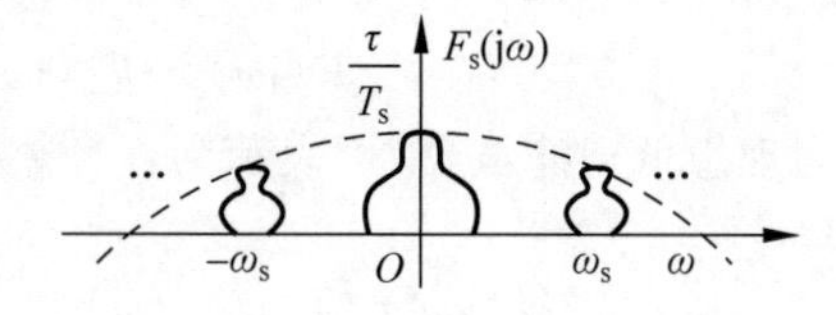

(c) 矩形脉冲采样信号和频谱

图 4-20 矩形脉冲采样的时域过程和频谱

4. 时域采样定理及恢复过程

1) 时域采样定理

如图 4-19 所示，采样信号 $f_s(t)$ 的频谱 $F_s(j\omega)$ 是连续时间信号 $f(t)$ 的频谱 $F(j\omega)$ 的周期延拓或周期化，即 $F_s(j\omega)=\frac{1}{T_s}\sum_{k=-\infty}^{\infty}F[j(\omega-k\omega_s)]$。所以，只要可以从由样点值所确定的频谱中恢复出一个完整的频谱包，就可以恢复原信号。这样可以得到下述定理。

时域采样定理：如果一个频谱在 $(-\omega_m,\omega_m)$ 以外为零的带限信号 $f(t)$，当其采样角频率满足 $\omega_s\geqslant 2\omega_m$ 或者 $f_s\geqslant 2f_m$ 时，该信号可唯一的由其在均匀间隔 $T_s=2\pi/\omega_s=1/2f_m$ 上的样点值 $f(nT_s)$ 确定。

由定理可知，为了能从采样信号 $f_s(t)$ 中恢复原信号，必须满足两个条件：

(1) 信号 $f(t)$ 必须为带限信号；

(2) 采样频率必须满足 $\omega_s\geqslant 2\omega_m$ 或者 $f_s\geqslant 2f_m$，或者采样间隔 $T_s\leqslant 1/2f_m$，其中 ω_m 为信号 $f(t)$ 的最高角频率。

通常把最低允许的采样频率 ω_s 或者 f_s 称为奈奎斯特(Nyquist)频率，把最大允许采样时间间隔 $T_s=2\pi/\omega_s=1/2f_m$ 称为奈奎斯特间隔。

2) 时域恢复过程

现以冲激采样为例，研究如何从采样信号 $f_s(t)$ 恢复出原信号 $f(t)$。

由图 4-19(c)所示的采样信号 $f_s(t)$ 及其频谱 $F_s(\mathrm{j}\omega)$ 的图形可知，采样信号 $f_s(t)$ 经过一个截止频率为 $\omega_c(\omega_m \leqslant \omega_c \leqslant \omega_s - \omega_m)$ 的理想低通滤波器 $H(\mathrm{j}\omega)$，就可从 $f_s(t)$ 恢复 $f(t)$，其过程如图 4-21 所示。

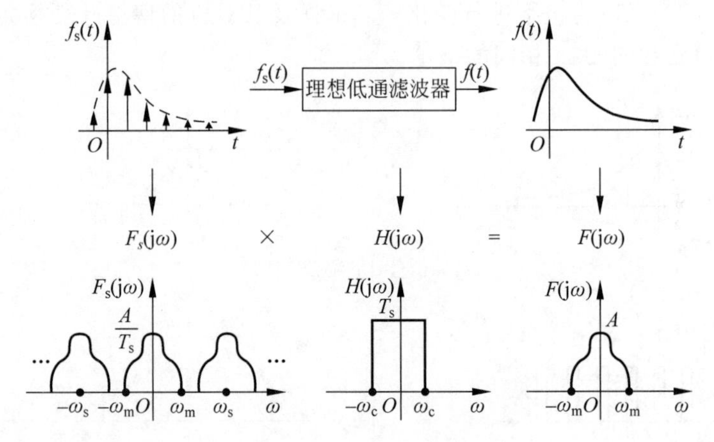

图 4-21　信号 $f(t)$ 的恢复原理

由图可以看出：

$$F(\mathrm{j}\omega)=F_s(\mathrm{j}\omega)H(\mathrm{j}\omega) \tag{4-42}$$

式中，$H(\mathrm{j}\omega)$ 为理想低通滤波器，可表示为：

$$H(\mathrm{j}\omega)=T_s g_{2\omega_c}(\omega)=\begin{cases}T_s, & |\omega| \leqslant \omega_c \\ 0, & |\omega| > \omega_c\end{cases} \tag{4-43}$$

根据傅里叶变换的时域卷积性质，式(4-42)可表示为：

$$f(t)=f_s(t) * h(t) \tag{4-44}$$

其中，$f_s(t)$ 为 $F_s(\mathrm{j}\omega)$ 的傅里叶逆变换，$h(t)$ 为 $H(\mathrm{j}\omega)$ 的傅里叶逆变换，分别表示为：

$$f_s(t)=\sum_{n=-\infty}^{\infty} f(nT_s)\delta(t-nT_s) \tag{4-45}$$

$$h(t)=\mathrm{FT}^{-1}[H(\mathrm{j}\omega)]=\frac{T_s\omega_c}{\pi}\mathrm{Sa}(\omega_c t) \tag{4-46}$$

将式(4-45)和式(4-46)代入式(4-44)得：

$$\begin{aligned} f(t) &= \left[\sum_{n=-\infty}^{\infty} f(nT_s)\delta(t-nT_s)\right] * \frac{T_s\omega_c}{\pi}\mathrm{Sa}(\omega_c t) \\ &= \sum_{n=-\infty}^{\infty} \frac{T_s\omega_c}{\pi} f(nT_s)\cdot[\delta(t-nT_s) * \mathrm{Sa}(\omega_c t)] \\ &= \sum_{n=-\infty}^{\infty} \frac{T_s\omega_c}{\pi} f(nT_s)\mathrm{Sa}[\omega_c(t-nT_s)] \end{aligned} \tag{4-47}$$

当采样周期 $T_s=1/2f_m$，$\omega_c=\omega_m$ 时，式(4-47)可写为：

$$f(t)=\sum_{n=-\infty}^{\infty} f(nT_s)\mathrm{Sa}(\omega_m(t-nT_s)) \tag{4-48}$$

如图 4-22 所示，恢复 $f(t)$ 的过程可以看成幅度为 $f(nT_s)$ 的采样函数的平移 $\mathrm{Sa}(\omega_m$

$(t-nT_s)$)在以采样点为中心进行内插的结果,故式(4-47)和式(4-48)也称为内插公式。换句话说,式(4-48)表明连续信号 $f(t)$ 可以展开成正交采样函数的无穷级数,该级数的系数等于采样值 $f(nT_s)$。

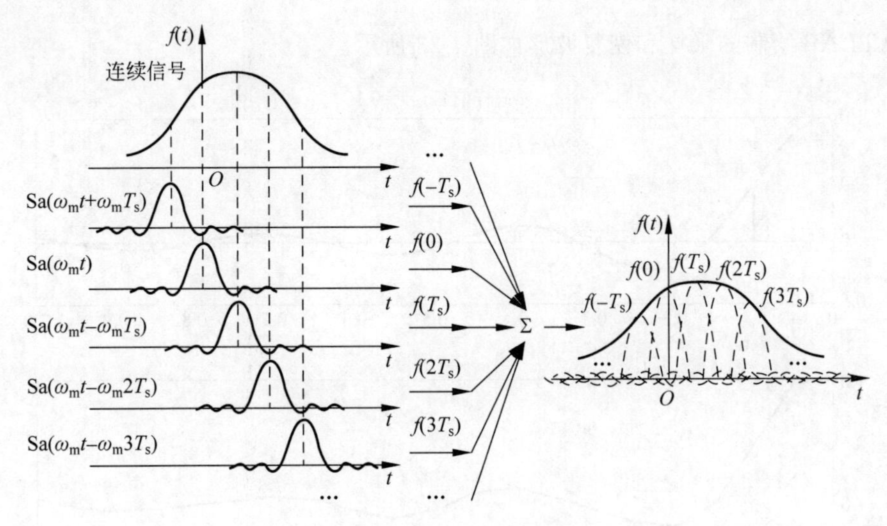

图 4-22　信号 $f(t)$ 恢复过程

例 4.5　已知 $f(t)=\sin\pi t/\pi t$,通过 MATLAB 编程实现该信号的离散化以及由离散信号恢复该连续信号。

解　由于该信号的 $\omega_m=\pi, f_m=1/2$,由采样定理可得 $T_s\leqslant 1$。取 $T_s=0.1$s 时,离散化和恢复过程的 MATLAB 程序如下:

```
clear;
N = 10;                                  % 采样数量
F = 0.5;                                 % 被采样信号频率为 0.5Hz
Ts = 0.1;Fs = 1/Ts;                      % 采样间隔、采样频率
t = N * Ts;
n = 0:N - 1;                             % 时域采样序列(N 个采样)
NP = floor((1/F)/(Ts));                  % 1 个周期采样点数
nTs = n * Ts;                            % 时域采样时间序列
% 信号离散化过程:
ft= inline('sinc(t)');                   % 定义信号
f = ft(2 * pi * nTs);                    % 时域采样
subplot(211);                            % 画出采样图
stem(nTs(1:NP),f(1:NP));
title(['采样信号,Ts = 'num2str(Ts)]);
% 显示出待采样信号的波形
Ts1 = 0.001;
NP1 = floor((1/F)/(Ts1));
hold on;
plot([0:NP1 - 1] * Ts1,ft([0:NP1 - 1] * 2 * pi * Ts1),'r - ');
hold off;
% 信号恢复过程:
t1 = 0;                                  % 开始时间
t2 = 1/F;                                % 结束时间(取信号的 1 个周期)
```

```
  D = Ts/2;
t = t1:D:t2;
fa = f * sinc(Fs * (ones(length(nTs),1) * t - nTs' * ones(1,length(t))));
subplot(212);plot(t,fa);title('恢复信号');
```

MATLAB绘制的采样和恢复波形如图4-23所示。

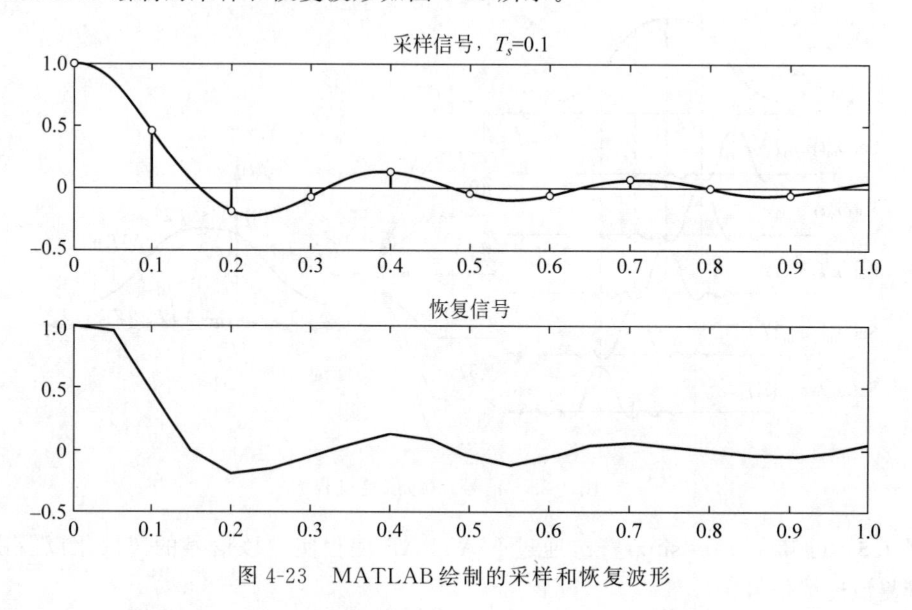

图4-23　MATLAB绘制的采样和恢复波形

4.5.2　时域带通采样定理

所谓带通信号(也称窄带信号)就是信号带宽远远小于它的中心频率的信号。如一个信号$f(t)$的带宽为$f_B=f_H-f_L$,其中f_H和f_L分别为信号频带的最高频率和最低频率,信号的中心频率为$f_0=f_L+(f_H-f_L)/2$,若$f_B \ll f_0$,则信号$f(t)$称为带通信号。带通信号是通信、雷达等无线电系统中应用最为广泛的信号模型。设一带通信号的数学表示为:

$$f(t)=g(t)\cos(2\pi f_0 t) \tag{4-49}$$

其中,$g(t)$为低频信号,是$f(t)$的包络。$f(t)$的带宽f_B远小于中心频率f_0。式(4-49)的傅里叶变换为:

$$F(\mathrm{j}\omega)=\frac{1}{2}\{G[\mathrm{j}(\omega+2\pi f_0)]+G[\mathrm{j}(\omega-2\pi f_0)]\} \tag{4-50}$$

式(4-50)表示带通信号频谱特性,如图4-24所示,图中f_0为带通信号的中心频率,f_B为带通信号的带宽,其中$f_0 \gg f_B$。

如果对带通信号进行采样,按照时域低通采样定理,采样频率应大于等于信号最高频率的2倍。如图4-24所示,带通信号的最高频率为$f_0+f_B/2$,因此采样频率应满足$f_s \geq 2(f_0+f_B/2)$,才能保证采样后信号不失真,但是由于中心频率f_0较大,故f_s取值也较大,会提高在实际系统中的实现难度。

仔细观察图4-24中的带通信号$F(\mathrm{j}\omega)$可以发现,它的有用信息主要集中在$(f_0-f_B/2,f_0+f_B/2)$频带内,而在相当大的一段频带范围$(0,f_0-f_B/2)$内没有任何有用信息。如果以一个较低的采样频率采样(不满足低通采样定理),由于其大部分频谱为零,采样后有用

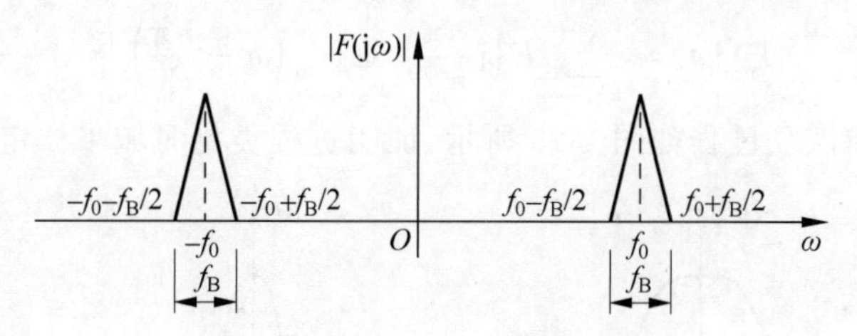

图 4-24　带通信号的频谱特性

信号频谱发生混叠的可能性较小，只要采样频率选得合适，可以避免有用信号频谱的混叠失真，因而能够大大降低采样频率。

带通采样定理：设信号 $f(t)$ 为带通信号，中心频率为 f_0，带宽为 f_B，且 $f_0 \gg f_B$，如果最高频率 $f_H = mf_B + hf_B$，其中 m 为正整数，h 为满足 $0 \leqslant h < 1$ 的小数，若要由采样值序列 $\{f(kT_s)\}$ 无失真地恢复重建原始信号 $f(t)$，则采样频率应满足：

$$f_s \geqslant 2f_H/m = 2f_B(1+h/m) \approx 2f_B \tag{4-51}$$

4.5.3　频域采样定理

频域采样所遇到的问题与时域采样所遇到的问题是相同的。下面仅讨论频域冲激采样，这时频域采样过程满足：

$$F_s(j\omega) = F(j\omega)\delta_{\omega_s}(\omega) \tag{4-52}$$

式中，$F_s(j\omega)$ 是频域采样信号，对应的时间函数为 $f_s(t)$，$F(j\omega)$ 是连续频谱函数，对应的时间函数为 $f(t)$，$\delta_{\omega_s}(\omega)$ 为频域采样脉冲，可写为：

$$\delta_{\omega_s}(\omega) = \sum_{n=-\infty}^{\infty} \delta(\omega - n\omega_s) \tag{4-53}$$

类似于时域采样的讨论方法，对式(4-53)两边取傅里叶逆变换有

$$\mathrm{FT}^{-1}[\delta_{\omega_s}(\omega)] = \frac{1}{\omega_s}\sum_{n=-\infty}^{\infty} \delta(t - nT_s) = \frac{1}{\omega_s}\delta_{T_s}(t) \tag{4-54}$$

对式(4-52)两端取傅里叶逆变换得：

$$\begin{aligned} f_s(t) &= \mathrm{FT}^{-1}[F(j\omega)] * \mathrm{FT}^{-1}[\delta_{\omega_s}(\omega)] \\ &= f(t) * \frac{1}{\omega_s}\delta_{T_s}(t) \\ &= \frac{1}{\omega_s}\sum_{n=-\infty}^{\infty} f(t - nT_s) \end{aligned} \tag{4-55}$$

此式表明，若连续信号的频谱 $F(j\omega)$ 被间隔为 ω_s 频域冲激序列在频域中采样，则在时域等效于连续信号 $f(t)$（要求信号 $f(t)$ 是时间区间 $(-t_m, t_m)$ 上的时限信号）以 T_s 为周期等幅度的重复，如图 4-25 所示。

类似于时域采样定理，可以直接推论出频域采样定理如下：

一个在持续时间区间 $(-t_m, t_m)$ 以外为零的时限信号 $f(t)$，则该信号的频谱函数 $F(j\omega)$ 可由其在均匀频率间隔 f_s 上的样点值 $F_s(nf_s)$ 唯一确定，只要频率间隔 $f_s \leqslant 1/2t_m$。

也容易得到当 $f_s = 1/2t_m$ 时，下列恢复关系式为：

$$F(\mathrm{j}\omega)=\sum_{n=-\infty}^{\infty}F\left(\mathrm{j}\frac{n\pi}{t_{\mathrm{m}}}\right)\mathrm{Sa}\left[t_{\mathrm{m}}\left(\omega-\frac{n\pi}{t_{\mathrm{m}}}\right)\right] \tag{4-56}$$

具体频域采样和恢复过程如图 4-26 所示，证明过程类比时域采样定理自己完成。

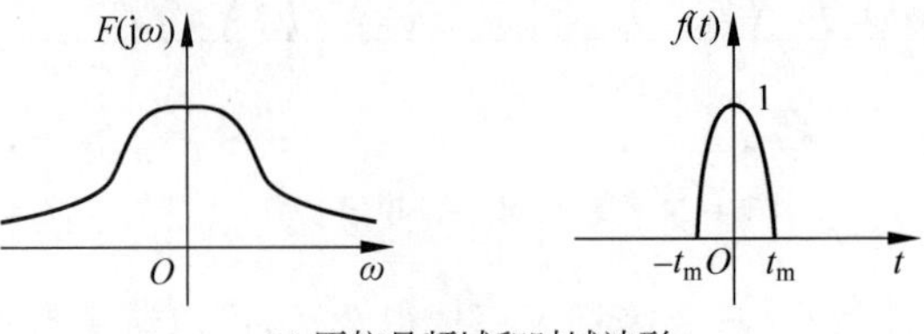

(a) 原信号频域和时域波形

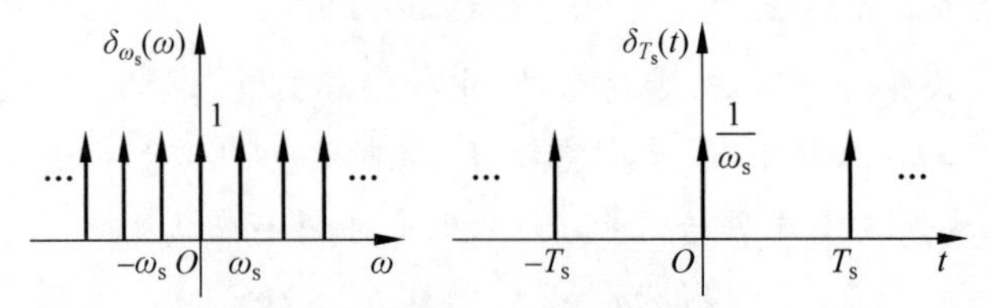

(b) 频域冲激序列和时域冲激序列

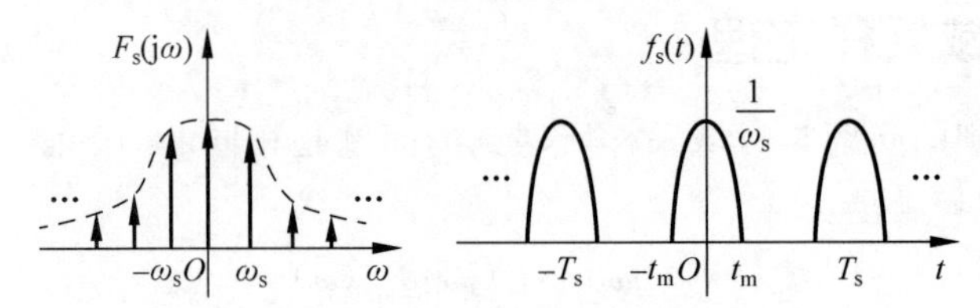

(c) 频域采样信号和时域波形

图 4-25 频域冲激采样过程与所对应的时域信号波形

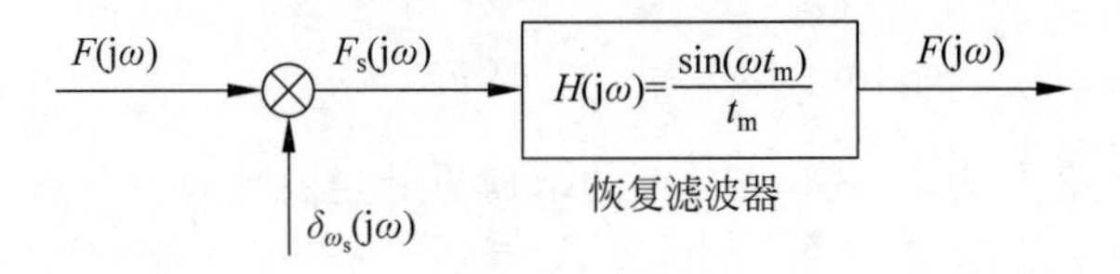

图 4-26 频域采样与恢复过程

进一步分析图 4-19 及图 4-25，可以看到，信号在一个域中的采样离散性对应于另一个域中的周期性重复，即在时域采样后的离散性对应于频域的周期性重复；频域采样后的离散性对应于时域周期性重复。这种离散性与周期性的对应关系是一个重要的结论。如果为了适应计算机处理，对信号在时域和频域都进行采样，则信号在时域和频域必然都既是离散的也是周期的，这是离散傅里叶变换的基础。

在实际应用中，采样频率一般取最高频率(或者带宽)的 4～5 倍，过低则用于恢复的滤波器的实现困难，过高则会造成存储、处理等资源浪费。

例 4.6 判断信号 $s(t)=\sin^2(10\pi t)/t^2$ 的奈奎斯特间隔。

解 由采样定理可知，$s(t)$的奈奎斯特间隔 $T=1/2f_{\mathrm{m}}$。由于

$$\mathrm{FT}[s(t)]=100\pi^2\mathrm{FT}\left[\frac{\sin(10\pi t)}{10\pi t}\cdot\frac{\sin(10\pi t)}{10\pi t}\right]=\frac{\pi}{2}g_{20\pi}(\omega)*g_{20\pi}(\omega)$$

所以，由卷积积分的图解性质可得 $f_{\mathrm{m}}=\dfrac{\omega_{\mathrm{m}}}{2\pi}=\dfrac{10\pi+10\pi}{2\pi}=10\mathrm{Hz}$，$T=\dfrac{1}{20}\mathrm{s}$。

例 4.7 如图 4-27(a)所示系统。已知 $s(t)$的波形如图 4-27(b)所示,周期为 $T=1\text{ms}$,乘法器的输入和滤波器频响函数如下,求该系统的输出响应 $y(t)$。

$$f(t)=\frac{\sin 2t}{t}\cos(2000\pi t),\quad H(\mathrm{j}\omega)=\begin{cases}\mathrm{e}^{-\mathrm{j}2\omega}, & |\omega|\leqslant 1\\ 0, & |\omega|>1\end{cases}$$

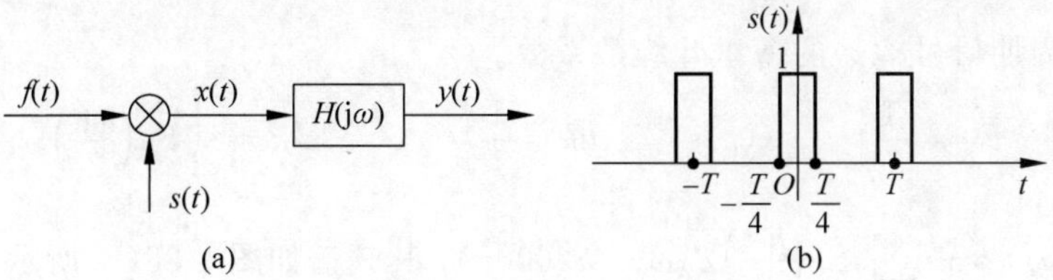

图 4-27 系统模型及 $s(t)$波形

解 由图 4-27(a)可知,乘法器输出 $x(t)=f(t)s(t)$,根据傅里叶变换频域卷积性质可得:

$$X(\mathrm{j}\omega)=\frac{1}{2\pi}F(\mathrm{j}\omega)*S(\mathrm{j}\omega)$$

(1) 输入信号 $f(t)$的傅里叶变换 $F(\mathrm{j}\omega)$。

已知门函数傅里叶变换对为 $g_\tau(t)\leftrightarrow\tau\mathrm{Sa}(\omega\tau/2)$,从而有 $g_4(t)\leftrightarrow 4\mathrm{Sa}(2\omega)$,根据傅里叶变换的对称性质有 $4\mathrm{Sa}(2t)\leftrightarrow 2\pi g_4(\omega)$,则输入信号 $f(t)$中的 $f_0(t)=\sin 2t/t$ 傅里叶变换为 $f_0(t)=\sin 2t/t=2\mathrm{Sa}(2t)\leftrightarrow\pi g_4(\omega)$,而输入信号可以看作对 $f_0(t)$的调制,即 $f(t)=f_0(t)\cos(2000\pi t)$,并根据调制定理可得:

$$f(t)\leftrightarrow F(\mathrm{j}\omega)=\frac{\pi}{2}[g_4(\omega-2000\pi)+g_4(\omega+2000\pi)]$$

其频谱图如图 4-28(a)所示。

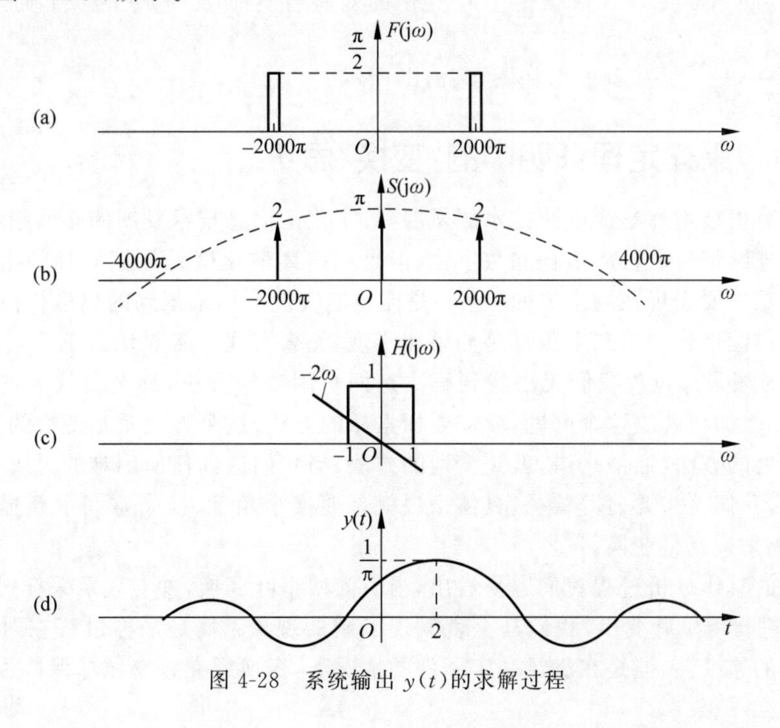

图 4-28 系统输出 $y(t)$的求解过程

(2) 周期信号 $s(t)$的傅里叶变换 $S(\mathrm{j}\omega)$。

由于 $s(t)$为周期信号,其周期 $T=1\mathrm{ms}$,则其角频率为 $\omega_1=2\pi/T=2000\pi\mathrm{rad/s}$。因而 $s(t)$的傅里叶变换为:

$$S(\mathrm{j}\omega)=2\pi\sum_{n=-\infty}^{\infty}F_n\delta(\omega-n\omega_1)=2\pi\sum_{n=-\infty}^{\infty}F_n\delta(\omega-n2000\pi)$$

其中 F_n 表示周期信号 $s(t)$的傅里叶级数系数。

$$F_n=\frac{1}{T}\int_{-T/2}^{T/2}s(t)\mathrm{e}^{-\mathrm{j}n\omega_1 t}\mathrm{d}t=\frac{1}{T}\int_{-\frac{T}{4}}^{T/4}\mathrm{e}^{-\mathrm{j}n\omega_1 t}\mathrm{d}t=\frac{1}{2}\mathrm{Sa}\left(\frac{n\pi}{2}\right)$$

所以,可得 $S(\mathrm{j}\omega)=\pi\sum\limits_{n=-\infty}^{\infty}\mathrm{Sa}\left(\frac{n\pi}{2}\right)\delta(\omega-n2000\pi)$,其频谱如图 4-28(b)所示。

(3) 计算 $X(\mathrm{j}\omega)$。

根据 $X(\mathrm{j}\omega)=\frac{1}{2\pi}F(\mathrm{j}\omega)*S(\mathrm{j}\omega)$,可知:

$$\begin{aligned}X(\mathrm{j}\omega)=&\frac{1}{2\pi}\frac{\pi}{2}\sum_{n=-\infty}^{\infty}\pi\mathrm{Sa}\left(\frac{n\pi}{2}\right)[\delta(\omega-n2000\pi)*g_4(\omega-2000\pi)]+\\&\frac{1}{2\pi}\frac{\pi}{2}\sum_{n=-\infty}^{\infty}\pi S\left(\frac{n\pi}{2}\right)[\delta(\omega-n2000\pi)*g_4(\omega+2000\pi)]\\=&\frac{\pi}{4}\sum_{n=-\infty}^{\infty}\left\{\mathrm{Sa}\left(\frac{n\pi}{2}\right)g_4[\omega-(n+1)2000\pi]+\mathrm{Sa}\left(\frac{n\pi}{2}\right)g_4[\omega-(n-1)2000\pi]\right\}\end{aligned}$$

(4) 最后计算 $Y(\mathrm{j}\omega)$及 $y(t)$。

由于 $Y(\mathrm{j}\omega)=X(\mathrm{j}\omega)H(\mathrm{j}\omega)$,比较 $X(\mathrm{j}\omega)$和图 4-28(c)所示 $H(\mathrm{j}\omega)$的频谱,容易看出,在 $X(\mathrm{j}\omega)$中所包含的无穷多个 $g_4(\omega)$中,只有两个可以通过 $H(\mathrm{j}\omega)$,所以可得,$Y(\mathrm{j}\omega)=g_4(\omega)$ $g_2(\omega)\mathrm{e}^{-\mathrm{j}2\omega}=g_2(\omega)\mathrm{e}^{-\mathrm{j}2\omega}$,根据傅里叶变化的对称性性质及时域平移性质得 $y(t)=\frac{1}{\pi}$ $\mathrm{Sa}(t-2)=\frac{1}{\pi}\frac{\sin(t-2)}{t-2}$,其波形如图 4-28(d)所示。

4.5.4 采样定理证明中的“变换”思维

随着计算机技术和集成电路技术的发展,数字化是信息技术发展的必然趋势,人们需要对采集到的连续信号进行离散化和数字化,但是如何离散化就是人们面临的第一个重要困难。这个困难主要表现在两个方面:第一是能不能实现利用采集到的离散样点值无失真地恢复原来的连续信号?第二个困难是如果能实现,怎么实现?需要什么条件?由图 4-16 和式(4-34)的时域采样过程我们无法找到解决这两个困难的方法,甚至会认为这件事是不可能实现的,那么如何解决这个问题,就需要探索新的方法,这个方法就是变换的方法。

所谓变换的方法,通俗来讲,就是变通的方法,当我们遇到任何困难的时候,我们正面不能解决问题,我们就需要另辟蹊径,具体来说就是要换个角度、换个空间重新描述和理解困难,从数学上来说就是变换。

由上面的具体分析过程我们容易看出,当引入傅里叶变换,并对表示采样过程数学模型的式(4-40)进行傅里叶变换,我们马上就发现了新的现象:就是采样过程在时间域虽然破坏了原信号的连续性,但是在满足一定条件的情况下,变换后在频率域却保持了原信号的所有信息,从而得到时域采样过程需要满足的条件 $T_s \leqslant \frac{1}{2f_m}$,以及满足条件后通过样点值恢复原信号的具体方法[如式(4-48)所示]。

由此可见,变换的思维方法是一种非常重要的科学思维方法。"信号与系统"这门课程实际上就是各种变换的应用课程,其中涉及傅里叶级数展开、傅里叶变换、拉普拉斯变换、z 变换、希尔伯特变换以及小波变换等,这些变换的本质就是信号的正交分解,将复杂信号合理地分解为基本信号的代数和。每种变换的基本信号不同,为解决不同的实际问题带来了方便。希望大家认真理解和学习这种思维方法,并将其创造性地应用到自己的实际工作中,解决自己面临的各种困难。

4.6　调制与解调

调制与解调(Modulation-Demodulation,MDM)是通信系统中最基本问题,因为原始的基带信号的频率较低,不适宜于在许多信道中直接进行传输,因此在通信系统的发送端通常需要有调制过程,而在接收端则需要解调过程。例如,无线电通信系统是通过空间辐射方式传输信号的,根据电磁波理论可知,天线的尺寸与辐射信号波长成正比例关系。对于频率相对较低的信号(语音信号),不进行调制时其对应的天线要几十公里以上,这样的天线在实际使用中没有意义,而通过调制将低频信号调制到高频区域,这样通过较小的天线就能将信号以电磁波的形式辐射出去。

所谓调制就是按基带信号(也称为调制信号)的变化规律去改变载波信号的某些参数(如幅度、相位、频率等)的过程。通过调制,不仅可以进行频谱搬移,即把调制信号的频谱搬移到所希望的位置上,从而将调制信号转换成适合于信道传输或便于信道多路复用的已调信号,而且对通信系统的传输有效性和可靠性有着很大影响。下面应用傅里叶分析方法说明调制与解调的原理。

设载波信号为 $g(t)=\cos(\omega_0 t)$,其傅里叶变换为 $G(\mathrm{j}\omega)=\pi[\delta(\omega+\omega_0)+\delta(\omega-\omega_0)]$,调制信号为 $f(t)$,其频谱密度函数为 $F(\mathrm{j}\omega)$。

信号调制过程的系统模型如图 4-29 所示。其中 $f(t)$ 为调制信号,$g(t)$ 为载波信号,$x(t)$ 为已调信号,三者的关系为:

$$x(t)=f(t)g(t)=f(t)\cos(\omega_0 t) \tag{4-57}$$

f(t)　x(t)　g(t)

图 4-29　发送端调制原理

对式(4-57)等号两边进行傅里叶变换,根据卷积定理,可得:

$$\begin{aligned} X(\mathrm{j}\omega) &= \frac{1}{2\pi}\{F(\mathrm{j}\omega) * \pi[\delta(\omega+\omega_0)+\delta(\omega-\omega_0)]\} \\ &= \frac{1}{2}\{F[\mathrm{j}(\omega+\omega_0)]+F[\mathrm{j}(\omega-\omega_0)]\} \end{aligned} \tag{4-58}$$

可见调制信号的频谱被搬移到载频 ω_0 附近,从而完成了调制,其时域波形和频谱示于图 4-30。解调是一个由已调信号 $x(t)$ 恢复原信号 $f(t)$ 的过程。它是调制的逆过程,其原理如图 4-31 所示。

由图 4-31 可见,接收端有一个本地载波信号 $\cos(\omega_0 t)$,它必须与发送端的载波同步,即同频、同相,也正由于此,这种解调方式称为同步解调。在图 4-31 中,有:

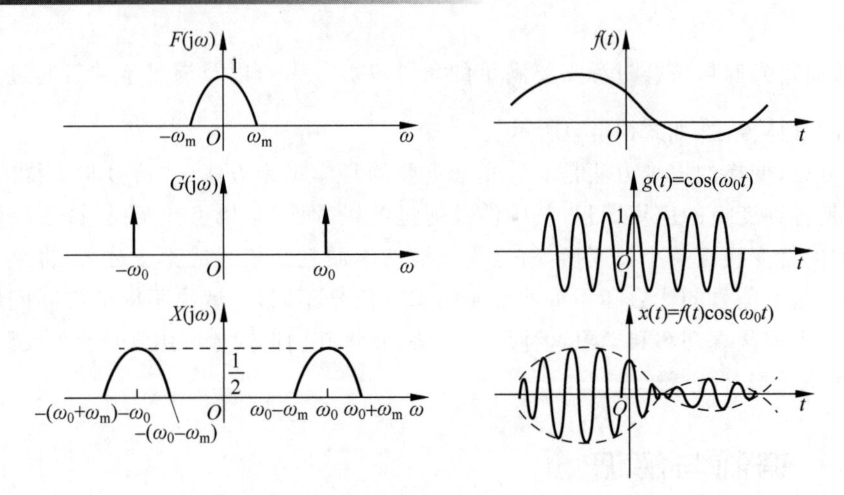

图 4-30 调制的时域波形与频谱

$$
\begin{aligned}
f_0(t) &= x(t)\cos(\omega_0 t) \\
&= f(t)\cos(\omega_0 t)\cos(\omega_0 t) = \frac{1}{2}f(t)[1+\cos(2\omega_0 t)] \\
&= \frac{1}{2}f(t) + \frac{1}{2}f(t)\cos(2\omega_0 t)
\end{aligned} \tag{4-59}
$$

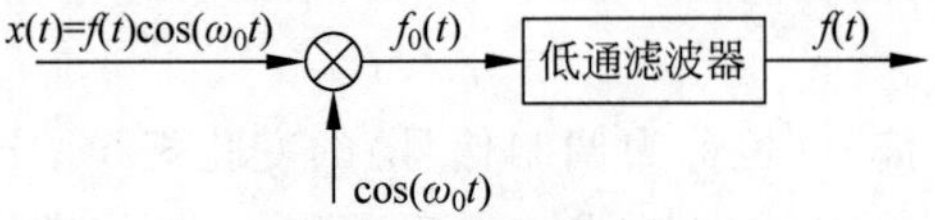

x(t)=f(t)cos(ω0t) → ⊗ → f0(t) → 低通滤波器 → f(t)

cos(ω0t)

图 4-31 接收端解调原理

其频谱为：

$$
\mathrm{FT}[f_0(t)] = F_0(\mathrm{j}\omega) = \frac{1}{2}F(\mathrm{j}\omega) + \frac{1}{4}\{F[\mathrm{j}(\omega+2\omega_0)] + F[\mathrm{j}(\omega-2\omega_0)]\} \tag{4-60}
$$

可见原信号的频谱又被搬移回低频段。再选用一个带宽大于 ω_m，小于 $2\omega_0-\omega_m$ 的低通滤波器，滤除 $2\omega_0$ 附近的分量，就可以取出 $f(t)$，完成解调，具体过程如图 4-32 所示。

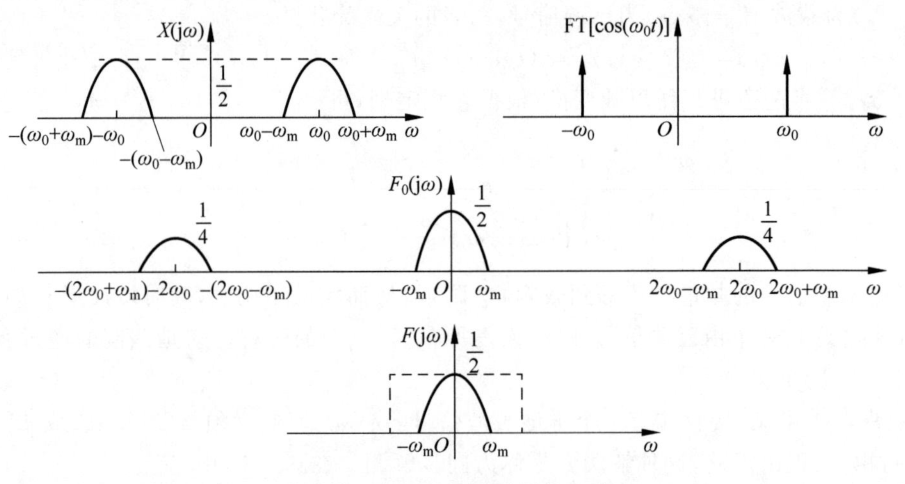

图 4-32 解调的时域波形与频谱

4.7　频分复用

频分复用(Frequency-Division Multiplexing,FDM)的理论基础是傅里叶变换中的频谱搬移原理。频分复用系统的原理如图 4-33 所示。

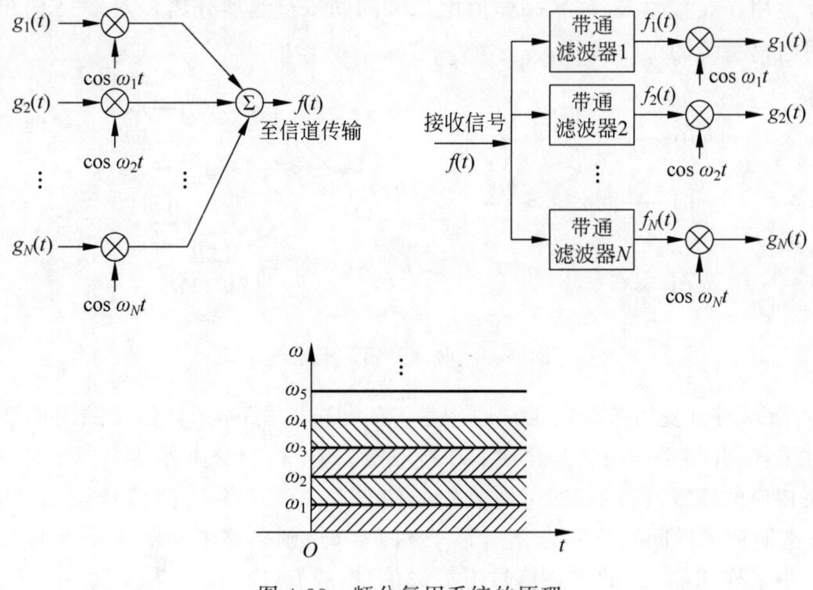

图 4-33　频分复用系统的原理

在发送端将各路信号 $g_i(t),1\leqslant i\leqslant N$ 调制到不同的载波上,即将各路信号的频谱搬移到各不相同的频率范围,使它们互不重叠,然后将其合起来复用同一信道传输;在接收端,利用若干个中心频率不同的带通滤波器分离出各路信号 $f_i(t),1\leqslant i\leqslant N$,再经解调后还原为各路原始信号 $g_i(t),1\leqslant i\leqslant N$。

在频分复用系统中,每个信号在所有的时间里都存在于同一信道中,并混杂在一起,但每一信号占据着有限的不同频率空间,此空间不被其他信号占用。因此,一个给定的信道所能传送的信号的路数,取决于信道自身的频带宽度和各路信号的带宽总和。

频分复用系统要求每个子信道之间保留保护带,频谱利用率比较低。为了提高频谱效率,人们提出了正交频分复用技术(OFDM),它和频分复用最大的区别就是各个子信道的中心频率正交,这样不仅不需要保护带,而且各个子信道的频谱还可以重叠一半。目前该技术已经应用到 LTE 等许多宽带通信系统中。

4.8　时分复用

多路复用技术在现代通信系统中的应用十分普遍,例如家里的固定电话系统,即公共电话系统就是典型的时分多路复用系统。所谓多路复用是指将多路信号以某种方式汇合后,统一在同一信道中传输,常用的多路复用技术有时分复用、频分复用、码分复用。本节讨论时分复用。

时分复用(Time Division Multiplexing，TDM)是采样定理的典型应用之一。根据采样定理，频带受限于$(-f_{\mathrm{m}},f_{\mathrm{m}})$的信号，可以由间隔为$1/2f_{\mathrm{m}}$的采样值唯一地确定。而恢复定理表明可以从这些瞬时采样值正确恢复原始的连续信号。因此，在通信应用中，允许只传送这些离散的采样值而代替传送原连续信号，这样信道只在采样值瞬间被占用，其余的空闲时间可供其他路采样信号使用。所以将各路信号的采样值有序地排列起来就可以实现通信信道的时分复用。在接收端，这些采样值由相应的同步检测器分离。图4-34给出了一个N路时分复用通信系统的工作过程。

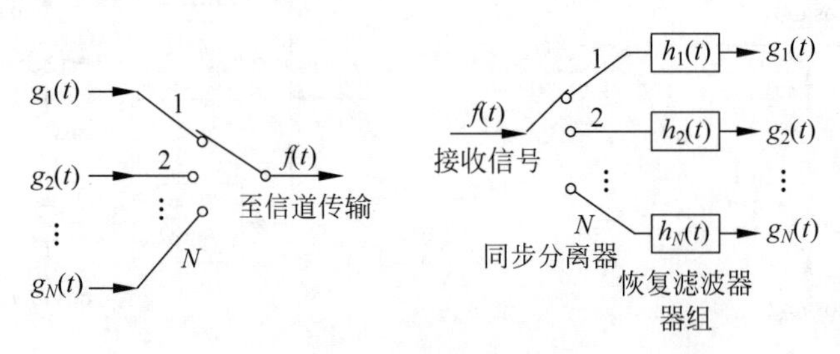

图4-34　时分复用系统原理

图4-34所示时分复用系统的工作原理是：在发送端，多路采样器按照周期T对各路信号进行分时采样，并将采样值传送出去；在接收端，同步检测分离器适当地将各路采样值分检出来送入相应的恢复滤波器，即可恢复出原信号$g_i(t)$。当N路信号$g_1(t),g_2(t),\cdots,g_N(t)$的奈奎斯特采样间隔分别为$T_1,T_2,\cdots,T_N$时，则多路采样器采样周期$T$的选择应保证具有最小采样间隔$T_i$的那路信号不丢失信息，故有$T=\min\{T_1,T_2,\cdots,T_N\}$。

在实际数字语音通信中，目前应用最广泛的一种调制方式是PCM，PCM是把多路连续语音信号按照图4-34的原理离散化和时分复用，再转换成数字编码信号进行传输或处理。PCM也是国际电信联盟远程通信标准化组(International Telecommunication Union Telecommunication Standardization Sector，ITU-T)制定的一套语音压缩标准，即G.711音频编码方式。PCM是1937年由A.H.里弗斯提出的语音通信PCM电路专利。20世纪70年代中后期，各国相继把PCM应用于同轴电缆通信、微波通信、卫星通信和光通信中，20世纪80年代初，PCM已广泛应用于市话中继传输和大容量干线传输及数字程控交换机等业务中。

4.9　希尔伯特变换

本节通过因果信号的傅里叶变换，引出希尔伯特(Hilbert)变换。希尔伯特变换在图像处理、信号的解析表示等方面具有重要应用。

1. 因果信号的傅里叶变换

因果信号是指信号满足如下因果条件的信号。

$$f(t)=0,\quad t<0 \tag{4-61}$$

可将其表示为：

$$f(t)=f(t)u(t) \tag{4-62}$$

运用傅里叶变换的卷积定理，得：

$$\mathrm{FT}[f(t)]=\frac{1}{2\pi}\{\mathrm{FT}[f(t)]*\mathrm{FT}[u(t)]\} \tag{4-63}$$

其中,$\mathrm{FT}[f(t)]=F(\mathrm{j}\omega)=R(\omega)+\mathrm{j}I(\omega)$,$\mathrm{FT}[u(t)]=\pi\delta(\omega)+\frac{1}{\mathrm{j}\omega}$,代入式(4-63),有

$$\begin{aligned}R(\omega)+\mathrm{j}I(\omega)&=\frac{1}{2\pi}[R(\omega)+\mathrm{j}I(\omega)]*\left[\pi\delta(\omega)+\frac{1}{\mathrm{j}\omega}\right]\\&=\frac{1}{2\pi}\left[R(\omega)*\pi\delta(\omega)+I(\omega)*\frac{1}{\omega}\right]+\frac{\mathrm{j}}{2\pi}\left[I(\omega)*\pi\delta(\omega)-R(\omega)*\frac{1}{\omega}\right]\\&=\left[\frac{1}{2}R(\omega)+\frac{1}{2\pi}\int_{-\infty}^{+\infty}\frac{I(\lambda)}{\omega-\lambda}\mathrm{d}\lambda\right]+\mathrm{j}\left[\frac{1}{2}I(\omega)-\frac{1}{2\pi}\int_{-\infty}^{+\infty}\frac{R(\lambda)}{\omega-\lambda}\mathrm{d}\lambda\right]\end{aligned}$$

整理上式可解得:

$$R(\omega)=I(\omega)*\frac{1}{\pi\omega}=\frac{1}{\pi}\int_{-\infty}^{+\infty}\frac{I(\lambda)}{\omega-\lambda}\mathrm{d}\lambda \tag{4-64}$$

$$I(\omega)=R(\omega)*\frac{-1}{\pi\omega}=\frac{-1}{\pi}\int_{-\infty}^{+\infty}\frac{R(\lambda)}{\omega-\lambda}\mathrm{d}\lambda \tag{4-65}$$

由式(4-64)和式(4-65)表明:因果信号频谱的实部$R(\omega)$可以由其虚部$I(\omega)$唯一地确定,反之亦然。换句话说,因果信号的实部和虚部各自单独包含了原信号的全部信息。

2. 希尔伯特变换

由式(4-64)和式(4-65),给出一般形式的希尔伯特变换定义如式(4-66)所示。其中$f_{\mathrm{H}}(t)$称为$f(t)$的希尔伯特变换,$f(t)$称为$f_{\mathrm{H}}(t)$的希尔伯特逆变换。

$$\begin{cases}f_{\mathrm{H}}(t)=f(t)*\dfrac{1}{\pi t}=\dfrac{1}{\pi}\displaystyle\int_{-\infty}^{+\infty}\frac{f(\tau)}{t-\tau}\mathrm{d}\tau\\ f(t)=f_{\mathrm{H}}(t)*\dfrac{-1}{\pi t}=\dfrac{-1}{\pi}\displaystyle\int_{-\infty}^{+\infty}\frac{f_{\mathrm{H}}(\tau)}{t-\tau}\mathrm{d}\tau\end{cases} \tag{4-66}$$

希尔伯特变换可以看作一个冲激响应为$h(t)=\frac{1}{\pi t}$的系统,该系统的零状态响应就是激励的希尔伯特变换,这样的系统也称为希尔伯特变换器。

例 4.8　求信号$f(t)=\cos(\omega_0 t)$的希尔伯特变换。

解　由式(4-66),可以计算$f(t)=\cos(\omega_0 t)$的希尔伯特变换$f_{\mathrm{H}}(t)$:

$$\begin{aligned}f_{\mathrm{H}}(t)&=\cos(\omega_0 t)*\frac{1}{\pi t}=\frac{1}{\pi}\int_{-\infty}^{+\infty}\frac{\cos\omega_0(t-\lambda)}{\lambda}\mathrm{d}\lambda\\&=\frac{1}{\pi}\int_{-\infty}^{+\infty}\frac{\cos(\omega_0 t)\cos(\omega_0\lambda)+\sin(\omega_0 t)\sin(\omega_0\lambda)}{\lambda}\mathrm{d}\lambda\\&=\frac{1}{\pi}\int_{-\infty}^{+\infty}\cos(\omega_0 t)\frac{\cos(\omega_0\lambda)}{\lambda}\mathrm{d}\lambda+\frac{1}{\pi}\int_{-\infty}^{+\infty}\sin(\omega_0 t)\frac{\sin(\omega_0\lambda)}{\lambda}\mathrm{d}\lambda\end{aligned}$$

注意到被积函数的奇偶特性的特点,式中第一项积分为零,第二项积分为正弦积分,故有:

$$f_{\mathrm{H}}(t)=\frac{2}{\pi}\sin(\omega_0 t)\int_0^{\infty}\frac{\sin(\omega_0\lambda)}{\lambda}\mathrm{d}\lambda=\frac{2}{\pi}\sin(\omega_0 t)\frac{\pi}{2}=\sin(\omega_0 t)$$

同理还可以求出:

$$\begin{aligned}f_{\mathrm{H}}(t)*\frac{-1}{\pi t}&=\sin(\omega_0 t)*\frac{-1}{\pi t}\\&=\frac{-1}{\pi}\int_{-\infty}^{+\infty}\frac{\sin\omega_0(t-\lambda)}{\lambda}\mathrm{d}\lambda\\&=\cos(\omega_0 t)=f(t)\end{aligned}$$

3. 希尔伯特变换器的频响函数

已知$\frac{1}{\pi t}$的傅里叶变换为$-\mathrm{jsgn}(\omega)$,若$f(t)$的傅里叶变换为$F(\mathrm{j}\omega)$,则由傅里叶变换的卷积性质容易得到其系统函数、幅频特性和相频特性:

$$H(\mathrm{j}\omega)=\frac{F_{\mathrm{H}}(\mathrm{j}\omega)}{F(\mathrm{j}\omega)}=-\mathrm{jsgn}(\omega) \tag{4-67}$$

$$|H(\mathrm{j}\omega)|=1 \tag{4-68}$$

$$\varphi(\omega)=-\frac{\pi}{2}\mathrm{sgn}(\omega)=\begin{cases}-\frac{\pi}{2}, & \omega>0\\ \frac{\pi}{2}, & \omega<0\end{cases} \tag{4-69}$$

容易看出,希尔伯特变换器只改变原信号的相位,不改变原信号的其他特性,同时由于其相位是非线性改变,所以不是无失真传输系统,常用来调整信号的相位特性。希尔伯特变换还具有很多性质,可以利用傅里叶分析的方法自己分析和证明。

本章小结

本章重点介绍了系统的频率响应函数,包括系统的幅频特性和相频特性,给出了刻画系统频域特性的重要手段;重点介绍了傅里叶分析方法,并采用这种方法分析了一般时域系统、采样系统、无失真传输系统、低通滤波器、调制解调以及多路复用等系统。本章包含丰富的信息量和诸多知识点,希望大家重点掌握系统频率响应函数及其应用方法、傅里叶分析方法、采样定理及其具体应用。

习题

4.1 采用傅里叶分析方法证明如下时域关系。

$$[f(t)\cdot\delta_T(t)]*\mathrm{Sa}\left(\frac{\pi}{T}t\right)=f(t)$$

4.2 求下列信号的奈奎斯特间隔。

$\mathrm{Sa}(100t)$; $\mathrm{Sa}^2(100t)$; $\mathrm{Sa}(100t)+\mathrm{Sa}(50t)$; $\mathrm{Sa}(100t)+\mathrm{Sa}^2(60t)$

4.3 假定对一个带限信号$x_c(t)$以大于奈奎斯特速率进行采样,采样周期为T,然后将样本转换成序列$x(n)$,如图4-35所示。试确定序列的能量E_d,原始信号的能量E_c和采样间隔T之间的关系。

4.4 确定信号$x(t)=2\left(\frac{\sin t}{t}\right)$的采样间隔,以使其90%的能量包含在$[-1,1]$之内。

4.5 图4-36是一个低通滤波器的振幅频率响应$|H(\omega)|$。当具有下列相位特性时,确定该滤波器的冲激响应。

(1) $\varphi(\omega)=0$; (2) $\varphi(\omega)=\omega T$,其中T为常数; (3) $\varphi(\omega)=\frac{\pi}{2}\mathrm{sgn}(\omega)$

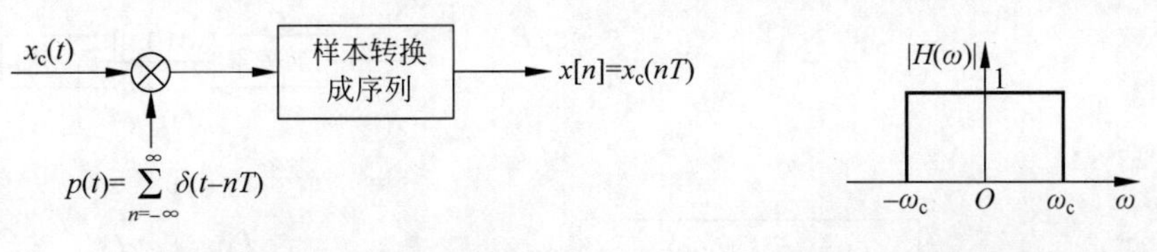

图 4-35　采样及转换系统　　　图 4-36　滤波器的幅频特性

4.6　一个理想低通滤波器的频率响应如下，当该滤波器输入周期为 $T=\frac{\pi}{2}$ 的周期信号 $x_p(t)$，其输出仍然为该周期信号 $x_p(t)$。试问该周期信号 $x_p(t)$ 的傅里叶系数 F_n 需满足什么条件。

$$H(\omega)=\begin{cases}1, & |\omega|\leqslant 50\\ 0, & |\omega|>50\end{cases}$$

4.7　图 4-37 为调制和解调系统，若载波相位 θ_c 为常数，证明解调系统中的信号 $\omega(t)$ 可表示为 $\omega(t)=\frac{1}{2}x(t)+\frac{1}{2}x(t)\cos(2\omega_0 t+2\theta_c)$；如果 $|\omega|>\omega_m$ 时，$x(t)$ 的频谱为零，试确定在 ω_0、ω_m 和 ω_c 之间的关系，以便使低通滤波器的输出正比于 $x(t)$。

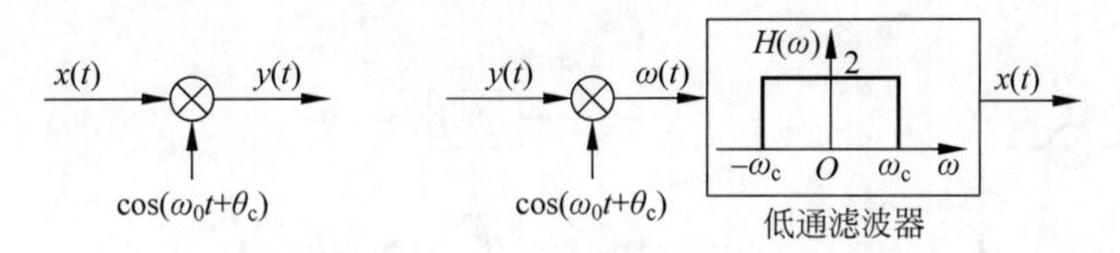

图 4-37　调制解调系统

4.8　若在图 4-38(a)的系统中输入信号 $x(t)$ 的傅里叶变换为 $X(\omega)$，如图 4-38(b)所示。试确定并画出 $y(t)$ 的频谱 $Y(\omega)$。

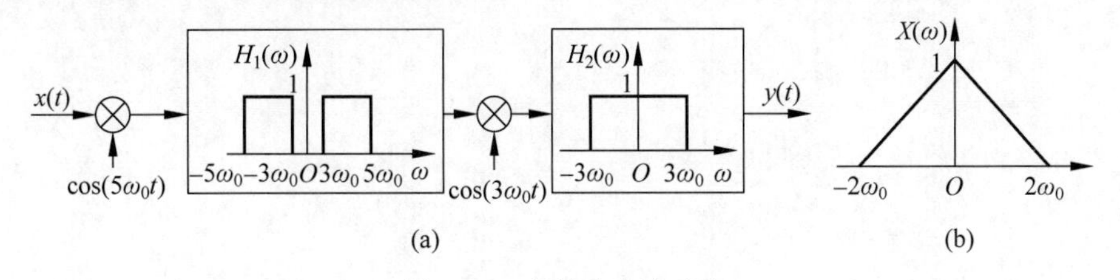

图 4-38　变频及滤波系统

4.9　图 4-39 表示一种幅度调制系统，假定输入 $x(t)$ 是带限的，即 $|\omega|>\omega_M$ 时 $X(\omega)=0$。若要求输出 $y(t)$ 就是用 $x(t)$ 对 $\cos\omega_c t$ 的调幅信号，即 $y(t)=x(t)\cos\omega_c t$，请确定带通滤波器的参数 A、ω_l 和 ω_h。

4.10　图 4-40 给出了一种语音加密器。图 4-40(b)为输入的语音信号频谱。这种加密器的特定变换算法为：

$$Y(\omega)=X(\omega-\omega_M),\quad \omega>0$$

$$Y(\omega)=X(\omega+\omega_M),\quad \omega<0$$

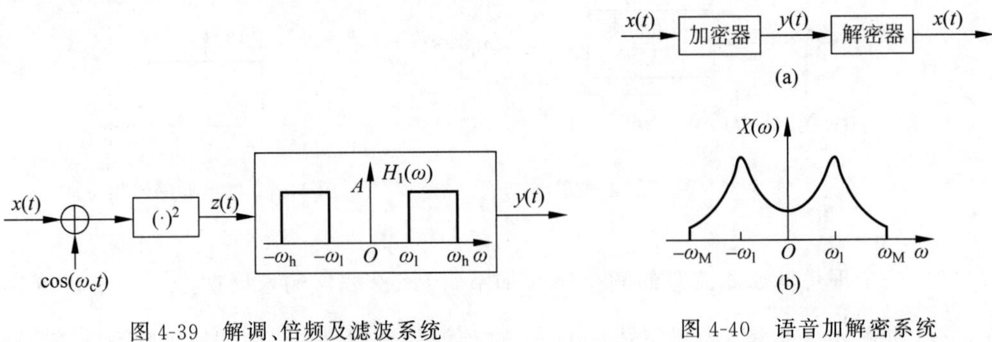

图 4-39 解调、倍频及滤波系统

图 4-40 语音加解密系统

试画出加密后信号 $y(t)$的频谱。给出一种具体的加解密过程实现电路框图(包括放大器、乘法器、加法器、振荡器以及理想滤波器等)。

4.11 采用 MATLAB 编程计算 $f(t)=g_4(t)\cos 10t$ 的傅里叶变换,画出其幅度谱和相位谱。

4.12 一种多路复用系统如图 4-41(a)所示,解复用系统如图 4-41(b)所示。假定 $x_1(t)$和 $x_2(t)$都是带限的,其最高频率为 ω_M,因此当$|\omega|>\omega_M$ 时,$X_1(\omega)=X_2(\omega)=0$。假定载波频率 ω_c 大于 ω_M,证明 $y_1(t)=x_1(t)$,$y_2(t)=x_2(t)$。

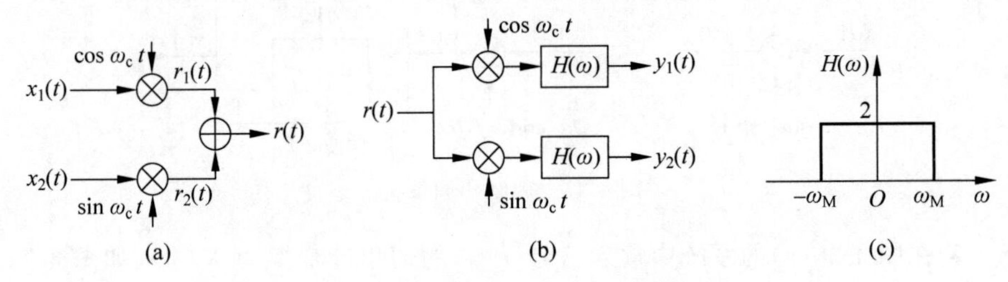

图 4-41 多路复用及解复用系统

第5章 拉普拉斯变换

CHAPTER 5

基于傅里叶级数和傅里叶变换的傅里叶分析方法，把信号（系统的激励信号和系统的响应信号）分解为基本信号 $e^{jn\omega_1 t}$ 或 $e^{j\omega t}$ 之和，这种分解揭示了信号的频谱特性和系统的频率特性，是信号处理与系统分析和设计的重要基础，在许多领域获得了广泛的应用。但是傅里叶分析方法也存在着明显的缺陷。例如，傅里叶分析方法只能分析系统的零状态响应，不能分析全响应；大量如 $e^{\alpha t}u(t)(\alpha>0)$ 和 At^n 等形式的信号傅里叶变换不存在，傅里叶变换和逆变换计算困难等。为了克服这些缺点，人们需要一种条件更宽松的变换方法，这种方法就是下面要学的拉普拉斯变换。

5.1 拉普拉斯变换的定义

首先分析信号 $g(t)=f(t)e^{-\sigma t}$ 的傅里叶变换和逆变换。容易得到：

$$G(j\omega)=\int_{-\infty}^{+\infty} g(t)e^{-j\omega t}dt=\int_{-\infty}^{+\infty} f(t)e^{-(\sigma+j\omega)t}dt=F(\sigma+j\omega) \tag{5-1}$$

$$f(t)e^{-\sigma t}=\frac{1}{2\pi}\int_{-\infty}^{+\infty} F(\sigma+j\omega)e^{j\omega t}d\omega$$

$$f(t)=\frac{1}{2\pi}\int_{-\infty}^{+\infty} F(\sigma+j\omega)e^{\sigma t}e^{j\omega t}d\omega=\frac{1}{2\pi}\int_{-\infty}^{+\infty} F(\sigma+j\omega)e^{(\sigma+j\omega)t}d\omega \tag{5-2}$$

在式(5-1)和式(5-2)中，引入新的复数变量 $s=\sigma+j\omega$，并将 σ 看成常数，可以得到：

$$F(s)=\int_{-\infty}^{+\infty} f(t)e^{-st}dt \tag{5-3}$$

$$f(t)=\frac{1}{2\pi j}\int_{\sigma-j\infty}^{\sigma+j\infty} F(s)e^{st}ds \tag{5-4}$$

称式(5-3)为 $f(t)$ 的双边拉普拉斯变换，称式(5-4)为 $F(s)$ 的双边拉普拉斯逆变换。

考虑因果信号的双边拉普拉斯变换可得：

$$F(s)=\int_{0_-}^{+\infty} f(t)e^{-st}dt \tag{5-5}$$

$$f(t)=\frac{1}{2\pi j}\int_{\sigma-j\infty}^{\sigma+j\infty} F(s)e^{st}ds,\quad t>0 \tag{5-6}$$

称式(5-5)和式(5-6)为单边拉普拉斯变换和逆变换，常常表示为 $F(s)=L[f(t)]$ 和

$f(t)=L^{-1}[F(s)]$。由于现实中处理的信号都是因果信号，所以单边拉普拉斯变换更常用。

任意信号 $f(t)$和它的双边或者单边拉普拉斯变换 $F(s)$之间是一一对应的。也就是说如果 $f(t)$的拉普拉斯变换是 $F(s)$，那么 $F(s)$的逆变换一定是 $f(t)$。所以 $f(t)$和 $F(s)$常常称为拉普拉斯变换对，用 $f(t)\leftrightarrow F(s)$表示，$f(t)$称为原函数，$F(s)$称为象函数。

从以上定义过程可以看出，拉普拉斯变换是傅里叶变换从虚频域到复频域的推广，也可以说，傅里叶变换是拉普拉斯变换在 $\sigma=0$ 处，即 $s=\mathrm{j}\omega$ 时的特例。同时，也容易看出，拉普拉斯变换的参变量 $s=\sigma+\mathrm{j}\omega$，按照给定 σ 改变 ω 的方式在整个复平面变化，而傅里叶变换的参变量 ω 只在虚轴上变化，所以拉普拉斯变换定义在整个复平面，而傅里叶变换只定义在复平面的虚轴上。

5.2 拉普拉斯变换的收敛域

收敛域就是指 $F(s)$存在的区域。由于 $F(s)$定义在整个复数平面，它可以在整个复平面存在，也可以在复平面的某个区域存在。而傅里叶变换 $F(\mathrm{j}\omega)$只是定义在虚轴上，所以它没有收敛域的概念。

5.2.1 双边拉普拉斯变换的收敛域

由式(5-1)所示的拉普拉斯变换的引出过程可以看出，$f(t)$的拉普拉斯变换可以看成是 $f(t)\mathrm{e}^{-\sigma t}$ 的傅里叶变换，所以若 $f(t)$满足式(5-7)：

$$\int_{-\infty}^{+\infty} | f(t)\mathrm{e}^{-\sigma t} | \mathrm{d}t < \infty \tag{5-7}$$

则 $f(t)$的拉普拉斯变换一定存在。显然，上述条件主要取决于 $\sigma=\mathrm{Re}\{s\}$的选取。把能使信号 $f(t)$的拉普拉斯变换存在的 σ 的取值范围在 s 平面上的所确定的区域称为 $F(s)$的收敛域或收敛区(Region Of Convergence，ROC)。

一般来说，在整个时域上都不全为零的双边信号 $f(t)$，选取任意时刻 t_0，都可以将其分成一个左边信号 $f_1(t)$和一个右边信号 $f_2(t)$之和，如图 5-1 所示，即

$$f(t)=f_1(t)+f_2(t) \tag{5-8}$$

其中，$f_1(t)=0,t>t_0$，$f_2(t)=0,t<t_0$。其双边拉普拉斯变换为：

$$F(s)=F_1(s)+F_2(s) \tag{5-9}$$

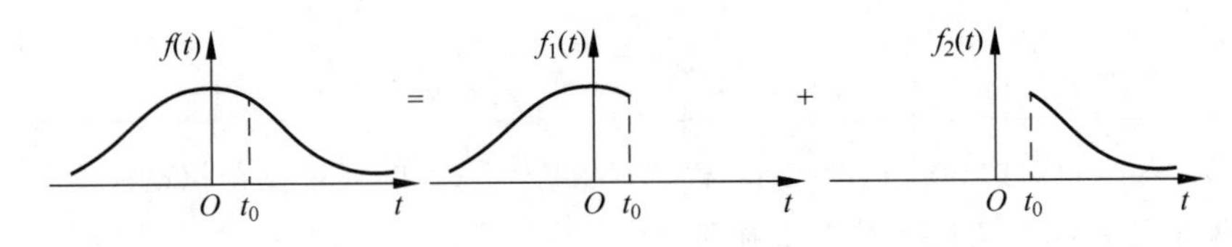

图 5-1 双边信号的分解

对于左边信号 $f_1(t)$，如果其拉普拉斯变换存在，总能找到一个最大的 σ_1，当 $\sigma<\sigma_1$ 时，使 $\lim\limits_{t\to-\infty} |f_1(t)\mathrm{e}^{-\sigma t}|=0$，从而保证 $\int_{-\infty}^{t_0} | f_1(t)\mathrm{e}^{-\sigma t} | \mathrm{d}t < \infty$。

对于右边信号 $f_2(t)$，总能找到一个最小的 σ_0，当 $\sigma>\sigma_0$ 时，使 $\lim\limits_{t\to\infty}|f_2(t)\mathrm{e}^{-\sigma t}|=0$，从而保证 $\int_{t_0}^{\infty}|f_2(t)\mathrm{e}^{-\sigma t}|\mathrm{d}t<\infty$。

将 σ_0 和 σ_1 称为收敛坐标，$\sigma=\sigma_0$ 和 $\sigma=\sigma_1$ 为复平面上平行于虚轴的直线，称其为收敛轴。综上分析，不难得到不同信号的收敛域：①左边信号的收敛域为 $\sigma=\mathrm{Re}\{s\}<\sigma_1$，也就是复平面收敛轴 $\sigma=\sigma_1$ 以左的区域；②右边信号的收敛域为 $\sigma=\mathrm{Re}\{s\}>\sigma_0$，也就是复平面收敛轴 $\sigma=\sigma_0$ 以右的区域；③双边信号的收敛域 $\sigma_0<\mathrm{Re}\{s\}=\sigma<\sigma_1$，也就是两个收敛轴 $\sigma=\sigma_0$ 和 $\sigma=\sigma_1$ 之间的带状区域；④如果找不到相应最小的 σ_0，则右边信号的拉普拉斯变换不存在；⑤如果找不到相应最大的 σ_1，则左边信号的拉普拉斯变换不存在；⑥若 $\sigma_0>\sigma_1$，则双边信号的拉普拉斯变换不存在，具体收敛域如图 5-2 所示。

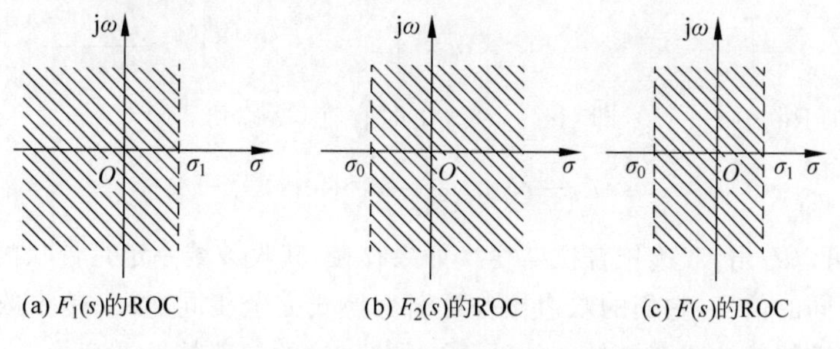

图 5-2　$F(s)$的 ROC

收敛域之所以具有这样的规律性，也和在定义拉普拉斯变换的过程中，假设 σ 为常数有关。当 σ 被看作常数时，参变量 $s=\sigma+\mathrm{j}\omega$，只能按照给定 σ 改变 ω 的方式在整个复平面变化，这就决定了收敛域的上述规律性。

例 5.1　分别计算信号 $f(t)=\mathrm{e}^{-|t|}$ 和 $g(t)=\mathrm{e}^{|t|}$ 的双边拉普拉斯变换及其收敛域。

解

$$F(s)=\int_{-\infty}^{+\infty}\mathrm{e}^{-|t|}\,\mathrm{e}^{-st}\mathrm{d}t=\int_{-\infty}^{0}\mathrm{e}^{t}\mathrm{e}^{-st}\mathrm{d}t+\int_{0}^{+\infty}\mathrm{e}^{-t}\mathrm{e}^{-st}\mathrm{d}t$$

$$=-\frac{\mathrm{e}^{-(s-1)t}}{s-1}\bigg|_{-\infty}^{0}-\frac{\mathrm{e}^{-(s+1)t}}{s+1}\bigg|_{0}^{\infty}=F_1(s)+F_2(s)$$

容易计算，当 $\mathrm{Re}\{s\}<1$ 时，$F_1(s)=\dfrac{-1}{s-1}$；当 $\mathrm{Re}\{s\}>-1$ 时，$F_2(s)=\dfrac{1}{s+1}$。所以可得：$F(s)=\dfrac{-1}{s-1}+\dfrac{1}{s+1}=\dfrac{-2}{s^2-1}$，$-1<\mathrm{Re}\{s\}<1$。将 $-1<\mathrm{Re}\{s\}<1$ 的区域称为该信号的收敛域，该收敛域是一个带状区域，如图 5-3(a)所示。

同理，可以计算：

$$G(s)=\int_{-\infty}^{+\infty}\mathrm{e}^{|t|}\,\mathrm{e}^{-st}\mathrm{d}t=\int_{-\infty}^{0}\mathrm{e}^{-t}\mathrm{e}^{-st}\mathrm{d}t+\int_{0}^{+\infty}\mathrm{e}^{t}\mathrm{e}^{-st}\mathrm{d}t=-\frac{\mathrm{e}^{-(s+1)t}}{s+1}\bigg|_{-\infty}^{0}-\frac{\mathrm{e}^{-(s-1)t}}{s-1}\bigg|_{0}^{+\infty}$$

由于上式中第一项积分的收敛域为 $\mathrm{Re}\{s\}<-1$；第二项积分的收敛域为 $\mathrm{Re}\{s\}>1$，如图 5-3(b)所示。由于第一项积分和第二项积分的收敛域之间没有公共部分，所以信号 $g(t)=\mathrm{e}^{|t|}$ 的拉普拉斯变换不存在。

例 5.2　分别计算信号 $f(t)=\mathrm{e}^{-t}u(t)$ 和 $g(t)=-\mathrm{e}^{-t}u(-t)$ 的双边拉普拉斯变换。

解

$$F(s)=\int_{-\infty}^{+\infty}\mathrm{e}^{-t}u(t)\mathrm{e}^{-st}\mathrm{d}t=\int_{0}^{\infty}\mathrm{e}^{-(s+1)t}\mathrm{d}t=-\frac{\mathrm{e}^{-(s+1)t}}{s+1}\bigg|_{0}^{\infty}$$

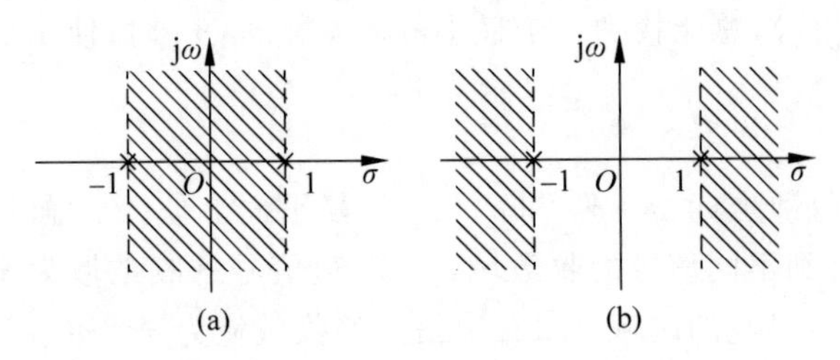

图 5-3　双边信号的收敛域

上式积分只有在 $\text{Re}\{s\}+1>0$，即 $\text{Re}\{s\}>-1$ 时存在，此时

$$\mathrm{e}^{-t}u(t)\leftrightarrow\frac{1}{s+1},\quad \text{Re}\{s\}>-1$$

$$G(s)=\int_{-\infty}^{+\infty}-\mathrm{e}^{-t}u(-t)\mathrm{e}^{-st}\,\mathrm{d}t=\int_{-\infty}^{0}-\mathrm{e}^{-(s+1)t}\,\mathrm{d}t=\left.\frac{\mathrm{e}^{-(s+1)t}}{s+1}\right|_{-\infty}^{0}$$

上式积分只有在 $\text{Re}\{s\}+1<0$，即 $\text{Re}\{s\}<-1$ 时存在，所以可得：

$$-\mathrm{e}^{-t}u(-t)\leftrightarrow\frac{1}{s+1},\quad \text{Re}\{s\}<-1$$

从例 5.1 可以看出，双边拉普拉斯变换如果存在，其收敛域一定是带状的。从例 5.2 可以看出，两个不同的信号，它们的双边拉普拉斯变换式完全相同，仅仅是收敛域不同。换个方式说，若不考虑拉普拉斯变换的收敛域，求 $1/(s+1)$ 的拉普拉斯逆变换，会得到两个完全不同的时域信号，这显然是不对的。因此，收敛域是双边拉普拉斯变换中很重要的概念，只有双边拉普拉斯变换式和给定的收敛域相结合才能在原函数和象函数之间建立起一一对应的关系。这说明双边拉普拉斯变换比较复杂和麻烦。

5.2.2　单边拉普拉斯变换的收敛域

$f(t)$ 的单边拉普拉斯变换如式(5-5)所示。容易看出，单边拉普拉斯变换就是 $t_0=0_-$ 情况下右边信号的双边拉普拉斯变换。关于其收敛域有如下收敛定理。

如果因果函数 $f(t)$ 满足：①在有限区间 $a<t<b$ 内可积；②对于某个 σ_0，当 $\sigma>\sigma_0$ 时，有 $\lim\limits_{t\to\infty}|f(t)|\mathrm{e}^{-\sigma t}=0$；则对于 $\text{Re}\{s\}=\sigma>\sigma_0$，$F(s)=\int_{0_-}^{\infty}f(t)\mathrm{e}^{-st}\,\mathrm{d}t$ 绝对且一致收敛。

收敛定理确定了单边拉普拉斯变换的收敛域，就是复平面收敛轴 $\sigma=\sigma_0$ 以右的区域。如图 5-4 所示。这样，在单边拉普拉斯变换情况下，即使不标注收敛域，也不会破坏其和原函数之间的一一对应关系，不会出现例 5.2 的情况，所以，单边拉普拉斯变换一般不标注收敛域。

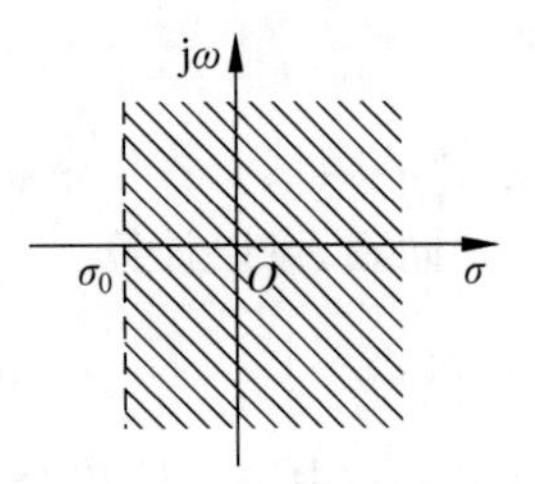

图 5-4　单边拉普拉斯变换的 ROC

在涉及拉普拉斯变换的大多数实际问题中，如 LTI 系统微分方程的求解、电路系统的分析等，人们所关心的往往是有始信号，单边拉普拉斯变换得到了更广泛的应用。鉴于此，下面主要学习单边拉普拉斯。

5.3 单边拉普拉斯变换的性质

由于拉普拉斯变换是傅里叶变换的推广，因此拉普拉斯变换的大多数性质与傅里叶变换相似，所以在下面讨论这些性质时，将不再做详细推导，而将精力集中在讨论拉普拉斯变换所具有的特殊问题上。事实上，绝大多数单边拉普拉斯变换性质的证明，只要简单地将信号函数表达式直接代入变换关系式中做简单的推算即可，并不需要太多的技巧。

1. 线性性质

若 $f_1(t)u(t)\leftrightarrow F_1(s)$，$f_2(t)u(t)\leftrightarrow F_2(s)$，$a_1$，$a_2$ 为任意常数，则：

$$a_1f_1(t)u(t)+a_2f_2(t)u(t)\leftrightarrow a_1F_1(s)+a_2F_2(s) \tag{5-10}$$

例 5.3 计算 $\cos\omega t$ 的单边拉普拉斯变换。

解 由欧拉公式可知 $\cos\omega t=\dfrac{e^{j\omega t}+e^{-j\omega t}}{2}$。先计算 $e^{-\alpha t}$ 的单边拉普拉斯变换。$L[e^{-\alpha t}]=\int_0^{\infty}e^{-\alpha t}e^{-st}dt=\dfrac{1}{s+\alpha}\quad \sigma>-\alpha$，即 $e^{-\alpha t}u(t)\leftrightarrow\dfrac{1}{s+\alpha}\quad \sigma>-\alpha$。由此，可得 $e^{-j\omega t}u(t)\leftrightarrow\dfrac{1}{s+j\omega}\quad \sigma>0$；$e^{j\omega t}u(t)\leftrightarrow\dfrac{1}{s-j\omega}\quad \sigma>0$。利用线性性质可得：$(\cos\omega t)u(t)\leftrightarrow\dfrac{s}{s^2+\omega^2}$，$\sigma>0$；同理可得：$(\sin\omega t)u(t)\leftrightarrow\dfrac{\omega}{s^2+\omega^2}$，$\sigma>0$。

2. 时域平移性质

若 $f(t)u(t)\leftrightarrow F(s)$，则：

$$f(t\pm t_0)u(t\pm t_0)\leftrightarrow e^{\pm st_0}F(s) \tag{5-11}$$

证明

$$\begin{aligned}L[f(t\pm t_0)u(t\pm t_0)]&=\int_0^{\infty}f(t\pm t_0)u(t\pm t_0)e^{-st}dt\\&=\int_{\mp t_0}^{\infty}f(t\pm t_0)e^{-st}dt\end{aligned}$$

令 $\tau=t\pm t_0$，则有 $t=\tau\mp t_0$，代入上式得：

$$\begin{aligned}L[f(t\pm t_0)u(t\pm t_0)]&=\int_0^{\infty}f(\tau)e^{-s(\tau\mp t_0)}d\tau\\&=e^{\pm st_0}\int_0^{\infty}f(\tau)e^{-s\tau}d\tau=e^{\pm st_0}F(s)\end{aligned}$$

注意，这里时域平移性质和傅里叶变换的时域平移性质有较大的区别，就是后面的阶跃信号也要平移。可以验证，$L[f(t\pm t_0)u(t)]\neq e^{\pm st_0}F(s)$。

例 5.4 计算门函数 $g_\tau(t)$ 的单边拉普拉斯变换。

解 由于 $g_\tau(t)u(t)=u(t)-u\left(t-\dfrac{\tau}{2}\right)$，所以，先计算阶跃函数 $u(t)$ 的拉普拉斯变换。$[u(t)]=\int_0^{\infty}e^{-st}dt=\dfrac{1}{s}$，$\sigma>0$。由拉普拉斯变换的线性性质和时移性质可得：

$$g_\tau(t)u(t)\leftrightarrow\frac{1}{s}-\frac{e^{-\frac{\tau}{2}s}}{s}=\frac{1-e^{-\frac{\tau}{2}s}}{s},\quad \sigma>-\infty$$

3. 尺度变换性质

若 $a>0$ 为实常数，则：

$$f(at)u(t)\leftrightarrow \frac{1}{a}F\left(\frac{s}{a}\right) \tag{5-12}$$

4. 时域微分性质

若 $f(t)u(t)\leftrightarrow F(s)$，则：

$$\left[\frac{\mathrm{d}}{\mathrm{d}t}f(t)\right]u(t)\leftrightarrow sF(s)-f(0^-)$$

$$\left[\frac{\mathrm{d}^2}{\mathrm{d}t^2}f(t)\right]u(t)\leftrightarrow s^2F(s)-sf(0^-)-f'(0^-)$$

$$\left[\frac{\mathrm{d}^n}{\mathrm{d}t^n}f(t)\right]u(t)\leftrightarrow s^nF(s)-\sum_{j=0}^{n-1}s^{(n-j-1)}\frac{\mathrm{d}^j f(0^-)}{\mathrm{d}t^j} \tag{5-13}$$

证明 对$\frac{\mathrm{d}}{\mathrm{d}t}f(t)$直接进行单边拉普拉斯变换，简单地使用分步积分就可得到：

$$\int_{0^-}^{+\infty}\frac{\mathrm{d}f(t)}{\mathrm{d}t}\mathrm{e}^{-st}\mathrm{d}t=f(t)\mathrm{e}^{-st}\Big|_{0^-}^{+\infty}+s\int_{0^-}^{+\infty}f(t)\mathrm{e}^{-st}\mathrm{d}t=-f(0^-)+sF(s)$$

同理可得 $\left[\frac{\mathrm{d}^2}{\mathrm{d}t^2}f(t)\right]u(t)\leftrightarrow s^2F(s)-sf(0^-)-\frac{\mathrm{d}}{\mathrm{d}t}f(0^-)$

重复上述推算，对信号 $f(t)$的 n 阶微分，可得到：

$$\frac{\mathrm{d}^n}{\mathrm{d}t^n}f(t)\leftrightarrow s^nF(s)-\sum_{j=0}^{n-1}s^{(n-j-1)}\frac{\mathrm{d}^j f(0^-)}{\mathrm{d}t^j}$$

特别地，若 $f(0^-)=0$，则$\frac{\mathrm{d}^n}{\mathrm{d}t^n}f(t)\leftrightarrow s^nF(s)$。

注意，这里的微分性质将信号的初始状态引入信号的象函数中，有利于分析系统的全响应，和傅里叶变换有明显区别。

例 5.5 计算冲激函数各阶导数 $\delta^{(n)}(t)$的单边拉普拉斯变换。

解 容易计算 $L[\delta(t)]=\int_{0^-}^{\infty}\delta(t)\mathrm{e}^{-st}\mathrm{d}t=1$，故有 $\delta^{(n)}(t)\leftrightarrow s^n$。

5. 时域积分性质

若 $f(t)u(t)\leftrightarrow F(s)$，则：

$$\left[\int_{-\infty}^{t}f(\tau)\mathrm{d}\tau\right]u(t)\leftrightarrow \frac{1}{s}F(s)+\frac{1}{s}\int_{-\infty}^{0^-}f(t)\mathrm{d}t$$

$$[f^{(-n)}(t)]u(t)\leftrightarrow \frac{1}{s^n}F(s)+\sum_{j=1}^{n}\frac{1}{s^{n-j+1}}f^{(-j)}(0^-) \tag{5-14}$$

证明 为了计算方便，先将 $\int_{-\infty}^{t}f(\tau)\mathrm{d}\tau$ 改写为如下形式：

$$\int_{-\infty}^{t}f(\tau)\mathrm{d}\tau=\int_{-\infty}^{0^-}f(\tau)\mathrm{d}\tau+\int_{0^-}^{t}f(\tau)\mathrm{d}\tau$$

上式中，等号右边第一项是常数，第二项是函数，两边作单边拉普拉斯变换，有：

$$\int_{0^-}^{+\infty}\left[\int_{-\infty}^{t}f(\tau)\mathrm{d}\tau\right]\mathrm{e}^{-st}\mathrm{d}t=\int_{0^-}^{\infty}\left[\int_{-\infty}^{0^-}f(\tau)\mathrm{d}\tau+\int_{0^-}^{t}f(\tau)\mathrm{d}\tau\right]\mathrm{e}^{-st}\mathrm{d}t$$

$$=\int_{0^-}^{+\infty}\left[\int_{-\infty}^{0^-}f(\tau)\mathrm{d}\tau\right]\mathrm{e}^{-st}\,\mathrm{d}t+\int_{0^-}^{\infty}\left[\int_{0^-}^{t}f(\tau)\mathrm{d}\tau\right]\mathrm{e}^{-st}\,\mathrm{d}t$$

$$=\frac{1}{s}\int_{-\infty}^{0^-}f(\tau)\mathrm{d}\tau+\frac{1}{s}F(s)$$

重复上述过程,可得到更一般的结果:

$$[f^{(-n)}(t)]u(t)\leftrightarrow\frac{1}{s^n}F(s)+\sum_{j=1}^{n}\frac{1}{s^{n-j+1}}f^{(-j)}(0^-)$$

当$\int_{-\infty}^{0^-}f(t)\mathrm{d}t=0$时,$[f^{(-n)}(t)]u(t)\leftrightarrow\frac{1}{s^n}F(s)$。

例 5.6 计算 t^n 的单边拉普拉斯变换。

解 由于$L[tu(t)]=\int_0^{\infty}t\mathrm{e}^{-st}\,\mathrm{d}t=\frac{1}{-s}\int_0^{\infty}t\,\mathrm{d}\mathrm{e}^{-st}=\frac{1}{-s}\left[t\mathrm{e}^{-st}\Big|_0^{\infty}-\int_0^{\infty}\mathrm{e}^{-st}\,\mathrm{d}t\right]$

$$=-\frac{1}{s}\left[-\frac{1}{-s}\mathrm{e}^{-st}\Big|_0^{\infty}\right]=\frac{1}{s^2}\quad\sigma>0$$

又由于$t^2u(t)=2\int_0^t\tau\,\mathrm{d}\tau$,所以由积分性质可得:$t^2u(t)\leftrightarrow\frac{2}{s^3}$,重复上述过程,可得:

$$t^nu(t)\leftrightarrow\frac{n!}{s^{n+1}}\quad\sigma>0$$

例 5.7 求图 5-5 所示梯形信号的拉普拉斯变换。

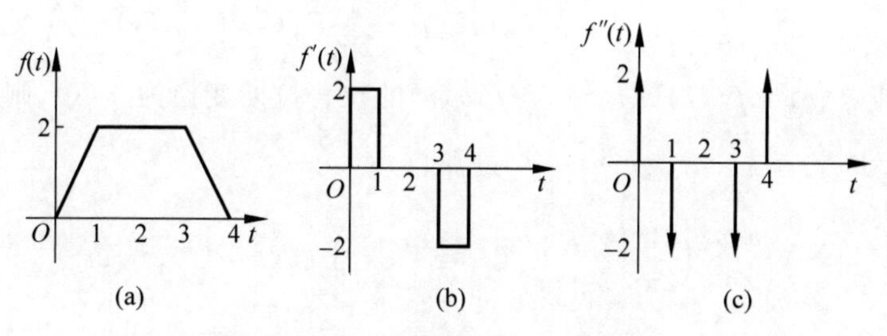

图 5-5　梯形信号波形及各阶导数

解 直接对 $f(t)$求拉普拉斯变换,需要分段求积,较为麻烦。若利用时域微分和积分性质,则可简化求解过程。

$f(t)$的一阶导数(参看图 5-5(b))为:

$$f'(t)=2g_1\left(t-\frac{1}{2}\right)-2g_1\left(t-\frac{7}{2}\right)$$

$f(t)$的二阶导数(参看图 5-5(c))为:

$$f''(t)=2\delta(t)-2\delta(t-1)-2\delta(t-3)+2\delta(t-4)$$

由于$\delta(t)\leftrightarrow1$,ROC 为整个 s 平面,则由时域平移性质和线性性质,得:

$$L[f''(t)]=2-2\mathrm{e}^{-s}-2\mathrm{e}^{-3s}+2\mathrm{e}^{-4s}$$

从一个信号的二阶微分求原信号可由积分完成,由图 5-5(b)和图 5-5(c)容易看出:$\int_{-\infty}^{0^-}f'(t)\mathrm{d}t=0$,$\int_{-\infty}^{0^-}f''(t)\mathrm{d}t=0$,所以,由时域积分性质,得:

$$L[f(t)]=\frac{1}{s^2}L[f''(t)]=\frac{2}{s^2}(1-e^{-s}-e^{-3s}+e^{-4s})$$

$$=\frac{2}{s^2}[(1-e^{-s})-e^{-3s}(1-e^{-s})]=\frac{2(1-e^{-s})}{s^2}(1-e^{-3s})$$

6. 时域卷积性质

若 $f_1(t)u(t)\leftrightarrow F_1(s)$，$f_2(t)u(t)\leftrightarrow F_2(s)$，则：

$$f_1(t)u(t)*f_2(t)u(t)\leftrightarrow F_1(s)F_2(s) \tag{5-15}$$

证明 $f_1(t)u(t)*f_2(t)u(t)=\int_{-\infty}^{+\infty}f_1(\tau)u(\tau)f_2(t-\tau)u(t-\tau)\mathrm{d}\tau$

$$=\int_{-\infty}^{+\infty}\left(\frac{1}{2\pi j}\int_{\sigma-j\infty}^{\sigma+j\infty}F_1(s)e^{s\tau}\mathrm{d}s\right)f_2(t-\tau)u(t-\tau)\mathrm{d}\tau$$

$$=\frac{1}{2\pi j}\int_{\sigma-j\infty}^{\sigma+j\infty}F_1(s)\int_{-\infty}^{+\infty}f_2(t-\tau)u(t-\tau)e^{s\tau}\mathrm{d}\tau\mathrm{d}s$$

$$=\frac{1}{2\pi j}\int_{\sigma-j\infty}^{\sigma+j\infty}F_1(s)\int_{-\infty}^{+\infty}f_2(\tau+t)u(\tau+t)e^{-s\tau}\mathrm{d}\tau\mathrm{d}s$$

$$=\frac{1}{2\pi j}\int_{\sigma-j\infty}^{\sigma+j\infty}F_1(s)F_2(s)e^{st}\mathrm{d}s$$

7. 频域卷积性质

如果 $f_1(t)u(t)\leftrightarrow F_1(s)$，$f_2(t)u(t)\leftrightarrow F_2(s)$，则：

$$f_1(t)u(t)\times f_2(t)u(t)\leftrightarrow\frac{1}{2\pi j}F_1(s)*F_2(s) \tag{5-16}$$

证明 假设 $f(t)=f_1(t)u(t)\times f_2(t)u(t)$ 的拉普拉斯变换为 $F(s)$，则：

$$F(s)=\int_{-\infty}^{+\infty}f_1(t)u(t)f_2(t)u(t)e^{-st}\mathrm{d}t$$

$$=\int_{-\infty}^{+\infty}\left(\frac{1}{2\pi j}\int_{\sigma-j\infty}^{\sigma+j\infty}F_1(s_1)e^{s_1\tau}\mathrm{d}s_1\right)f_2(t)u(t)e^{-st}\mathrm{d}t$$

$$=\frac{1}{2\pi j}\int_{\sigma-j\infty}^{\sigma+j\infty}F_1(s_1)\left(\int_{-\infty}^{+\infty}f_2(t)u(t)e^{-(s-s_1)t}\mathrm{d}t\right)\mathrm{d}s_1$$

$$=\frac{1}{2\pi j}\int_{\sigma-j\infty}^{\sigma+j\infty}F_1(s_1)F_2(s-s_1)\mathrm{d}s_1=\frac{1}{2\pi j}F_1(s)*F_2(s)$$

证毕。注意，以上两个性质和傅里叶变换对应的性质在形式上相同。

8. s 域平移性质

若 $f(t)u(t)\leftrightarrow F(s)$，则：

$$e^{\pm s_0 t}f(t)u(t)\leftrightarrow F(s\mp s_0) \tag{5-17}$$

例 5.8 计算 $e^{-\alpha t}tu(t)$、$e^{-\alpha t}(\sin\omega t)u(t)$ 和 $e^{-\alpha t}(\cos\omega t)u(t)$ 单边拉普拉斯变换。

解 $L[e^{-\alpha t}tu(t)]=\dfrac{1}{(s+\alpha)^2}$； $L[e^{-\alpha t}(\sin\omega t)u(t)]=\dfrac{\omega}{(s+\alpha)^2+\omega^2}$

$$L[e^{-\alpha t}(\cos\omega t)u(t)]=\frac{s+\alpha}{(s+\alpha)^2+\omega^2}$$

9. s 域微分性质

若 $f(t)u(t)\leftrightarrow F(s)$，则：

$$-tf(t)u(t)\leftrightarrow \frac{\mathrm{d}}{\mathrm{d}s}F(s) \tag{5-18}$$

推广到 n 阶复频域微分,可得更一般的形式:$(-t)^n f(t)u(t)\leftrightarrow \frac{\mathrm{d}^n}{\mathrm{d}s^n}F(s)$。

例 5.9 求图 5-6 所示的周期信号的单边拉普拉斯变换。

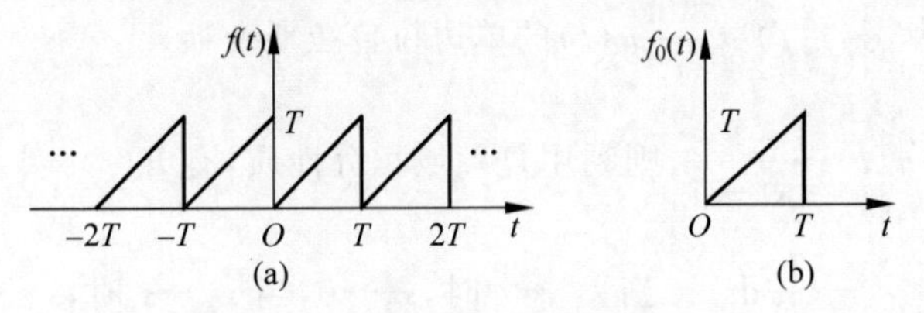

图 5-6 锯齿波信号的时域波形

解 设 $f_0(t)$ 为 $f(t)$ 的一个周期(如图 5-6(b)所示),$f_0(t)=t[u(t)-u(t-T)]$,则单边周期信号 $f(t)$ 可以表示为 $f(t)u(t)=\sum_{n=0}^{+\infty} f_0(t-nT)$。由 s 域微分性质可得:

$$F_0(s)=-\frac{\mathrm{d}}{\mathrm{d}s}\frac{(1-\mathrm{e}^{-sT})}{s}=\frac{T\mathrm{e}^{-sT}}{s}-\frac{1}{s^2}+\frac{\mathrm{e}^{-sT}}{s^2}=\frac{\mathrm{e}^{-sT}(sT+1)-1}{s^2}$$

由时移特性可得:$f(t)u(t)\leftrightarrow \sum_{n=0}^{\infty}\mathrm{e}^{-nTs}F_0(s)=\frac{1}{1-\mathrm{e}^{-Ts}}F_0(s)$

整理后可得:$f(t)u(t)\leftrightarrow \frac{1}{1-\mathrm{e}^{-sT}}\frac{\mathrm{e}^{-sT}(sT+1)-1}{s^2}$。

例 5.10 计算冲激函数序列的单边拉普拉斯变换。

解 由于 $\delta_T(t)u(t)=\sum_{n=0}^{+\infty}\delta(t-nT)$,$\delta(t)\leftrightarrow 1$,所以容易得到:

$$\delta_T(t)u(t)\leftrightarrow \sum_{n=0}^{+\infty}\mathrm{e}^{-nTs}=\frac{1}{1-\mathrm{e}^{-sT}}$$

例 5.11 计算 $(t\sin\omega t)u(t)$ 和 $(t\cos\omega t)u(t)$ 的单边拉普拉斯变换。

解 由 s 域微分性质可得:

$$(t\sin\omega t)u(t)\leftrightarrow -\frac{\mathrm{d}}{\mathrm{d}s}\frac{\omega}{s^2+\omega^2}=\frac{2\omega s}{(s^2+\omega^2)^2}$$

$$(t\cos\omega t)u(t)\leftrightarrow -\frac{\mathrm{d}}{\mathrm{d}s}\frac{s}{s^2+\omega^2}=\frac{s^2-\omega^2}{(s^2+\omega^2)^2}$$

10. 复频域积分性质

若 $f(t)u(t)\leftrightarrow F(s)$,则:

$$\frac{1}{t}f(t)u(t)\leftrightarrow \int_s^{+\infty}F(s_1)\mathrm{d}s_1 \tag{5-19}$$

证明 因为 $F(s)=\int_0^{+\infty}f(t)\mathrm{e}^{-st}\mathrm{d}t$,两边从 $s\to+\infty$ 取积分得:

$$\int_s^{+\infty}F(s_1)\mathrm{d}s_1=\int_s^{+\infty}\left[\int_0^{+\infty}f(t)\mathrm{e}^{-s_1 t}\mathrm{d}t\right]\mathrm{d}s_1$$

$$=\int_{0}^{+\infty} f(t)\left[\int_{s}^{+\infty} \mathrm{e}^{-s_1 t}\mathrm{d}s_1\right]\mathrm{d}t$$

$$=\int_{0}^{+\infty} \frac{1}{t}f(t)\mathrm{e}^{-st}\mathrm{d}t$$

证毕。

例 5.12 计算信号 $f(t)=\frac{\sin t}{t}u(t)$的单边拉普拉斯变换。

解 由于$(\sin t)u(t)\leftrightarrow\frac{1}{s^2+1}$,则利用复频域积分性质,有 $F(s)=\int_{s}^{+\infty}\frac{1}{s_1^2+1}\mathrm{d}s_1$ 做变量代换:$s_1=\frac{1}{s_0}$,则 $\mathrm{d}s_1=-\frac{1}{s_0{}^2}\mathrm{d}s_0$。当 $s_1\to\infty$时,$s_0\to 0$,当 $s_1\to s$ 时,$s_0\to\frac{1}{s}$,所以有 $F(s)=\int_{0}^{\frac{1}{s}}\frac{1}{s_0^2+1}\mathrm{d}s_0$,通过查积分表得到 $F(s)=\arctan\frac{1}{s}$。

11. 初值定理

若 $f(t)$的单边拉普拉斯变换为 $F(s)$,且 $\lim\limits_{s\to+\infty} sF(s)$存在,则:

$$f(0^+)=\lim_{s\to+\infty} sF(s) \tag{5-20}$$

证明 将 $f(t)$在 $t=0^+$ 处做泰勒级数展开:

$$f(t)u(t)=\sum_{n=0}^{\infty}\frac{1}{n!}t^n u(t)\frac{\mathrm{d}^n}{\mathrm{d}t^n}f(0^+)=f(0^+)+\sum_{n=1}^{\infty}\frac{1}{n!}t^n u(t)\frac{\mathrm{d}^n}{\mathrm{d}t^n}f(0^+)$$

由于 $t^n u(t)\leftrightarrow\frac{n!}{s^{n+1}}$,对上式两边进行单边拉普拉斯变换,得:

$$F(s)=\frac{1}{s}f(0^+)+\sum_{n=1}^{\infty}\frac{1}{s^{n+1}}\frac{\mathrm{d}^n}{\mathrm{d}t^n}f(0^+)$$

两边同乘以 s,并取 s 趋于无穷大的极限,有:

$$\lim_{s\to\infty} sF(s)=f(0^+)+\lim_{s\to\infty}\sum_{n=1}^{\infty}\frac{1}{s^n}\frac{\mathrm{d}^n}{\mathrm{d}t^n}f(0^+)$$

所以,

$$f(0^+)=\lim_{s\to\infty} sF(s)$$

可见,利用初值定理,可以直接从复频域中对 $sF(s)$取 $s\to+\infty$的极值求取信号 $f(t)$在 $t=0$ 时的初值 $f(0)$,而不需要求 $F(s)$的逆变换。为了使用初值定理,必须保证信号 $f(t)$在 $t=0$ 有确定的初值。这意味着要求 $f(t)$在 $t=0$ 处连续,即 $f(t)$在 $t=0$ 处不能包含有冲激函数及其导数。初值定理的描述中,条件"$\lim\limits_{s\to\infty} sF(s)$存在"就是这个意思。

12. 终值定理

若信号 $f(t)$的单边拉普拉斯变换为 $F(s)$,且 $sF(s)$在 $s=0$ 处存在,则:

$$\lim_{t\to\infty} f(t)=\lim_{s\to 0} sF(s) \tag{5-21}$$

证明 由单边拉普拉斯变换的微分性质可得 $\int_{0^+}^{\infty} f'(t)\mathrm{e}^{-st}\mathrm{d}t=sF(s)-f(0^+)$,又因为

$$\lim_{s\to 0}\int_{0^+}^{\infty} f'(t)\mathrm{e}^{-st}\mathrm{d}t=\int_{0^+}^{\infty}\mathrm{d}f(t)=f(\infty)-f(0^+)=\lim_{s\to 0}[sF(s)-f(0^+)]$$

所以：

$$f(\infty)=\lim_{s\to 0} sF(s)$$

至此，讨论了单边拉普拉斯变换的12条性质，这些性质在计算单边拉普拉斯变换时是非常有用的，很多复杂信号的单边拉普拉斯变换都可以根据这些性质方便地求得。将上述例题中的结果总结到表5-1中，这些常用信号的单边拉普拉斯变换大家要熟记。

表5-1 常用信号的单边拉普拉斯变换

信号	变换	收敛域
$\delta(t)$	1	整个 s 平面
$u(t)$	$\frac{1}{s}$	$\mathrm{Re}\{s\}>0$
$\frac{t^n}{n!}u(t)$	$\frac{1}{s^{n+1}}$	$\mathrm{Re}\{s\}>0$
$\mathrm{e}^{-\alpha t}u(t)$	$\frac{1}{s+\alpha}$	$\mathrm{Re}\{s\}>-\alpha$
$\frac{t^n}{n!}\mathrm{e}^{-\alpha t}u(t)$	$\frac{1}{(s+\alpha)^{n+1}}$	$\mathrm{Re}\{s\}>-\alpha$
$\frac{1}{\sqrt{\pi t}}u(t)$	$\frac{1}{\sqrt{s}}$	$\mathrm{Re}\{s\}>0$
$\cos(\omega t)u(t)$	$\frac{s}{s^2+\omega^2}$	$\mathrm{Re}\{s\}>0$
$\sin(\omega t)u(t)$	$\frac{\omega}{s^2+\omega^2}$	$\mathrm{Re}\{s\}>0$
$\mathrm{e}^{-\alpha t}\cos(\omega t)u(t)$	$\frac{s+\alpha}{(s+\alpha)^2+\omega^2}$	$\mathrm{Re}\{s\}>-\alpha$
$\mathrm{e}^{-\alpha t}\sin(\omega t)u(t)$	$\frac{\omega}{(s+\alpha)^2+\omega^2}$	$\mathrm{Re}\{s\}>-\alpha$
$(t\sin\omega t)u(t)$	$\frac{2\omega s}{(s^2+\omega^2)^2}$	$\mathrm{Re}\{s\}>0$
$(t\cos\omega t)u(t)$	$\frac{s^2-\omega^2}{(s^2+\omega^2)^2}$	$\mathrm{Re}\{s\}>0$
$\frac{\sin t}{t}u(t)$	$\arctan\frac{1}{s}$	$\mathrm{Re}\{s\}>0$
$\sum_{n=0}^{\infty}\delta(t-nT)$	$\frac{1}{1-\mathrm{e}^{-sT}}$	$\mathrm{Re}\{s\}>0$

5.4 单边拉普拉斯变换的零点和极点

1. 零点和极点的定义

一般来说，使象函数 $F(s)$ 为零的点定义为 $F(s)$ 的零点；使象函数 $F(s)$ 为无穷的点定义为 $F(s)$ 的极点。当象函数为有理分式的形式时，即 $F(s)=B(s)/A(s)$，其中 $B(s)$ 和 $A(s)$ 均为 s 的实系数多项式，将 $B(s)=0$ 的根定义为 $F(s)$ 的零点，将 $A(s)=0$ 的根定义为 $F(s)$ 的极点。在复平面上，极点一般用×表示，零点一般用○表示。

零点和极点一般可以分为单阶零极点和多阶零极点，实零极点和复零极点等。由于 $B(s)$ 和 $A(s)$ 均为 s 的实系数多项式，如果出现复零点或者复极点，它们的共轭也一定是零点或者极点,也就是说复零点和复极点都是共轭成对出现的。

常常将复平面以虚轴为分界线进行划分,将其以左的开平面称为左半开平面,将其以右的开平面称为右半开平面,所以复平面被分为三个区域,分别为左半开平面、虚轴和右半开平面。这些区域的极点或者零点分别称为位于左半开平面的零极点、位于虚轴上的零极点和位于右半开平面的零极点。

例 5.13 判断下述象函数具有哪些零点和极点,分别位于什么区域。

$$F(s)=\frac{(s^2+2s+2)}{s^2(s+2)(s^2+4s+4)(s^2+1)}$$

解 容易得到 $F(s)=\dfrac{(s+1+\mathrm{j})(s+1-\mathrm{j})}{s^2(s+2)^3(s+\mathrm{j})(s-\mathrm{j})}$

所以该象函数的零点共有 2 个,分别为:$z_{1,2}=-1\pm\mathrm{j}$ 为一阶共轭复零点,位于左半开平面。该象函数的极点共有 7 个,分别为:$s_{1,2}=0$ 为二阶实极点,位于虚轴上;$s_{3,4,5}=-2$ 为三阶实极点,位于左半开平面;$s_{6,7}=\pm\mathrm{j}$ 为一阶共轭复极点,位于虚轴上。

2. 象函数极点分布与其收敛域的关系

由前面的分析知道,单边拉普拉斯变换的收敛域为收敛轴以右的区域。在收敛域内肯定不能出现极点,否则 $F(s)$将不收敛。所以 $F(s)$的所有极点都应该在收敛轴以左的区域。假设 $F(s)$有 N 个极点,分别为 s_i,$i=1,2,\cdots,N$,则容易得到 $F(s)$的收敛坐标为:

$$\sigma_0=\max_i\{\mathrm{Re}[s_i]\mid i=1,2,\cdots,N\} \tag{5-22}$$

也就是说,其收敛坐标为最右边那个极点的实部。

3. $F(s)$与 $F(\mathrm{j}\omega)$之间的转换关系

由前面分析知道,$F(s)$是定义在整个复平面上的,而 $F(\mathrm{j}\omega)$是定义在复平面的虚轴上的。结合式(5-22),可以得到结论:如果 $F(s)$的极点全在左半开平面,则其收敛域一定包含虚轴,$F(\mathrm{j}\omega)=F(s)|_{s=\mathrm{j}\omega}$;如果 $F(s)$在虚轴或者在右半开平面有极点,则其收敛域一定不包含虚轴,上式不成立,即 $F(\mathrm{j}\omega)\neq F(s)|_{s=\mathrm{j}\omega}$。

5.5 拉普拉斯逆变换

在信号与系统的复频域分析中,经常会遇到求拉普拉斯逆变换的问题。由式(5-4)所示的拉普拉斯逆变换的定义式直接计算原函数的方法,在复变函数理论中,称为反演积分法,这是一个基本的方法。但是,它需要复变函数理论的支持,计算也比较困难。

本节主要讨论几种比较简单的常用的拉普拉斯逆变换计算方法,这些方法也可以推广到傅里叶逆变换的计算。

5.5.1 查表法

将常用信号的拉普拉斯变换收集成表,则通过表中给出的拉普拉斯变换对,从象函数查原函数是一种很方便的方法。在数学手册中,一般都有比较完备的拉普拉斯变换函数表,表 5-1 所列的仅是其中一部分。为了充分发挥拉普拉斯变换表的作用,应该熟练掌握拉普拉斯变换的各种性质,这是因为有些象函数不能直接从表中查到,往往需要通过性质将其形式加以变换,使其能够匹配表中的函数形式,以便查找。

例 5.14　求 $F(s)=\frac{e^{-\tau s}}{\sqrt{s}}$ 的拉普拉斯逆变换。

解　查表知 $\frac{1}{\sqrt{\pi t}}u(t)\leftrightarrow\frac{1}{\sqrt{s}}$，而 $e^{-\tau s}$ 仅反映原函数的延时 τ。故有：

$$\frac{1}{\sqrt{\pi(t-\tau)}}u(t-\tau)\leftrightarrow\frac{1}{\sqrt{s}}e^{-s\tau}$$

例 5.15　求 $F(s)=\frac{2s+3}{(s+1)(s+2)}$ 的拉普拉斯逆变换。

解　为了查表，将 $F(s)$ 展开为 $F(s)=\frac{1}{s+1}+\frac{1}{s+2}$，查表得 $f(t)=e^{-t}u(t)+e^{-2t}u(t)$。

例 5.16　已知 $F(s)=\frac{1}{1+e^{-2s}}$，求 $F(s)$ 的原函数。

解　例 5.16 中 $F(s)$ 不是有理分式，但是查表 5-1 可知，它和冲激函数序列的象函数比较接近，所以将其整理如下：

$$F(s)=\frac{1}{1+e^{-2s}}=\frac{1-e^{-2s}}{(1+e^{-2s})(1-e^{-2s})}=\frac{1-e^{-2s}}{1-e^{-4s}}=\frac{1}{1-e^{-4s}}-\frac{e^{-2s}}{1-e^{-4s}}$$

查表 5-1，由单边冲激函数序列拉普拉斯变换对及时移性质，易得：

$$\begin{aligned}f(t)&=\sum_{n=0}^{\infty}\delta(t-4n)-\sum_{n=0}^{\infty}\delta(t-2-4n)\\&=\sum_{n=0}^{\infty}[\delta(t-4n)-\delta(t-2-4n)]\end{aligned}$$

5.5.2　部分分式展开法

在实际问题中，象函数常常表现为有理分式形式。当对式(2-1)所示的 LTI 系统的数学模型，即一般的常系数线性微分方程两端取拉普拉斯变换，整理后可得有理分式形式的象函数为：

$$F(s)=\frac{B(s)}{A(s)}=\frac{\sum_{i=0}^{m}b_i s^i}{\sum_{j=0}^{n}a_j s^j} \tag{5-23}$$

式中 a_j，b_i 均为实数，n 和 m 分别为分母多项式 $A(s)$ 和分子多项式 $B(s)$ 的阶次。根据 n 和 m 相对大小的不同，有两种情况：

(1) $m\geqslant n$，则 $F(s)=\frac{B(s)}{A(s)}$ 为有理假分式。这时可用多项式除法将 $\frac{B(s)}{A(s)}$ 分解为一个有理多项式和一个有理真分式之和的形式，即

$$\begin{aligned}F(s)&=c_0+c_1 s+\cdots+c_{n-1}s^{m-n}+\frac{D(s)}{A(s)}\\&=N(s)+\frac{D(s)}{A(s)}\end{aligned} \tag{5-24}$$

式中 $c_i(i=0,1,\cdots,n-1)$为实数，$N(s)$为有理多项式，$\frac{D(s)}{A(s)}$为有理真分式。

有理多项式 $N(s)$的拉普拉斯逆变换为：$c_0\delta(t)+c_1\delta^{(1)}(t)+\cdots+c_{n-1}\delta^{(m-n)}(t)$；$\frac{D(s)}{A(s)}$的拉普拉斯逆变换可将其展开为部分分式之和后求取。

(2) $m<n$，$F(s)$的分子多项式 $B(s)$的阶次小于分母多项式 $A(s)$的阶次，即 $F(s)=\frac{B(s)}{A(s)}$为有理真分式，故可直接将其展开为部分分式之和后求逆变换。

下面，假设 $F(s)=\frac{B(s)}{A(s)}$为有理真分式，依据其分母多项式 $A(s)$根的具体情况，也就是 $F(s)$极点的情况分别分析其部分分式展开方法。

1. $F(s)$仅有单极点

若 $F(s)$仅有 n 个单极点，即 $A(s)=0$ 有 n 个单根 $s_i(i=1,2,\cdots,n)$，则无论 s_i 是实数、复数和虚数，都可以将 $F(s)$展开为：

$$F(s)=\frac{B(s)}{A(s)}=\frac{B(s)}{(s-s_1)(s-s_2)\cdots(s-s_n)}=\sum_{i=1}^{n}\frac{k_i}{s-s_i} \tag{5-25}$$

两边同乘$(s-s_i)$，并令 $s=s_i$，则可求出各部分分式项的系数为：

$$k_i=(s-s_i)F(s)\Big|_{s=s_i} \tag{5-26}$$

由于 $e^{s_i t}u(t)\leftrightarrow\frac{1}{s-s_i}$，所以，当 $F(s)$仅有单阶极点时的单边拉普拉斯逆变换为：

$$f(t)=\sum_{i=1}^{n}k_i e^{s_i t}u(t) \tag{5-27}$$

(1) 若 n 个极点都是实极点，此时部分分式的展开系数 k_i 均为实数，假设 $s_i=-\sigma_i$，则有：

$$f(t)=\sum_{i=1}^{n}k_i e^{-\sigma_i t}u(t) \tag{5-28}$$

(2) 若 $F(s)$中有一对复数极点 $s_{1,2}=-\alpha\pm j\beta$，$F(s)$可展开为：

$$F(s)=\frac{B(s)}{(s+\alpha-j\beta)(s+\alpha+j\beta)A_1(s)}$$

容易计算：

$$k_1=(s+\alpha-j\beta)F(s)\Big|_{s=-\alpha+j\beta}=\frac{B(-\alpha+j\beta)}{2j\beta A_1(-\alpha+j\beta)};$$

$$k_2=(s+\alpha+j\beta)F(s)\Big|_{s=-\alpha-j\beta}=\frac{B(-\alpha-j\beta)}{-2j\beta A_1(-\alpha-j\beta)};$$

容易验证：$k_1=k_2^*$，$k_2=k_1^*$。若令 $k_1=|k_1|e^{j\varphi}$，则有：

$$F(s)=\frac{|k_1|}{s+\alpha+j\beta}e^{j\varphi}+\frac{|k_1|}{s+\alpha-j\beta}e^{-j\varphi}+\sum_{i=3}^{n}\frac{k_i}{s-s_i}$$

由复频域平移性质和线性性质，可得 $F(s)$的原函数为：

$$f(t)=[|k_1|e^{j\varphi}\cdot e^{(-\alpha-j\beta)t}+|k_1|e^{-j\varphi}e^{(-\alpha+j\beta)t}]u(t)+L^{-1}\left[\sum_{i=3}^{n}\frac{k_i}{s-s_i}\right]$$

$$=|k_1|e^{-\alpha t}[e^{-j(\beta t-\varphi)}+e^{j(\beta t-\varphi)}]u(t)+\sum_{i=3}^{n}k_i e^{s_i t}u(t)$$

$$=2|k_1|e^{-\alpha t}\cos(\beta t-\varphi)u(t)+\sum_{i=3}^{n}k_i e^{s_i t}u(t) \tag{5-29}$$

(3) 由式(5-27)容易看出：

当一阶极点位于左半开平面时，即 $\mathrm{Re}[s_i]=\sigma_i<0$，则其对应的原函数满足：

$$\lim_{t\to\infty}|k_i e^{s_i t}u(t)|=0 \tag{5-30}$$

当一阶极点位于右半开平面时，即 $\mathrm{Re}[s_j]=\sigma_j>0$，则其对应的原函数满足：

$$\lim_{t\to\infty}|k_j e^{s_j t}u(t)|=\infty \tag{5-31}$$

当一阶极点位于虚轴时，即 $\mathrm{Re}[s_l]=\sigma_l=0$，则其对应的原函数满足：

$$k_l^* e^{s_l^* t}u(t)+k_l e^{s_l t}u(t)=2|k_l|\cos(\omega_l t-\varphi_l) \quad 或者 \quad k_l e^{s_l t}u(t)=k_l u(t) \tag{5-32}$$

例 5.17 已知象函数 $F(s)=\dfrac{2s^2+9s+18}{s^2+4s+8}$，求其原函数 $f(t)$。

解 整理上式为：

$$F(s)=\frac{(2s^2+8s+16)+s+2}{s^2+4s+8}=\frac{s+2}{s^2+4s+8}+2=\frac{s+2}{(s+2)^2+4}+2=F_1(s)+2$$

容易看出，$F_1(s)=\dfrac{s+2}{(s+2+2j)(s+2-2j)}$具有两个共轭复根，$s_{1,2}=-\alpha\pm j\beta=-2\pm j2$，其对应的系数 $k_1=(s+2-j2)F_1(s)\Big|_{s=-2+j2}=\dfrac{1}{2}$。由式(5-29)可得：$f_1(t)=e^{-2t}\cos 2tu(t)$。所以，$f(t)=2\delta(t)+e^{-2t}\cos 2tu(t)$，$\lim\limits_{t\to\infty}|f(t)|=0$。该结果也可以通过查表得到。

例 5.18 求 $F(s)=\dfrac{2s^3+7s^2+10s+6}{s^2+3s+2}$的原函数 $f(t)$。

解 $F(s)$是一个有理假分式，首先分解出真分式，故采用多项式除法，得：

$$\begin{array}{r|l} & 2s+1 \\ s^2+3s+2 & 2s^3+7s^2+10s+6 \\ & 2s^3+6s^2+4s \\ \hline & s^2+6s+6 \\ & s^2+3s+2 \\ \hline & 3s+4 \end{array}$$

$$F(s)=1+2s+\frac{3s+4}{s^2+3s+2}=1+2s+F_1(s)$$

$$F_1(s)=\frac{3s+4}{(s+1)(s+2)}=\frac{k_1}{s+1}+\frac{k_2}{s+2}$$

$$k_1=(s+1)F_1(s)|_{s=-1}=(s+1)\frac{3s+4}{(s+1)(s+2)}\Big|_{s=-1}=\frac{3s+4}{s+2}\Big|_{s=-1}=1$$

$$k_2=(s+2)F_1(s)|_{s=-2}=(s+2)\frac{3s+4}{(s+1)(s+2)}\Big|_{s=-2}=\frac{3s+4}{s+1}\Big|_{s=-2}=2$$

则其逆变换为：

$$f(t)=\delta(t)+2\delta'(t)+(\mathrm{e}^{-t}+2\mathrm{e}^{-2t})u(t)$$
$$\lim_{t\to\infty}|f(t)|=0$$

该例子的 MATLAB 实现的程序如下：

```
syms s                                   % 定义符号变量 s
Fs = (2 * s^3 + 7 * s^2 + 10 * s + 6)/(s^2 + 3 * s + 2);
ft = ilaplace(Fs)                        % 拉普拉斯逆变换求原函数
```

计算结果：ft = exp(- t) + 2 * exp(- 2 * t) + dirac(t) + 2 * dirac(1,t)

2. $F(s)$仅有重极点

假设 $F(s)$在 $s=s_1$ 处有 r 重极点，则可以将 $F(s)$展开为：

$$F(s)=\frac{B(s)}{A(s)}=\frac{B(s)}{(s-s_1)^r}=\sum_{i=1}^{r}\frac{k_{1i}}{(s-s_1)^{r-i+1}}=\frac{k_{11}}{(s-s_1)^r}+\frac{k_{12}}{(s-s_1)^{r-1}}+\cdots+\frac{k_{1r}}{(s-s_1)} \tag{5-33}$$

其展开系数 $k_{1i}(i=1,2,\cdots,r)$可由式(5-34)确定：

$$k_{1i}=\frac{1}{(i-1)!}\frac{\mathrm{d}^{i-1}}{\mathrm{d}s^{i-1}}[F(s)(s-s_1)^r]\Big|_{s=s_1}\quad i=1,2,\cdots,r \tag{5-34}$$

由式(5-34)容易得到：

$$K_{11}=[F(s)(s-s_1)^r]|_{s=s_1},\quad K_{12}=\frac{\mathrm{d}}{\mathrm{d}s}[F(s)(s-s_1)^r]|_{s=s_1},$$
$$K_{13}=\frac{1}{2}\frac{\mathrm{d}^2}{\mathrm{d}s^2}[F(s)(s-s_1)^r]|_{s=s_1}\cdots$$

由复频域平移性质、线性性质和 s 域微分性质可得，$F(s)$的原函数为：

$$f(t)=(k_{1,r}+k_{1,r-1}t+\frac{k_{1,r-2}}{2}t^2+\cdots+\frac{k_{11}}{(r-1)!}t^{r-1})\mathrm{e}^{s_1t}u(t)$$
$$=\sum_{i=1}^{r}\frac{k_{1,i}}{(r-i)!}t^{r-i}\mathrm{e}^{s_1t}u(t) \tag{5-35}$$

(1) 若 r 重极点 $s_1=-\sigma_1$ 是实极点，则部分分式的展开系数 $k_{1i}(i=1,2,\cdots,r)$为实数，则：

$$f(t)=\sum_{i=1}^{r}\frac{k_{1i}}{(r-i)!}t^{r-i}\mathrm{e}^{-\sigma_1t}u(t) \tag{5-36}$$

(2) 若 r 重极点 $s_1=-\alpha+\mathrm{j}\beta$ 是复极点，则必有另一极点 $s_2=-\alpha-\mathrm{j}\beta$ 也是 r 重极点，且满足 $s_2=s_1^*$。此时部分分式也呈现与复单极点类似的特点，即若对应 s_1 和 s_2 各有 r 个展开系数，分别为 $k_{11},k_{12},\cdots,k_{1i},\cdots,k_{1r}$ 和 $k_{21},k_{22},\cdots,k_{2i},\cdots,k_{2r}$，则有：$k_{1i}=k_{2i}^*=|k_{1i}|\mathrm{e}^{\mathrm{j}\varphi_i},i=1,2,\cdots,r$。则原函数的一般形式为：

$$f(t)=2\sum_{i=1}^{r}\frac{|k_{1i}|}{(r-i)!}t^{r-i}\mathrm{e}^{-\alpha t}\cos(\beta t-\varphi_i)u(t) \tag{5-37}$$

例如，设 $F(s)$有二重共轭复根，$s_1=-\alpha+\mathrm{j}\beta,s_2=-\alpha-\mathrm{j}\beta$，则 $F(s)$可展开为：

$$F(s)=\frac{B(s)}{(s+\alpha+\mathrm{j}\beta)^2(s+\alpha-\mathrm{j}\beta)^2}$$
$$=\frac{k_{12}}{(s+\alpha+\mathrm{j}\beta)}+\frac{k_{11}}{(s+\alpha+\mathrm{j}\beta)^2}+\frac{k_{22}}{(s+\alpha-\mathrm{j}\beta)}+\frac{k_{21}}{(s+\alpha-\mathrm{j}\beta)^2}$$
$$=\frac{k_{12}}{(s+\alpha+\mathrm{j}\beta)}+\frac{k_{11}}{(s+\alpha+\mathrm{j}\beta)^2}+\frac{k_{12}^*}{(s+\alpha-\mathrm{j}\beta)}+\frac{k_{11}^*}{(s+\alpha-\mathrm{j}\beta)^2}$$
$$=\frac{|k_{12}|\mathrm{e}^{\mathrm{j}\varphi_1}}{(s+\alpha+\mathrm{j}\beta)}+\frac{|k_{11}|\mathrm{e}^{\mathrm{j}\varphi_2}}{(s+\alpha+\mathrm{j}\beta)^2}+\frac{|k_{12}|\mathrm{e}^{-\mathrm{j}\varphi_1}}{(s+\alpha-\mathrm{j}\beta)}+\frac{|k_{11}|\mathrm{e}^{-\mathrm{j}\varphi_2}}{(s+\alpha-\mathrm{j}\beta)^2}$$

由式(5-37)可得：

$$f(t)=2|k_{12}|\mathrm{e}^{-\alpha t}\cos(\beta t-\varphi_1)u(t)+2|k_{11}|t\mathrm{e}^{-\alpha t}\cos(\beta t-\varphi_2)u(t)$$

(3) 由式(5-35)容易看出，

当 r 重极点位于左半开平面时，即 $\mathrm{Re}[s_1]=\sigma_1<0$，则其对应的原函数满足：

$$\lim_{t\to\infty}|f(t)|=\lim_{t\to\infty}\left|\sum_{i=1}^{r}\frac{k_{1i}}{(r-i)!}t^{r-i}\mathrm{e}^{s_1t}u(t)\right|=0 \tag{5-38}$$

当 r 重极点位于虚轴或者右半开平面时，即 $\mathrm{Re}[s_1]=\sigma_1\geqslant0$，则其原函数满足：

$$\lim_{t\to\infty}|f(t)|=\lim_{t\to\infty}\left|\sum_{i=1}^{r}\frac{k_{1i}}{(r-i)!}t^{r-i}\mathrm{e}^{s_1t}u(t)\right|=\infty \tag{5-39}$$

3. 单根和重根同时存在的情况

一般情况下，$F(s)$既有各类单极点，也会有各类 r 重极点，即

$$F(s)=\frac{B(s)}{(s-s_0)^r(s-s_1)\cdots(s-s_{n-r})}=\sum_{i=1}^{r}\frac{k_{1i}}{(s-s_0)^{r-i+1}}+\sum_{i=1}^{n-r}\frac{k_i}{s-s_i}=F_1(s)+F_2(s) \tag{5-40}$$

式中，$F_1(s)$仅含有 r 重极点，$F_2(s)$的极点全为单极点。根据线性性质，可以分别用式(5-27)和式(5-35)中讨论的方法求出 $F_1(s)$和 $F_2(s)$对应的原函数，从而得到：

$$f(t)=f_1(t)+f_2(t)=\sum_{i=1}^{r}\frac{k_{1i}}{(r-i)!}t^{r-i}\mathrm{e}^{s_0t}u(t)+\sum_{i=1}^{n-r}k_i\mathrm{e}^{s_it}u(t) \tag{5-41}$$

例 5.19 计算 $F(s)=\dfrac{s^2}{(s+2)(s+1)^2}$的原函数。

解
$$F(s)=\frac{s^2}{(s+2)(s+1)^2}=\frac{k_1}{s+2}+\frac{k_{11}}{(s+1)^2}+\frac{k_{12}}{s+1}$$
$$k_1=(s+2)\frac{s^2}{(s+2)(s+1)^2}\bigg|_{s=-2}=\frac{s^2}{(s+1)^2}\bigg|_{s=-2}=4$$
$$k_{11}=(s+1)^2\frac{s^2}{(s+2)(s+1)^2}\bigg|_{s=-1}=\frac{s^2}{(s+2)}\bigg|_{s=-1}=1$$
$$k_{12}=\frac{\mathrm{d}}{\mathrm{d}s}\left[(s+1)^2\frac{s^2}{(s+2)(s+1)^2}\right]\bigg|_{s=-1}=\frac{\mathrm{d}}{\mathrm{d}s}\left[\frac{s^2}{s+2}\right]\bigg|_{s=-1}$$
$$=\frac{2s(s+2)-s^2}{(s+2)^2}\bigg|_{s=-1}=\frac{s^2+4s}{(s+2)^2}\bigg|_{s=-1}=-3$$

所以,查表可得:$f(t)=(4\mathrm{e}^{-2t}-3\mathrm{e}^{-t}+t\mathrm{e}^{-t})u(t)$,$\lim\limits_{t\to\infty}|f(t)|=0$。

该例子的 MATLAB 实现的程序如下:

```
syms s                                 % 定义符号变量 s
Fs = (s^2)/((s+2)*(s+1)* (s+1));
ft = ilaplace(Fs);                     % 拉普拉斯逆变换求原函数
```

计算结果:`ft = 4*exp(-2*t) - 3*exp(-t) + t*exp(-t)`

本章小结

本章重点介绍了单边拉普拉斯变换的定义、收敛域、性质及正变换和逆变换的计算方法,介绍了象函数的零极点的概念,在此基础上,介绍了基于极点分布的收敛域判定方法,拉普拉斯变换和傅里叶变换的转换方法,以及不同区域极点所对应原函数的变化趋势。希望大家掌握这些概念和结论,熟练掌握拉普拉斯正变换和逆变换的计算方法。

习题

5.1 求下列信号的单边拉普拉斯变换,并注明收敛域。

(1) $u(t+1)$　　(2) $(\mathrm{e}^{2t}+\mathrm{e}^{-2t})u(t)$

(3) $(t-1)u(t)$　　(4) $(1+t\mathrm{e}^{-t})u(t)$

5.2 求下列函数的单边拉普拉斯变换。

(1) $\sin\omega_0(t-1)U(t-1)$　　(2) $1-2\mathrm{e}^{-t}+\mathrm{e}^{-2t}$

(3) $2\delta(t)-\mathrm{e}^{-t}$　　(4) $3\sin t+2\cos t$

(5) $t\mathrm{e}^{-2t}$　　(6) $\mathrm{e}^{-t}\sin(2t)$

5.3 利用常用信号拉普拉斯变换对及拉普拉斯变换的性质,求下列函数的单边拉普拉斯变换。

(1) $\mathrm{e}^{-t}[u(t)-u(t-2)]$　　(2) $\sin(\pi t)u(t)-\sin[\pi(t-1)]u(t-1)$

(3) $\delta(4t-2)$　　(4) $\sin\left(2t-\dfrac{\pi}{4}\right)u\left(2t-\dfrac{\pi}{4}\right)$

(5) $\displaystyle\int_0^t \sin(\pi x)\mathrm{d}x$　　(6) $\dfrac{\mathrm{d}^2\sin(\pi t)}{\mathrm{d}t^2}u(t)$

(7) $t^2\mathrm{e}^{-2t}u(t)$　　(8) $t\mathrm{e}^{-\alpha t}\cos(\beta t)u(t)$

5.4 设 $f(t)u(t)\leftrightarrow F(s)$,且有实常数 $a>0,b>0$,试证明:

(1) $f(at-b)u(at-b)\leftrightarrow \dfrac{1}{a}\mathrm{e}^{-\frac{b}{a}s}F\left(\dfrac{s}{a}\right)$

(2) $\dfrac{1}{a}\mathrm{e}^{-\frac{b}{a}t}f\left(\dfrac{t}{a}\right)u(t)\leftrightarrow F(as+b)$

5.5 图 5-7 所示均为从 $t=0$ 起始的周期信号。求 $f(t)$的单边拉普拉斯变换。

5.6 已知因果信号 $f(t)$的象函数为 $F(s)$,利用初值和终值定理计算下列 $F(s)$的原函数 $f(t)$的初值 $f(0)$和终值 $f(\infty)$,并检验其正确性。

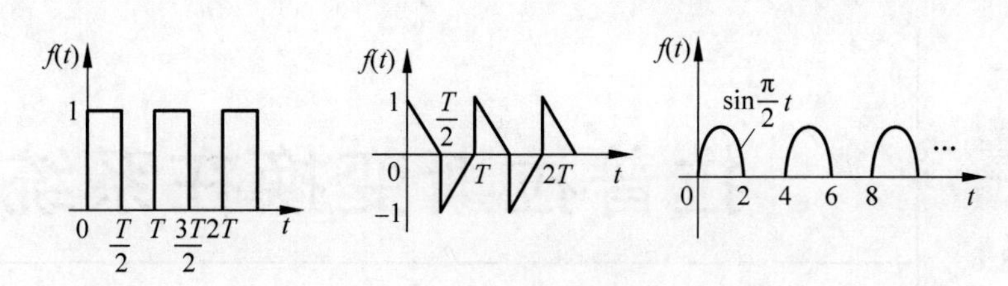

图 5-7　单边周期信号波形

(1) $F(s)=\dfrac{s+1}{(s+2)(s+3)}$　　(2) $F(s)=\dfrac{s+3}{s^2+6s+10}$

(3) $F(s)=\dfrac{2}{s(s+2)^2}$　　(4) $F(s)=\dfrac{2s+1}{s^3+3s^2+2s}=\dfrac{2s+1}{s(s+1)(s+2)}$

(5) $F(s)=\dfrac{1-e^{-2s}}{s(s^2+4)}$

5.7　已知 $f(t)$为因果信号，求下列信号的象函数。

(1) $e^{-2t}f(2t)$　　(2) $(t-2)^2 f\left(\dfrac{1}{2}t-1\right)$

(3) $te^{-t}f(3t)$　　(4) $f(at-b),a>0,b>0$

5.8　求下列各象函数的拉普拉斯逆变换。

(1) $\dfrac{1}{(s+2)(s+4)}$　　(2) $\dfrac{s^2+1}{s^2+5s+6}$　　(3) $\dfrac{2}{s(s^2+4)}$

(4) $\dfrac{2s}{(s+2)(s^2+2s+1)}$　　(5) $\dfrac{s^2+4s+5}{s^2+3s+2}$　　(6) $\dfrac{s^2+4s}{(s+1)(s^2-4)}$

(7) $\dfrac{1}{(s^2+1)^2}$　　(8) $\dfrac{s+5}{s(s^2+2s+5)}$　　(9) $\dfrac{1}{s(1+e^{-s})}$

(10) $\left(\dfrac{1-e^{-s}}{s}\right)^2$　　(11) $\dfrac{\pi(1+e^{-s})}{(s^2+\pi^2)(1-e^{-2s})}$　　(12) $\dfrac{\pi(1-e^{-2s})}{s^2+\pi^2}$

(13) $\dfrac{1}{(s+3)(s+2)^2}$

第 6 章 CHAPTER 6 拉普拉斯变换在系统分析中的应用

本章将利用第 5 章介绍的拉普拉斯变换及其性质，重点介绍线性时不变系统的复频域分析方法；系统函数 $H(s)$的零极点分布与系统特性(时域特性、频域特性、稳定特性)的关系；系统的流图描述及系统函数 $H(s)$的计算方法。详细介绍基于系统函数 $H(s)$零极点位置选择的系统综合设计方法等。

6.1 连续时间 LTI 系统的复频域分析

拉普拉斯变换分析系统是拉普拉斯变换的主要应用，也是系统分析的主要方法。下面重点介绍基于微分方程和电路描述的系统的分析方法。

6.1.1 微分方程定义系统的复频域分析

LTI 系统的输入和输出关系通常是线性常系数微分方程。假设描述一个 n 阶 LTI 系统的微分方程为：

$$a_n y^{(n)}(t)+a_{n-1}y^{(n-1)}(t)+\cdots+a_0 y(t)=b_m f^{(m)}(t)+\cdots+b_0 f(t) \tag{6-1}$$

已知其初始状态为：$y^{(i)}(0^-),i=0,1,2,\cdots,n-1$。其中，$m<n$，$a_i$，$b_j$ 为实常数，$a_n=1$。假设激励 $f(t)$是 $t=0$ 时接入的，则容易得到：$f^{(i)}(0^-)=0,i=0,1,2,\cdots,m-1$。在以上条件下，给出该系统的复频域分析方法如下。

对式(6-1)两边求单边拉普拉斯变换，利用单边拉普拉斯变换的微分性质得：

$$\sum_{i=0}^{n}a_i\left[s^iY(s)-\sum_{k=1}^{i}s^{i-k}y^{(k-1)}(0^-)\right]=\sum_{j=0}^{m}b_js^jF(s)$$

$$\left[\sum_{i=0}^{n}a_is^i\right]Y(s)=\sum_{i=0}^{n}a_i\sum_{k=1}^{i}s^{i-k}y^{(k-1)}(0^-)+\left[\sum_{j=0}^{m}b_js^j\right]F(s)$$

$$Y(s)=\frac{B(s)}{A(s)}F(s)+\frac{C(s)}{A(s)}=Y_f(s)+Y_x(s) \tag{6-2}$$

$$A(s)=\sum_{i=0}^{n}a_is^i=s^n+a_{n-1}s^{n-1}+\cdots+a_1s^1+a_0$$

$$B(s)=\sum_{j=0}^{m}b_js^j=b_ms^m+b_{m-1}s^{m-1}+\cdots+b_1s+b_0$$

$$C(s)=\sum_{i=0}^{n}a_i\sum_{k=1}^{i}s^{i-k}y^{(k-1)}(0^-)$$

$$H(s)=\frac{B(s)}{A(s)}=\frac{b_m s^m+b_{m-1}s^{m-1}+\cdots+b_1 s+b_0}{s^n+a_{n-1}s^{n-1}+\cdots+a_1 s^1+a_0} \tag{6-3}$$

其中,式(6-2)中右边第一项 $Y_f(s)=\frac{B(s)}{A(s)}F(s)$ 仅与输入 $F(s)$ 有关,与初始状态无关,是系统的零状态响应的象函数,右边第二项 $Y_x(s)=C(s)/A(s)$ 只与系统的初始状态有关,而与输入 $F(s)$ 无关,是系统的零输入响应的象函数。取式(6-2)的拉普拉斯逆变换得到的必是系统的完全响应 $y(t)$,$y(t)=y_f(t)+y_x(t)$。

式(6-3)中,$H(s)$ 称为系统的系统函数(或传递函数),由该式容易看出它和微分方程之间的相互关系,即由微分方程的系数容易得到 $H(s)$,由 $H(s)$ 也容易得到系统的微分方程。$A(s)$ 称为系统的特征多项式,$A(s)=0$ 称为系统的特征方程,$A(s)=0$ 的根称为系统的特征根或者系统函数的极点。$B(s)=0$ 的根称为系统函数的零点。$C(s)$ 是 s 的多项式,其系数是和初始状态相关的实数。

当系统的初始状态为零,即:$y^{(i)}(0^-)=0, i=0,1,2,\cdots,n-1$ 时,对式(6-1)两端取拉普拉斯变换,并将 $Y(s)$ 用 $Y_f(s)$ 代替,得:

$$(s^n+a_{n-1}s^{n-1}+\cdots+a_0)Y_f(s)=(b_m s^m+\cdots+b_0)F(s)$$

$$\begin{aligned}Y_f(s)&=\frac{b_m s^m+b_{m-1}s^{m-1}+\cdots+b_0}{s^n+a_{n-1}s^{n-1}+\cdots+a_0}F(s)\\&=\frac{B(s)}{A(s)}F(s)=H(s)F(s)\end{aligned} \tag{6-4}$$

对式(6-4)取拉普拉斯逆变换,就得到了系统的零状态响应 $y_f(t)=h(t)*f(t)$。

例 6.1 某系统的微分方程如下所示,求该系统的单位冲激响应。

$$\frac{\mathrm{d}^2y(t)}{\mathrm{d}t^2}+3\frac{\mathrm{d}y(t)}{\mathrm{d}t}+2y(t)=\frac{\mathrm{d}f(t)}{\mathrm{d}t}+3f(t)$$

解 对原方程两边做拉普拉斯变换,并注意到初始状态为 0,得:

$$s^2Y(s)+3sY(s)+2Y(s)=sF(s)+3F(s)$$

根据题意 $f(t)=\delta(t)$,即有 $F(s)=1$,则上式可整理为:

$$Y(s)=H(s)F(s)=\frac{s+3}{s^2+3s+2}F(s)$$

$$\begin{aligned}H(s)&=\frac{s+3}{s^2+3s+2}=\frac{s+3}{(s+1)(s+2)}\\&=\frac{2}{s+1}-\frac{1}{s+2}\end{aligned}$$

系统的单位冲激响应为 $H(s)$ 的拉普拉斯逆变换,从而可得:

$$h(t)=(2\mathrm{e}^{-t}-\mathrm{e}^{-2t})u(t)$$

例 6.2 已知某系统由如下线性常系数微分方程描述,其初始状态 $y'(0^-)=1$,$y(0^-)=0$,求 $f(t)=u(t)$ 时系统的零输入响应、零状态响应和全响应。

$$\frac{d^2y(t)}{dt^2}+\frac{3}{2}\frac{dy(t)}{dt}+\frac{1}{2}y(t)=f(t)$$

解 对原方程两边进行拉普拉斯变换，有：

$$[s^2Y(s)-sy(0^-)-y'(0^-)]+\frac{3}{2}[sY(s)-y(0^-)]+\frac{1}{2}Y(s)=F(s)$$

整理并代入初始状态和 $F(s)=1/s$，得：

$$Y(s)=\frac{sy(0^-)+y'(0^-)+\frac{3}{2}y(0^-)}{s^2+\frac{3}{2}s+\frac{1}{2}}+\frac{F(s)}{s^2+\frac{3}{2}s+\frac{1}{2}}$$

$$=\frac{1}{s^2+\frac{3}{2}s+\frac{1}{2}}+\frac{\frac{1}{s}}{s^2+\frac{3}{2}s+\frac{1}{2}}$$

显然上式中等号右边第一项与初始状态和系统特性有关，对应系统的零输入响应；第二项与输入和系统特性有关，对应系统的零状态响应。对上式做部分分式展开，有：

$$Y(s)=\left[\frac{2}{s+\frac{1}{2}}-\frac{2}{s+1}\right]+\left[\frac{2}{s}-\frac{4}{s+\frac{1}{2}}+\frac{2}{s+1}\right]=-\frac{2}{s+\frac{1}{2}}+\frac{2}{s}$$

进行拉普拉斯逆变换，得：

$$y_x(t)=2(e^{-\frac{1}{2}t}-e^{-t})u(t)$$

$$y_f(t)=2(1-2e^{-\frac{1}{2}t}+e^{-t})u(t)$$

$$y(t)=2(1-e^{-\frac{1}{2}t})u(t)$$

从此例可见，用单边拉普拉斯变换分析线性系统，能自动计入非零初始状态，一次求得系统的零输入响应、零状态响应及全响应，非常方便。

MATLAB中求拉普拉斯变换用函数 laplace()，拉普拉斯逆变换用函数 ilaplace()。上例的实现程序如下：

```
syms t s
Yzis = (s + 1)/(s^2 + 1.5 * s + 0.5);
Yzi = ilaplace(Yzis);
ft = heaviside(t);
Xs = laplace(ft);
Yzss = Xs/( s^2 + 1.5 * s + 0.5);
Yzs = ilaplace(Yzss);
Yt = simplify(Yzi + Yzs)
```

6.1.2 RLC系统的复频域分析

所谓 RLC 系统是指由线性时不变电阻元件 R、电感元件 L、电容元件 C、线性受控源和独立电源组成的线性时不变系统。这种系统的输入/输出关系是常系数线性微分方程，因而可以用前面已讨论的微分方程的复频域解法求它的响应，但是建立 RLC 系统的微分方程的过程相对复杂。下面首先讨论 VAR、KCL、KVL 的 s 域形式，并以此为基础，讨论 R、L、C 元件的 s 域模型，进而建立 RLC 系统的 s 域模型。

1. RLC 系统的复频域模型

RLC 系统元件的电压电流时域关系分别为：

$$u_R(t)=Ri_R(t);\quad u_L(t)=L\frac{\mathrm{d}i_L(t)}{\mathrm{d}t};\quad u_C(t)=\frac{1}{C}\int_{-\infty}^{t}i_C(\tau)\mathrm{d}\tau$$

对以上三式两边分别进行单边拉普拉斯变换，利用微分和积分性质，可得到 RLC 系统元件在 s 域的模型：

$$U_R(s)=RI_R(s)\tag{6-5}$$

$$U_L(s)=sLI_L(s)-Li_L(0^-)\tag{6-6}$$

$$U_C(s)=\frac{1}{sC}I_C(s)+\frac{1}{s}u_C(0^-)\tag{6-7}$$

经过变换后的方程式可以直接用来处理 s 域中 $U(s)$ 和 $I(s)$ 之间的关系，对每个关系式都可构建一个 s 域网络模型，如图 6-1 所示。电感和电容的初始状态通过串联的电压源表示，其电流方向由式(6-6)和式(6-7)中的正负号决定，负号表示和原电流方向相反，正号表示相同。这样，就可以建立任何时间域的 RLC 系统的 s 域模型，利用如下所示的 KVL 和 KCL 定理的 s 域模型，就可以方便地进行复频域分析。

$$\text{KVL:}\ \sum u(t)=0\rightarrow\sum U(s)=0\tag{6-8}$$

$$\text{KCL:}\ \sum i(t)=0\rightarrow\sum I(s)=0\tag{6-9}$$

图 6-1　元件 s 域电压形式模型

整理式(6-6)和式(6-7)，可得电流形式的 s 域方程如式(6-10)和式(6-11)所示，由其得到的电流形式 s 域模型如图 6-2 所示。

$$I_L(s)=\frac{1}{sL}U_L(s)+\frac{1}{s}i_L(0^-)\tag{6-10}$$

$$I_C(s)=sCU_C(s)-CU_C(0^-)\tag{6-11}$$

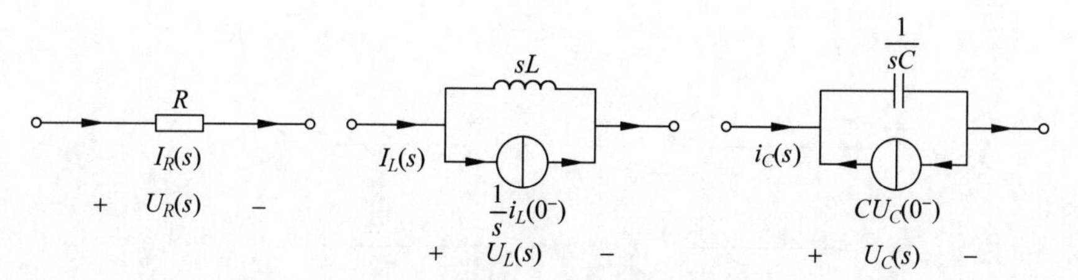

图 6-2　元件 s 域电流形式模型

图 6-1 的元件模型适合基于 KVL 写出回路方程；图 6-2 的元件模型适合基于 KCL 写出节点方程。也可以将戴维宁定理、诺顿定理直接应用于 s 域的求解。

RLC 系统的复频域模型包括三个内容：一是系统元件的 s 域模型，二是 KCL、KVL 的 s 域形式，三是 RLC 系统(电路)的复频域模型。建立前两个模型的基本方法是将其相应的时域关系通过拉普拉斯变换等效到 s 域；而 RLC 系统的 s 域模型，则是把 RLC 电路中的激励(独立源)和响应用其象函数表示，R、L、C 元件用其 s 域元件模型表示的直接结果。

2. RLC 系统的复频域分析方法

一般情况下，RLC 系统的复频域分析方法可以归纳为以下过程。

(1) 如果电路系统初始状态不为零，则利用电路的稳定状态，采用电路分析的方法确定初始状态 $i_L(0^-)$ 和 $u_C(0^-)$。

(2) 利用图 6-1 和图 6-2 所示的电感和电容模型，建立电路系统的 s 域模型；或者可以分别建立零输入响应和零状态响应的 s 域模型。

(3) 选择合适参考点，利用式(6-8)或者式(6-9)所示的 KVL 和 KCL 定理的 s 域模型，建立输入和输出之间的 s 域方程。

(4) 解方程，得到零输入响应、零状态响应的象函数。

(5) 计算逆变换，得到相关的时域响应。

例 6.3 如图 6-3(a)所示的电路正处于稳态。$t=0$ 时开关 K 由端点“1”拨到端点“2”。已知输入信号为 $f_1(t)$ 和 $f_2(t)$，试求输出电压 $u_o(t)$ 的零输入响应 $u_{ox}(t)$，零状态响应 $u_{of}(t)$ 和完全响应。

解 本题采用基于 s 域模型的求解方法。

首先，根据题意，确定电路在 $t=0^-$ 时的初始状态。由题意可得：

$$i_L(0^-)=\left.\frac{f_1(t)}{R_1+R_2}\right|_{t=0^-}=\frac{9}{3}=3(\mathrm{A})$$

$$u_C(0^-)=i_L(0^-)\cdot R_2=3\times 2=6(\mathrm{V})$$

其次，确定电容 C、电感 L 元件的 s 域模型如图 6-3(b)所示，并将其用于电路，得到 s 域模型电路如图 6-3(c)所示。

完成以上两步后，下面有两种方法：一是直接通过图 6-3(c)的电路模型建立方程；二是将图 6-3(c)再次分解为零状态响应和零输入响应两种模型，然后再分别建立方程。下面分别介绍。

(1) 直接通过图 6-3(c)建立方程。

以 a 点作为参考点，利用 KCL 的 s 域形式 $\sum I(s)=0$，可得如下方程：

$$\left[\frac{1}{R_1}+\frac{1}{1/sC}+\frac{1}{sL+R_2}\right]u_o(s)=\frac{u_C(0^-)/s}{1/sC}+\frac{-Li_L(0^-)}{sL+R_2}+\frac{F_2(s)}{R_1}$$

$$u_o(s)=\frac{(2s+4)u_C(0^-)-i_L(0^-)}{2s^2+5s+3}+\frac{s+2}{2s^2+5s+3}F_2(s)$$

由此容易得到：$u_{ox}(s)=\dfrac{12s+21}{2s^2+5s+3}$，$u_{of}(s)=\dfrac{6(s+2)}{s(2s^2+5s+3)}$

$$h(s)=\frac{s+2}{2s^2+5s+3}$$

(2) 将图 6-3(c)分解为求零输入响应和零状态响应的两种电路模型，如图 6-3(d)和

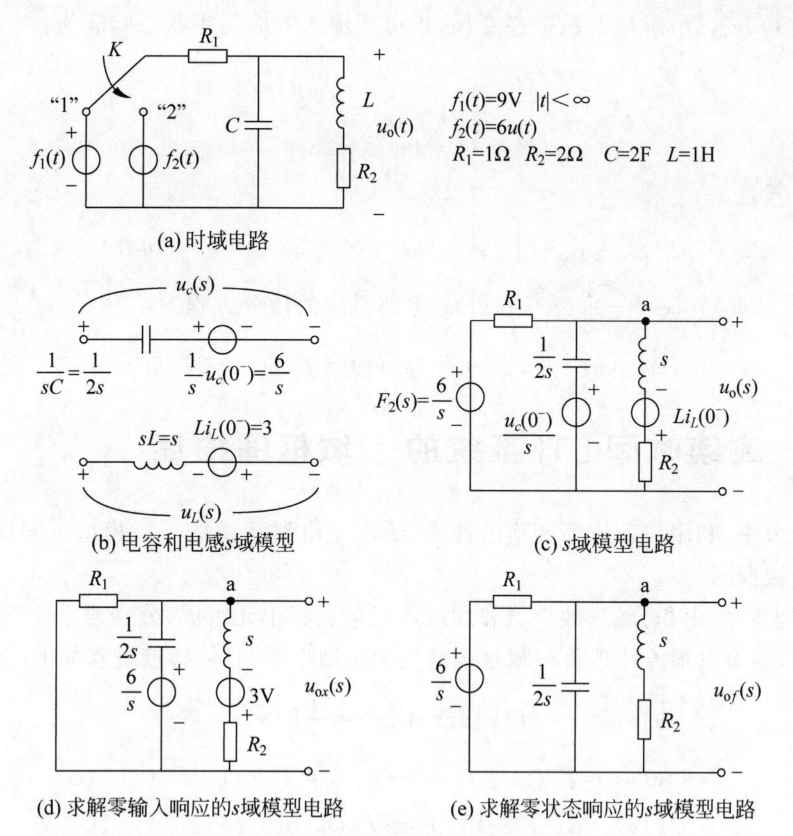

图 6-3 时域电路及其 s 域模型

图 6-3(e)所示,然后再分别建立方程。

以 a 点作为参考点,对图 6-3(d)应用 KCL 的 s 域形式 $\sum I(s)=0$ 建立方程如下:

$$\left[\frac{1}{R_1}+\frac{1}{1/sC}+\frac{1}{sL+R_2}\right]u_{ox}(s)=\frac{6/s}{1/sC}+\frac{-3}{sL+R_2}$$

代入元件参数,有:

$$\left(1+2s+\frac{1}{s+2}\right)u_{ox}(s)=12-\frac{3}{s+2}$$

即
$$\frac{2s^2+5s+3}{s+2}u_{ox}(s)=\frac{12s+21}{s+2}$$

解得:
$$u_{ox}(s)=\frac{12s+21}{(s+1)(2s+3)}=\frac{9}{s+1}-\frac{3}{s+3/2}$$

以 a 点作为参考点,对图 6-3(e)应用 KCL 的 s 域形式 $\sum I(s)=0$,得:

$$\left(1+2s+\frac{1}{s+2}\right)u_{of}(s)=\frac{F_2(s)}{R_1}$$

即
$$\frac{2s^2+5s+3}{s+2}u_{of}(s)=\frac{6}{s}$$

解得:
$$u_{of}(s)=\frac{6(s+2)}{s(s+1)(2s+3)}=\frac{4}{s}-\frac{6}{s+1}+\frac{2}{s+3/2}$$

分别对 $u_{ox}(t)$、$u_{of}(t)$求拉普拉斯逆变换，求得零输入响应与零状态响应为：

$$u_{ox}(t)=(9\mathrm{e}^{-t}-3\mathrm{e}^{-\frac{3}{2}t})u(t)$$

$$u_{of}(t)=(4-6\mathrm{e}^{-t}+2\mathrm{e}^{-\frac{3}{2}t})u(t)$$

则完全响应为：

$$u_{o}(t)=u_{ox}(t)+u_{of}(t)=(4+3\mathrm{e}^{-t}-\mathrm{e}^{-\frac{3}{2}t})u(t)$$

冲激响应为：$h(t)=\left(\mathrm{e}^{-t}-\frac{1}{2}\mathrm{e}^{-\frac{3}{2}t}\right)u(t)$；电路系统的微分方程为：

$$2u''_{o}(t)+5u'_{o}(t)+3u_{o}(t)=f'_{2}(t)+2f_{2}(t)$$

6.2 连续时间 LTI 系统的 s 域框图描述

在 6.1 节中，利用拉普拉斯变换的性质，给出了电路系统的 s 域模型。同样，也可以建立系统的 s 域框图。

时域框图一般由积分器、数乘器和加法器三个运算单元组成，分别建立这三个运算单元的 s 域模型，就可以很方便地将时域框图转换为 s 域框图，具体转换过程如下：

$$y(t)=\int_{-\infty}^{t}f(\tau)\mathrm{d}\tau\leftrightarrow Y(s)=\frac{1}{s}F(s)$$

$$y(t)=f_{1}(t)+f_{2}(t)\leftrightarrow Y(s)=F_{1}(s)+F_{2}(s)$$

$$y(t)=\beta f(t)\leftrightarrow Y(s)=\beta F(s) \tag{6-12}$$

这样，只要将时域框图中的激励 $f(t)$用 $F(s)$替换，将时域响应 $y(t)$用 $Y(s)$替换，将积分符号用 s^{-1} 替换，其他不变，即可得到 s 域框图。

例 6.4 已知某系统的时域框图如图 6-4 所示，画出该系统的 s 域框图。

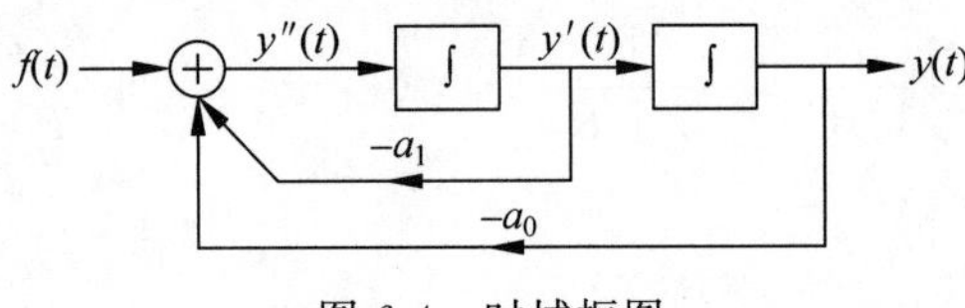

图 6-4 时域框图

解 采用式(6-12)的转换方法，可得其 s 域框图如图 6-5 所示。

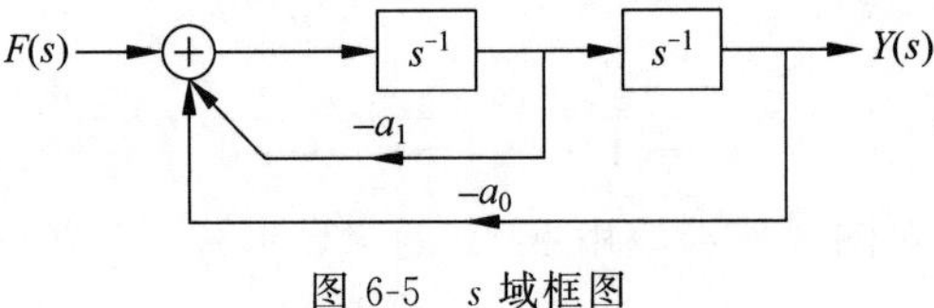

图 6-5 s 域框图

6.3 连续时间 LTI 系统的系统函数 $H(s)$

系统函数是工程实际中用以描述 LTI 系统的最主要方法。因此，大家也从不同角度出发，用不同的方式定义了系统函数。

6.3.1　系统函数的定义

一般而言，一个 LTI 系统可用图 6-6 所示的结构描述时域和频域下输入激励、零状态响应和冲激响应三者之间的关系。

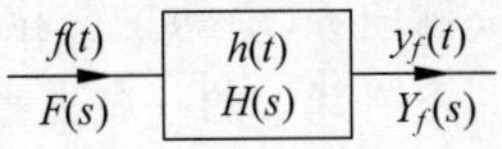

图 6-6　激励、响应和系统关系

根据系统的激励和响应在时域分析中的关系可知，图 6-6 描述的激励、响应和冲激响应三者关系为：

$$y_f(t)=f(t)*h(t)$$

利用拉普拉斯变换的时域卷积定理得：

$$Y_f(s)=F(s)H(s)$$

上式亦可变形为：

$$H(s)=\frac{Y_f(s)}{F(s)} \tag{6-13}$$

由此可见，系统函数 $H(s)$ 被定义为系统零状态响应的拉普拉斯变换 $Y_f(s)$ 与输入激励的拉普拉斯变换 $F(s)$ 的比值。

需要说明的是，若系统的输入激励 $f(t)=\delta(t)$，则根据单位冲激响应的定义可知，此时系统的零状态响应 $y_f(t)$ 就是系统的单位冲激响应 $h(t)$，将单位冲激响应 $h(t)$ 变换到 s 域也可获取系统的系统函数 $H(s)=L[h(t)]$。

6.3.2　系统函数的不同表现形式

在 s 域元件模型中，若初始状态为零，动态元件电感 L 和电容 C 的初始状态的电压源或电流源将不存在，此时各元件在 s 域下的方程可简化为 $U(s)=Z(s)I(s)$ 或 $I(s)=Y(s)U(s)$。式中 $Z(s)$ 表示 s 域阻抗（电压比电流），$Y(s)$ 表示 s 域导纳（电流比电压）。

通常情况下，系统的激励和响应可以是电压信号，也可以是电流信号，所以系统函数可以是阻抗、导纳或数值比（电流比或电压比）。系统函数在不同的网络下也具有其他的称谓，如图 6-7(a)所示，如果激励和响应在同一端口，即单端口网络，则系统函数称为策动点函数（或驱动点函数）；如图 6-7(b)所示，如果激励和响应在不同端口，即双端口网络，则系统函数称为转移函数（或传输函数）。

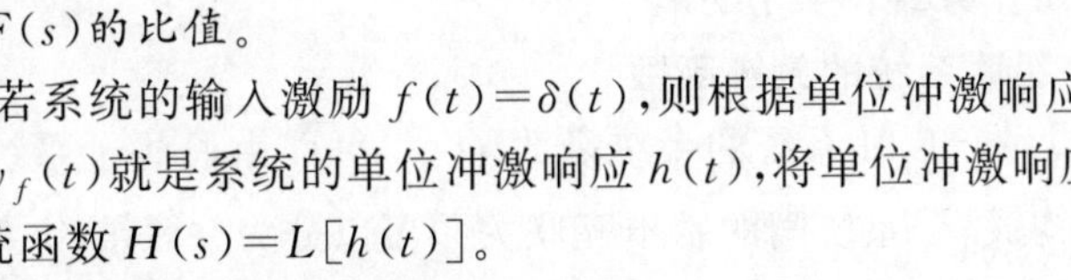

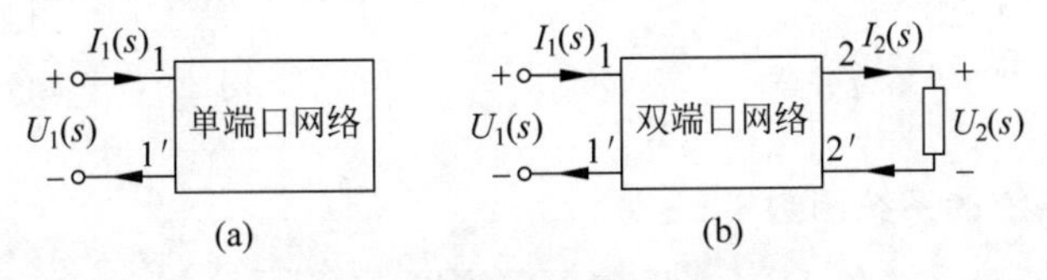

图 6-7　策动点函数和转移函数

对图 6-7 所示的单端口网络和双端口网络的分析可知，策动点函数只能是阻抗或导纳，如策动点导纳 $H(s)=I_1(s)/U_1(s)$ 或策动点阻抗 $H(s)=U_1(s)/I_1(s)$；而转移函数可以是阻抗、导纳或数值比，如转移导纳 $H(s)=I_2(s)/U_1(s)$、转移阻抗 $H(s)=U_2(s)/I_1(s)$、

电压数值比 $H(s)=U_2(s)/U_1(s)$或电流数值比 $H(s)=I_2(s)/I_1(s)$。

6.3.3 系统函数的典型计算方法

通过上述复频域分析方法、系统函数的定义以及不同表现形式的介绍，容易得到系统函数的很多计算方法。例如，通过冲激响应 $h(t)$的拉普拉斯变换、微分方程或电路的 s 域模型等，均可以得到系统函数。下面将介绍其中的一些典型方法。

1. 通过微分方程计算系统函数

若 LTI 系统的 n 阶常系数线性微分方程为：

$$a_n y^{(n)}(t)+a_{n-1}y^{(n-1)}(t)+\cdots+a_0 y(t)=b_m f^{(m)}(t)+\cdots+b_0 f(t)$$

等号两边取拉普拉斯变换，并整理得：

$$Y(s)=\frac{B(s)}{A(s)}F(s)$$

可得系统函数：

$$H(s)=\frac{B(s)}{A(s)}=\frac{b_m s^m+b_{m-1}s^{m-1}+\cdots+b_0}{s^n+a_{n-1}s^{n-1}+\cdots+a_0} \tag{6-14}$$

由此可见，可以直接由系统的微分方程的系数写出相应的系统函数 $H(s)$，同样也可以通过系统函数直接写出系统的微分方程。

2. 并联系统和级联系统的系统函数

在实际过程中，一个 LTI 系统的系统函数 $H(s)$可以由一些子系统 $H_1(s)$，$H_2(s)$，… $H_n(s)$的互联模式构成，子系统间的基本互联关系可以分为并联结构、级联结构和反馈结构等方式。

如图 6-8 所示，$H_1(s)$和 $H_2(s)$两个子系统以并联关系互联构成整个系统，系统函数 $H(s)$与两个子系统的运算关系为 $H(s)=H_1(s)+H_2(s)$，它们的时域运算关系为 $h(t)=h_1(t)+h_2(t)$。

如图 6-9 所示，$H_1(s)$和 $H_2(s)$两个子系统以级联关系互联构成整个系统，系统函数 $H(s)$与两个子系统的运算关系为 $H(s)=H_1(s)H_2(s)$，它们的时域运算关系为 $h(t)=h_1(t)*h_2(t)$。

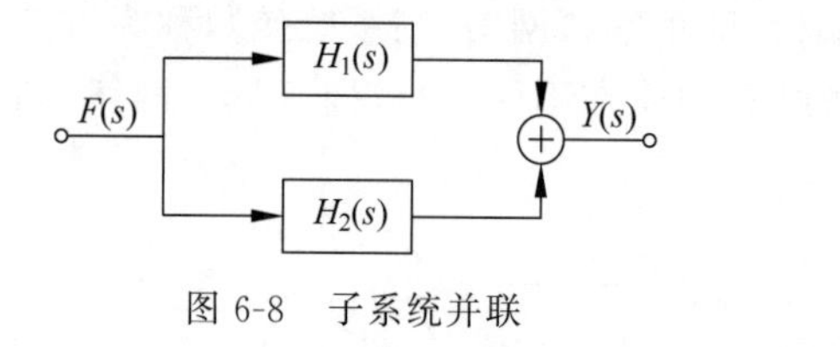

图 6-8　子系统并联

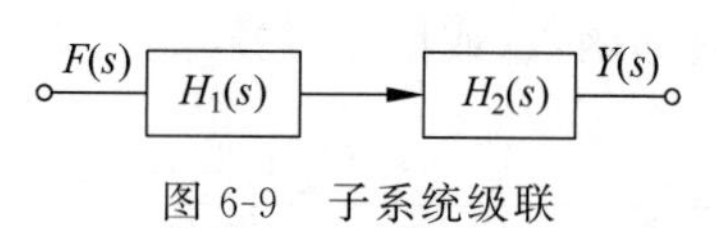

图 6-9　子系统级联

3. 反馈连接系统的系统函数

如图 6-10 所示，$H_1(s)$和 $H_2(s)$两个子系统以反馈关系互联构成整个系统，其系统函数为 $H(s)$，这种连接关系称为反馈连接。图中“+”号表示正反馈，表示输入信号与反馈信号相加；“−”号表示负反馈，表示输入信号与反馈信号相减。

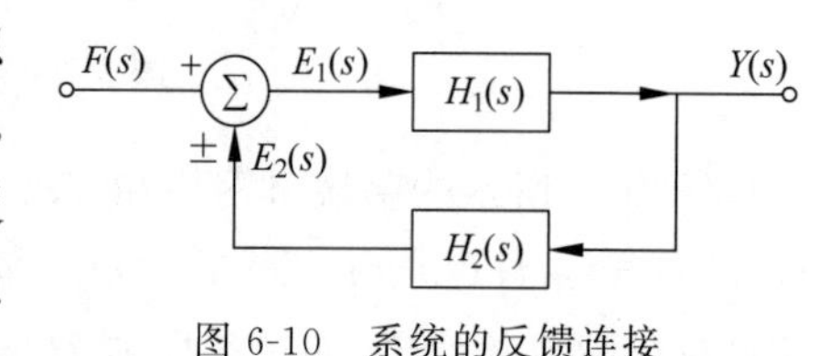

图 6-10　系统的反馈连接

图 6-10 中的系统函数可以通过节点变量法求取。由图可知：

$$E_1(s)=F(s)\pm E_2(s)$$

$$E_2(s)=Y(s)H_2(s)$$

可得：

$$\begin{aligned}Y(s)&=H_1(s)[F(s)\pm E_2(s)]\\&=H_1(s)F(s)\pm H_1(s)E_2(s)\\&=H_1(s)F(s)\pm H_1(s)H_2(s)\cdot Y(s)\end{aligned}$$

所以，系统函数：

$$H(s)=\frac{Y(s)}{F(s)}=\frac{H_1(s)}{1\mp H_1(s)H_2(s)} \tag{6-15}$$

该系统函数为闭环传递函数，式中负号对应图 6-10 中的正反馈连接，正号对应图 6-10 中的负反馈连接。

例 6.5　已知连续时间 LTI 系统的激励为 $f(t)=\mathrm{e}^{-t}u(t)$，$y_f(t)=(\mathrm{e}^{-t}-\mathrm{e}^{-2t})u(t)$ 为系统的零状态响应，求该系统函数 $H(s)$。

解　分别对系统的输入激励 $f(t)$ 和零状态响应 $y_f(t)$ 进行拉普拉斯变换，得：

$$L[f(t)]=L[\mathrm{e}^{-t}u(t)]=\frac{1}{s+1}$$

$$L[y_f(t)]=L[(\mathrm{e}^{-t}-\mathrm{e}^{-2t})u(t)]=\frac{1}{s+1}-\frac{1}{s+2}=\frac{1}{(s+1)(s+2)}$$

则：

$$H(s)=\frac{Y_f(s)}{F(s)}=\frac{(s+1)}{(s+1)(s+2)}=\frac{s+1}{s^2+3s+2}$$

例 6.6　某 LTI 系统的微分方程为 $y''(t)+2y'(t)+2y(t)=f'(t)+3f(t)$，求该系统的系统函数 $H(s)$。

解　令系统的零状态响应 $y_f(t)$ 的象函数为 $Y_f(s)$，对微分方程取拉普拉斯变换（初始状态为零），得：

$$s^2Y_f(s)+2sY_f(s)+2Y_f(s)=sF(s)+3F(s)$$

于是得系统函数为：

$$H(s)=\frac{Y_f(s)}{F(s)}=\frac{s+3}{s^2+2s+2}$$

例 6.7　根据图 6-11 反馈系统框图求系统函数 $H(s)$。

解　由题图可知 $F_1(s)=F(s)-Y(s)\dfrac{2}{s+1}$，$Y(s)=F_1(s)\dfrac{s}{s+2}$

将 $F_1(s)$ 代入 $Y(s)$ 得：$Y(s)=\left[F(s)-Y(s)\dfrac{2}{s+1}\right]\dfrac{s}{s+2}$。将上式整理可得：

$$H(s)=\frac{Y(s)}{F(s)}=\frac{s^2+s}{s^2+5s+2}$$

例 6.8　写出图 6-12 所示 s 域框图所描述系统的系统函数 $H(s)$。

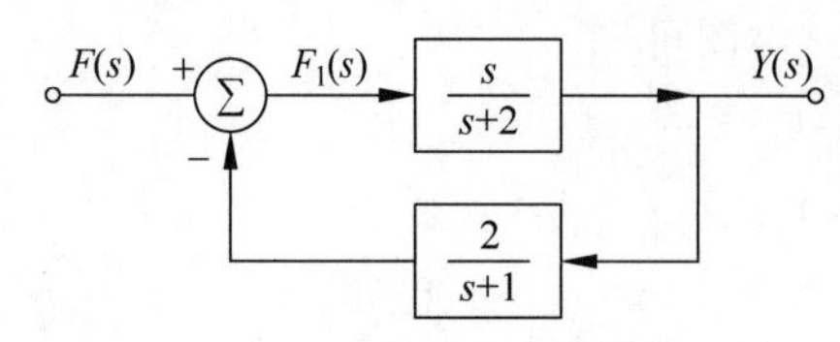

图 6-11　反馈系统 s 域框图

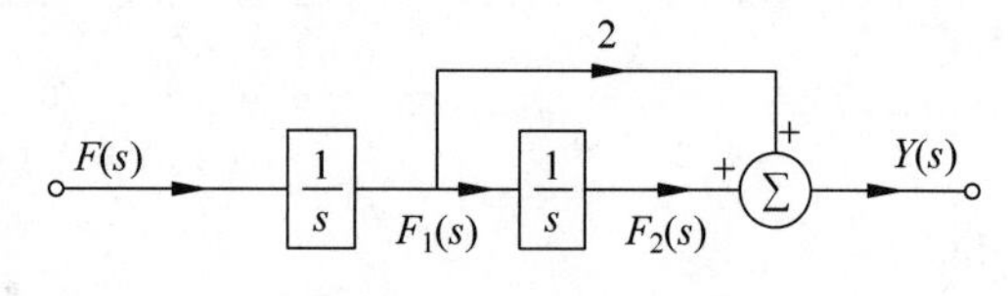

图 6-12　s 域框图

解　由图可知 $Y(s)=2F_1(s)+F_2(s)$，其中 $F_1(s)=\frac{1}{s}F(s)$，$F_2(s)=\frac{1}{s}F_1(s)$，将其代入，则有：

$$Y(s)=\frac{2}{s}F(s)+\frac{1}{s}F_1(s)=\frac{2}{s}F(s)+\frac{1}{s^2}F(s)$$

所以：

$$H(s)=\frac{Y(s)}{F(s)}=\frac{2s+1}{s^2}$$

例 6.9　设某 LTI 系统的初始状态一定，已知当输入 $f_1(t)=\delta(t)$ 时，系统的全响应为 $y_1(t)=3\mathrm{e}^{-t}u(t)$；当输入 $f_2(t)=u(t)$ 时，系统的全响应 $y_2(t)=(1+\mathrm{e}^{-t})u(t)$。计算系统的系统函数以及输入为 $f(t)=tu(t)$ 时的全响应。

解　设系统的零输入响应 $y_x(t)$ 和零状态响应 $y_f(t)$ 的象函数分别为 $Y_x(s)$ 和 $Y_f(s)$，系统函数为 $H(s)$，则系统全响应 $y(t)$ 的象函数可写为：

$$Y(s)=Y_x(s)+Y_f(s)=Y_x(s)+H(s)F(s)$$

由已知条件，当输入 $f_1(t)=\delta(t)$ 时，$F_1(s)=1$，$Y_1(s)=\frac{3}{s+1}$。故有 $Y_x(s)+H(s)=\frac{3}{s+1}$，当输入为 $f_2(t)=u(t)$ 时，$F_2(s)=\frac{1}{s}$，$Y_2(s)=\frac{2s+1}{s(s+1)}$。故有 $Y_x(s)+H(s)\frac{1}{s}=\frac{2s+1}{s(s+1)}$，由以上建立方程组可得 $H(s)=\frac{1}{s+1}$，$Y_x(s)=\frac{2}{s+1}$，所以该系统的零输入响应的时域函数为 $y_x(t)=2\mathrm{e}^{-t}u(t)$。当输入 $f(t)=tu(t)$ 时，$F(s)=\frac{1}{s^2}$，故有零状态响应 $y_f(t)$ 的象函数为：

$$Y_f(s)=H(s)F(s)=\frac{1}{s^2(s+1)}=\frac{1}{s^2}-\frac{1}{s}+\frac{1}{s+1}$$

故其零状态响应的时域函数为 $y_f(t)=(t-1+\mathrm{e}^{-t})u(t)$。当输入 $f(t)=tu(t)$ 时，系统的全响应为 $y(t)=y_x(t)+y_f(t)=(t-1+3\mathrm{e}^{-t})u(t)$。

6.4　系统函数零极点分布与系统时域特性及稳定性的关系

连续时间 LTI 系统的冲激响应 $h(t)$ 和系统函数 $H(s)$ 分别从时域和变换域两方面表征了同一系统的本性。在 s 域分析中，借助系统函数在 s 平面零点与极点分布的研究，可以简明、直观地给出系统及其响应的许多规律。

6.4.1　系统函数的零极点

一个连续时间 LTI 系统的系统函数一般可以表示为两个 s 的有理多项式的比值，为方便，将式(6-14)重写如下：

$$H(s)=\frac{B(s)}{A(s)}=\frac{b_m s^m+b_{m-1}s^{m-1}+\cdots+b_0}{s^n+a_{n-1}s^{n-1}+\cdots+a_0} \tag{6-16}$$

若把分子分母多项式都分解成一阶因子的乘积，则：

$$H(s)=K\frac{(s-z_1)(s-z_2)\cdots(s-z_m)}{(s-p_1)(s-p_2)\cdots(s-p_n)}=K\frac{\prod_{j=1}^{m}(s-z_j)}{\prod_{i=1}^{n}(s-p_i)}$$

式中 p_i 和 z_j 分别是系统函数的极点和零点，其值可以是实数，也可以是复数。

将系统函数的零极点绘制在 s 平面内，对零点用○绘制，对极点用×绘制，零极点标示在 s 平面内所绘制的图称为零极点分布图。

例 6.10 已知一个连续时间系统的系统函数如下，绘制该系统的零极点分布图。

$$H(s)=\frac{s^3-2s^2+2s}{s^4+2s^3+5s^2+8s+4}$$

解 由系统函数知

$$H(s)=\frac{s(s-1+\mathrm{j}1)(s-1-\mathrm{j}1)}{(s+1)^2(s+\mathrm{j}2)(s-\mathrm{j}2)}$$

故其零点为：$z_1=0, z_2=1+\mathrm{j}, z_3=1-\mathrm{j}$；极点为：$p_1=p_2=-1, p_3=2\mathrm{j}, p_4=-2\mathrm{j}$ 在 s 平面内绘制零极点，得到零极点分布图如图 6-13 所示，图中二阶极点用⊗绘制。

MATLAB 中提供了 roots()函数计算系统的零极点，提供了 zplane()函数绘制连续系统的零极点分布图。

其中：$A=[a_n, a_{n-1}, \cdots, a_1, a_0]$，$B=[b_m, b_{m-1}, \cdots, a_1, a_0]$分别表示系统函数分母多项式和分子多项式的系数。roots(B)：求分子多项式的根；roots(A)：求分母多项式的根。

例 6.10 绘制零极点分布图的程序如下：

```
B = [1 -2 2 0];
A = [1 2 5 8 4];
zplane(B,A);
```

程序运行结果如图 6-14 所示。

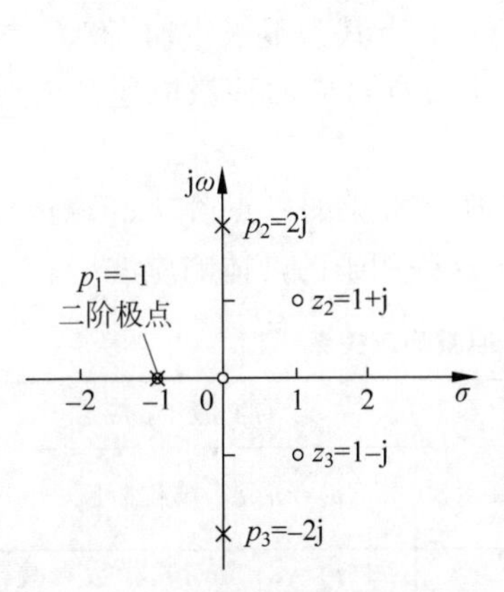

图 6-13 零极点分布图

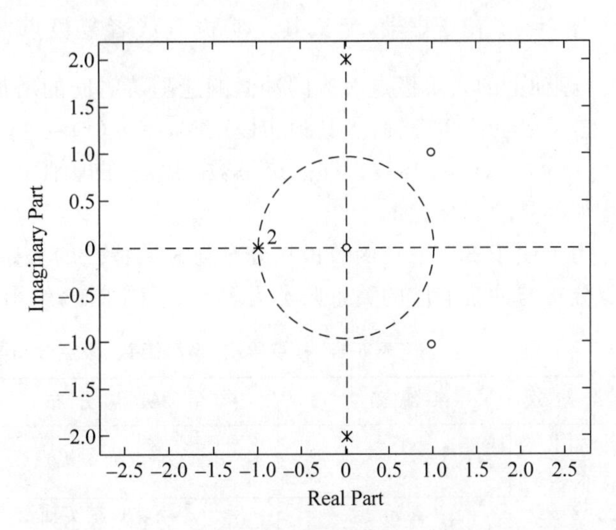

图 6-14 运行结果

6.4.2 系统函数的极点分布与单位冲激响应的关系

为了研究 $H(s)$的极点在 s 平面上的分布与系统单位冲激响应的关系，现将 $H(s)$部分分式展开为如下形式：

$$H(s)=K\frac{\prod_{j=1}^{m}(s-z_j)}{\prod_{i=1}^{n}(s-p_i)}=\sum_{i=1}^{r}\frac{A_i}{(s-s_p)^i}+\sum_{k=r+1}^{n}\frac{A_k}{s-s_k} \tag{6-17}$$

式中，s_p 为 r 重极点，s_k 为一阶极点。对式(6-17)求拉普拉斯逆变换，可求得其系统的单位冲激响应为：

$$h(t)=\sum_{i=1}^{r}\frac{A_i}{(i-1)!}t^{i-1}\mathrm{e}^{s_p t}u(t)+\sum_{k=r+1}^{n}A_k\mathrm{e}^{s_k t}u(t) \tag{6-18}$$

此式表明，若系统具有单极点 s_k，则 $h(t)$中就有对应的函数项 $A_k\mathrm{e}^{s_k t}u(t)$；若系统具有 r 重极点 s_p，则 $h(t)$中就有对应的函数项 $\sum_{i=1}^{r}\frac{A_i}{(i-1)!}t^{i-1}\mathrm{e}^{s_p t}u(t)$。

由于系统函数 $H(s)$是一般象函数的特例，所以利用 5.5.2 节的分析结果容易得到如下结论。

1. 左半平面的极点

若 $s=s_k$ 和 $s=s_p$ 均位于左半 s 平面，无论其是实极点或者复极点，都有 $\lim\limits_{t\to\infty}|h(t)|=0$，即系统函数 $H(s)$左半平面的极点对应的冲激响应随着时间的增加都趋于零。

2. 右半平面的极点

若 $s=s_k$ 和 $s=s_p$ 均位于右半 s 平面，无论其是实极点或者复极点，都有 $\lim\limits_{t\to\infty}|h(t)|=\infty$，即系统函数 $H(s)$右半平面的极点对应的冲激响应随着时间的增加都趋于无穷。

3. 虚轴上的极点

若 $s=s_p$ 位于虚轴，无论其是实极点或者复极点，都有 $\lim\limits_{t\to\infty}|h(t)|=\infty$，即系统函数 $H(s)$虚轴上的高阶极点对应的冲激响应随着时间的增加都趋于无穷。

若 $s=s_k$ 位于虚轴，当其为实极点时，有 $h(t)=A_k u(t)$；当其为虚极点时，有 $h(t)=2|A_k|\cos(\omega_k t-\varphi_k)u(t)$，即系统函数 $H(s)$在虚轴上一阶极点对应的冲激响应随着时间的增加都是稳态变化的。

为了便于查询系统函数极点分布与时域特性的关系，现将常见的极点阶次、系统函数、极点分布与冲激响应的关系归类为表 6-1。图 6-15 给出了这些例子的具体响应波形。

表 6-1　极点阶次、系统函数、极点分布与冲激响应关系

极点阶次	系统函数	极点分布	冲激响应
一阶极点	$H(s)=\frac{1}{s}$	$s_k=0$，在原点处单极点	$h_1(t)=u(t)$，单位阶跃
	$H(s)=\frac{1}{s+a}$	$s_k=-a,a>0$，左实轴	$h_2(t)=\mathrm{e}^{-at}u(t)$，指数衰减
		$s_k=-a,a<0$，右实轴	$h_3(t)=\mathrm{e}^{-at}u(t)$，指数增长

续表

极点阶次	系统函数	极点分布	冲激响应
一阶极点	$H(s)=\frac{\omega}{s^2+\omega^2}$	$s_{k_{1,2}}=\pm j\omega$，共轭极点在虚轴上	$h_4(t)=\sin(\omega t)u(t)$，等幅振荡
	$H(s)=\frac{\omega}{(s+a)^2+\omega^2}$	$s_{k_{1,2}}=-a\pm j\omega,a>0$，共轭极点在左半平面	$h_5(t)=e^{-at}\sin(\omega t)u(t)$，衰减振荡
		$s_{k_{1,2}}=-a\pm j\omega,a<0$，共轭极点在右半平面	$h_6(t)=e^{-at}\sin(\omega t)u(t)$，增幅振荡
二阶极点	$H(s)=\frac{1}{s^2}$	$s_p=0$，在原点处二阶极点	$h_7(t)=tu(t)$，线性增长
	$H(s)=\frac{1}{(s+a)^2}$	$s_p=-a,a>0$，在左实轴上二阶极点	$h_8(t)=te^{-at}u(t)$，收敛于零
		$s_p=-a,a<0$，在右实轴上二阶极点	$h_9(t)=te^{-at}u(t)$，发散递增
	$H(s)=\frac{2\omega s}{(s^2+\omega^2)^2}$	$s_{p_{1,2}}=\pm j\omega$，在虚轴上二阶共轭极点	$h_{10}(t)=t\sin(\omega t)u(t)$，增幅振荡

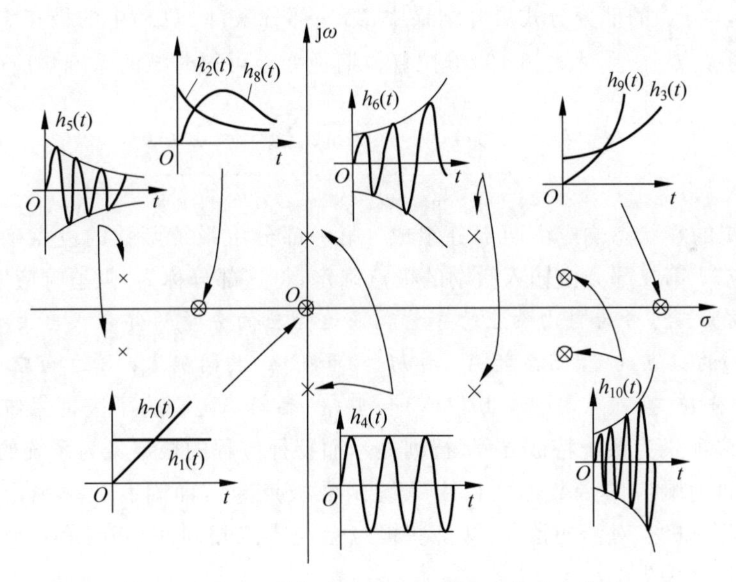

图 6-15　$H(s)$的极点位置与冲激响应的对应关系

注：图中×表示一阶极点；⊗表示二阶极点

6.4.3　系统函数 $H(s)$和激励 $F(s)$的极点分布与自由响应、强迫响应的关系

s 域中，系统激励 $F(s)$、系统函数 $H(s)$和系统响应 $Y_f(s)$的关系可描述为：

$$Y_f(s)=F(s)H(s)$$

式中，系统激励 $F(s)$、系统函数 $H(s)$也可以写成零极点的分式结构为：

$$H(s)=K_1\frac{\prod_{j=1}^{m}(s-s_{z_j})}{\prod_{i=1}^{n}(s-s_{p_i})}\quad F(s)=K_2\frac{\prod_{l=1}^{u}(s-s_{z_l})}{\prod_{k=1}^{v}(s-s_{p_k})}$$

式中，s_{z_j}、s_{p_i} 分别为 $H(s)$ 的零点和极点；s_{z_l} 和 s_{p_k} 分别为 $F(s)$ 的零点和极点。显然，$Y_f(s)$ 中的零点和极点完全由 $H(s)$ 和 $F(s)$ 中的零点和极点确定，如：

$$Y_f(s)=H(s)F(s)=K_1K_2\frac{\prod_{j=1}^{m}(s-s_{z_j})\prod_{l=1}^{u}(s-s_{z_l})}{\prod_{i=1}^{n}(s-s_{p_i})\prod_{k=1}^{v}(s-s_{p_k})}$$

不失一般性，可以假设 K_1 和 K_2 都等于 1。

若 $Y_f(s)$ 中只有单阶极点，并且 $H(s)$ 和 $F(s)$ 中的零极点不会产生对消，则对 $Y_f(s)$ 进行部分分式展开为：

$$Y_f(s)=\underbrace{\sum_{i=1}^{n}\frac{A_i}{(s-s_{p_i})}}_{H(s)\text{中极点展开}}+\underbrace{\sum_{k=1}^{v}\frac{A_k}{(s-s_{p_k})}}_{F(s)\text{中极点展开}} \tag{6-19}$$

由此可见，$Y_f(s)$ 的部分分式展开结果中，第一部分来自 $H(s)$ 中的极点 s_{p_i}；第二部分来自 $F(s)$ 中的极点 s_{p_k}。对式(6-19)求拉普拉斯逆变换可得时域的系统响应函数为：

$$y_f(t)=\underbrace{\sum_{i=1}^{n}A_i\mathrm{e}^{s_{p_i}t}u(t)}_{H(s)\text{中极点确定}}+\underbrace{\sum_{k=1}^{n}A_k\mathrm{e}^{s_{p_k}t}u(t)}_{F(s)\text{中极点确定}} \tag{6-20}$$

式(6-20)中系统的零状态响应由两部分组成：第一部分由系统函数的极点确定，将这部分称为“自由响应”；第二部分由输入激励的极点确定，将这部分称为“强迫响应”。

*可见，系统响应可分为自由响应的分量和强迫响应的分量两部分。自由响应中的函数形式只由 $H(s)$ 的极点确定，而系数 A_i 由 $H(s)$ 和 $F(s)$ 共同确定；强迫响应中的函数形式只由 $F(s)$ 的极点确定，而系数 A_k 由 $H(s)$ 和 $F(s)$ 共同确定。*为了表征系统的特性，定义系统函数分母多项式为系统特征方程(行列式)，而特征方程的根定义为系统的固有频率(或自然频率)，故自由响应的函数形式仅由系统函数极点 s_{pi}，即固有频率确定。另外，如果 $H(s)$ 中存在零点、极点对消的情况，即某些极点会与零点相同并相互抵消，此时，系统中的这些固有频率将会丢失。

瞬态响应是指稳定系统全响应中瞬时出现的分量，即当 $t\to\infty$ 时，该分量将消失。稳态响应是指全响应减去瞬态响应分量后的剩余分量部分，这部分分量当 $t\to\infty$ 时，既不趋于零，也不趋于无穷。

由 5.5.2 节和 6.4.2 节分析结果可知：当系统函数 $H(s)$ 的极点在 s 平面左半平面时，即 $\mathrm{Re}\{s_{p_i}\}<0$，自由响应呈衰减状态，即系统的自由响应是瞬态响应；当系统函数的一阶极点在虚轴上，即 $\mathrm{Re}\{s_{p_i}\}=0$ 时，则系统的自由响应为等幅振荡，此时自由响应为稳态响应；如果系统的激励 $F(s)$ 的一阶极点在 s 平面的虚轴上，则强迫响应是稳态响应；如果激励 $F(s)$ 的极点在左半 s 平面，即 $\mathrm{Re}\{s_{p_k}\}<0$，则强迫响应随时间增加而趋于零，强迫响应为瞬

态响应；当系统的输入激励为正弦信号时，即 $\mathrm{Re}\{s_{p_k}\}=0$，则此时的强迫响应称为正弦稳态响应，即在正弦信号作用下的强迫响应；当系统函数极点在右半 s 平面，即 $\mathrm{Re}\{s_{p_i}\}>0$ 时，则系统的自由响应增幅振荡，此时系统不稳定，没有瞬态响应和稳态响应划分定义。以上结论可归纳为表 6-2。

表 6-2 $H(s)$、$F(s)$极点分布与各种响应的关系

$H(s)$极点分布	$F(s)$极点分布	瞬态响应	稳态响应
左半 s 平面 $\mathrm{Re}\{s_{p_i}\}<0$	左半 s 平面 $\mathrm{Re}\{s_{p_k}\}<0$	自由响应+强迫响应	无
	一阶极点在虚轴上 $\mathrm{Re}\{s_{p_k}\}=0$	自由响应	强迫响应
	激励为正弦信号 $\mathrm{Re}\{s_{p_k}\}=0$	自由响应	强迫响应(正弦稳态响应)
虚轴上 $\mathrm{Re}\{s_{p_i}\}=0$	一阶极点在虚轴上	无	自由响应+强迫响应
右半 s 平面 $\mathrm{Re}\{s_{p_i}\}>0$	一阶极点在虚轴上	不稳定系统无此类定义	

6.4.4 系统函数 $H(s)$的极点分布与系统稳定性的关系

先通过一个例子说明稳定系统和非稳定系统的特点和区别。设某连续时间系统的系统函数为 $H_1(s)=\frac{1}{s+1}$，当系统的输入信号为单位阶跃函数 $u(t)$时，则该系统的零状态响应的象函数为：$Y_{f1}(s)=H_1(s)U(s)=\frac{1}{s+1}\cdot\frac{1}{s}=\frac{1}{s}-\frac{1}{s+1}$

系统零状态响应为：

$$y_{f1}(t)=(1-\mathrm{e}^{-t})u(t)$$

如果系统 $H_1(s)$中叠加一个很小的分量$\frac{0.0001}{s-2}$，其系统函数为：

$$H_2(s)=\frac{1}{s+1}+\frac{0.0001}{s-2}$$

对系统 $H_2(s)$加载与系统 $H_1(s)$相同的输入信号 $u(t)$，则该系统的零状态响应的象函数为：

$$Y_{f2}(s)=H_2(s)U(s)=\frac{1+0.00005}{s}-\frac{1}{s+1}-\frac{0.00005}{s-2}$$

因为 $0.00005\ll 1$，所以该系统的零状态响应为：

$$y_{f2}(t)=(1.00005-\mathrm{e}^{-t}+0.00005\mathrm{e}^{2t})u(t)\approx(1-\mathrm{e}^{-t})u(t)$$

对比系统 $H_1(s)$和 $H_2(s)$的零状态响应 $y_{f1}(t)$和 $y_{f2}(t)$，$y_{f2}(t)$比 $y_{f1}(t)$增加了一正指数项 $0.00005\mathrm{e}^{2t}u(t)$，虽然此项的系数很小，但随着 t 的增大，该项在整个零状态响应中的影响会呈指数增加且很快超过其他部分的影响，起到主要作用，从而导致系统的零状态响应 $y_{f2}(t)$趋于无穷，反而系统 $H_1(s)$的零状态响应，$y_{f1}(t)$随着 t 的增加逐步趋于稳定，收敛于 1，如图 6-16 所示。

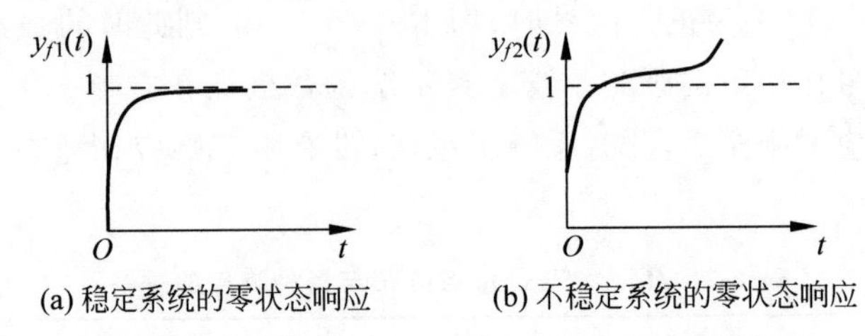

(a) 稳定系统的零状态响应　(b) 不稳定系统的零状态响应

图 6-16　稳定系统和不稳定系统的零状态响应

稳定性是系统自身的性质之一，系统是否稳定与激励信号的情况无关。上例表明，系统稳定性和系统函数 $H(s)$的极点分布密切相关。$H_1(s)$的极点全在左半开平面，系统的响应是稳定的，而 $H_2(s)$的极点有一个在右半开平面，系统的响应是趋于无穷的。

稳定性对于一个实用系统来说具有重要意义。上例表明，实际的系统是否稳定具有一定的隐蔽性。所以，如果实际系统在设计过程中，忽略了一些较小的量，就可能留下稳定性隐患，从而造成一个机械系统停车、发生故障和设备烧毁等灾难。

1. 冲激响应 $h(t)$与系统稳定性的关系

一个系统若对任意的有界输入，产生的零状态响应也是有界的，则称该系统是有界输入有界输出(Bounded Input Bounded Output，BIBO)稳定系统，简称稳定系统。该定义的数学描述如下：

对任意的激励信号

$$|f(t)| \leqslant M_f \tag{6-21}$$

其零状态响应为：

$$|y_f(t)| \leqslant M_y \tag{6-22}$$

则称该系统是稳定的，其中 M_f、M_y 为有界正实数。

基于这个定义，可以证明系统稳定的充分必要条件为：

$$\int_{-\infty}^{\infty} |h(t)| \mathrm{d}t \leqslant M \tag{6-23}$$

其中 M 为有界正实数。

证明：(1) 充分性，即当系统的冲激响应满足式(6-23)时，则系统必定是稳定的。

设系统对任意有界输入 $f(t)$的零状态响应为：

$$y_f(t)=\int_{-\infty}^{\infty} h(\tau)f(t-\tau)\mathrm{d}\tau$$

则：

$$\begin{aligned}
|y_f(t)| &= \left|\int_{-\infty}^{\infty} h(\tau)f(t-\tau)\mathrm{d}\tau\right| \\
&\leqslant \int_{-\infty}^{\infty} |h(\tau)f(t-\tau)| \mathrm{d}\tau \\
&\leqslant \int_{-\infty}^{\infty} |h(\tau)||f(t-\tau)| \mathrm{d}\tau \\
&\leqslant M_f\int_{-\infty}^{\infty} |h(\tau)| \mathrm{d}\tau \\
&\leqslant M_f M
\end{aligned}$$

充分性得证。

(2) 必要性证明,即如果 $h(t)$不满足绝对可积条件时,即 $\int_{-\infty}^{\infty}|h(t)|\mathrm{d}t=\infty$ 无界,则至少有一个有界的输入 $f(t)$会产生无界的输出 $y_f(t)$。

设 $f(t)$是具有如下特性的激励信号

$$f(-t)=\operatorname{sgn}[h(t)]=\begin{cases}1, & h(t)>0\\ 0, & h(t)=0\\ -1, & h(t)<0\end{cases}$$

这表明 $f(-t)h(t)=|h(t)|$,则零状态响应为:

$$y_f(t)=\int_{-\infty}^{+\infty}h(\tau)f(t-\tau)\mathrm{d}\tau$$

令 $t=0$,有:

$$y_f(0)=\int_{-\infty}^{+\infty}h(\tau)f(-\tau)\mathrm{d}\tau=\int_{-\infty}^{+\infty}|h(\tau)|\mathrm{d}\tau=\infty$$

上式表明,如果 $\int_{-\infty}^{\infty}|h(t)|\mathrm{d}t$ 无界,则 $y_f(0)$也无界,必要性得证。

基于上述结论和证明过程,容易得到,因果系统稳定的充分必要条件为:

$$\int_{0^-}^{\infty}|h(t)|\mathrm{d}t\leqslant M \tag{6-24}$$

2. 系统函数 $H(s)$的极点分布与因果系统稳定性的关系

容易证明,当 $h(t)$在$(0^-,\infty)$区间连续或者只有第一类间断点时,$\int_{0^-}^{\infty}|h(t)|\mathrm{d}t\leqslant M$ 和$\lim_{t\to\infty}|h(t)|=0$ 等价。这样,由 6.4.2 节的分析结果,容易得到如下结论:

如果 $H(s)$全部极点都在 s 平面的左半开平面,则其冲激响应满足$\lim_{t\to\infty}|h(t)|=0$,即满足$\int_{0^-}^{\infty}|h(t)|\mathrm{d}t\leqslant M$,所以系统稳定。

如果 $H(s)$的极点位于 s 平面虚轴上,且只有一阶,即在虚轴上有一个单极点或一对共轭复极点,其余极点位于左半开平面,则当 $t\to\infty$时,$h(t)$趋于非零常数或等幅振荡,这种情况称为临界稳定。

如果 $H(s)$存在位于 s 平面右半平面的极点,或在虚轴上具有二阶或二阶以上的极点,则当 $t\to\infty$时,$\lim_{t\to\infty}|h(t)|=\infty$,这种情况系统不稳定。

以上分析表明,因果系统稳定性的判据可以分为时域和频域。时域中如果冲激响应满足$\int_{0^-}^{\infty}|h(t)|\mathrm{d}t\leqslant M$,则系统稳定;频域中如果系统函数 $H(s)$的极点全部位于左半开平面,则系统稳定。

例 6.11 如图 6-17 所示的反馈系统,其子系统的系统函数为 $G(s)=\dfrac{1}{(s-1)(s+2)}$,当常数 k 满足什么条件时,系统是稳定的?

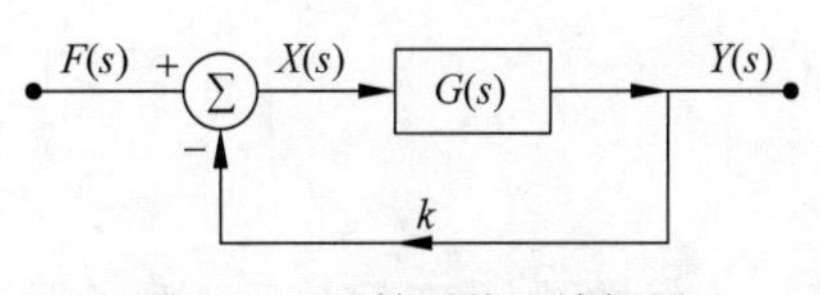

图 6-17 反馈系统 s 域框图

解 根据题图可知,加法器输出端的信号为:

$$X(s)=F(s)-kY(s)$$

系统输出信号为:

$$Y(s)=G(s)X(s)=G(s)F(s)-kG(s)Y(s)$$

则该反馈系统的系统函数为:

$$H(s)=\frac{Y(s)}{F(s)}=\frac{G(s)}{1+kG(s)}=\frac{1}{s^2+s+k-2}$$

该系统的极点为:

$$s_{1,2}=-\frac{1}{2}\pm\sqrt{\frac{9}{4}-k}$$

如果系统稳定,则极点 $s_{1,2}$ 需位于左半开平面,则必须满足:

$$\frac{9}{4}-k<0 \quad 或 \quad \begin{cases}\frac{9}{4}-k>0 \\ -\frac{1}{2}+\sqrt{\frac{9}{4}-k}<0\end{cases}$$

由此可得,$k>2$ 时系统是稳定的。

3. 劳斯-赫尔维茨准则

通过系统函数 $H(s)$的极点在 s 平面的分布判断系统稳定性的方法,虽然直观有效,对于低阶系统也很方便。但对于高阶系统,由于 $H(s)$的分母多项式的根求解比较困难,因而用其极点分布判断高阶系统的稳定性往往很不方便。劳斯和赫尔维茨提出了一种 s 域判断系统稳定性的准则。这个准则利用 $H(s)$的分母多项式的系数判断其极点分布,进而判断系统的稳定性,而不必求出系统函数 $H(s)$的极点,有较好的实用性。

连续系统的稳定性的一种有效的判别准则是劳斯-赫尔维茨(Routh-Hurwitz)准则,具体包括赫尔维茨多项式、劳斯阵列和劳斯判据三部分。

设 n 阶 LTI 系统的系统函数 $H(s)=\frac{B(s)}{A(s)}$的分母多项式为:

$$A(s)=a_n s^n+a_{n-1}s^{n-1}+\cdots+a_1 s+a_0 \tag{6-25}$$

如果 $A(s)$的所有根均在 s 平面的左半开平面,则 $A(s)$称为赫尔维茨多项式。$A(s)$为赫尔维茨多项式的必要条件为该多项式的系数 $a_i>0, i=0,1,2,\cdots,n$,也就是说,多项式的系数要同号且没有缺项。该条件只是 $A(s)$为赫尔维茨多项式的必要条件,但不是充分条件。劳斯提出了一种充分必要条件,常称为劳斯阵列。劳斯阵列就是以 $A(s)$的系数为基础构成的数据阵列,其组成规则如下:

先将 $A(s)$的系数 a_i 排成如下两行:

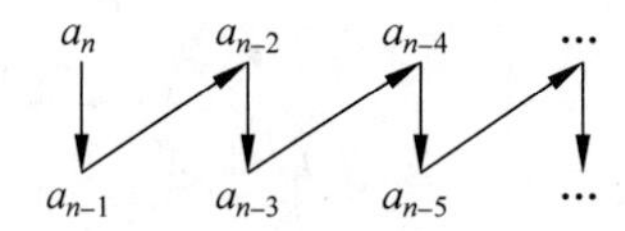

若 n 为偶数,则第二行最后一列的元素用 0 补上。然后生成如下阵列:

行	阶次	第1列	第2列	第3列	…
1	s^n	a_n	a_{n-2}	a_{n-4}	…
2	s^{n-1}	a_{n-1}	a_{n-3}	a_{n-5}	…
3	s^{n-2}	c_{n-1}	c_{n-3}	c_{n-5}	…
4	s^{n-3}	d_{n-1}	d_{n-3}	d_{n-5}	…
⋮	⋮	⋮	⋮	⋮	⋮
$n+1$	s^0	…	…	…	…

劳斯阵列有 $n+1$ 行(第 $n+1$ 行以后各行均为零),第 3 行及以后各行元素按以下规则计算:

$$c_{n-1}=\frac{-1}{a_{n-1}}\begin{vmatrix} a_n & a_{n-2} \\ a_{n-1} & a_{n-3} \end{vmatrix},\quad c_{n-3}=\frac{-1}{a_{n-1}}\begin{vmatrix} a_n & a_{n-4} \\ a_{n-1} & a_{n-5} \end{vmatrix},\quad \cdots$$

$$d_{n-1}=\frac{-1}{c_{n-1}}\begin{vmatrix} a_{n-1} & a_{n-3} \\ c_{n-1} & c_{n-3} \end{vmatrix},\quad d_{n-3}=\frac{-1}{c_{n-1}}\begin{vmatrix} a_{n-1} & a_{n-5} \\ c_{n-1} & c_{n-5} \end{vmatrix},\quad \cdots$$

以此类推,直到计算出第 $n+1$ 行元素。

得到劳斯阵列后,判断该阵列第一列元素的正负,如果劳斯阵列的第一列元素均为不等于零的正值,则 $A(s)$ 为赫尔维茨多项式,其根(系统的极点)都在左半 s 平面,这是判定一个多项式是否为赫尔维茨多项式的充分必要条件。如果第一列元素的符号不完全相同,那么变号的次数就是 $A(s)$ 在右半平面根的数目。

容易计算,对于一阶系统或二阶系统,若多项式 $A(s)$ 的系数同号,则该系统是稳定的,否则不稳定。例如二阶系统多项式 $A(s)=a_2s^2+a_1s+a_0$,则 $A(s)$ 为赫尔维茨多项式的充分必要条件是 $a_2>0,a_1>0,a_0>0$。

一般情况下,判定一个多项式是否为赫尔维茨多项式可以分为两个步骤:首先利用赫尔维茨多项式的必要条件,先判定多项式的系数是否满足条件 $a_i>0,i=0,1,2,\cdots,n$,如果不满足,则说明该多项式不是赫尔维茨多项式;如果满足该条件,再构造劳斯阵列,采用劳斯判据做进一步判断。

判定式(6-25)所示多项式是否为赫尔维茨多项式的 MATLAB 程序流程图(见图 6-18)和程序如下:

```
function [s] = func(a)
if length(a) ~= 0
    a = [a,0];
end
leng = length(a);
for i = 1:leng
    if a(i)<= 0
        s = 0
        end
    end
A = ones(leng + 1,(leng + 1)/2);
temp = [];
for i = (leng + 1):2:2
    temp = [temp,a(i)];
end
```

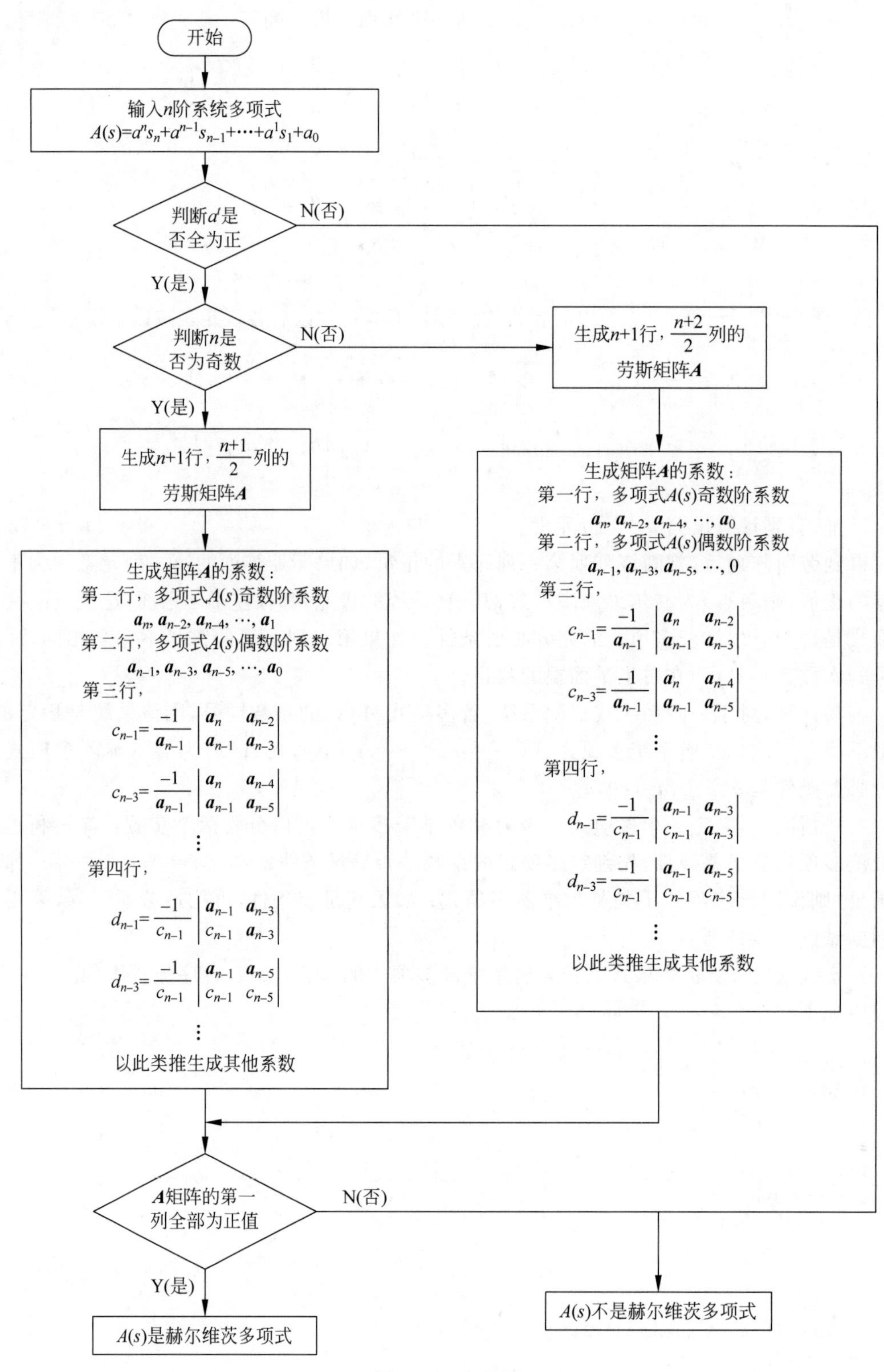
开始
输入n阶系统多项式
$A(s)=a^n s_n+a^{n-1}s_{n-1}+\cdots+a^1 s_1+a_0$
判断a^i是否全为正
N(否)
Y(是)
判断n是否为奇数
N(否)
Y(是)
生成n+1行，$\frac{n+1}{2}$列的劳斯矩阵A
生成n+1行，$\frac{n+2}{2}$列的劳斯矩阵A
生成矩阵A的系数：
第一行，多项式A(s)奇数阶系数
$a_n, a_{n-2}, a_{n-4}, \cdots, a_1$
第二行，多项式A(s)偶数阶系数
$a_{n-1}, a_{n-3}, a_{n-5}, \cdots, a_0$
第三行，
$c_{n-1}=\frac{-1}{a_{n-1}}\begin{vmatrix}a_n & a_{n-2}\\ a_{n-1} & a_{n-3}\end{vmatrix}$
$c_{n-3}=\frac{-1}{a_{n-1}}\begin{vmatrix}a_n & a_{n-4}\\ a_{n-1} & a_{n-5}\end{vmatrix}$
第四行，
$d_{n-1}=\frac{-1}{c_{n-1}}\begin{vmatrix}a_{n-1} & a_{n-3}\\ c_{n-1} & a_{n-3}\end{vmatrix}$
$d_{n-3}=\frac{-1}{c_{n-1}}\begin{vmatrix}a_{n-1} & a_{n-5}\\ c_{n-1} & c_{n-5}\end{vmatrix}$
以此类推生成其他系数
生成矩阵A的系数：
第一行，多项式A(s)奇数阶系数
$a_n, a_{n-2}, a_{n-4}, \cdots, a_0$
第二行，多项式A(s)偶数阶系数
$a_{n-1}, a_{n-3}, a_{n-5}, \cdots, 0$
第三行，
$c_{n-1}=\frac{-1}{a_{n-1}}\begin{vmatrix}a_n & a_{n-2}\\ a_{n-1} & a_{n-3}\end{vmatrix}$
$c_{n-3}=\frac{-1}{a_{n-1}}\begin{vmatrix}a_n & a_{n-4}\\ a_{n-1} & a_{n-5}\end{vmatrix}$
第四行，
$d_{n-1}=\frac{-1}{c_{n-1}}\begin{vmatrix}a_{n-1} & a_{n-3}\\ c_{n-1} & a_{n-3}\end{vmatrix}$
$d_{n-3}=\frac{-1}{c_{n-1}}\begin{vmatrix}a_{n-1} & a_{n-5}\\ c_{n-1} & c_{n-5}\end{vmatrix}$
以此类推生成其他系数
A矩阵的第一列全部为正值
N(否)
Y(是)
A(s)是赫尔维茨多项式
A(s)不是赫尔维茨多项式

图 6-18　流程图

```
A(1,:) = temp;
temp = [];
for i = leng:2:1
    temp = [temp,a(i)];
end
A(2,:) = temp;
for i = 3:(leng + 1)
    temp = [];
    for j = 1:(leng + 1)/2
        t = [A(i - 2,j),A(i - 2,j + 1);A(i - 1,j),A(i - 1,j + 1)];
        temp = [temp, det(t)/( - 1 * A(i - 2,j))];
    end
    A(i,:) = temp;
end
s = 1;
for i = 1:(leng + 1)
    if A(i,1) < 0
        s = 0;
    end
end
```

例 6.12 已知三个 LTI 系统的系统函数分别为：

$$H_1(s)=\frac{s+2}{s^4+2s^3+3s^2+5}$$

$$H_2(s)=\frac{2s+1}{s^5+3s^4-2s^3-3s^2+2s+1}$$

$$H_3(s)=\frac{s+1}{s^3+2s^2+3s+2}$$

试判断三个系统是否为稳定系统。

解 $H_1(s)$的分母多项式存在缺项，即 $a_1=0$，$H_2(s)$的分母多项式的系数符号不完全相同，所以 $H_1(s)$和 $H_2(s)$对应的系统为不稳定系统。

$H_3(s)$的分母多项式无缺项且系数全为正数无异号，因此需利用劳斯准则进一步对其稳定性做判断。$H_3(s)$系统分母多项式为：

$$A_3(s)=s^3+2s^2+3s+2$$

其对应的劳斯阵列为：

行	阶次	第1列	第2列
1	s^3	1	3
2	s^2	2	2
3	s^1	c_2	c_0
4	s^0	d_2	d_0

其中，

$$c_2=\frac{-1}{2}\begin{vmatrix}1 & 3\\2 & 2\end{vmatrix}=2,\quad c_0=\frac{-1}{2}\begin{vmatrix}1 & 0\\2 & 0\end{vmatrix}=0$$

$$d_2=\frac{-1}{2}\begin{vmatrix}2 & 2\\2 & 0\end{vmatrix}=2,\quad d_0=\frac{-1}{2}\begin{vmatrix}2 & 0\\2 & 0\end{vmatrix}=0$$

最终劳斯阵列为：

行	阶次	第1列	第2列
1	s^3	1	3
2	s^2	2	2
3	s^1	2	0
4	s^0	2	0

因为 $A_3(s)$对应的劳斯阵列的第1列元素均大于零，所以 $H_3(s)$系统为稳定系统。

例 6.13 已知某系统如图6-19所示，为使该系统稳定，试确定常数 k 应满足什么条件？

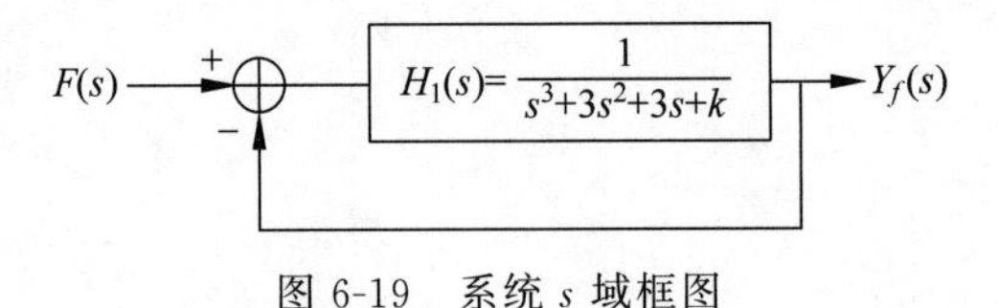

图 6-19 系统 s 域框图

解 该系统的系统函数为：

$$H(s)=\frac{H_1(s)}{1+H_1(s)}=\frac{1}{s^3+3s^2+3s+k+1}$$

由 $H(s)$分母多项式 $A(s)=s^3+3s^2+3s+k+1$ 构成劳斯阵列为：

行	阶次	第1列	第2列
1	s^3	1	3
2	s^2	3	$k+1$
3	s^1	$\frac{8-k}{3}$	0
4	s^0	$1+k$	0

根据劳斯准则，要使系统稳定，$A(s)$必须是赫尔维茨多项式，即上面劳斯阵列中第1列元素应为正值，故有$(8-k)/3>0$，解得 $k<8$；$1+k>0$，解得 $k>-1$。所以，当$-1<k<8$时系统是稳定的。

6.4.5 基于系统稳定性原理的国家和社会价值取向分析

我们的祖国——中华人民共和国(简称中国)是工人阶级领导的、以工农联盟为基础的人民民主专政的社会主义国家，是由一系列原则、制度和程序构成的概念系统，也是由全国各族人民、中华文化、美丽山河等组成的由中国共产党领导的物理系统，统称国家系统。我们的社会是由全国各族人民、各阶级各阶层人民组成的人民当家做主的社会系统。

无论是国家系统还是社会系统，稳定是第一要求。只有内部稳定，才能解决自身存在的其他问题，才能抵御外族的讹诈和侵略；只有内部稳定，才能发展，才能富强。

由信号与系统原理可知，任何复杂系统都有极点，线性非时变因果系统的稳定性由其系统函数 $H(s)$的极点决定，左半开平面的极点有利于系统的稳定，而和它相对的右半开平面的极点则会导致系统不稳定。基于这一原理，我们分析一下社会主义核心价值观中国家和社会层面的价值准则。

国家层面的价值准则包括富强、民主、文明、和谐，与之相对的是贫弱、专制、愚昧、动荡。社会层面的价值准则包括自由、平等、公正、法治，与之相对的是约束、歧视、偏畸、徇私。我们容易知道，贫弱就要挨打，专制就会有反抗，愚昧就会被奴役。所以对于国家来说，贫弱、专制、愚昧、动荡都会带来严重的不稳定，它们可以看作国家系统右半开平面的极点，而与之相对的富强、民主、文明、和谐就可以看作国家系统左半开平面的极点，由信号与系统的原理可知，它们确实有利于国家的稳定。同样的道理，我们容易得到自由、平等、公正、法治也属于社会系统左半开平面的极点，它们确实有利于社会的稳定。

由此可见社会主义核心价值观不仅具有有利于社会和国家稳定的人文科学道理，而且具有自然科学道理，确实值得我们遵循和弘扬。如果我们每个人都对我们国家的富强、民主、文明、和谐以及社会的自由、平等、公正、法治贡献一分力量，那我们的国家和社会一定会长治久安，蒸蒸日上，人民幸福安康。相反，国家和社会就会动荡不安，民不聊生。

6.5 基于 $H(s)$ 零极点位置选择的系统综合设计

以上重点分析了系统函数的零极点分布与系统时域特性以及稳定性之间的关系。下面首先分析系统函数 $H(s)$ 的零极点分布与系统频率特性 $H(\mathrm{j}\omega)$ 之间的关系，进而给出基于 $H(s)$ 的零极点位置选择的系统综合设计方法及例子。当得到了一个系统的系统函数 $H(s)$ 后，通过 6.6 节的梅森公式可以将 $H(s)$ 转换为系统的流图，进而得到系统的实现框图，完成最终的系统设计。

6.5.1 系统函数 $H(s)$ 零极点分布与系统频响特性 $H(\mathrm{j}\omega)$ 的关系

由上面的分析过程和结论容易知道，一个因果且稳定的系统，其时域冲激响应满足 $\lim_{t\to\infty}|h(t)|=0$，系统函数 $H(s)$ 的极点全部在左半 s 平面，收敛域包含虚轴。所以容易得到如下关系：

$$H(\mathrm{j}\omega)=H(s)\mid_{s=\mathrm{j}\omega}=|H(\mathrm{j}\omega)|\mathrm{e}^{\mathrm{j}\varphi(\omega)} \tag{6-26}$$

1. 通过 $H(s)$ 计算系统的正弦稳态响应

设连续时间 LTI 因果稳定系统的系统函数为 $H(s)=\sum_{i=1}^{n}\frac{A'_i}{(s-s_{p_i})}$，激励为 $f(t)=E\cos(\omega_0 t)$，其拉普拉斯变换为 $F(s)=\frac{Es}{s^2+\omega_0^2}$，则该系统响应的象函数为：

$$Y(s)=F(s)H(s)=\frac{K_1}{s+\mathrm{j}\omega_0}+\frac{K_2}{s-\mathrm{j}\omega_0}+\frac{A_1}{s-s_{p_1}}+\frac{A_2}{s-s_{p_2}}+\cdots+\frac{A_n}{s-s_{p_n}}$$

式中 $-\mathrm{j}\omega_0$ 和 $\mathrm{j}\omega_0$ 为 $F(s)$ 的极点，$s_{p_1},s_{p_2},\cdots,s_{p_n}$ 为 $H(s)$ 的极点，全在左半开平面，K_1，K_2，A_1，A_2，$\cdots$，A_n 为部分分式展开系数，$K_2=K_1^*=\frac{E}{2}H(\mathrm{j}\omega_0)=\frac{EH_0}{2}\mathrm{e}^{\mathrm{j}\varphi_0}$。

对上式进行拉普拉斯逆变换得：

$$y(t)=L^{-1}[Y(s)]=EH_0\cos(\omega_0 t+\varphi_0)+A_1\mathrm{e}^{s_{p_1}t}+A_2\mathrm{e}^{s_{p2}t}+\cdots+A_n\mathrm{e}^{s_{pn}t}$$

式中 $H_0=|H(\mathrm{j}\omega_0)|$，$\varphi_0=\angle H(\mathrm{j}\omega_0)$，$H(\mathrm{j}\omega_0)=H(s)|_{s=\mathrm{j}\omega_0}=|H(\mathrm{j}\omega_0)|\mathrm{e}^{\mathrm{j}\angle H(\mathrm{j}\omega_0)}=H_0\mathrm{e}^{\mathrm{j}\varphi_0}$。

由于 $H(s)$ 为因果稳定系统，$H(s)$ 的极点 $s_{p_1},s_{p_2},\cdots,s_{p_n}$ 全部位于左半 s 平面，所以 $A_1\mathrm{e}^{s_{p_1}t}$，$A_2\mathrm{e}^{s_{p2}t}$，$\cdots$，$A_n\mathrm{e}^{s_{pn}t}$ 项均为指数衰减，系统的稳态响应为：

$$y_m(t)=EH_0\cos(\omega_0 t+\varphi_0)$$

由此可见，因果稳定系统在输入激励是频率为 ω_0 的正弦信号 $f(t)=E\cos(\omega_0 t)$ 的作用下，系统的正弦稳态响应依然是一个频率为 ω_0 的正弦信号，不同之处在于，稳态响应的幅度由激励的 E 变化为 EH_0，两者之间有一比例系数 H_0；稳态响应的相位相对于激励有了 φ_0 平移量。

2. 根据 $H(s)$ 的零极点分布绘制系统的频响特性曲线

系统的频响特性曲线包括幅度特性曲线 $|H(\mathrm{j}\omega)|$-ω 和相位特性曲线 $\varphi(\omega)$-ω，利用系统函数的零极点分布可以通过向量几何方法定性地描述系统的频响特性。

将系统函数 $H(s)$ 表示为零极点的有理分式结构如下：

$$H(s)=K\frac{\prod_{i=1}^{m}(s-s_{z_i})}{\prod_{j=1}^{n}(s-s_{p_j})} \tag{6-27}$$

根据 $H(\mathrm{j}\omega)=H(s)|_{s=\mathrm{j}\omega}$，可得频响特性为：

$$H(\mathrm{j}\omega)=H(s)|_{s=\mathrm{j}\omega}=K\frac{\prod_{i=1}^{m}(\mathrm{j}\omega-s_{z_i})}{\prod_{j=1}^{n}(\mathrm{j}\omega-s_{p_j})} \tag{6-28}$$

式中，s_{z_i} 表示零点，s_{p_j} 表示极点，$\mathrm{j}\omega$ 表示虚轴上的点，随着频率 ω 的变化在虚轴上移动。

可见，系统的频响特性与系统函数中的零极点的分布位置有关，式(6-28)中分子的任意因式 $(\mathrm{j}\omega-s_{z_i})$ 表示由零点 s_{z_i} 指向虚轴上 $\mathrm{j}\omega$ 点的一个向量，称为零点向量；分母的任意因式 $(\mathrm{j}\omega-s_{p_j})$ 表示由极点 s_{p_j} 指向虚轴上 $\mathrm{j}\omega$ 点的一个向量，称为极点向量。如图 6-20 所示，零点向量表示为 $\mathrm{j}\omega-s_{z_i}=N_i\mathrm{e}^{\mathrm{j}\psi_i}$，极点向量表示为 $\mathrm{j}\omega-s_{p_j}=M_j\mathrm{e}^{\mathrm{j}\theta_j}$，$\mathrm{j}\omega$ 表示为滑动向量，$\mathrm{j}\omega$ 向量改变，则零极点向量的参数 N_i、ψ_i、M_j、θ_j 会随之改变。

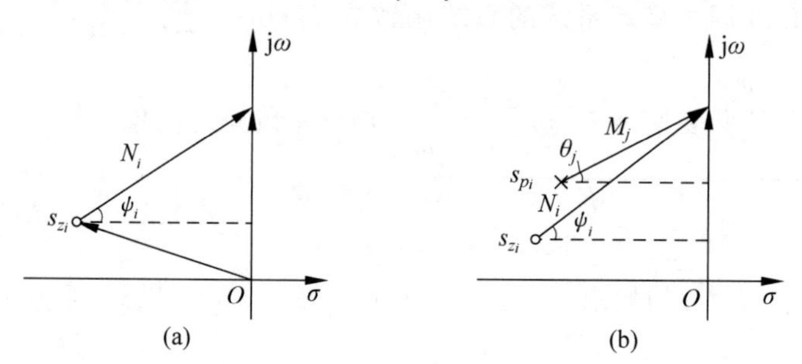

图 6-20　零点向量和极点向量

利用零极点向量的表示方法，则式(6-28)可改写为：

$$H(\mathrm{j}\omega)=K\frac{\prod_{i=1}^{m}N_i\mathrm{e}^{\mathrm{j}\psi_i}}{\prod_{j=1}^{n}M_j\mathrm{e}^{\mathrm{j}\theta_j}}=K\frac{N_1\mathrm{e}^{\mathrm{j}\psi_1}N_2\mathrm{e}^{\mathrm{j}\psi_2}\cdots N_m\mathrm{e}^{\mathrm{j}\psi_m}}{M_1\mathrm{e}^{\mathrm{j}\theta_1}M_2\mathrm{e}^{\mathrm{j}\theta_2}\cdots M_n\mathrm{e}^{\mathrm{j}\theta_n}}$$

$$=K\frac{N_1N_2\cdots N_m}{M_1M_2\cdots M_n}\mathrm{e}^{\mathrm{j}[(\psi_1+\psi_2+\cdots+\psi_m)-(\theta_1+\theta_2+\cdots+\theta_n)]}$$

$$=|H(\mathrm{j}\omega)|\mathrm{e}^{\mathrm{j}\varphi(\omega)} \tag{6-29}$$

其中，

$$|H(\mathrm{j}\omega)|=K\frac{N_1N_2\cdots N_m}{M_1M_2\cdots M_n} \tag{6-30}$$

$$\varphi(\omega)=(\psi_1+\psi_2+\cdots+\psi_m)-(\theta_1+\theta_2+\cdots+\theta_n) \tag{6-31}$$

当ω沿虚轴移动时，零极点向量的模和相角都会随之改变，系统频响特性的幅频特性和相频特性也会随之变化，所以根据频率ω的变化可以定性地利用几何分析方法绘制系统的幅频特性曲线和相频特性曲线。

例 6.14 已知二阶线性连续系统的系统函数为：

$$H(s)=\frac{s}{s^2+2\alpha s+\omega_0^2}$$

式中，$\alpha>0$，$\omega_0>\alpha$。利用几何分析方法定性画出系统幅频特性和相频特性曲线。

解 $H(s)$的零点为$s_z=0$，是单零点，极点是互为共轭的复数极点，分别为：

$$s_{p_{1,2}}=-\alpha\pm\mathrm{j}\sqrt{\omega_0^2-\alpha^2}=-\alpha\pm\mathrm{j}\beta$$

式中$\beta=\sqrt{\omega_0^2-\alpha^2}$。所以$H(s)$也可表示为$H(s)=\dfrac{s}{(s-s_{p_1})(s-s_{p_2})}$，由于$H(s)$的极点$s_{p_{1,2}}$都在$s$平面左半平面，故系统频响特性为：

$$H(\mathrm{j}\omega)=H(s)|_{s=\mathrm{j}\omega}=\frac{\mathrm{j}\omega}{(\mathrm{j}\omega-s_{p_1})(\mathrm{j}\omega-s_{p_2})}$$

假设零点向量$\mathrm{j}\omega=B\mathrm{e}^{\mathrm{j}\psi}$和极点向量$\mathrm{j}\omega-s_{p_1}=A_1\mathrm{e}^{\mathrm{j}\theta_1}$，$\mathrm{j}\omega-s_{p_2}=A_2\mathrm{e}^{\mathrm{j}\theta_2}$，

则可得：$H(\mathrm{j}\omega)=\dfrac{B\mathrm{e}^{\mathrm{j}\psi}}{A_1\mathrm{e}^{\mathrm{j}\theta_1}A_2\mathrm{e}^{\mathrm{j}\theta_2}}=\dfrac{B}{A_1A_2}\mathrm{e}^{\mathrm{j}(\psi-\theta_1-\theta_2)}=|H(\mathrm{j}\omega)|\mathrm{e}^{\mathrm{j}\varphi(\omega)}$

则系统的幅频特性和相频特性分别为：

$$|H(\mathrm{j}\omega)|=\frac{B}{A_1A_2},\quad \varphi(\omega)=(\psi-\theta_1-\theta_2)$$

一般来讲，要估计系统函数的幅频特性，需要考查以下三点问题：

(1) 当$\omega=0$时，$|H(\mathrm{j}\omega)|$如何取值？

(2) 当ω取何值时，$|H(\mathrm{j}\omega)|$取极大值（带通）或取极小值（带阻）？

(3) 当$\omega\to\infty$时，$|H(\mathrm{j}\omega)|$的变化趋势如何？

由本例可知，系统的极点均在s平面左半平面，

$$H(\mathrm{j}\omega)=H(s)|_{s=\mathrm{j}\omega}=\frac{\mathrm{j}\omega}{-\omega^2+2\alpha\mathrm{j}\omega+\omega_0^2}=\frac{\omega}{\sqrt{(\omega_0^2-\omega^2)^2+(2\alpha\omega)^2}}\mathrm{e}^{\mathrm{j}\arctan\frac{\omega_0^2-\omega^2}{2\alpha\omega}}$$

其幅频特性为：

$$|H(\mathrm{j}\omega)|=\frac{B}{A_1A_2}=\frac{\omega}{\sqrt{(\omega_0^2-\omega^2)^2+(2\alpha\omega)^2}}=\begin{cases}\omega=0, & |H(\mathrm{j}\omega)|=0\\ \omega\to\infty, & |H(\mathrm{j}\omega)|=0\\ \omega=\omega_0, & |H(\mathrm{j}\omega)|=\dfrac{1}{2\alpha}\text{ 为极大值}\end{cases}$$

其相频特性为：

$$\varphi(\omega)=\arctan\frac{\omega_0^2-\omega^2}{2\alpha\omega}=0,\quad \omega=\omega_0$$

由图 6-21(a)容易判断：

$$\varphi(\omega)=(\psi-\theta_1-\theta_2)=\begin{cases}\dfrac{\pi}{2}, & \omega=0(\theta_1=-\theta_2)\\ -\dfrac{\pi}{2}, & \omega\to\infty(\theta_1+\theta_2=\pi)\end{cases}$$

所以系统的零极点分布图、幅频特性曲线和相频特性曲线分别如图 6-21 所示。

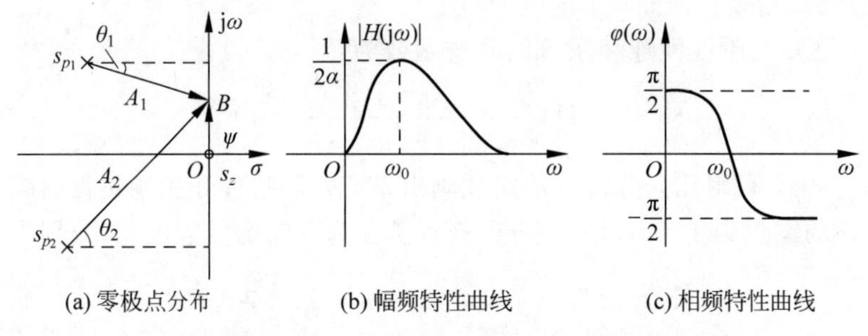

(a) 零极点分布　(b) 幅频特性曲线　(c) 相频特性曲线

图 6-21　系统零极点分布、幅频特性曲线和相频特性曲线

画出例 6.14 的系统幅频特性和相频特性的 MATLAB 程序如下，其中，

```
A = [1,2 * α, ω0 ];
B = [0,1,0,0];
[H,w] = freqz(B,A,2000,'whole');
Hf = abs(H);
Hx = angle(H);
```

6.5.2 全通系统设计

全通系统是指该系统的幅频特性是一个常数，$|H(\mathrm{j}\omega)|=K$，即对全部频率的正弦信号都能按同样的幅度传输系数通过的系统。

要设计一个全通系统 $H(s)$，首先选择 $H(s)$的所有极点位于 s 平面左半平面，以保证所设计系统的稳定性和可实现性；其次，利用式(6-29)，选择合适的零点个数和位置，使得 $m=n, N_i=M_i$ 即可。

下面看一个三阶全通系统的例子。如图 6-22 所示，先选择三个左半开平面的极点，$s_{p_1}, s_{p_2}, s_{p_3}, s_{p_2}=s_{p_1}^*$；再选择三个和极点 $s_{p_1}, s_{p_2}, s_{p_3}$ 关于 jω 轴镜像对称的零点 $s_{z_1}, s_{z_2}, s_{z_3}$，即 $s_{z_1}=-s_{p_1}^*, s_{z_2}=-s_{p_2}^*, s_{z_3}=-s_{p_3}$。这样，由图 6-22 容易看出，零极点向量长度相

等，即 $M_1=N_1, M_2=N_2, M_3=N_3$，该系统的系统函数可表示为：

$$H(s)=K\frac{(s+s_{p_1}^*)(s+s_{p_2}^*)(s+s_{p_3})}{(s-s_{p_1})(s-s_{p_2})(s-s_{p_3})}$$

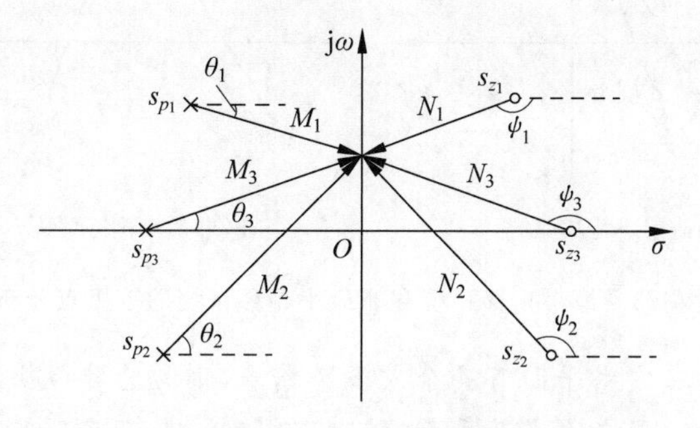

图 6-22 全通系统零极点分布

其频率响应函数为：

$$H(\mathrm{j}\omega)=K\frac{N_1N_2N_3}{M_1M_2M_3}\mathrm{e}^{\mathrm{j}[(\psi_1+\psi_2+\psi_3)-(\theta_1+\theta_2+\theta_3)]}=K\mathrm{e}^{\mathrm{j}[(\psi_1+\psi_2+\psi_3)-(\theta_1+\theta_2+\theta_3)]}$$

即 $|H(\mathrm{j}\omega)|=K$，说明系统具有全通系统特性。这就是基于零极点位置选择的全通系统的设计方法。全通系统的幅频特性为常数，就是所有频率分量都可以等幅度地通过系统，全通系统只影响信号的相频特性，在传输系统中常用来进行相位校正，如把全通系统用作相位均衡器或移相器使用。

例 6.15 设计一个针对频率 $\omega=\pi$ 的 90°移相器。

解 由全通系统的设计方法，选择系统的一个极点为 $s_{p_1}=-\pi$，选择零点为 $s_{z_1}=\pi$，$K=1$，容易得到其系统函数为 $H(s)=\frac{(s-\pi)}{(s+\pi)}$，$|H(\mathrm{j}\omega)|=1$。容易计算 $\psi_1=(180°-45°)$，$\theta_1=45°$，所以 $\varphi(\pi)=\psi_1-\theta_1=(180°-45°)-45°=90°$。这样就设计完成了一个针对频率 $\omega=\pi$ 的一阶 90°移相器，其系统函数为 $H(s)=\frac{(s-\pi)}{(s+\pi)}$。大家可以进一步验证，当该系统的激励为 $f(t)=\cos(\pi t)$ 时，其稳态响应一定为 $y(t)=\sin(\pi t)$。

6.5.3 最小相移系统设计

一般来说，一个系统的相频特性或者相移 $\varphi(\omega)$ 越小越好。图 6-23 给出了两个二阶系统的零极点分布。图 6-23(a)和(b)中的极点相同，即 $s_{p_1}=s_{p_3}, s_{p_2}=s_{p_4}$，而两图中的零点关于 jω 轴镜像对称，即 $s_{z_1}=-s_{z_3}^*, s_{z_2}=-s_{z_4}^*$，则两个系统的系统函数分别可以表示为：

$$H_a(s)=K_a\frac{(s-s_{z_1})(s-s_{z_2})}{(s-s_{p_1})(s-s_{p_2})}\quad H_b(s)=K_b\frac{(s-s_{z_3})(s-s_{z_4})}{(s-s_{p_3})(s-s_{p_4})}$$

可以看出，$\angle H_a(\mathrm{j}\omega)=(\psi_1+\psi_2)-(\theta_1+\theta_2)$，$\angle H_b(\mathrm{j}\omega)=(\psi_3+\psi_4)-(\theta_3+\theta_4)$，$\psi_3>\psi_1$，$\psi_4>\psi_2$，$(\psi_3+\psi_4)>(\psi_1+\psi_2)$，$(\theta_3+\theta_4)=(\theta_1+\theta_2)$，故 $\angle H_a(\mathrm{j}\omega)<\angle H_b(\mathrm{j}\omega)$。这说明，图 6-23(a)的系统具有比(b)更小的相移。

所以将 $H(s)$ 的极点全部在左半开平面，零点也在左半平面或 jω 轴的系统称为最小相

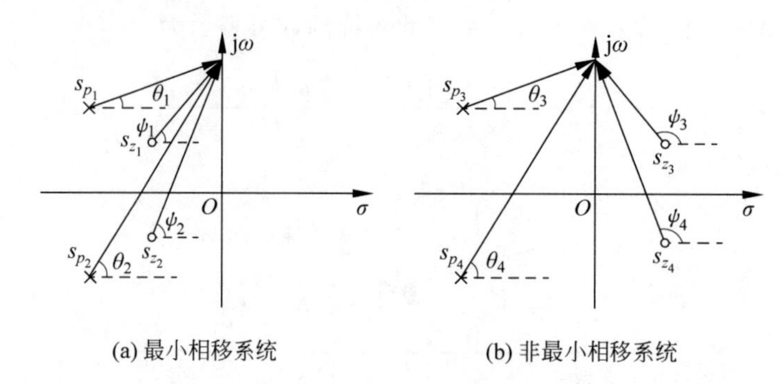

图 6-23　最小相移系统和非最小相移系统的零极点分布

移系统。如果系统函数在右半平面有一个或多个零点，则称为非最小相移系统。由此可见，只要将系统的零极点均设置在左半开平面，就可以得到一个可实现且稳定的最小相移系统。

由如图 6-24 的零极点分布安排，容易看出，非最小相移系统 $H(s)$ 可以表示为一个最小相移系统 $H_b(s)$ 和一个全通系统 $H_c(s)$ 的级联。

$$H(s)=\frac{(s-s_{z_1})(s-s_{z_2})}{(s-s_{p_1})(s-s_{p_2})}=\frac{(s+s_{z_1}^*)(s+s_{z_2}^*)}{(s-s_{p_1})(s-s_{p_2})}\cdot\frac{(s-s_{z_1})(s-s_{z_2})}{(s+s_{z_1}^*)(s+s_{z_2}^*)}=H_b(s)H_c(s)$$

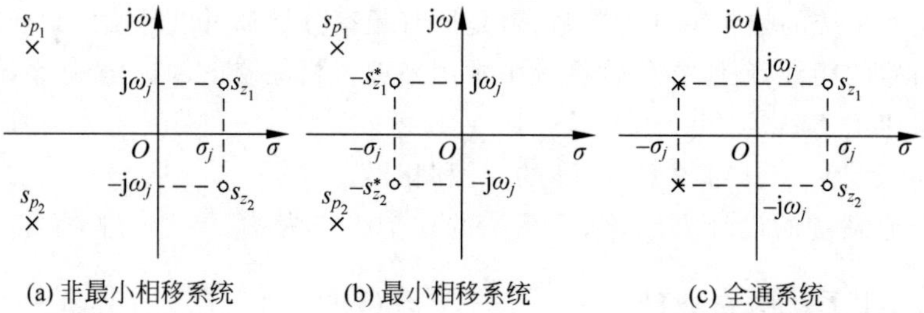

(a) 非最小相移系统　(b) 最小相移系统　(c) 全通系统

图 6-24　非最小相移函数等于最小相移函数和全通函数的乘积

6.5.4　巴特沃斯滤波器设计

巴特沃斯滤波器的幅度频率响应具有如下形式，式中 N 称为滤波器的阶数，ω_c 为滤波器的截止频率。

$$|H(j\omega)|=\frac{1}{\sqrt{1+\left(\frac{\omega}{\omega_c}\right)^{2N}}} \tag{6-32}$$

为了进一步理解巴特沃斯滤波器的特性，利用二项式定理，将式(6-32)展开成 ω 的幂级数。

$$|H(j\omega)|=1-\frac{1}{2}\left(\frac{\omega}{\omega_c}\right)^{2N}+\frac{3}{8}\left(\frac{\omega}{\omega_c}\right)^{4N}-\frac{5}{16}\left(\frac{\omega}{\omega_c}\right)^{6N}\cdots \tag{6-33}$$

由此可见，$|H(j\omega)|$ 在 $\omega=0$ 处的前 $(2N-1)$ 阶导数都等于零，也就是说，当阶数 N 足够大时，$|H(j\omega)|$ 在 $\omega=0$ 附近非常平坦。因此巴特沃斯滤波器也称为最平坦滤波器。

当 $\omega_c=2000\pi$ 时，依据式(6-32)画出不同 N 值时滤波器幅频特性曲线的 MATLAB 程序如下，画出的图形如图 6-25 所示。

```
w = [0:100:9000];
wc = 2000 * pi;
W = w./wc;
n = [1:5];
H_jw = [];
for N = 1:n(length(n))
    H_jw(:,N) = 1./((1 + W.^(2 * N)));
end
figure
plot(W,H_jw(:,1),'-k',W,H_jw(:,2),'-k',W,H_jw(:,3),'-k',W,H_jw(:,4),'-k',W,H_jw(:,5),
'-k');
grid on;
hold on;
ylabel('|H(jw)|');
xlabel('|w|wc');
```

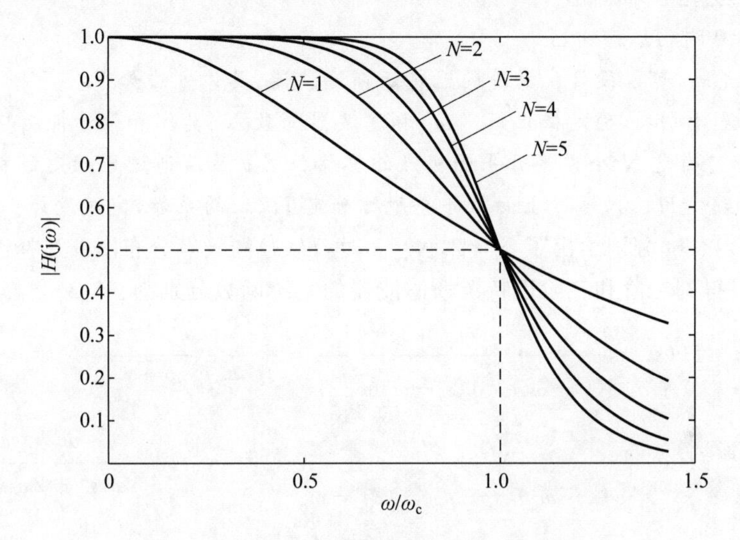

图 6-25 不同阶数巴特沃斯滤波器的幅频特性

所谓滤波器设计或综合,就是要找一个能满足滤波器频率响应特性的线性非时变系统,这个系统必须是稳定的和在物理上是可实现的。显然,直接通过式(6-32)的 $H(\mathrm{j}\omega)$ 很难找到这个系统的实现方法。下面对式(6-32)进行整理和变换,将其整理成 $H(s)$ 的形式。由式(6-32)容易得到:

$$|H(\mathrm{j}\omega)|^2=\frac{1}{1+\left(\dfrac{\omega}{\omega_c}\right)^{2N}},\quad |H(\mathrm{j}\omega)|^2=H(\mathrm{j}\omega)H^*(\mathrm{j}\omega)=H(\mathrm{j}\omega)H(-\mathrm{j}\omega)$$

将 $s=\mathrm{j}\omega$ 代入上式,有:

$$H(s)H(-s)=\frac{1}{1+\left(\dfrac{s}{\mathrm{j}\omega_c}\right)^{2N}} \tag{6-34}$$

式(6-34)分母多项式的根即为 $H(s)H(-s)$ 的极点,共有 $2N$ 个,其中 $H(s)$ 和 $H(-s)$ 各 N 个,并且有:

$$1+\left(\frac{s}{\mathrm{j}\omega_{\mathrm{c}}}\right)^{2N}=0 \tag{6-35}$$

求得：

$$\begin{aligned}P_k&=(-1)^{\frac{1}{2N}}(\mathrm{j}\omega_{\mathrm{c}})\\&=(\mathrm{e}^{\mathrm{j}(2k+1)\pi})^{\frac{1}{2N}}\cdot(\mathrm{e}^{\mathrm{j}\frac{\pi}{2}}\cdot\omega_{\mathrm{c}})\\&=\omega_{\mathrm{c}}\mathrm{e}^{\mathrm{j}\left(\frac{\pi}{2}+\frac{\pi(2k+1)}{2N}\right)},\quad k=0,1,2,\cdots,2N-1\end{aligned} \tag{6-36}$$

分析式(6-36)可得到极点的分布位置具有如下规律：

(1) $2N$ 个极点等间隔角度分布在 s 平面中以 ω_{c} 为半径的圆周上；极点之间的角度间隔为 $\pi/N\,\mathrm{rad}$；

(2) $H(s)$的极点均在左半开平面且与 $H(-s)$的极点以 $\mathrm{j}\omega$ 轴镜像对称；

(3) 当 N 为奇数时，有极点在 σ 轴上，但 N 为偶数时，在 σ 轴上也不会有极点；任何情况下，极点都不会落在 $\mathrm{j}\omega$ 轴上；

(4) 当 $s=0$ 时，$H(s)=1$。

基于以上 4 点，可以设计任意阶的巴特沃斯滤波器，具体方法如下：

首先依据设计要求，确定截止频率 ω_{c} 和滤波器阶数 N(具体和带外抑制指标有关)；其次，依据式(6-36)确定 N 个左半开平面极点的具体位置；最后通过已确定的极点得到期望滤波器的系统函数 $H(s)$，通过上面第 4 个规律确定 $H(s)$的系数，完成设计。

图 6-26(a)和(b)分别给出了 $N=2,N=3$ 时，$H(s)$的极点分布图。选择图中左半开平面的极点，可以得到二阶和三阶巴特沃斯滤波器的系统函数分别为：

$$N=2,\quad H(s)=\frac{\omega_{\mathrm{c}}^2}{(s-\omega_{\mathrm{c}}\mathrm{e}^{\mathrm{j}\frac{3\pi}{4}})(s-\omega_{\mathrm{c}}\mathrm{e}^{-\mathrm{j}\frac{3\pi}{4}})}=\frac{\omega_{\mathrm{c}}^2}{s^2+\sqrt{2}\omega_{\mathrm{c}}s+\omega_{\mathrm{c}}^2} \tag{6-37}$$

$$N=3,\quad H(s)=\frac{\omega_{\mathrm{c}}^3}{(s+\omega_{\mathrm{c}})(s-\omega_{\mathrm{c}}\mathrm{e}^{\mathrm{j}\frac{2\pi}{3}})(s-\omega_{\mathrm{c}}\mathrm{e}^{-\mathrm{j}\frac{2\pi}{3}})}=\frac{\omega_{\mathrm{c}}^3}{s^3+2\omega_{\mathrm{c}}s^2+2\omega_{\mathrm{c}}s+\omega_{\mathrm{c}}^3} \tag{6-38}$$

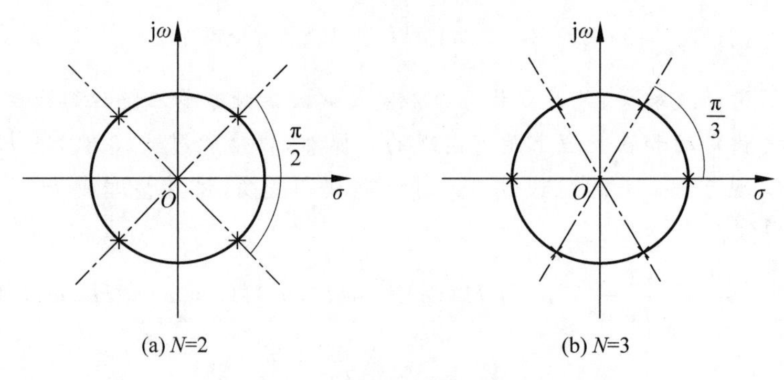

图 6-26 不同阶数滤波器的极点分布

例 6.16 基于 MATLAB 编程，设计一个 3dB 带宽为 10kHz，过渡带小于或等于 1kHz 的巴特沃斯低通滤波器。

解 具体程序如下：

```
FS = 20;                                %采样频率
Fl = 10;Fh = 11;                        %通带、阻带截止频率
```

```
wp1 = Fl * 2 * pi/FS;                          %求数字频率
ws1 = Fh * 2 * pi/FS;                          %求数字频率
[n,Wn] = buttord(wp1, ws1,1,25's');            %选择滤波器的最小阶数 n = 4
[b,a] = butter(n,Wn,'s');                      %设计一个 n 阶的巴特沃斯低通滤波器
[H,W] = freqz(b,a,256);                        %绘出频率响应曲线
plot(W * FS/(2 * pi),abs(H));axis([0,12,0,1.2]);grid;
xlabel('频率/kHz');ylabel('幅度');
```

程序运行结果如图 6-27 所示。

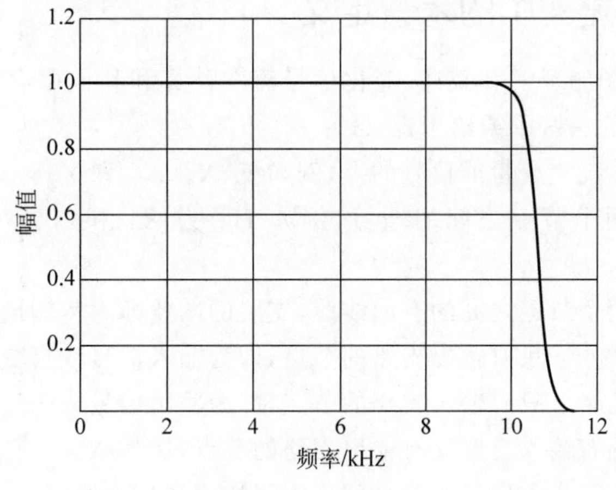

图 6-27　运行结果

6.6　信号流图

信号流图是由美国麻省理工学院的梅森(Mason)于 20 世纪 50 年代提出。信号流图方法在反馈系统分析、线性方程组求解、线性系统模拟、自动控制及数字滤波器设计等诸多方面都有广泛应用,同时也是实现系统分析、设计和综合的重要途径。

系统的信号流图实际上是用点、支路和增益代替方框图中的加法器、数乘器、积分器、子系统和信号通路来描述系统的方法。如图 6-28 所示,信号流图中用有向线段表示的子系统 $H(s)$代替方框图中方框的子系统 $H(s)$,线段的方向表示信号的传输方向,线段的起点为 $F(s)$,终点为 $Y(s)$,起点和终点在信号流图中被称为节点。节点表示系统中的变量或信号量;线段表示信号传输路径,称为支路;箭头表示信号的传输方向;子系统的转移函数 $H(s)$标记在箭头附近,相当于乘法器,也称为支路增益。

信号流图中的节点除了表示信号变量以外,也可以表示加法器和信号分支。如图 6-29 所示,节点 X_1 表示加法器,有两个输入,根据信号流图可得:$X_1=F-X_2G_1$;节点 X_1 也表示分支,有两个输入,两个输出,根据信号流图可得:

$$X_4=X_1H_4+X_3H_3$$

$$X_2=X_1H_1-X_3G_2$$

一般情况下,同一个系统的信号流图具有很多不同的形式,不是唯一的。

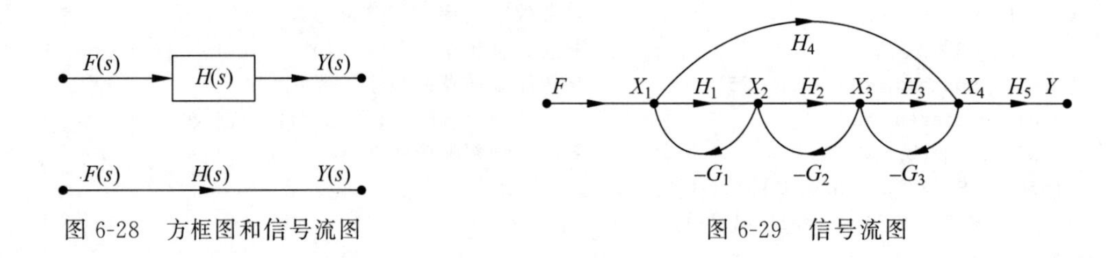

图 6-28 方框图和信号流图

图 6-29 信号流图

6.6.1 信号流图中的术语定义

为了便于信号流图的理解和叙述，简化信号流图计算和其他概念表示，以图 6-29 为例对信号流图中所涉及的一些术语给予定义。

(1) 节点：表示系统中变量或信号的点，例如 F、X_1、X_2 和 Y 等。

(2) 传输函数：两个节点之间的增益，例如 H_1 为 X_1 和 X_2 两个节点之间的传输函数。

(3) 支路：连接两个节点之间的有向线段，支路的增益即为传输函数。

(4) 输入节点或源点：只有输出支路的节点，即为输入信号或自变量，例如 F。

(5) 输出节点或汇点：只有输入支路的节点，即为输出信号或因变量，例如 Y。

(6) 混合节点：既有输入支路又有输出支路的节点，例如 X_1。

(7) 通路：沿支路箭头方向通过各个相连支路的路径称为通路。

(8) 开通路：通路与它通过的任一节点只能相交一次，这种通路称为开通路。

(9) 闭通路：也称环路，即通路的起点和通路的终点为同一节点的通路称为闭通路，也称为回路，回路与通过的任何节点(除起点或终点)只能相交一次，例如 $X_1 \to X_2 \to X_1$。

(10) 环路增益：回路中每个支路的传输函数的乘积，例如(9)中所给回路的增益为 $-H_1G_1$。

(11) 不接触环路：两个或多个环路之间没有任何公共节点和支路，例如环路 $X_1 \to X_2 \to X_1$ 和环路 $X_3 \to X_4 \to X_3$。

(12) 前向通路：从输入节点到输出节点方向，且通过的任何节点只能相交一次的通路。例如 $F \to X_1 \to X_2 \to X_3 \to X_4 \to Y$。

(13) 前向通路增益：前向通路中，各个支路的传输函数的乘积，例如(12)中所给前向通路的增益为 $H_1H_2H_3H_5$。

例 6.17 判断图 6-29 所示信号流图中，所有前向通路及其增益，所有环路及其增益，所有不接触环路。

解 设信号流图中的前向通路用符号 g_k，$k=1,2,\cdots$表示，环路(闭通路)用符号 L_k，$k=1,2,\cdots$表示，则由流图可知：

前向通路有 2 条，分别为：

$$g_1: F \to X_1 \to X_4 \to Y$$

$$g_2: F \to X_1 \to X_2 \to X_3 \to X_4 \to Y$$

这两条前向通路的增益分别为：

$$g_1 = H_4H_5, \quad g_2 = H_1H_2H_3H_5$$

环路(闭通路)有 4 条,分别为:

$$L_1: X_1 \to X_2 \to X_1; \quad L_2: X_2 \to X_3 \to X_2$$

$$L_3: X_3 \to X_4 \to X_3$$

$$L_4: X_1 \to X_4 \to X_3 \to X_2 \to X_1$$

其环路增益分别为:

$$L_1 = -H_1G_1, \quad L_2 = -H_2G_2, \quad L_3 = -H_3G_3, \quad L_4 = -H_4G_3G_2G_1$$

信号流图中不接触的环路为 L_1 和 L_3,其增益乘积为 $H_1G_1H_3G_3$。

6.6.2　基于信号流图计算系统函数

1. 信号流图的代数运算

信号流图的本质是表示了一个线性系统,或者表示了一个线性方程组。所以信号流图也可以进行一些代数运算,并通过这些运算简化信号流图,获取系统函数或者方程组的解。

(1) 只有一个输入支路的节点值等于该节点的输入信号乘以支路增益。如图 6-30 所示,节点 x_2 的值等于节点 x_1 的值乘以支路增益 a,即 $x_2 = ax_1$。

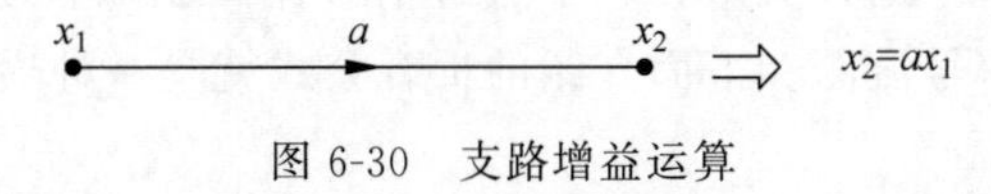

图 6-30　支路增益运算

(2) 串联(级联)支路的总增益,等于所有支路增益的乘积,故串联支路可以合并为一个支路。如图 6-31 所示,可以通过合并串联支路增益将信号流图简化。

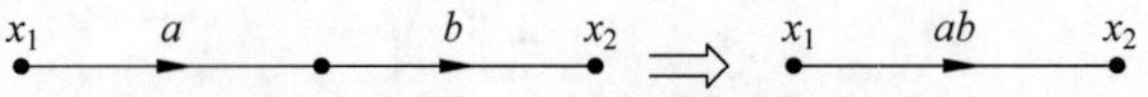

图 6-31　串联支路合并

(3) 并联支路合并是通过将并联支路增益相加实现并联支路合并为一个支路。如图 6-32 所示,可以通过合并并联支路增益将信号流图简化。

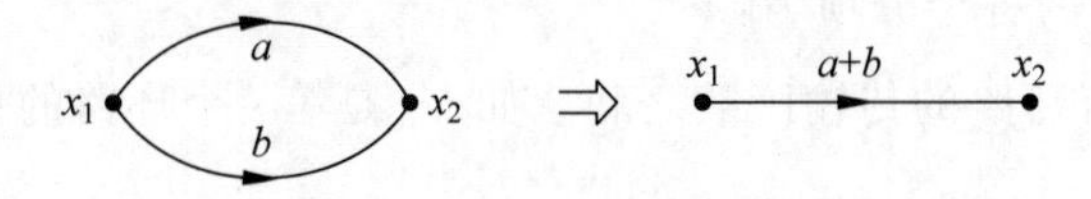

图 6-32　并联支路合并

(4) 混合节点消除是通过合并支路方式消除混合节点。如图 6-33 所示,通过合并支路消除了节点 x_3,简化信号流图。

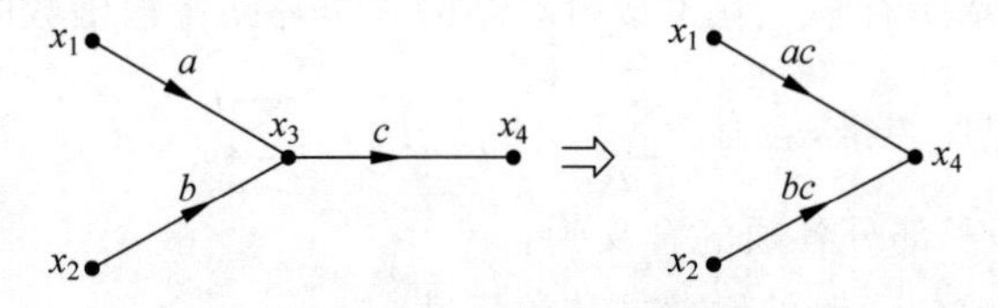

图 6-33　混合节点消除

(5) 环路消除是综合使用串联支路合并、并联支路合并及混合节点消除等实现信号流图中的环路消除。如图 6-34 所示,通过节点变量建立方程组为:

$$\begin{cases} x_2 = ax_1 + cx_3 \\ x_3 = bx_2 \end{cases}$$

求解该方程组得：

$$x_3 = \frac{ab}{1-bc} x_1$$

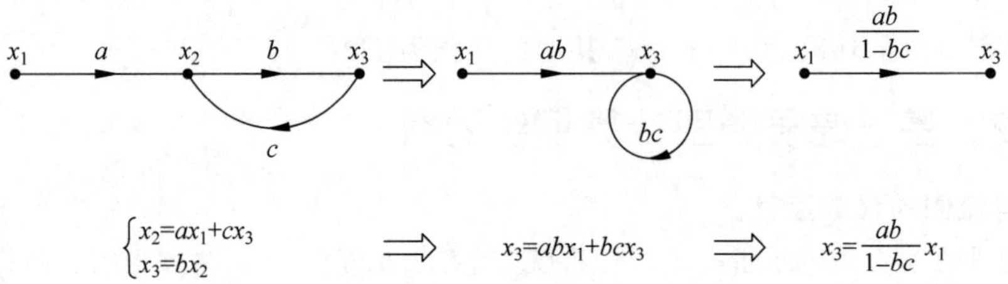

$$\begin{cases} x_2=ax_1+cx_3 \\ x_3=bx_2 \end{cases} \Longrightarrow x_3=abx_1+bcx_3 \Longrightarrow x_3=\frac{ab}{1-bc}x_1$$

图 6-34　环路消除

由环路消除过程容易看出线性方程组与信号流图的对应关系；也容易看出系统函数和信号流图之间的对应关系。这种关系有利于通过信号流图获取系统函数，也能帮助大家通过系统函数得到系统的信号流图。下面介绍的梅森公式就是一种通过信号流图计算系统函数的一般方法。

2. 梅森公式

梅森公式定义为：

$$H(s) = \frac{\sum_{i=1}^{M} g_i \Delta_i}{\Delta} \tag{6-39}$$

式中，Δ 称为系统的特征行列式，定义为：

$$\Delta = 1 - \sum_i L_i + \sum_{i,j} L_i L_j - \sum_{i,j,k} L_i L_j L_k + \cdots \tag{6-40}$$

(1) 特征行列式中的各个分项为：

① $\sum_i L_i$ 表示所有环路的传输函数之和。如 L_i 是第 i 个环路的传输函数，它等于构成这个回路的各支路的支路传输函数的乘积。

② $\sum_{i,j} L_i L_j$ 表示所有两两互不接触环路的传输函数的乘积之和。所谓两两互不接触环路是指两个环路没有公共的节点或支路。

③ $\sum_{i,j,k} L_i L_j L_k$ 表示所有三三互不接触环路的三个环路传输函数的乘积之和，其互不接触的概念与上相同。以此类推，会有 $\sum_{i,j,k,l} L_i L_j L_k L_l$，$\sum_{i,j,k,l,m} L_i L_j L_k L_l L_m$ 等。

(2) 梅森公式的分子部分各项的含义为：

① g_i 表示第 i 条前向通路的增益或传输函数。

② Δ_i 称为第 i 条前向通路的特征行列式的余因子。即与第 i 条前向通路互不接触的子流图的特征行列式，也可以说 Δ_i 是原信号流图中移去第 i 条前向通路后，剩余信号流图的特征行列式。

③ M 表示从输入节点(源点)$F(s)$到输出节点(汇点)$Y(s)$之间前向通路的总数。i 表示第 i 条前向通路。

例 6.18　求图 6-29 所示信号流图表示的系统的系统函数。

解　在例题 6.17 中,已经给出了该流图的所有环路和增益,给出了一对互不接触环路及其增益的乘积,给出了所有前向通路及其增益,将其代入梅森公式,可得其特征行列式为:

$$\Delta = 1 - \sum_i L_i + \sum_{i,j} L_i L_j$$

$$= 1 - (-H_1G_1 - H_2G_2 - H_3G_3 - H_4G_3G_2G_1) + (H_1G_1H_3G_3)$$

$$= 1 + (H_1G_1 + H_2G_2 + H_3G_3 + H_4G_3G_2G_1) + (H_1G_1H_3G_3)$$

$$g_1 = H_4H_5, \quad g_2 = H_1H_2H_3H_5$$

$$\Delta_1 = 1 - \sum_i L_i = 1 - L_2 = 1 + H_2G_2, \quad \Delta_2 = 1$$

$$H(s) = \frac{\sum_{i=1}^{M} g_i \Delta_i}{\Delta} = \frac{H_1H_2H_3H_5 + H_4H_5(1 + H_2G_2)}{1 + (H_1G_1 + H_2G_2 + H_3G_3 + H_4G_3G_2G_1) + (H_1G_1H_3G_3)}$$

例 6.19　用梅森公式求图 6-35 所示的系统函数。

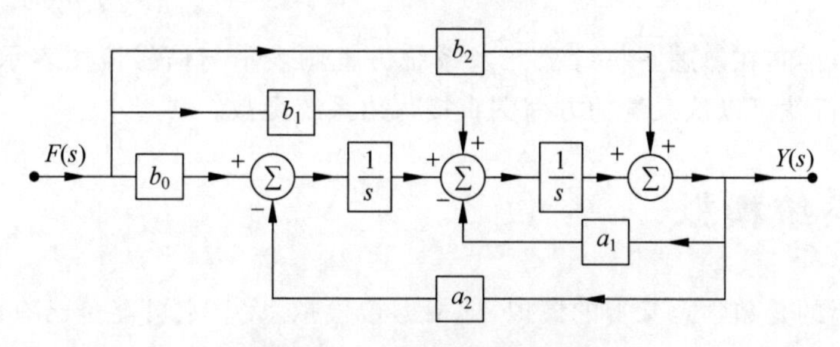

图 6-35　二阶系统的方框图

解　先将图 6-35 的方框图转换成信号流图形式,如图 6-36 所示。

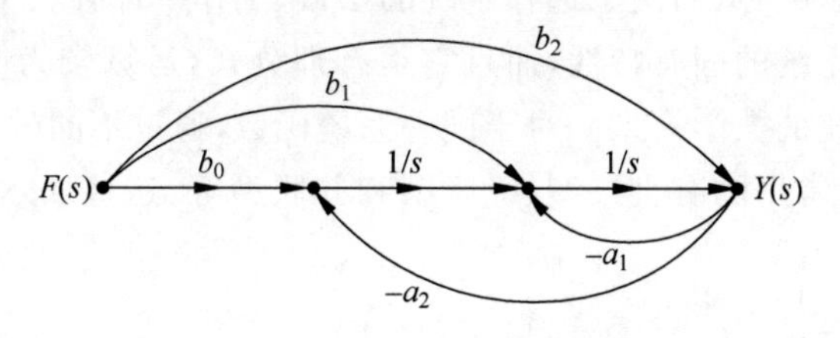

图 6-36　二阶系统信号流图

从信号流图可见,图中有 3 条前向通路,分别为:

$$g_1: F(s) \rightarrow b_0 \rightarrow \frac{1}{s} \rightarrow \frac{1}{s} \rightarrow Y(s)$$

$$g_2: F(s) \rightarrow b_1 \rightarrow \frac{1}{s} \rightarrow Y(s)$$

$$g_3: F(s) \rightarrow b_2 \rightarrow Y(s)$$

各前向通路的增益(传输函数)分别为:

$$g_1=b_0\cdot\frac{1}{s}\cdot\frac{1}{s},\quad g_2=b_1\cdot\frac{1}{s},\quad g_3=b_2$$

由于各前向通路与各环路没有互不接触，所以各前向通路对应的特征余因子分别为：

$$\Delta_1=\Delta_2=\Delta_3=1$$

图中有 2 条环路，分别为：

$$L_1: Y(s)\rightarrow -a_1\rightarrow\frac{1}{s}\rightarrow Y(s)$$

$$L_2: Y(s)\rightarrow -a_2\rightarrow\frac{1}{s}\rightarrow\frac{1}{s}\rightarrow Y(s)$$

各环路的增益（传输函数）分别为：

$$L_1=-a_1\cdot\frac{1}{s},\quad L_2=-a_2\cdot\frac{1}{s}\cdot\frac{1}{s}$$

并且环路 L_1 和 L_2 互相接触，没有不接触环路。

根据梅森公式：$H(s)=\dfrac{\sum\limits_{i=1}^{3}g_i\Delta_i}{\Delta}=\dfrac{b_2+b_1\dfrac{1}{s}+b_0\dfrac{1}{s}\dfrac{1}{s}}{1-\left[\left(-a_1\dfrac{1}{s}\right)-\left(a_0\dfrac{1}{s}\dfrac{1}{s}\right)\right]}=\dfrac{b_2s^2+b_1s+b_0}{s^2+a_1s+a_0}$

从例 6.19 可知，在熟悉了梅森公式及系统方框图表示与信号流图表示的对应关系之后，通过观察分析就可以从系统的方框图直接写出系统函数。

6.7 系统模拟

系统模拟指的是数学意义上的模拟，即根据被模拟系统（它可能是已有的，也可能是正在设计的）具体情况，建立其数学模型，依据该模型求得一个模拟系统，使它与原系统有相同的数学模型和相同的输入/输出关系。这样可用计算机进行模拟试验，研究参数或输入信号的改变对系统响应的影响，从而便于选择系统的参数、工作条件等。

系统函数表征了系统的固有特性，而且它是有理分式，运算较为简便，因而系统模拟常常以系统函数作为系统的数学模型。对于同一系统函数，通过不同的运算，可以得到多种形式系统信号流图表示，常用的有直接型、级联型和并联型等，这些表示就是同一系统的不同实现方案。

6.7.1 直接型

直接型是指直接根据系统函数确定的实现方案。以二阶系统为例，设二阶线性连续系统的系统函数为：

$$H(s)=\frac{b_2s^2+b_1s+b_0}{s^2+a_1s+a_0}$$

对分子、分母多项式同时除以 s^2，上式可以写为：

$$H(s)=\frac{b_2+b_1s^{-1}+b_0s^{-2}}{1+a_1s^{-1}+a_0s^{-2}}=\frac{b_2+b_1s^{-1}+b_0s^{-2}}{1-(-a_1s^{-1}-a_0s^{-2})}$$

根据梅森公式，上式的分母可看作是特征行列式 Δ，括号内表示有两个相互接触的环路，其增益分别为 $-a_1s^{-1}$ 和 $-a_0s^{-2}$，没有互不接触环路；分子表示 3 条前向通路，其增益分别为 b_2、b_1s^{-1} 和 b_0s^{-2}，当信号流图中的两个环路均和 3 条前向通路相接触时，其对应的特征行列式 $\Delta_i=1, i=1,2,3$，故可得到如图 6-37(a)和图 6-37(c)所示的两种信号流图，其系统实现方案，即方框图分别如图 6-37(b)和图 6-37(d)所示。

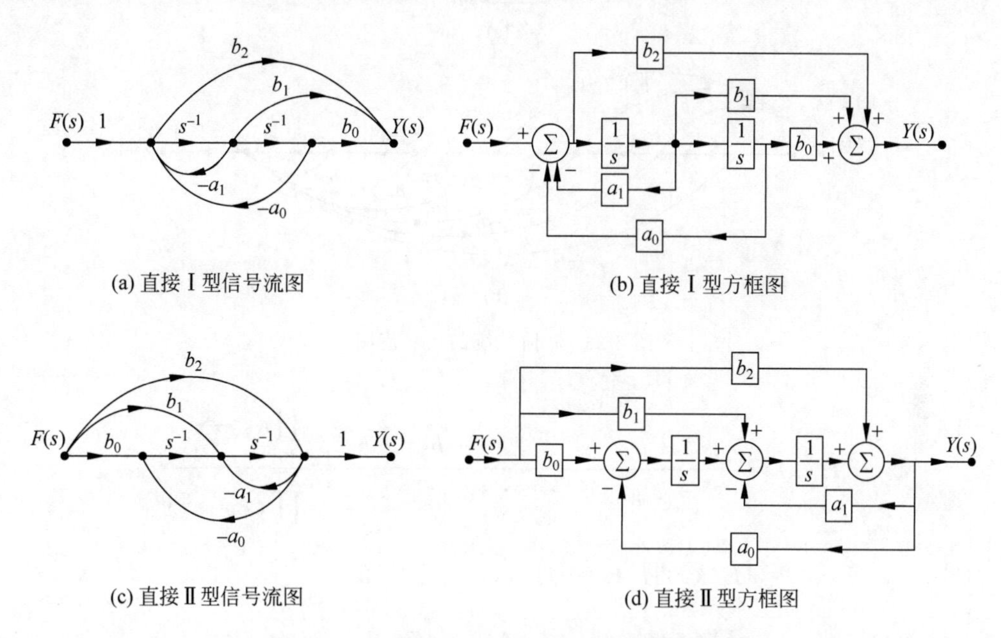

(a) 直接Ⅰ型信号流图　(b) 直接Ⅰ型方框图

(c) 直接Ⅱ型信号流图　(d) 直接Ⅱ型方框图

图 6-37　二阶系统的直接型信号流图和方框图

图 6-37(c)表示的信号流图是对图 6-37(a)的信号流图进行转置的结果。将原流图称为直接Ⅰ型信号流图，将转置得到的流图称为直接Ⅱ型信号流图。所谓转置，就是将流图中的所有箭头方向反向，输入和输出对调。流图转置不改变对应的系统函数。

将以上的分析过程推广到高阶系统，如系统函数(其中 $m\leqslant n$)：

$$H(s)=\frac{b_ms^m+b_{m-1}s^{m-1}+\cdots+b_1s+b_0}{s^n+a_{n-1}s^{n-1}+\cdots+a_1s+a_0}$$

$$=\frac{b_ms^{-(n-m)}+b_{m-1}s^{-(n-m+1)}+\cdots+b_1s^{-(n-1)}+b_0s^{-n}}{1-(-a_{n-1}s^{-1}-\cdots-a_1s^{-(n-1)}-a_0s^{-n})}$$

根据梅森公式，上式的分母可看作 n 条环路组成的特征行列式，而且各环路都相互接触；分子可看作 $m+1$ 条前向通路的增益，而且各前向通路都没有不接触环路。故可得如图 6-38(a)和图 6-38(b)所示的两种信号流图。图 6-38(b)为图 6-38(a)的转置。

6.7.2 级联型

级联型也称串联型，是指将系统函数的分子、分母多项式进行因式分解，并将分子和分母因式组合为一阶或二阶子系统函数的乘积，即

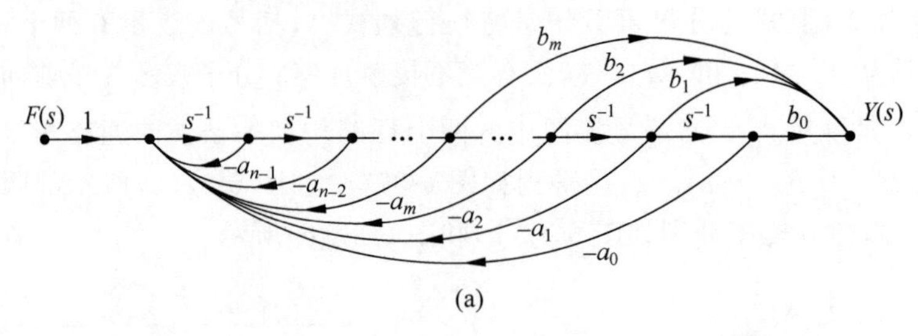

(a)

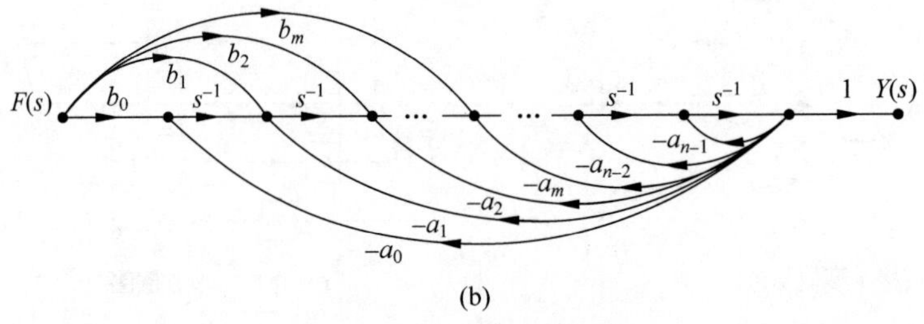

(b)

图 6-38　n 阶系统的信号流图

$$H(s)=\frac{b_m s^m+b_{m-1}s^{m-1}+\cdots+b_1 s+b_0}{s^n+a_{n-1}s^{n-1}+\cdots+a_1 s+a_0}=\frac{\prod_{i=1}^{m}(s-z_i)}{\prod_{i=1}^{n}(s-p_i)}$$

$$=H_1(s)H_2(s)\cdots H_n(s)$$

$$=\prod_{j=1}^{n}H_j(s)$$

其信号流图或系统方框图可表示为如图 6-39 所示，其中每个子系统 $H_i(s)$可以用直接型实现。

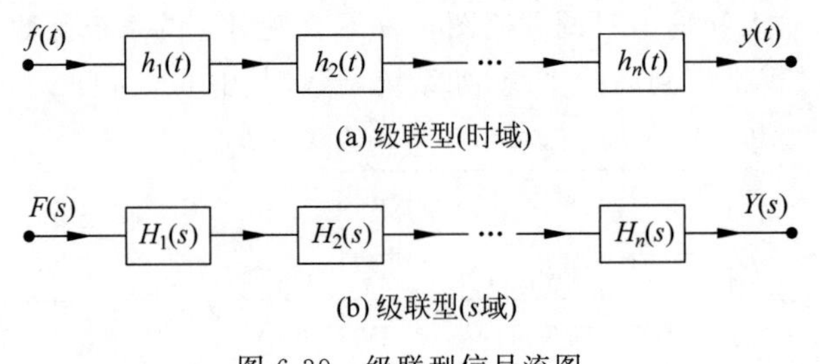

图 6-39　级联型信号流图

例 6.20　已知线性连续系统的系统函数为：

$$H(s)=\frac{s^2+2s}{s^3+8s^2+19s+12}$$

求系统级联型的信号流图。

解　对系统函数 $H(s)$分子、分母多项式进行因式分解得：

$$H(s)=\frac{s^2+2s}{s^3+8s^2+19s+12}=\frac{s(s+2)}{(s+1)(s+3)(s+4)}$$

用一阶和二阶子系统的级联模拟系统，$H(s)$又可表示为：

$$H(s)=\frac{s}{(s+1)}\cdot\frac{(s+2)}{(s+3)(s+4)}=H_1(s)H_2(s)$$

式中，$H_1(s)$和$H_2(s)$分别为一阶和二阶子系统，如下所示：

$$H_1(s)=\frac{s}{s+1}=\frac{1}{1-(-s^{-1})}$$

$$H_2(s)=\frac{s+2}{(s+3)(s+4)}=\frac{s+2}{s^2+7s+12}=\frac{s^{-1}+2s^{-2}}{1-(-7s^{-1}-12s^{-2})}$$

子系统 $H_1(s)$、$H_2(s)$和整个系统的信号流图分别如图 6-40 所示。

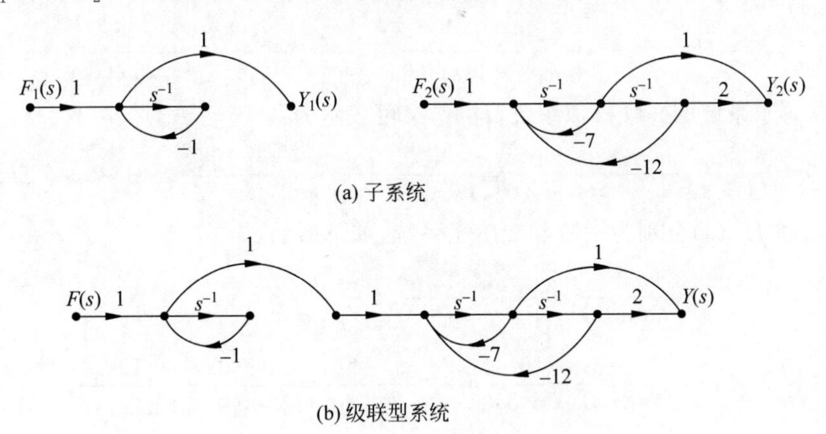

图 6-40　子系统和级联型信号流图

6.7.3　并联型

并联型是指对系统函数 $H(s)$进行部分分式展开，分解为一阶或二阶子系统的系统函数之和，即

$$H(s)=\frac{b_m s^m+b_{m-1}s^{m-1}+\cdots+b_1 s+b_0}{s^n+a_{n-1}s^{n-1}+\cdots+a_1 s+a_0}=H_1(s)+H_2(s)+\cdots+H_n(s)=\sum_{i=1}^{n}H_i(s)$$

其信号流图或系统方框图可表示为如图 6-41 所示，其中每个子系统 $H_i(s)$可以用直接型实现。

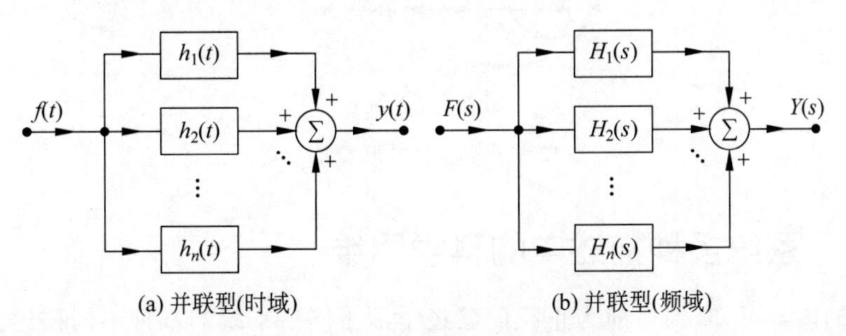

图 6-41　并联型信号流图

如图 6-41 所示，并联型先将每个子系统用直接型信号流图模拟，然后把它们并联起来，就得到了系统的并联型信号流图。

级联型和并联型的系统模拟方法，实现调试系统较为方便，当调节某子系统的参数时，只改变该子系统的零点或极点位置,对其余子系统的极点位置没有影响,尤其是对级联型而言还不影响其余子系统的零点。对于直接型来说,当调节了某个零极点时,所有的零极点位置都会受到影响。

例 6.21 已知线性连续系统的系统函数 $H(s)$为:

$$H(s)=\frac{2s+8}{s^3+6s^2+11s+6}$$

求系统并联型信号流图。

解 对系统函数 $H(s)$分母多项式进行因式分解得:

$$H(s)=\frac{2s+8}{s^3+6s^2+11s+6}=\frac{2s+8}{(s+1)(s+2)(s+3)}$$

用一阶和二阶子系统的并联模拟系统,$H(s)$又可表示为:

$$H(s)=\frac{2s+8}{(s+1)(s+2)(s+3)}=\frac{3}{(s+1)}+\frac{-3s-10}{(s+2)(s+3)}=H_1(s)+H_2(s)$$

式中 $H_1(s)$和 $H_2(s)$分别为一阶和二阶子系统,如下所示:

$$H_1(s)=\frac{3}{(s+1)}=\frac{3s^{-1}}{1-(-s^{-1})}$$

$$H_2(s)=\frac{-3s-10}{(s+2)(s+3)}=\frac{-3s-10}{s^2+5s+6}=\frac{-3s^{-1}-10s^{-2}}{1-(-5s^{-1}-6s^{-2})}$$

子系统 $H_1(s)$、$H_2(s)$和整个系统的信号流图分别如图 6-42 所示。

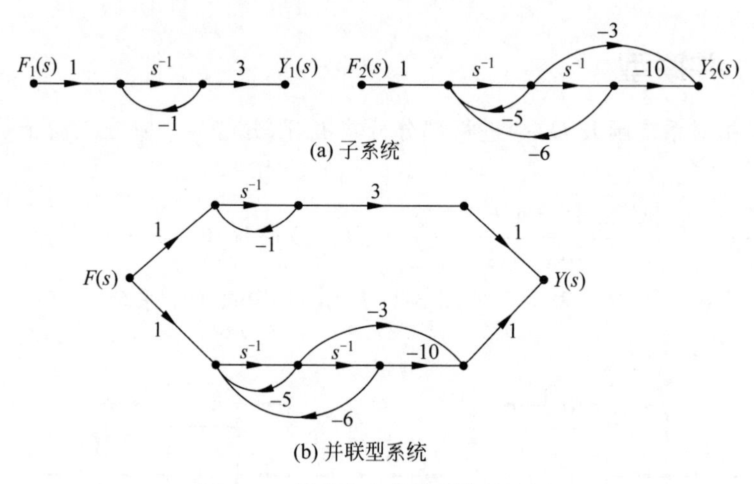

图 6-42 子系统和并联型信号流图

6.7.4 系统多种描述中的科学思维

由上面的内容可知,到目前为止我们已经学习了同一系统的八种不同描述方法,即框图描述、微分(差分)方程描述、电路图描述、状态空间描述、冲激响应描述、频率响应描述、系统函数描述和信号流图描述。虽然这些描述都是等价的,可以相互转换,但是每一种不同表示对应着不同的解释和不同的分析问题和解决问题的方法。

每一个有探索精神的同学都应该会问这是为什么?实际上如果我们认真听讲和读书,

应该会发现通过每一种不同的描述，我们都得到了不同的收获和好处。例如：微分(差分)方程描述和状态空间描述使我们得到了系统的输入/输出数学模型和包含输入/输出与内部变量的数学模型，为从理论上分析系统奠定了基础；框图描述和信号流图描述使我们得到了同一系统多样性的实现方法；频率响应描述使我们得到了系统频率响应特性；系统函数描述使我们搞清楚了系统各种性质的深层次原因，即与零极点分布的关系，为分析和设计系统提供了全新的思路；我们可以通过系统的冲激响应 $h(t)$ 判断系统的因果性和稳定性，但无法分析系统的频率特性；而通过它的傅里叶变换 $H(\mathrm{j}\omega)$ 则可以方便地分析和得到系统的频率特性；通过它的拉普拉斯变换 $H(s)$ 不仅可以方便地通过极点分布判断系统的稳定性，而且可以改进设计稳定性，可以通过它和信号流图的关系反向设计系统。虽然 $h(t)$、$H(\mathrm{j}\omega)$ 和 $H(s)$ 表示的是同一个系统，但是由于表示方法的不同，为我们全面、方便地分析信号和系统性能提供了重要的方法和途径。

由此可见，探索同一系统或者同一事物的不同描述方法，是一种重要的创新思维方法，它可以开拓我们的视野，避免盲人摸象，帮助我们多角度、全方位认识问题，解决科学研究中遇到的各种困难，值得我们认真理解和掌握，并举一反三，将其应用到学习和科研中去。

6.8　基于系统函数 $H(s)$ 的一般系统的分析和设计方法

基于系统函数 $H(s)$ 的系统分析和设计方法，首先需要获取描述问题的系统函数 $H(s)$，然后再根据需要，通过 $H(s)$ 的零极点分布分析或者改进系统，通过 $H(s)$ 得到系统的具体实现方案，具体过程如图 6-43 所示。

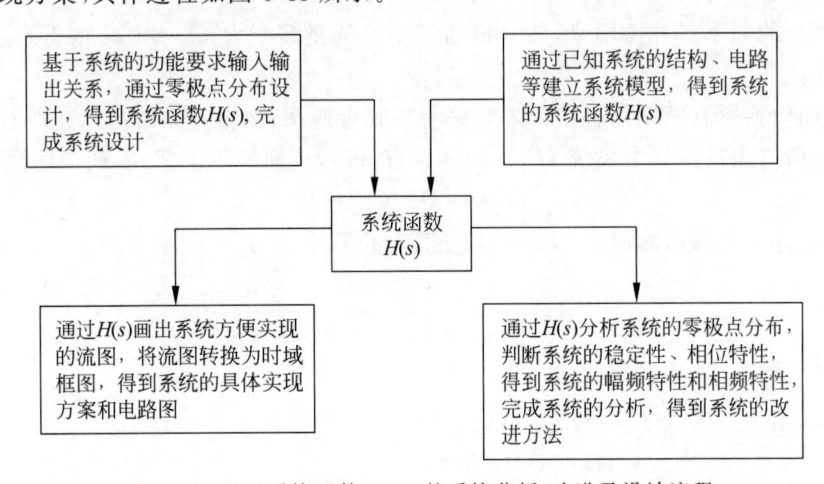

图 6-43　基于系统函数 $H(s)$ 的系统分析、改进及设计流程

1. 获取系统函数

一般情况下，当已知系统时，由前述内容可知，系统可以由电路图、微分方程、时域框图、冲激响应、频率响应函数 $H(\mathrm{j}\omega)$、系统函数 $H(s)$、s 域框图以及信号流图等给出和描述，这些描述都是等价且可以相互转换，通过这些描述可以方便地得到系统函数 $H(s)$。或者通过 6.3 节的方法，也可以得到不同结构和组成系统的系统函数 $H(s)$。

当不知道系统的结构时，可以通过已知系统要实现的功能（例如放大倍数、各种滤波要求或者输入/输出关系），将这种功能转换为系统函数 $H(s)$。例 6.5，通过已知的输入/输出关系得到系统函数；6.5 节的方法，通过系统要实现的功能，确定系统的零极点，进而得到系统函数。

2. 分析和改进系统

当得到系统函数 $H(s)$时，通过分析 $H(s)$的零极点分布，判断系统的稳定性，如果系统的极点距离虚轴较近，或者系统不稳定，可以通过设计反馈网络，使得极点向左远离虚轴，从而改进系统，提高系统稳定性；通过系统函数 $H(s)$得到系统的频响特性函数 $H(\mathrm{j}\omega)$，获取系统的频率特性等。将这个过程称为基于系统函数 $H(s)$的系统分析。

3. 系统方案实现

当得到系统函数 $H(s)$时，利用梅森公式以及系统的级联、并联原理，将其转换为信号流图，由于同一系统具有很多不同的信号流图表示，所以转换时可以按照自己具备的实现条件、具体需要、功耗以及效率要求等进行有选择的转换，然后再将转换好的信号流图转换为时域框图，从而得到系统的实现结构和电路图，将这个过程称为基于系统函数 $H(s)$的一般系统的设计和综合。

例 6.22 已知某子系统的系统函数为 $H_1(s)=\dfrac{\omega_c^2}{s^2+\sqrt{2}\omega_c s+\omega_c^2}$，该系统为低通滤波器，截止频率为 ω_c。设计一个频率补偿系统 $H_2(s)$，使得系统 $H(s)=H_1(s)H_2(s)$的截止频率 $\omega_0=10\omega_c$。

解 由题意知，设计完成的总系统 $H(s)$仍然是一个低通滤波器，其截止频率将原子系统的截止频率扩展了 10 倍，使得原来丢失的频率被补偿回来。

先将所有的频率都补偿回来，然后再通过一个截止频率为 $\omega_0=10\omega_c$ 的低通滤波器，完成系统设计。

首先，如何将所有频率都补偿回来？容易想到全通系统，全通系统可以让所有频率都无失真通过。所以先设计一个系统 $H_{2,1}(s)=1/H_1(s)$，从而满足下式，实现全通性：

$$H_{2,1}(s)H_1(s)=1$$

其次，设计一个低通滤波器 $H_{2,2}(s)$，使其截止频率为 $\omega_0=10\omega_c$

$$H_{2,2}(s)=\frac{\omega_0^3}{s^3+2\omega_0 s^2+2\omega_0 s+\omega_0^3}$$

综合以上两步，容易得到：

$$\begin{aligned}H_2(s)&=H_{2,1}(s)H_{2,2}(s)\\&=\frac{H_{2,2}(s)}{H_1(s)}\\&=\frac{\omega_0^3}{s^3+2\omega_0 s^2+2\omega_0 s+\omega_0^3}\,\frac{s^2+\sqrt{2}\omega_c s+\omega_c^2}{\omega_c^2}\\&=\frac{1000s^2+1000\sqrt{2}\omega_c s+1000\omega_c^2}{s^3+20\omega_c s^2+20\omega_c s+1000\omega_c^3}\end{aligned}$$

$H_2(s)$信号流图和时域框图如图 6-44 所示。

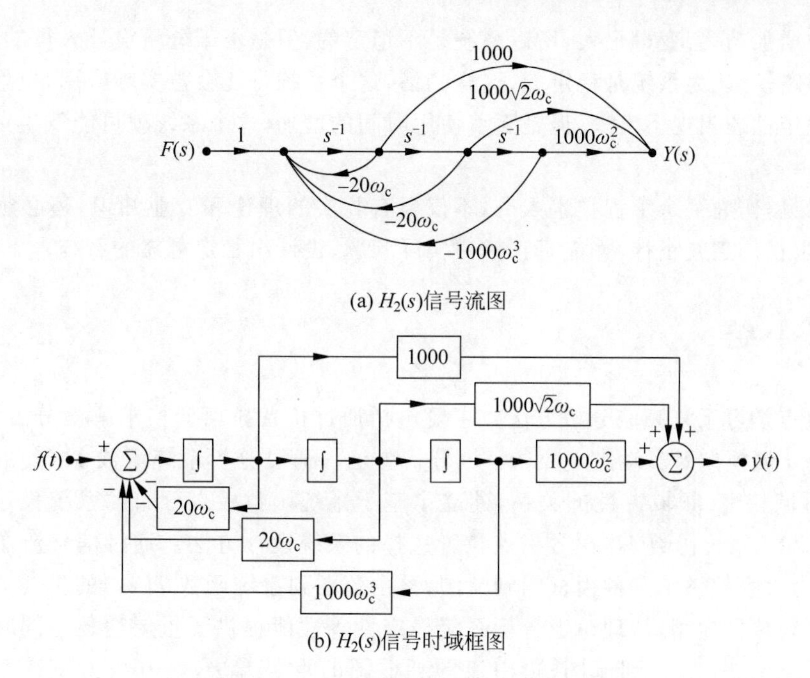

(a) $H_2(s)$信号流图

(b) $H_2(s)$信号时域框图

图 6-44　$H_2(s)$信号流图和时域框图

6.9　系统设计中的"工匠"精神

由图 6-43 可知，一般系统设计包括基于系统要实现功能的系统数学建模，基于数学模型的系统性能分析，基于分析的系统改进设计，经过取舍最终得到系统的设计方案等四个过程。因为一般系统都是复杂的，所以在每个过程中都要进行适当的取舍，舍去一些次要因素，保留主要因素。在建模、分析、设计以及取舍的过程中，我们必须保持一丝不苟、精益求精的工匠精神，否则我们设计的系统就可能存在这样那样的问题，甚至存在重大隐患，这样的系统如果投入使用，就会造成爆炸、火灾、突然停车等严重的后果。下面通过信号与系统原理分析其中的原因。

在"信号与系统"课程中，我们知道当系统函数 $H(s)$的极点全部在左半开平面时，系统才稳定。由于左半开平面和右半开平面只是由虚轴线分开，所以左半开平面的极点和右半开平面的极点距离非常近，如果我们马虎大意，不能做到一丝不苟、精益求精，则很可能在建模、分析、设计以及取舍的过程中，就会漏掉右半开平面的极点，或者将右半开平面的极点错误地看成左半开平面的极点，尤其是当右半开平面的极点的实部非常小的时候，这种错误在分析和实验中还不容易发现，从而埋下重大隐患。下面看一个例子。

例如一个实际系统由三个子系统并联而成，其系统函数分别为 $H_1(s)=\dfrac{1}{s+1}$，$H_2(s)=\dfrac{0.000001}{s-0.000001}$，$H_3(s)=\dfrac{1}{s+2}$。由于 $H_2(s)$的相关参数很小，在建模、分析、设计和取舍的过程中被忽略掉了，所以设计出来的系统数学模型为：$H(s)=H_1(s)+H_3(s)$。由于实际系统的冲激响应应为：$h(t)=\mathrm{e}^{-t}+0.000001\mathrm{e}^{0.000001t}+\mathrm{e}^{-2t}$，其中第二项虽然常参数很小，但是

随着时间的增加，它会变得很大，所以系统是不稳定的，但是由于分析设计人员的疏忽，却将这一项给忽略了，认为系统是稳定的，这样的话，这个系统可能会被实际应用，虽然在使用的初期其不稳定性还表现不出来，但是随着使用时间的增加，这个系统就可能发生爆炸等重要故障。

由此可见，作为一个工程技术人员，不仅要有扎实的理论和专业知识，还必须要有一丝不苟、精益求精的工匠精神，才能真正解决实际问题，设计出稳定可靠的系统。

本章小结

本章重点学习了复频域分析方法。主要包括通过拉普拉斯变换求解微分方程的全解；动态元件的 s 域模型及其动态电路的 s 域分析方法。通过分析系统函数 $H(s)$的零极点分布与系统时域特性、频域特性的关系，建立了基于系统函数极点分布的系统稳定性判断方法；建立了基于系统函数 $H(s)$零极点位置选择的系统设计方法。通过信号流图和梅森公式的学习，为大家提供了一种由框图到流图，再由流图到系统函数 $H(s)$的重要方法。该方法为建立系统数学模型，从理论上分析系统稳定性等性能提供了重要途径。同时也为大家提供了由系统函数 $H(s)$到流图，再由流图到框图的重要方法，该方法为设计系统实现方案，具体实现系统提供了重要途径。希望能深刻理解系统函数 $H(s)$，熟练掌握上述应用方法，将其应用到实际系统的分析和设计中。

习题

6.1 已知系统函数为 $H(s)=\dfrac{1}{s^2+5s+6}$，计算 $f(t)=e^{-2t}u(t)$时的零状态响应 $y(t)$。

6.2 用拉普拉斯变换法求微分方程的零输入响应和零状态响应。

$$y''(t)+5y'(t)+6y(t)=3f(t)$$

(1) 已知 $f(t)=u(t),y(0^-)=1,y'(0^-)=2$；

(2) 已知 $f(t)=e^{-t}u(t),y(0^-)=0,y'(0^-)=1$。

6.3 已知线性连续系统的输入 $f(t)=e^{-t}u(t)$，零状态响应为：

$$y_f(t)=(e^{-t}-2e^{-2t}+3e^{-3t})u(t)$$

用拉普拉斯变换法求系统的阶跃响应 $g(t)$。

6.4 已知当输入 $f(t)=e^{-1}u(t)$时，某 LTI 系统的零状态响应为：

$$y_f(t)=(3e^{-t}-4e^{-2t}+e^{-3t})u(t)$$

求该系统的冲激响应和描述该系统的微分方程。

6.5 已知线性连续系统的系统函数和输入 $f(t)$，求系统的完全响应。

(1) $H(s)=\dfrac{s+6}{s^2+5s+6}$，$f(t)=e^{-2t}u(t),y(0^-)=1,y'(0^-)=1$；

(2) $H(s)=\dfrac{s+2}{s^2+4}$，$f(t)=u(t),y(0^-)=0,y'(0^-)=1$。

6.6 已知某 LTI 系统的阶跃响应 $g(t)=(1-e^{-2t})u(t)$，$y_f(t)=(1-e^{-2t}+te^{-2t})u(t)$

为该系统的零状态响应，求系统的输入信号 $f(t)$。

6.7　已知某系统的输出 $y_1(t)$ 和 $y_2(t)$ 与输入 $f(t)$ 的关系方程为：

$$\begin{cases} y_1'(t)+2y_1(t)-y_2(t)=f(t) \\ y_2'(t)+2y_2(t)-y_1(t)=0 \end{cases}$$

$f(t)=u(t)$，$y_1(0^-)=2$，$y_2(0^-)=1$。求零输入响应 $y_{1x}(t)$、$y_{2x}(t)$ 和零状态响应 $y_{1f}(t)$、$y_{2f}(t)$。

6.8　如图 6-45 所示的复合系统，由 4 个子系统组成，若各子系统的系统函数或冲激响应分别为：$H_1(s)=\dfrac{1}{s+1}$，$H_2(s)=\dfrac{1}{s+2}$，$h_3(t)=u(t)$，$h_4(t)=\mathrm{e}^{-2t}u(t)$，求复合系统的冲激响应 $h(t)$。

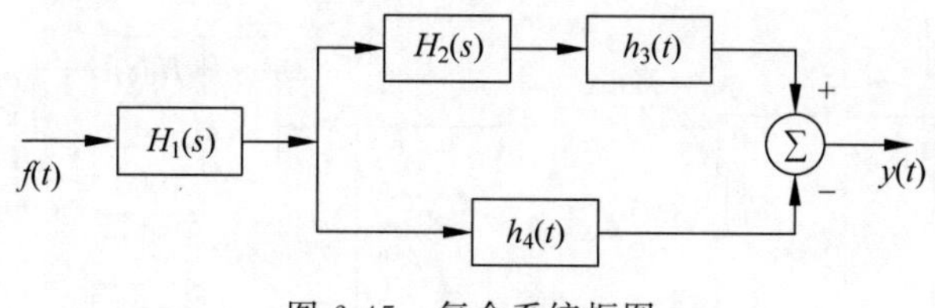

图 6-45　复合系统框图

6.9　如图 6-46 所示电路，其输入均为单位阶跃函数 $u(t)$，求电压 $u_L(t)$ 的零状态响应。

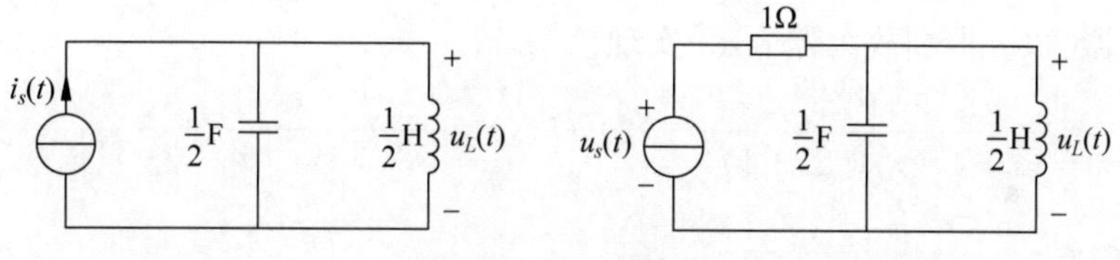

图 6-46　LC 电路图

6.10　如图 6-47 所示 RLC 系统，$u_s(t)=10u(t)$。求电流 $i(t)$ 的零状态响应。

6.11　如图 6-48 所示 RLC 系统，$u_s(t)=12\mathrm{V}$，$L=1\mathrm{H}$，$C=1\mathrm{F}$，$R_1=3\Omega$，$R_2=2\Omega$，$R_3=1\Omega$。$t<0$ 时电路已达稳态，$t=0$ 时开关 s 闭合。求 $t\geqslant0$ 时，电压 $u(t)$ 的零输入响应、零状态响应和全响应。

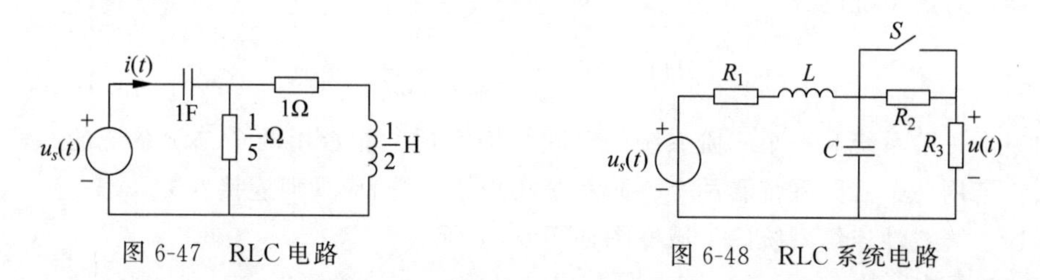

图 6-47　RLC 电路　　　图 6-48　RLC 系统电路

6.12　如图 6-49 所示电路是巴特沃斯型三阶低通滤波器，它接于电源（含内阻 R）与负载 R_L 之间。已知 $L=1\mathrm{H}$，$C=2\mathrm{F}$，$R=1\Omega$，求系统函数 $H(s)=\dfrac{U_2(s)}{U_1(s)}$（电压比函数）及其阶跃响应。

6.13　已知 $f(t)=\mathrm{e}^{-2t}\cos t\cdot u(t)$ 的拉普拉斯变换为：

$$F(s)=\frac{s+2}{(s+2)^2+1},\quad \mathrm{Re}[s]>-2$$

求 $f(t)$ 的傅里叶变换 $F(\mathrm{j}\omega)$。

6.14　已知二阶线性连续系统的系统函数为 $H(s)=\frac{s-a}{s^2+2as+\omega_0^2}$ 式中，$a>0,\omega_0>0$，$\omega_0>a$。粗略画出系统的幅频和相频特性曲线。

6.15　简化图 6-50，计算系统函数 $H(s)=\frac{Y(s)}{X(s)}$。其中 $H_1(s)=2, H_2(s)=\frac{10}{s}$，$H_3(s)=\frac{0.1}{s+20}, H_4(s)=\frac{2}{s+4}$。

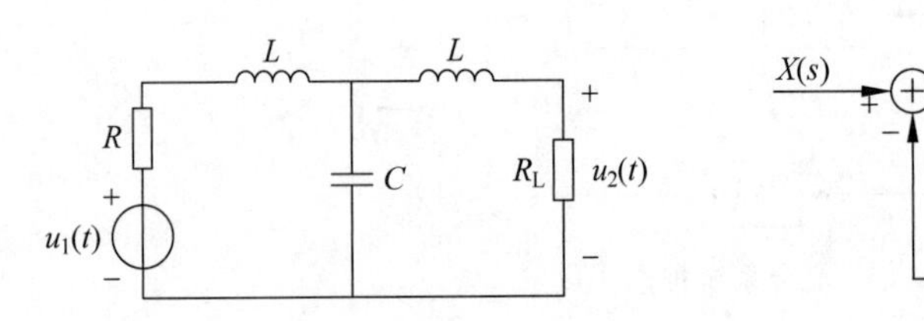

图 6-49　三阶低通滤波器电路

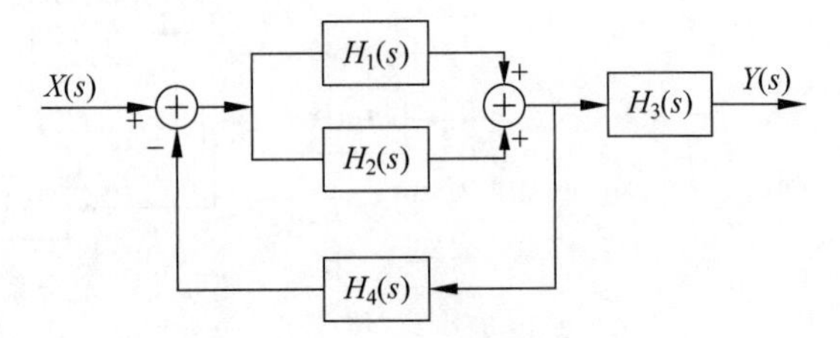

图 6-50　复合系统框图

6.16　连续时间系统函数如下，试分别用一个一阶系统与一个二阶系统的级联和并联结构（用相加器、积分器和放大器表示）实现该系统。

(1) $H(s)=\frac{5s+7}{(s+4)(s^2+2s+1)}$；　(2) $H(s)=\frac{s-1}{(s+1)(s+2)(s+3)}$；

(3) $H(s)=\frac{s^2+s+2}{(s+1)(s^2+2s+2)}$。

6.17　某连续时间系统的系统函数为：

$$H(s)=\frac{1}{(s+2)^3}$$

试用三个一阶系统的级联结构实现；该系统能否由 3 个一阶系统并联实现？为什么？

6.18　考虑系统函数：

$$H(s)=\frac{1}{(s+2)^3(s+2)}$$

用一个三阶系统和一个一阶系统的级联结构实现。能否用两个二阶系统的并联实现？为什么？若用一个二阶系统和两个一阶系统实现该系统，应如何连接？

6.19　某线性连续系统的 s 域框图如图 6-51 所示。

(1) 求系统函数 $H(s)$；

(2) 判断系统是否稳定；

(3) 若用加法器、数乘器、积分器模拟系统，画出系统框图。

6.20　某线性连续系统的 s 域框图如图 6-52 所示，其中 $G(s)=\frac{1}{s(s^2+s+2)}, B(s)=$

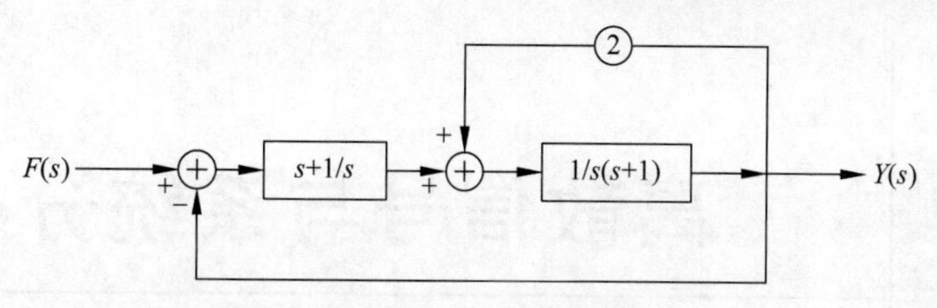

图 6-51　系统 s 域框图

$\dfrac{k}{s+1}$。欲使该系统为稳定系统，试确定 k 值的取值范围。

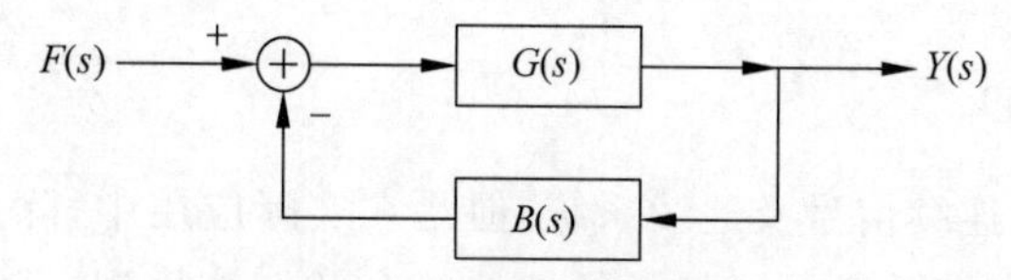

图 6-52　反馈系统 s 域框图

6.21　对于下面的线性时不变系统，确定系统是否稳定、临界稳定或不稳定。

(1) $H(s)=\dfrac{s-4}{s^2+7s}$；　　(2) $H(s)=\dfrac{s+3}{s^2+3}$；

(3) $H(s)=\dfrac{2s^2+3s+1}{s^3+2s^2+4}$；　　(4) $H(s)=\dfrac{3s^2-2s+6}{s^3+s^2+s+1}$。

6.22　根据劳斯-赫尔维茨准则，若要使下面的系统稳定，确定参数 k 的值。

(1) $H(s)=\dfrac{s^2+60s+800}{s^3+30s^2+(k+200)s+40k}$；　(2) $H(s)=\dfrac{2s^3-3s+4}{s^4+s^3+ks^2+2s+3}$；

(3) $H(s)=\dfrac{s^2+3s-2}{s^3+s^2+(k+3)s+3k-5}$。

6.23　某系统流图如图 6-53 所示，用梅森公式计算系统函数 $H(s)$，并判断该系统是否稳定。

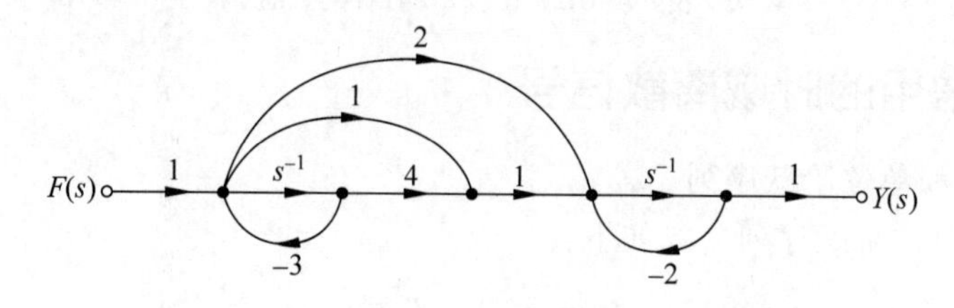

图 6-53　系统流图

6.24　研究一个三阶巴特沃斯滤波器，已知其系统函数为：

$$H(s)=\frac{\omega_c^3}{s^2+2\omega_c s+2\omega_c^2 s+\omega_c^3}$$

(1) 根据 3dB 带宽 ω_c，求冲激响应 $h(t)$ 的表达式。利用 MATLAB 编程绘制 $\omega_c=1\mathrm{rad/s}$ 时的 $h(t)$ 曲线。

(2) 利用 MATLAB 编程绘制 $\omega_c=1\mathrm{rad/s}$ 时理想低通滤波器的冲激响应曲线，比较并讨论两个响应的区别。

第7章 离散信号与系统分析

CHAPTER 7

前面几章主要研究连续信号及连续系统，但是在实际应用中，除连续系统之外，还存在着大量的离散系统，例如统计学及经济学领域的社会及经济模型。随着计算机和集成电路技术的进一步发展，几乎所有连续信号都可以通过采样而变成离散信号，相应地，处理这些信号的系统也变成离散系统，从而可以通过具有很多优点的数字处理技术对其进行分析。所以近年来，离散信号与系统的分析研究越来越受到人们的重视。本章主要介绍三方面内容：时域离散信号及运算；时域离散信号的 z 变换及性质；离散线性时不变系统的描述和分析。离散信号的运算，离散系统的性质，分析方法等和连续系统具有很大的相似性，所以大家在学习中要多对比，多借鉴。

7.1 时域离散信号及运算

时域离散信号就是指仅在一些离散的瞬间才有定义的信号，常常表示成序列的形式。例如：$f(n)=\sin 2n, n\in Z$，Z 代表整数域。$f(n)$可看作模拟信号 $\sin 2t$ 的等间隔采样（间隔为 T），即 $f(nT)=\sin 2nT$，表示 $\sin 2t$ 在 $t=nT$ 时刻的采样值，为了书写方便，这里的 T 常不写出，而写成 $f(n)=\sin 2n$，表示 $\sin 2t$ 的第 n 个样点值。

7.1.1 常用的时域离散信号

1. 单位序列和单位阶跃序列

单位序列和单位阶跃序列公式如下：

$$\delta(n)=\begin{cases}1, & n=0\\ 0, & n\neq 0\end{cases} \tag{7-1}$$

$$u(n)=\begin{cases}1, & n\geqslant 0\\ 0, & n<0\end{cases} \tag{7-2}$$

式(7-1)所示的单位序列对应于连续信号中的单位冲激函数，式(7-2)所示的单位阶跃序列对应于阶跃函数。可以得到 $\delta(n)$与 $u(n)$的关系如下：

$$\delta(n)=u(n)-u(n-1) \tag{7-3}$$

$$u(n)=\sum_{k=-\infty}^{n}\delta(k) \tag{7-4}$$

即单位序列是单位阶跃序列的一阶差分；单位阶跃序列是单位序列的累加和。而在连续系统中 $\delta(t)$ 和 $u(t)$ 的关系为 $\delta(t)=\frac{\mathrm{d}u(t)}{\mathrm{d}t}$，$u(t)=\int_{-\infty}^{t}\delta(\tau)\mathrm{d}\tau$。由此看出连续系统的微分运算对应于离散系统的差分运算；连续系统的积分运算对应于离散系统的累加和运算。

2. 正弦序列

$$f(n)=\cos n\Omega \tag{7-5}$$

Ω 称为正弦序列的角频率，不同角频率的离散时间正弦序列的 MATLAB 产生程序如下，具体波形见图 7-1。

```
n = [ - 10:1:10];
for a = 1:5
    f = cos(n * 0.25 * pi * a);
    subplot(5,1,a)
    scatter(n,f)
end
```

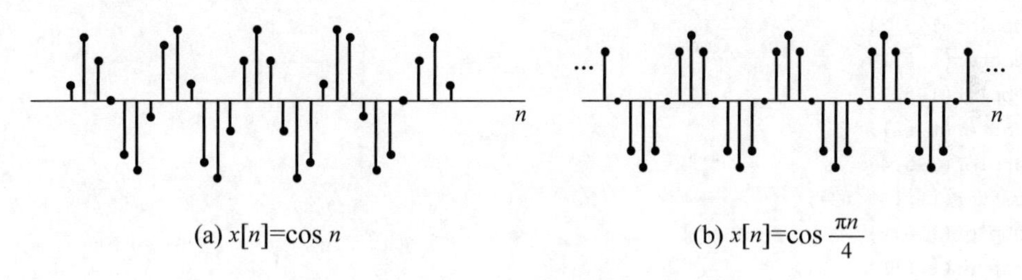

(a) $x[n]=\cos n$　　(b) $x[n]=\cos\frac{\pi n}{4}$

图 7-1　不同频率时的离散时间正弦序列

另外，需要指出对于周期信号的取样，所得的结果序列并不一定是周期序列。对于 $f(n)=\cos n\Omega$，只有当 $2\pi/\Omega$ 为有理数时，所得的取样序列是周期的；而 $2\pi/\Omega$ 为无理数时，所得的取样序列不为周期序列。例如当 $\Omega=1$ 时，所得的取样序列 $f(n)=\cos n$ 不为周期序列，见图 7-1(a)。

3. 复指数序列

复指数序列如下：

$$f(n)=\mathrm{e}^{sn} \tag{7-6}$$

当 $\mathrm{e}^{s}=a$ 时，有：

$$f(n)=a^{n} \tag{7-7}$$

7.1.2　时域离散信号运算

1. 基本运算

时域离散信号的平移、反折、和、差及积运算与连续信号相同。

例 7.1　已知序列 $f_1(n)$、$f_2(n)$ 分别为：

$$f_1(n)=\begin{cases}n+3, & -1\leqslant n\leqslant 1\\ 0, & \text{其他}\end{cases},\quad f_2(n)=\begin{cases}n, & 0\leqslant n\leqslant 2\\ 0, & \text{其他}\end{cases}$$

(1) 画出 $f_1(1-n)$ 的波形图。

(2) 计算 $f_1(n)\cdot f_2(n)$；$f_1(1-n)+f_2(n)$。

解 (1) 容易计算 $f_1(1-n)=\begin{cases}4-n, & 0\leqslant n\leqslant 2\\ 0, & \text{其他}\end{cases}$,其如图 7-2 所示。

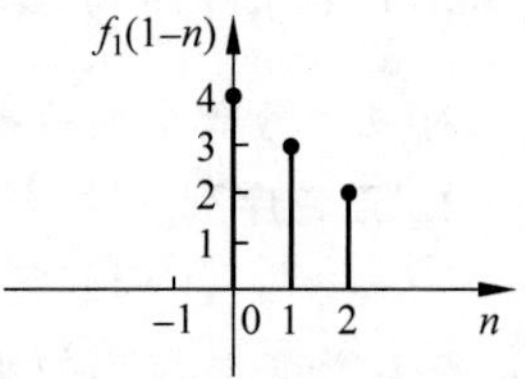

图 7-2 离散信号波形

(2) $f_1(n)\cdot f_2(n)=\begin{cases}(n+3)\cdot 0=0, & n=-1,0\\ (n+3)\cdot n=n^2+3n=4, & n=1\\ 0\cdot n=0, & n=2\end{cases}$

$f_1(1-n)+f_2(n)=\begin{cases}4-n+n=4, & 0\leqslant n\leqslant 2\\ 0, & \text{其他}\end{cases}$

计算的 MATLAB 程序如下：

```
t = [ - 5:1:5];
f1 = (stepfun(t, - 1) - stepfun(t,2)). * (t + 3);
f11 = (stepfun(t,0) - stepfun(t,3)). * ( - t + 4);
f2 = (stepfun(t,0) - stepfun(t,3)). * t;
subplot(1,5,1)
scatter(t,f1);
subplot(1,5,2)
scatter(t,f11);
subplot(1,5,3)
scatter(t,f2);
subplot(1,5,4)
scatter(t,f1. * f2);
subplot(1,5,5)
scatter(t,f11. * f2);
```

2. 累加和

序列的累加和仍为同宗量的序列,记作：

$$y(n)=\sum_{k=-\infty}^{n} f(k) \tag{7-8}$$

容易计算单位阶跃序列的累加和：

$$y(n)=\sum_{k=-\infty}^{n} u(k)=\left[\sum_{k=0}^{n}1\right]u(n)=(n+1)u(n) \tag{7-9}$$

3. 卷积和

序列 $f_1(n)$、$f_2(n)$的卷积和(又称离散卷积)用 $f_1(n)*f_2(n)$表示。其定义为：

$$f_1(n)*f_2(n)=\sum_{k=-\infty}^{\infty} f_1(k)f_2(n-k) \tag{7-10}$$

和连续信号的卷积积分类似,序列的离散卷积和运算也满足：

交换律 $f_1(n)*f_2(n)=f_2(n)*f_1(n)$ (7-11)

结合律 $f_1(n)*[f_2(n)*f_3(n)]=[f_1(n)*f_2(n)]*f_3(n)$ (7-12)

分配律 $f_1(n)*[f_2(n)+f_3(n)]=f_1(n)*f_2(n)+f_1(n)*f_3(n)$ (7-13)

例 7.2 已知 $f_1(n)$、$f_2(n)$如图 7-3 所示,计算 $f(n)=f_1(n)*f_2(n)$。

解
$$\begin{aligned}f(n)&=f_1(n)*f_2(n)=f_2(n)*f_1(n)=\sum_{k=-\infty}^{\infty} f_2(k)f_1(n-k)\\&=f_2(0)f_1(n)+f_2(1)f_1(n-1)=0.5f_1(n)+2f_1(n-1)\end{aligned}$$

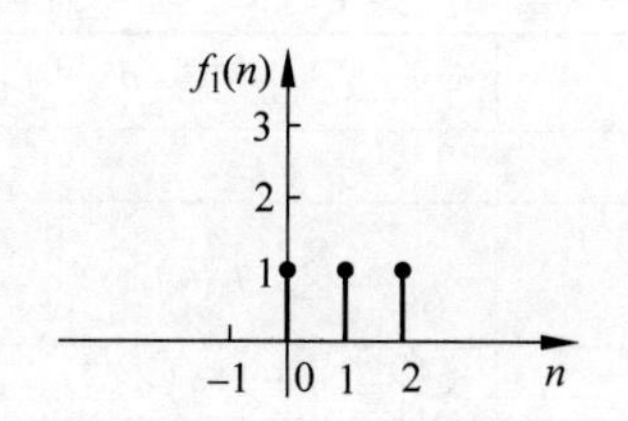

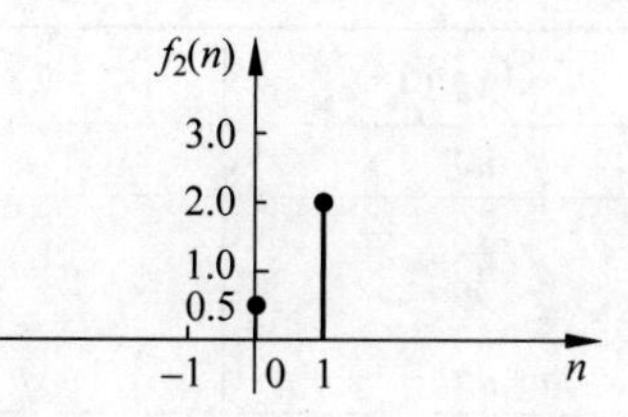

图 7-3　离散信号波形

运算过程如图 7-4 所示。

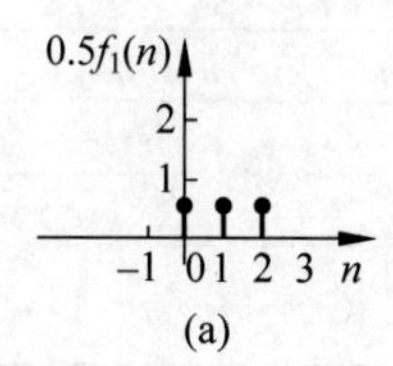

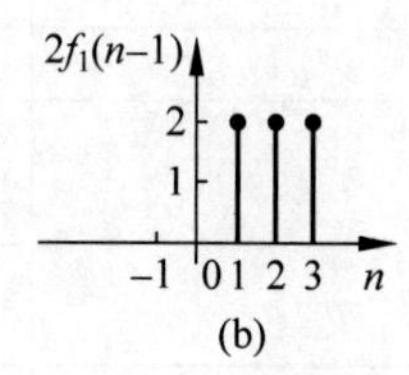

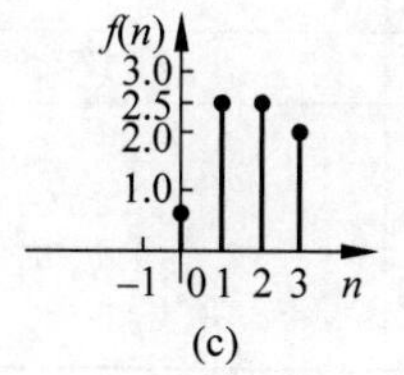

图 7-4　运算过程

上例的 MATLAB 程序如下：

```
t = [ - 5:1:5];
f1 = stepfun(t,0) - stepfun(t,3);
f2 = (stepfun(t,0) - stepfun(t,2)). * (1.5 * t + 0.5);
scatter(t,f1. * f2)
```

从例 7.2 容易看出，离散信号卷积和的计算比连续信号卷积积分的计算简单，一般采用直接计算，不再使用连续卷积的图解法。另外，级数求和公式也常常用来计算离散卷积，具体如下：

$$\sum_{n=k_1}^{k_2} a^n = \begin{cases} \dfrac{a^{k_1} - a^{k_2+1}}{1-a}, & a \neq 1 \\ k_2 - k_1 + 1, & a = 1 \end{cases} \tag{7-14}$$

$$\sum_{n=k_1}^{\infty} a^n = \frac{a^{k_1}}{1-a}, \quad |a| < 1 \tag{7-15}$$

例 7.3　已知序列 $h(n)=(0.8)^n u(n)$，$f(n)=u(n)$，试求 $y(n)=h(n)*f(n)$。

解　由于 $y(n)=h(n)*f(n)=\sum\limits_{k=-\infty}^{\infty}(0.8)^k u(k)\cdot u(n-k)$，由单位阶跃序列定义可知，$u(k)=0, k<0$；$u(n-k)=0, k>n$。所以可得：

$$y(n)=\sum_{k=0}^{n}(0.8)^k u(n)$$

由级数求和公式可得：

$$y(n)=\frac{1-(0.8)^{n+1}}{1-0.8}u(n)=5[1-(0.8)^{n+1}]u(n)$$

在对离散系统进行时域分析时要经常用到卷积运算，表 7-1 给出了常用序列卷积和。

表 7-1　常用序列卷积和

序　号	$f_1(n)$	$f_2(n)$	$f_1(n)*f_2(n)$
1	$f(n)$	$\delta(n)$	$f(n)$
2	$f(n)$	$u(n)$	$\sum_{k=-\infty}^{n} f(k)$
3	$u(n)$	$u(n)$	$(n+1)u(n)$
4	$nu(n)$	$u(n)$	$\frac{1}{2}(n+1)nu(n)$
5	$a_1^n u(n)$	$a_2^n u(n)$	$\frac{a_1^{n+1}-a_2^{n+1}}{a_1-a_2}, a_1 \neq a_2$
6	$a^n u(n)$	$a^n u(n)$	$(n+1)a^n u(n)$
7	$nu(n)$	$a^n u(n)$	$\frac{n}{1-a}u(n)+\frac{a(a^n-1)}{(1-a)^2}u(n)$
8	$nu(n)$	$nu(n)$	$\frac{1}{6}(n+1)n(n-1)u(n)$

7.2 离散系统时域分析

7.2.1 采样系统的差分方程描述

连续系统的输入/输出关系可用微分方程描述，而离散系统的输入/输出关系通常可以用差分方程来描述。离散系统的线性、非时变性、因果性及稳定性等性质的定义和连续系统相同。图 7-5 所示的为一阶数据采样系统，输入为 $f(t)$，输出为 $y(t)$。

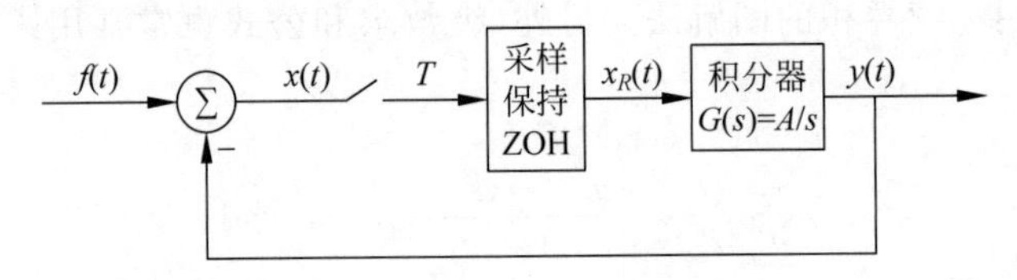

图 7-5　一阶数据采样系统原理框图

在第 k 个时间间隔中，ZOH 的输出为：

$$x_R(t)=x(kT),\quad kT<t<(k+1)T$$

由于积分器的作用，在该周期内系统输出 $y(t)$ 为：

$$y(t)=y(kT)+Ax(kT)(t-kT),\quad kT\leqslant t\leqslant (k+1)T$$

因此，在 $(k+1)T$ 时刻，系统的输出为：

$$\begin{aligned} y((k+1)T) &= y(kT)+Ax(kT)[(k+1)T-kT] \\ &= y(kT)+ATx(kT) \end{aligned}$$

由于 $x(kT)=f(kT)-y(kT)$，从而有 $y((k+1)T)=(1-AT)y(kT)+ATf(kT)$。

当取 $T=1(s)$，则上式可写为 $y(k+1)-(1-A)y(k)=Af(k)$。

这就是数据采样系统的差分方程模型。该方程为常系数的线性差分方程，说明该系统为线性非时变系统，所以该方程也可以等效地写为 $y(k)-(1-A)y(k-1)=Af(k-1)$。需要指出的是，差分方程的解 $y(k)$ 仅是实际输出量 $y(t)$ 在采样瞬时的值，而在两个相邻采样瞬时之间的输出值不能由差分方程的解得到。当然,只要采样速率足够高(满足采样定理),不至于丢失任何重要的输出信息,差分方程的描述通常可以满足要求。

描述一般LTI离散因果系统输入/输出关系的是常系数线性差分方程,即

$$\sum_{i=0}^{n} a_{n-i} y(k-i)=\sum_{i=0}^{m} b_{m-i} f(k-i), \quad a_n=1 \tag{7-16}$$

其中,当 $k<k_0$ 时,若 $f(k)=0$ 则 $y(k)=0$。

线性非时变(LTI)离散系统常常以单位序列为基本信号进行时域分析,其全响应可表示为零输入响应和零状态响应的代数和,其零状态响应 $y_f(k)$ 等于激励 $f(k)$ 与系统的单位序列响应 $h(k)$ 的卷积和,即:

$$y_f(k)=\sum_{i=-\infty}^{\infty} f(i) h(k-i) \tag{7-17}$$

LTI离散系统也可用框图描述。常用加法器、数乘器和延迟三种运算单元,具体框图描述如图7-6所示。

例如,如图7-7所示方框图描述的系统与差分方程 $y(n)=-ay(n-1)+bx(n)$ 描述的是同一系统。

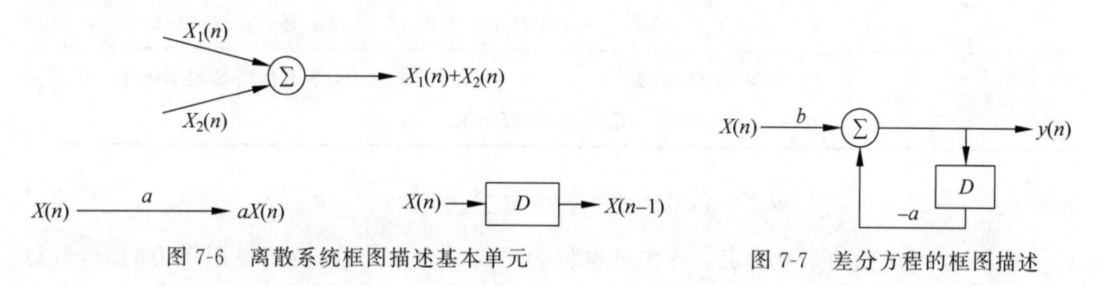

图7-6 离散系统框图描述基本单元　　图7-7 差分方程的框图描述

7.2.2 差分方程的经典解法

由于LTI离散系统与常系数线性差分方程是一一对应的(因果条件下),所以通过求解差分方程就可以得到激励为 $f(n)$ 时系统的响应 $y(n)$。

将式(7-16)稍做整理可得:

$$y(k)=\sum_{i=0}^{m} b_{m-i} f(k-i)-\sum_{i=1}^{n} a_{n-i} y(k-i) \tag{7-18}$$

该式为递归方程,当已知初始状态 $y(-n), y(-n+1), \cdots, y(-1)$ 时,直接代入式(7-18)就可以求出各 $y(k)$ 值,这是递归法。

另一种方法就是通过计算差分方程的特征根来求解差分方程,这种方法和连续系统分析中对微分方程的求解方法很相似,称为差分方程的经典解法。

已知差分方程同式(7-16),且初始条件为 $\{y(0), y(1), y(2), \cdots, y(n-1)\}$,则 n 阶差分方程的特征方程为:

$$\sum_{i=0}^{n} a_{n-i} \lambda^{n-i}=a_n \lambda^n+a_{n-1} \lambda^{n-1}+\cdots+a_n \lambda+a_0=0, \quad a_n=1 \tag{7-19}$$

它的 n 个根为 λ_i,称为特征方程的特征根。与连续系统一样,其经典解法也是利用特征根

先求出齐次解，再求特解。

齐次解：当 λ_i 均为单根时，齐次解为：

$$y_h(k)=\sum_{i=1}^{n}c_i\lambda_i^k \tag{7-20}$$

当 λ_1 为 r 重根，其余 $n-r$ 个根为单根时，齐次解为：

$$y_h(k)=\sum_{i=1}^{r}c_ik^{r-i}\lambda_1^k+\sum_{j=r+1}^{n}c_j\lambda_j^k \tag{7-21}$$

特解：$y_p(k)$依据 $f(k)$的形式通过查表 7-2 确定特解形式，代入确定系数。

表 7-2　不同激励所对应的特解

激励 $f(k)$	特解 $y_p(k)$
k^m	$P_mk^m+P_{m-1}k^{m-1}+\cdots+P_1k+P_0$　（所有特征根不等于 1 时） $k^r[P_mk^m+P_{m-1}k^{m-1}+\cdots+P_1k+P_0]$（当有 r 重等于 1 的特征根）
a^k	Pa^k　（当 a 不等于特征根时） $P_1ka^k+P_0a^k$　（当 a 是特征单根时） $P_rk^ra^k+P_{r-1}k^{r-1}a^k+\cdots+P_1ka^k+P_0a^k$　（当 a 是 r 重特征根时）
$\cos(\beta k)$或 $\sin(\beta k)$	$P\cos(\beta k)+Q\sin(\beta k)$　（当所有的特征根不等于 $e^{\pm j\theta}$） 或 $A\cos(\beta k-\theta)$，其中 $Ae^{j\theta}=P+jQ$

全解：

$$y(k)=y_h(k)+y_p(k)=\sum_{i=1}^{n}c_i\lambda_i^k+y_p(k) \tag{7-22}$$

以上系数 c_i 可由初始条件确定。齐次解也称为系统的自由响应，特解也叫强迫响应，对稳定系统也叫稳态响应。

例 7.4　若系统的差分方程为 $y(k)+y(k-1)+\frac{1}{4}y(k-2)=f(k)$，已知初始条件 $y(0)=0,y(1)=-1$；激励 $f(k)=2^k,k\geqslant 0$，求方程全解。

解 1　递归法。

由于：

$$y(k)=2^k-y(k-1)-\frac{1}{4}y(k-2)$$

所以：

$$y(2)=4-y(1)-\frac{1}{4}y(0)=5$$

$$y(3)=8-y(2)-\frac{1}{4}y(1)=8-5+\frac{1}{4}=3\frac{1}{4}$$

以此类推，可得全解。

解 2　经典法。

首先求齐次解。其特征方程为 $\lambda^2+\lambda+\frac{1}{4}=0$，可解得特征根 $\lambda_1=\lambda_2=-\frac{1}{2}$ 为二重根，齐次解为：

$$y_h(k)=c_1k\left(-\frac{1}{2}\right)^k+c_2\left(-\frac{1}{2}\right)^k$$

其次求特解。由表 7-2,根据 $f(k)$的形式可知特解 $y_p(k)=p2^k, k\geqslant 0$ 将 $y_p(k)$、$y_p(k-1)$和 $y_p(k-2)$代入到系统差分方程可得 $p2^k+p2^{k-1}+\frac{1}{4}p2^{k-2}=2^k$, $p=\frac{16}{25}$。于是得特解 $y_p(k)=\frac{16}{25}2^k, k\geqslant 0$。

差分方程的全解：

$$y(k)=y_h(k)+y_p(k)=c_1k\left(-\frac{1}{2}\right)^k+c_2\left(-\frac{1}{2}\right)^k+\frac{16}{25}2^k$$

$$y(0)=c_2+\frac{16}{25}=0$$

$$y(1)=-\frac{1}{2}c_1-\frac{1}{2}c_2+\frac{32}{25}=-1$$

由上式可求得：$c_2=-\frac{16}{25}$, $c_1=5\frac{1}{5}$

最后得方程的全解为：$y(k)=\frac{26}{5}k\left(-\frac{1}{2}\right)^k-\frac{16}{25}\left(-\frac{1}{2}\right)^k+\frac{16}{25}2^k, k\geqslant 0$。

7.2.3　LTI 离散系统的零输入响应和零状态响应

当系统以式(7-16)所示差分方程及初始状态$\{y(-1), y(-2), \cdots, y(-n)\}$给定时，与连续系统相同，利用经典解法可分别计算系统的零输入响应 $y_x(k)$和零状态响应 $y_f(k)$，进而得到系统的全响应 $y(k)=y_x(k)+y_f(k)$。

其中：

$$y_x(k)=\sum_{i=1}^{n}c_{x_i}\lambda_i^k \tag{7-23}$$

$$y_f(k)=\sum_{i=1}^{n}c_{f_i}\lambda_i^k+y_p(k) \tag{7-24}$$

从而有 $y(k)=\underbrace{\sum_{i=1}^{n}c_i\lambda_i^k}_{\text{自由响应}}+\underbrace{y_p(k)}_{\text{强迫响应}}=\underbrace{\sum_{i=1}^{n}c_{x_i}\lambda_i^k}_{\text{零输入响应}}+\underbrace{\sum_{i=1}^{n}c_{f_i}\lambda_i^k+y_p(k)}_{\text{零状态响应}}$

容易看出，零输入响应和经典解法中的齐次解形式相同，而零状态响应和经典解的全解形式相同，但是这里要注意其待定系数的含义却完全不同。c_i 与初始状态和激励有关(即与初始条件有关)，c_{xi} 只与初始状态有关，c_{fi} 只与激励有关。

由于经典解法建立在初始条件情况下，所以计算系统零输入响应和零状态响应时，需要将已知的初始状态转换为初始条件。转换方法比连续系统的情况要简单，具体方法如例 7.5 所述。

例 7.5　若描述某离散系统的差分方程为：

$$y(k)+3y(k-1)+2y(k-2)=f(k)$$

已知激励 $f(k)=2^k, k\geqslant 0$，初始状态 $y(-1)=0$, $y(-2)=\frac{1}{2}$，求系统的零输入响应、零状态响应和全响应。

解　(1) 零输入响应。根据定义，零输入响应方程为：

$$y_x(k)+3y_x(k-1)+2y_x(k-2)=0 \tag{7-25}$$

对于零输入响应有：

$$y_x(-1)=y(-1)-y_f(-1)=y(-1)=0,$$

$$y_x(-2)=y(-2)-y_f(-2)=y(-2)=\frac{1}{2}$$

首先求出初始条件值 $y_x(0)$,$y_x(1)$,式(7-25)可写为：

$$y_x(k)=-3y_x(k-1)-2y_x(k-2)$$

令 $k=0,1$,并将 $y_x(-1)$,$y_x(-2)$代入,得：

$$y_x(0)=-3y_x(-1)-2y_x(-2)=-1$$

$$y_x(1)=-3y_x(0)-2y_x(-1)=3$$

式(7-25)的特征根为 $\lambda_1=-1,\lambda_2=-2$,故其齐次解为：

$$y_x(k)=C_{x_1}(-1)^k+C_{x_2}(-2)^k \tag{7-26}$$

将初始值代入,得：

$$y_x(0)=C_{x_1}+C_{x_2}=-1$$

$$y_x(1)=-C_{x_1}-2C_{x_2}=3$$

可解得 $C_{x_1}=1,C_{x_2}=-2$,于是得该系统的零输入响应：

$$y_x(k)=(-1)^k-2(-2)^k,\quad k\geqslant 0$$

实际上,式(7-26)满足齐次方程式(7-25),而初始条件值 $y_x(0)$,$y_x(1)$也是由该方程递推出的,因而直接用 $y_x(-1)$,$y_x(-2)$确定待定系数 C_{x_1},C_{x_2} 将更加简便,即在式(7-26)中令 $k=-1,-2$,有：

$$y_x(-1)=-C_{x_1}-\frac{1}{2}C_{x_2}=0$$

$$y_x(-2)=C_{x_1}+\frac{1}{4}C_{x_2}=\frac{1}{2}$$

可解得 $C_{x_1}=1,C_{x_2}=-2$,与前述结果相同。

(2) 零状态响应。根据定义,零状态响应应满足方程：

$$y_f(k)+3y_f(k-1)+2y_f(k-2)=f(k) \tag{7-27}$$

初始状态 $y_f(-1)=y_f(-2)=0$。

首先求出初始条件值 $y_f(0)$,$y_f(1)$,将式(7-27)写为：

$$y_f(k)=-3y_f(k-1)-2y_f(k-2)+f(k)$$

令 $k=0$、1,并代入 $y_f(-1)=y_f(-2)=0$ 和 $f(0)=1,f(1)=2$,得：

$$\left.\begin{aligned}y_f(0)&=-3y_f(-1)-2y_f(-2)+f(0)=1\\y_f(1)&=-3y_f(0)-2y_f(-1)+f(1)=-1\end{aligned}\right\} \tag{7-28}$$

系统的零状态响应是非齐次差分方程式(7-27)的全解,分别求出方程的齐次解和特解,得：

$$y_f(k)=C_{f1}(-1)^k+C_{f2}(-2)^k+y_p(k)=C_{f1}(-1)^k+C_{f2}(-2)^k+\frac{1}{3}(2)^k$$

将式(7-28)的初始值代入上式,有：

$$y_f(0)=C_{f_1}+C_{f2}+\frac{1}{3}=1$$

$$y_f(1)=-C_{f_1}-2C_{f2}+\frac{2}{3}=-1$$

可解得 $C_{f_1}=-\frac{1}{3}, C_{f2}=1$，于是得零状态响应：

$$y_f(k)=-\frac{1}{3}(-1)^k+(-2)^k+\frac{1}{3}(2)^k,\quad k\geqslant 0$$

(3) 全响应。系统的全响应是零输入响应与零状态响应之和，即

$$y(k)=y_x(k)+y_f(k)=\overbrace{\underbrace{(-1)^k-2(-2)^k}_{\text{零输入响应}}-\underbrace{\frac{1}{3}(-1)^k+(-2)^k}}^{\text{自由响应}}\overbrace{\underbrace{+\frac{1}{3}(2)^k}_{\text{零状态响应}}}^{\text{强迫响应}}$$

$$=\frac{2}{3}(-1)^k-(-2)^k+\frac{1}{3}(2)^k,\quad k\geqslant 0$$

该例的 MATLAB 程序如下：

```
num = [1 0 0];
den = [1 3 2];
n = 0:10;
n1 = length(n);

y01 = [0 0.5];
x01 = [0 0];
x1 = zeros(1,n1);
zi1 = filtic(num,den,y01,x01);
y1 = filter(num,den,x1,zi1)

y02 = [0 0];
x02 = [0 0];
x2 = 2.^n;
zi2 = filtic(num,den,y02,x02);
y2 = filter(num,den,x2,zi2)

y03 = [0 0.5];
x03 = [0 0];
x3 = 2.^n;
zi3 = filtic(num,den,y03,x03);
y3 = filter(num,den,x3,zi3)
```

7.2.4 单位序列响应和单位阶跃响应

由于单位序列 $\delta(k)$ 仅在 $k=0$ 处等于1，而在 $k>0$ 时，为0，因此在 $k>0$ 时系统的单位响应与该系统的零输入响应的函数形式相同，这样就把求单位序列响应的问题转换为求差分方程齐次解的问题。

由于 $u(k)=\sum_{i=-\infty}^{k}\delta(i)=\sum_{j=0}^{\infty}\delta(k-j)$，若已知系统的单位序列响应 $h(k)$，则由 LTI 的

线性性质可得系统的阶跃响应为：

$$g(k)=\sum_{i=-\infty}^{k}h(i)=\sum_{j=0}^{\infty}h(k-j) \tag{7-29}$$

例 7.6 求式(7-30)所描述的二阶系统的单位响应及单位阶跃响应。

$$y(n)+\frac{1}{6}y(n-1)-\frac{1}{6}y(n-2)=f(n) \tag{7-30}$$

解 系统的特征方程为：$\lambda^2+\frac{1}{6}\lambda-\frac{1}{6}=0$，特征根为：$\lambda_1=-\frac{1}{3},\lambda_2=\frac{1}{2}$

单位响应的形式为：$h(n)=\left[c_1\left(-\frac{1}{3}\right)^n+c_2\left(\frac{1}{2}\right)^n\right]u(n)$ (7-31)

由式(7-30)可决定 $h(n)$ 的初始条件(初始值)。按定义，$h(n)$ 满足：

$$h(n)+\frac{1}{6}h(n-1)-\frac{1}{6}h(n-2)=\delta(n) \tag{7-32}$$

容易计算 $h(0)=-\frac{1}{6}h(-1)+\frac{1}{6}h(-2)+\delta(0)=1$

$$h(1)=-\frac{1}{6}h(0)+\frac{1}{6}h(-1)+\delta(1)=-\frac{1}{6}$$

代入式(7-31)，得联立方程：

$$\begin{cases}c_1\left(-\frac{1}{3}\right)^0+c_2\left(\frac{1}{2}\right)^0=h(0)\\ c_1\left(-\frac{1}{3}\right)^1+c_2\left(\frac{1}{2}\right)^1=h(1)\end{cases}$$

解得：$c_1=\frac{4}{5},c_2=\frac{1}{5}$，代入式(7-31)，单位响应为：

$$h(n)=\left[\frac{4}{5}\left(-\frac{1}{3}\right)^n+\frac{1}{5}\left(\frac{1}{2}\right)^n\right]u(n)$$

由式(7-29)可得阶跃响应为：

$$g(k)=\sum_{i=-\infty}^{k}h(i)=\sum_{i=0}^{k}\left[\frac{4}{5}\left(-\frac{1}{3}\right)^i+\frac{1}{5}\left(\frac{1}{2}\right)^i\right]u(k)$$

$$=\left[\frac{4}{5}\frac{1-\left(-\frac{1}{3}\right)^{k+1}}{1+\frac{1}{3}}+\frac{1}{5}\frac{1-\left(\frac{1}{2}\right)^{k+1}}{1-\frac{1}{2}}\right]u(k)=\left[1-\frac{3}{5}\left(-\frac{1}{3}\right)^k-\frac{2}{5}\left(\frac{1}{2}\right)^k\right]u(k)$$

该例的 MATLAB 程序如下：

```
num = [6 0 0];
den = [6 6 -1];
n = zeros(1,10);
n1 = length(n);
y01 = [0 0];
x01 = [0 0];
x1 = zeros(1,10);
x1(1) = 1;
```

```
zi1 = filtic(num,den,y01,x01);
y1 = filter(num,den,x1,zi1)
x2 = ones(1,10);
y2 = filter(num,den,x2,zi1)
```

例 7.7　求差分方程式(7-33)所描述系统的单位响应。

$$y(n)+\frac{1}{6}y(n-1)-\frac{1}{6}y(n-2)=f(n)-2f(n-2) \tag{7-33}$$

解　线性常系数差分方程所描述的系统满足线性时移不变性。因此,该系统的响应可以看作是由 $f(n)$和$-2f(n-2)$单独作用所产生的响应之和。根据单位响应的定义,则有:

$$h(n)=h_1(n)+h_2(n)$$

$$h_1(n)+\frac{1}{6}h_1(n-1)-\frac{1}{6}h_1(n-2)=\delta(n)$$

$$h_2(n)+\frac{1}{6}h_2(n-1)-\frac{1}{6}h_2(n-2)=-2\delta(n-2)$$

式中,$h_1(n)$已在例 7.6 中求出:

$$h_1(n)=\left[\frac{4}{5}\left(-\frac{1}{3}\right)^n+\frac{1}{5}\left(\frac{1}{2}\right)^n\right]u(n)$$

考虑到线性和时移不变性,应有:

$$\begin{aligned}h_2(n)&=-2h_1(n-2)\\&=-2\left[\frac{4}{5}\left(-\frac{1}{3}\right)^{n-2}+\frac{1}{5}\left(\frac{1}{2}\right)^{n-2}\right]u(n-2)\end{aligned}$$

大家特别注意上式中 $u(n-2)$的作用,丢掉它或是写作 $u(n)$将会得出错误的结果。最后,得到系统的单位响应是:

$$h(n)=\left[\frac{4}{5}\left(-\frac{1}{3}\right)^n+\frac{1}{5}\left(\frac{1}{2}\right)^n\right]u(n)-\left[\frac{8}{5}\left(-\frac{1}{3}\right)^{n-2}+\frac{2}{5}\left(\frac{1}{2}\right)^{n-2}\right]u(n-2)$$

例 7.8　当激励 $f(k)=\cos(k\pi)u(k)$,求例 7.6 系统的零状态响应。

解　由例 7.6 知该系统的单位序列响应为:

$$h(k)=\left[\frac{4}{5}\left(-\frac{1}{3}\right)^k+\frac{1}{5}\left(\frac{1}{2}\right)^k\right]u(k)$$

则其零状态响应为:

$$\begin{aligned}y_f(k)&=f(k)*h(k)\\&=h(k)*f(k)\\&=\left[\frac{4}{5}\left(-\frac{1}{3}\right)^k+\frac{1}{5}\left(\frac{1}{2}\right)^k\right]u(k)*[\cos(k\pi)u(k)]\\&=\frac{4}{5}\left(-\frac{1}{3}\right)^k u(k)*(-1)^k u(k)+\frac{1}{5}\left(\frac{1}{2}\right)^k u(k)*(-1)^k u(k)\end{aligned}$$

由表 7-1 知,$a_1^n u(n)*a_2^n u(n)=\dfrac{a_1^{n+1}-a_2^{n+1}}{a_1-a_2}$,从而有:

$$y_f(k)=\left[\frac{4}{5}\frac{\left(-\frac{1}{3}\right)^{k+1}-(-1)^{k+1}}{-\frac{1}{3}+1}+\frac{1}{5}\frac{\left(\frac{1}{2}\right)^{k+1}-(-1)^{k+1}}{\frac{1}{2}+1}\right]u(k)$$

$$=\left[\frac{6}{5}\left(-\frac{1}{3}\right)^{k+1}-\frac{6}{5}(-1)^{k+1}+\frac{2}{15}\left(\frac{1}{2}\right)^{k+1}-\frac{2}{15}(-1)^{k+1}\right]u(k)$$

$$=\left[-\frac{2}{5}\left(-\frac{1}{3}\right)^{k}+\frac{1}{15}\left(\frac{1}{2}\right)^{k}+\frac{4}{3}(-1)^{k}\right]u(k)$$

7.3 z 变换及其性质

7.3.1 z 变换及其收敛域

在第5章中通过引入拉普拉斯变换将描述系统的微分方程转换成代数方程，并通过系统函数的讨论，大大简化了连续系统的分析和综合过程，让大家看到了基于变换的分析方法所带来的优势。那么在离散信号和系统分析中是否也有类似的变换？答案是肯定的，这就是下面要引入的 z 变换。

一般时间序列 $f(k)$ 的双边 z 变换定义为：

$$F(z)=\sum_{k=-\infty}^{\infty}f(k)z^{-k} \tag{7-34}$$

$$f(k)=\frac{1}{2\pi \mathrm{j}}\int_{c}F(z)z^{k-1}\mathrm{d}z \tag{7-35}$$

单边 z 变换的定义为：

$$F(z)=\sum_{k=0}^{\infty}f(k)z^{-k} \tag{7-36}$$

$$f(k)=\frac{1}{2\pi \mathrm{j}}\int_{c}F(z)z^{k-1}\mathrm{d}z,\quad k\geqslant 0 \tag{7-37}$$

其中，z 为复变量，是一个以实部为横坐标，虚部为纵坐标构成的平面上的变量，这个平面也称为 z 平面。

式(7-34)和式(7-36)称为正 z 变换，而式(7-35)和式(7-37)则称为逆 z 变换。容易看出单边 z 变换其实就是因果信号的双边 z 变换。正 z 变换常记为 $F(z)=z[f(k)]$，逆 z 变换记为 $f(k)=z^{-1}[F(z)]$。

一般情况下序列的 z 变换并不对任何 z 值都收敛，z 平面上使式(7-34)和式(7-36)收敛的区域称为收敛域。在收敛域内 z 变换是唯一，即 $F(z)$ 与 $f(k)$ 是一一对应的，这种关系常称为变换对，记为 $f(k)\leftrightarrow F(z)$。

逆变换中的积分曲线 c 为收敛域内包围坐标原点的逆时针闭合围线。显然如果不知道 $F(z)$ 的收敛域，则 c 不能确定，逆 z 变换无法计算，由此看出 z 变换收敛域的重要性。

我们知道式(7-34)所示级数和一致收敛的条件如式(7-38)所示，由此可得满足该式的 z 的取值范围，将这个在 z 平面上的取值区域定义为双边 z 变换的收敛域。

$$\sum_{k=-\infty}^{\infty} |f(k)z^{-k}| = \sum_{k=-\infty}^{\infty} |f(k)||z|^{-k} < \infty \tag{7-38}$$

容易看出，对双边 z 变换来说，其收敛域一般为圆环，如式(7-39)所示；而单边 z 变换的收敛域一般为某个圆外的所有区域，如式(7-40)所示。

$$R_1 < |z| < R_2 \tag{7-39}$$

$$|z| > R_1 \tag{7-40}$$

例 7.9 单位脉冲序列 $\delta(k)$ 的 z 变换。

解 $F(z) = \sum_{k=-\infty}^{\infty} \delta(k) z^{-k} = 1, \delta(k) \leftrightarrow 1$，收敛域：整个 z 平面。

例 7.10 单位脉冲 $\delta(k-q)$ 的 z 变换。

解 $F(z) = \sum_{k=-\infty}^{\infty} \delta(k-q) z^{-k} = \delta(0) z^{-q} = z^{-q}, \delta(k-q) \leftrightarrow \frac{1}{z^q}$，收敛域 $|z| > 0$。

例 7.11 单位阶跃序列 $u(k)$ 的 z 变换。

解 $F(z) = \sum_{k=-\infty}^{\infty} u(k) z^{-k} = \sum_{k=0}^{\infty} z^{-k} = \frac{1}{1-z^{-1}}, u(k) \leftrightarrow \frac{1}{1-z^{-1}}$，收敛域 $|z| > 1$。

例 7.12 序列 $f(k) = a^k u(k)$ 的 z 变换。

解 $F(z) = \sum_{k=-\infty}^{\infty} a^k u(k) z^{-k} = \sum_{k=0}^{\infty} (az^{-1})^k$

为使 $F(z)$ 收敛，就要求 $\sum_{k=0}^{\infty} |az^{-1}|^k < \infty$。于是收敛域就是满足 $|az^{-1}| < 1$ 的 z 值范围，即 $|z| > |a|$ 的范围。这样就有其收敛域为 $|z| > |a|$，z 变换为：

$$F(z) = \sum_{k=-\infty}^{\infty} a^k u(k) z^{-k} = \frac{1}{1-az^{-1}} = \frac{z}{z-a} \tag{7-41}$$

可以看到，式(7-41)的 z 变换是一个有理分式，与拉普拉斯变换一样，z 变换的收敛域也能够通过它的极点(分母多项式的根)判断。对于这个例子，有一个极点 $z=a$，其收敛域不能包含这个极点，所以其收敛域只能是 $|z| > |a|$。这个结果可以推广到一般情况，有如下结论：

对因果信号的 z 变换 $F(z)$，若其有有限个极点 $z_0, z_1, z_2, \cdots, z_N$，则其收敛域为：

$$|z| > \max\{|z_0|, |z_1|, |z_2|, \cdots, |z_N|\} \tag{7-42}$$

例 7.13 判断 $X(z) = \dfrac{z\left(z-\frac{3}{2}\right)}{\left(z-\frac{1}{3}\right)\left(z-\frac{1}{2}\right)}$ 的收敛域。

解 由于其极点为 $z_1 = \frac{1}{3}, z_2 = \frac{1}{2}$，所以其收敛域为 $|z| > \frac{1}{2}$。

7.3.2 z 变换与拉普拉斯变换的关系

对连续时间信号进行均匀冲激取样，就可得离散时间信号，即

$$f_1(t) = f(t)\delta_T(t) = f(t)\sum_{k=-\infty}^{+\infty} \delta(t-kT) = \sum_{k=-\infty}^{+\infty} f(kT)\delta(t-kT) \tag{7-43}$$

其中 $f(t)$ 为连续时间因果信号，$f_1(t)$ 为离散时间采样信号，T 为采样周期，$\delta_T(t)$ 为冲激序列，且 $L[\delta(t-kT)]=\mathrm{e}^{-ksT}$。对式(7-43)取拉普拉斯变换，得：

$$F_1(s)=\sum_{k=-\infty}^{+\infty} f(kT)\mathrm{e}^{-ksT} \tag{7-44}$$

令 $z=\mathrm{e}^{sT}$，则有：

$$F_1(s)=\sum_{k=-\infty}^{+\infty} f(kT)z^{-k}=F_1(z) \tag{7-45}$$

由式(7-45)可知，序列 $f(kT)$ 的 z 变换就等于取样信号 $f_1(t)$ 的拉普拉斯变换，即

$$F_1(z)\big|_{z=\mathrm{e}^{sT}}=F_1(s) \tag{7-46}$$

如果将 s 表示为直角坐标形式 $s=\sigma+\mathrm{j}\omega$，将 z 表示成极坐标形式 $z=\rho\mathrm{e}^{\mathrm{j}\theta}$，则有：

$$z=\mathrm{e}^{sT}=\mathrm{e}^{(\sigma+\mathrm{j}\omega)T}=\mathrm{e}^{\sigma T}\cdot\mathrm{e}^{\mathrm{j}\omega T} \tag{7-47}$$

$$\rho=\mathrm{e}^{\sigma T},\quad \theta=\omega T \tag{7-48}$$

这就是 s 域和 z 域之间的重要关系。

由式(7-47)和式(7-48)可以得到如下结论(见图 7-8)：

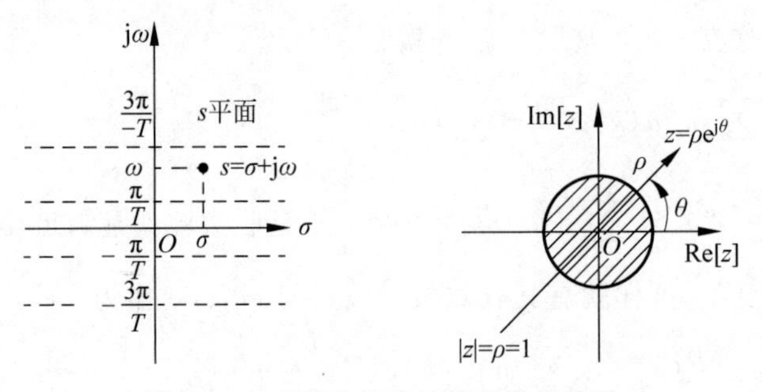

图 7-8 z 变换与拉普拉斯变换的关系

(1) s 平面的左半平面($\sigma<0$)映射到 z 平面的单位圆内部($|z|=\rho<1$)，即 s 平面的左半平面和 z 平面的单位圆内部相对应，相应的零极点分布区域也相互对应。

(2) s 平面的 $\mathrm{j}\omega$ 轴($\sigma=0$)映射到 z 平面的单位圆上($|z|=\rho=1$)，即 s 平面的虚轴和 z 平面的单位圆曲线相对应，相应的零极点分布区域也相互对应。

(3) s 平面的右半平面($\sigma>0$)映射到 z 平面的单位圆外部($|z|=\rho>1$)，即 s 平面的右半平面和 z 平面的单位圆外部相对应，相应的零极点分布区域也相互对应。

通过以上对应关系，可以比较容易地将拉普拉斯变换的性质、s 域分析方法以及相关结论等推广到 z 变换和 z 域分析。熟悉这种关系有利于理解和学习离散信号及系统的分析过程。

7.3.3 因果序列 z 变换的性质

和已经讨论过的傅里叶变换和拉普拉斯变换变换一样，z 变换也具有许多性质，这些性质在离散时间信号与系统的研究中成为很有价值的工具。由于 z 变换性质的推导和证明与拉普拉斯变换非常类似，所以把这些性质直接给出，如表 7-3 所示，其推导和证明留给大家作为练习。

表 7-3 因果序列 z 变换的性质

序 号	名 称	k 域 $f(k)\leftrightarrow F(z)$	z 域
1	位移	$f(k-m),m>0$	$z^{-m}F(z)+\sum_{k=0}^{m-1}f(k-m)z^{-k}$
		$f(k+m),m>0$	$z^{m}F(z)-\sum_{k=0}^{m-1}f(k)z^{m-k}$
2	k 域乘 a^k	$a^k f(k),a\neq 0$	$F(z/a)$
3	k 域卷积	$f_1(k)*f_2(k)$	$F_1(z)F_2(z)$
4	z 域微分	$kf(k)$	$-z\frac{\mathrm{d}}{\mathrm{d}z}F(z)$
5	z 域积分	$\frac{f(k)}{k+m},k+m>0$	$z^m\int_z^{\infty}F(\eta)\eta^{-(m+1)}\mathrm{d}\eta$
6	k 域反转	$f(-k)$	$F(z^{-1})$
7	部分和	$\sum_{i=-\infty}^{k}f(i)$	$\frac{z}{z-1}F(z)$
8	初值定理	$f(0)=\lim_{z\to\infty}F(z),f(m)=\lim_{z\to\infty}z^m\left[F(z)-\sum_{k=0}^{m-1}f(k)z^{-k}\right]$	
9	终值定理	$f(\infty)=\lim_{z\to 1}\frac{z-1}{z}F(z),\lim_{k\to\infty}f(k)$ 收敛	

例 7.14 求序列 $f_1(k)=k^2u(k)$、$f_2(k)=(k+1)u(k)$的单边 z 变换。

解 (1) 由于 $u(k)\leftrightarrow\frac{1}{1-z^{-1}}$,利用序列的 z 域微分性质有:

$$Z[ku(k)]=-z\frac{\mathrm{d}}{\mathrm{d}t}\left(\frac{z}{z-1}\right)=\frac{z}{(z-1)^2}\quad Z[k^2u(k)]=-z\frac{\mathrm{d}}{\mathrm{d}t}\left(\frac{z}{(z-1)^2}\right)=\frac{z(z+1)}{(z-1)^3}$$

即

$$k^2u(k)\leftrightarrow\frac{z(z+1)}{(z-1)^3},\quad |z|>1$$

(2) 由于 $f(k)=ku(k)\leftrightarrow\frac{z}{(z-1)^2}$,由左移位性质有:

$$(k+1)u(k+1)\leftrightarrow\frac{z^2}{(z-1)^2}-f(0)z=\frac{z^2}{(z-1)^2}$$

由于当 $k=-1$ 时 $k+1=0$,故:

$$(k+1)u(k+1)=(k+1)u(k)$$

所以有:

$$(k+1)u(k)\leftrightarrow\frac{z^2}{(z-1)^2}$$

也可以应用卷积定理求解这道题。由于 $u(k)*u(k)=(k+1)u(k)$,从而有:

$$(k+1)u(k)\leftrightarrow Z[u(k)]\cdot Z[u(k)]=\frac{z}{z-1}\cdot\frac{z}{z-1}=\frac{z^2}{(z-1)^2}$$

该例的 MATLAB 程序如下:

```
syms k
f1 = k^3 * heaviside(k);
f2 = (k+1). * heaviside(k);
```

```
ztrans(f1)
ztrans(f2)
```

例 7.15 求指数衰减余弦序列 $a^k\cos(\beta k)u(k)$ 的 z 变换，$0<a<1$。

解 由于 $\cos(\beta k)=\frac{1}{2}(\mathrm{e}^{\mathrm{j}\beta k}+\mathrm{e}^{-\mathrm{j}\beta k})$，由线性性质，可得：

$$Z[\cos(\beta k)u(k)]=\frac{1}{2}Z[\mathrm{e}^{\mathrm{j}\beta k}u(k)]+\frac{1}{2}Z[\mathrm{e}^{-\mathrm{j}\beta k}u(k)]$$

又由于 $u(k)\leftrightarrow\frac{z}{z-1}$，

由 z 域尺度变换性质得：$b^k u(k)\leftrightarrow\dfrac{\frac{z}{b}}{\frac{z}{b}-1}=\dfrac{z}{z-b}$

当 $b=\mathrm{e}^{\mathrm{j}\beta}$ 时，有 $\mathrm{e}^{\mathrm{j}\beta k}u(k)\leftrightarrow\frac{z}{z-\mathrm{e}^{\mathrm{j}\beta}}$，当 $b=\mathrm{e}^{-\mathrm{j}\beta}$ 时，有 $\mathrm{e}^{-\mathrm{j}\beta k}u(k)\leftrightarrow\frac{z}{z-\mathrm{e}^{-\mathrm{j}\beta}}$，

从而有 $Z[\cos(\beta k)u(k)]=\frac{1}{2}\left[\frac{z}{z-\mathrm{e}^{\mathrm{j}\beta}}+\frac{z}{z-\mathrm{e}^{-\mathrm{j}\beta}}\right]=\frac{z^2-z\cos\beta}{z^2-2z\cos\beta+1}$，$|z|>1$

然后再应用一次 z 域尺度变换性质可得：

$$Z[a^k\cos(\beta k)u(k)]=\frac{\left(\frac{z}{a}\right)^2-\frac{z}{a}\cos\beta}{\left(\frac{z}{a}\right)^2-2\frac{z}{a}\cos\beta+1}=\frac{z^2-az\cos\beta}{z^2-2az\cos\beta+a^2},\quad |z|>a$$

由此看出，通过 z 变换性质的应用，可以计算很多序列的 z 变换，表 7-4 给出一些常用的 z 变换对。

表 7-4 常用因果序列 z 变换对

序号	$f(k),k>0$	$F(z)$	收敛域
1	$\delta(k)$	1	全平面
2	$\delta(k-m)$	$z^{-m},m>0$	$\|z\|>0$
3	$u(k)$	$\frac{z}{z-1}$	$\|z\|>1$
4	a^k	$\frac{z}{z-a}$	$\|z\|>\|a\|$
5	ka^{k-1}	$\frac{z}{(z-a)^2}$	$\|z\|>\|a\|$
6	$\frac{1}{2}ka^{k-1}a^{k-2}$	$\frac{z}{(z-a)^3}$	$\|z\|>\|a\|$
7	$\frac{k(k-1)\cdots(k-m+1)}{m!}a^{k-m}$	$\frac{z}{(z-a)^{m+1}},m\geqslant 1$	$\|z\|>\|a\|$
8	$a^k\sin(\beta k)$	$\frac{az\sin\beta}{z^2-2az\cos\beta+a^2}$	$\|z\|>\|a\|$
9	$a^k\cos(\beta k)$	$\frac{z^2-az\cos\beta}{z^2-2az\cos\beta+a^2}$	$\|z\|>\|a\|$

7.3.4 逆 z 变换

由 $F(z)$ 求 $f(k)$ 的过程称为逆 z 变换，即 $f(k)=\dfrac{1}{2\pi \mathrm{j}}\int_{c} F(z) z^{k-1} \mathrm{d}z, k>0$。但当 $F(z)$ 为 z 的有理函数时可不直接用此积分方法计算，而采用幂级数展开法或部分分式展开法；当 $F(z)$ 为 z 的非有理函数或有理函数时，也可采用围线积分求留数的方法计算。下面分别做介绍。

1. 幂级数展开法

令 $F(z)=\dfrac{B(z)}{A(z)}$，其中 $A(z)$、$B(z)$ 均为 z 的多项式。不失一般性，可取 $A(z)$ 的最高次数大于 $B(z)$ 的最高次数。采用长除法将 $F(z)$ 展开成 z^{-1} 的幂级数形式。通过与 $F(z)=\sum\limits_{k=0}^{\infty} f(k) z^{-k}$ 比较可得逆变换 $f(k)$。此方法一般不能得到 $f(k)$ 的解析式，而更适合于计算 $f(k)$ 的若干个样值。

例 7.16 用长除法计算 $F(z)=\dfrac{z^{2}-z}{z^{3}+2z+4}$ 的逆变换。

解

$$
\begin{array}{r|l}
 & z^{-1}-z^{-2}-2z^{-3}-2z^{-4} \\
\hline
z^{3}+2z+4 & z^{2}-z \\
 & \underline{z^{2}+2+4z^{-1}} \\
 & -z-2-4z^{-1} \\
 & \underline{-z-0-2z^{-1}-4z^{-2}} \\
 & -2-2z^{-1}+4z^{-2} \\
 & \underline{-2-0-4z^{-2}-8z^{-3}} \\
 & -2z^{-1}+8z^{-2}+8z^{-3}
\end{array}
$$

则 $F(z)=z^{-1}-z^{-2}-2z^{-3}-2z^{-4}\cdots$，根据 z 变换的定义，有：

$$F(z)=f(0)+f(1)z^{-1}+f(2)z^{-2}+f(3)z^{-3}+\cdots$$

比较两式可得：

$$f(0)=0,\quad f(1)=1,\quad f(2)=-1,\quad f(3)=-2,\quad f(4)=-2$$

由此题可以看出，只需对 $F(z)=\dfrac{B(z)}{A(z)}$ 执行最初几步长除法就可获得 $f(k)$ 的初始值。

2. 部分分式法

部分分式法常用于需要求 $f(k)$ 解析表达式的情况。这种方法与分析连续系统求拉普拉斯逆变换时所用的部分分式展开法非常相似，将以 z 的有理分式形式出现的象函数分解为若干个部分分式，每项都具有表 7-4 中 $F(z)$ 的形式，从而得到相应逆变换。

设 $F(z)=\dfrac{B(z)}{A(z)}$，$A(z)$、$B(z)$ 均为 z 的多项式，$B(z)$ 的最高阶数小于等于 $A(z)$ 的最高阶数。对 $\dfrac{F(z)}{z}=\dfrac{B(z)}{zA(z)}$ 进行部分分式展开，这里要考虑两种情况。

(1) 单极点：设 $p_1, p_2, \cdots, p_N$ 为互不相同的极点且均不为零，则：

$$\frac{F(z)}{z}=\frac{k_0}{z}+\frac{k_1}{z-p_1}+\frac{k_2}{z-p_2}+\cdots+\frac{k_N}{z-p_N} \tag{7-49}$$

其中，k_0 为实数，其值为：$k_0=\left[z\dfrac{F(z)}{z}\right]_{z=0}=F(0)$

k_i 为实数或复数，其值为：

$$k_i=\left[(z-p_i)\frac{F(z)}{z}\right]_{z=pi},\quad i=1,2,\cdots,N \tag{7-50}$$

将式(7-49)两端同时乘以 z 可获得 $F(z)$ 的展开式：

$$F(z)=k_0+\frac{k_1z}{z-p_1}+\frac{k_2z}{z-p_2}+\cdots+\frac{k_Nz}{z-p_N} \tag{7-51}$$

取每一项逆变换可得：

$$f(k)=k_0\delta(k)+k_1p_1^k+k_2p_2^k+\cdots+k_Np_N^k,\quad k=0,1,2,\cdots \tag{7-52}$$

将此和拉普拉斯变换中的情况比较不难发现这里 $f(k)$ 的构成项为 $k_ip_i^k$，而在连续信号中，构成项为 $c_i\mathrm{e}^{p_it}$ 的形式。

如果 $F(z)$ 的所有极点为实数，则构成项也为实数，然而若有两个或以上的极点为复数，则式(7-52)中相应的项也为复数，但这样的项可以合并成一个实数项。

(2) 重极点：设 p_1 为 r 重极点，$p_{r+1},\cdots,p_N$ 为 $F(z)=\dfrac{B(z)}{A(z)}$ 的单极点，且所有极点均不为零，则：

$$\frac{F(z)}{z}=\frac{k_0}{z}+\frac{k_1}{z-p_1}+\frac{k_2}{(z-p_1)^2}+\cdots+\frac{k_r}{(z-p_1)^r}+\frac{k_{r+1}}{z-p_{r+1}}+\cdots+\frac{k_N}{z-p_N} \tag{7-53}$$

式中：$k_0=F(0),k_{r+1},k_{r+2},\cdots,k_N$ 的计算方法与单极点情况相同。其他系数计算如下：

$$k_{r-i}=\frac{1}{i!}\left[\frac{\mathrm{d}^i}{\mathrm{d}z^i}(z-p_1)^r\frac{F(z)}{z}\right]_{z=p_1},\quad i=0,1,2,\cdots,r-1 \tag{7-54}$$

$$F(z)=k_0+\frac{k_1z}{z-p_1}+\cdots+\frac{k_rz}{(z-p_1)^r}+\frac{k_{r+1}z}{z-p_{r+1}}+\cdots+\frac{k_Nz}{z-p_N} \tag{7-55}$$

利用表 7-4 的变换对可得到其逆变换 $f(k)$。

例 7.17 求如下象函数的逆变换。

$$F(z)=\frac{z^3+6}{(z+1)(z^2+4)},\quad |z|>2$$

解 $F(z)$ 的极点为 $z_1=-1,z_{2,3}=\pm\mathrm{j}2=2\mathrm{e}^{\pm\mathrm{j}\frac{\pi}{2}}$，$\dfrac{F(z)}{z}$ 可展开为：

$$\frac{F(z)}{z}=\frac{z^3+6}{z(z+1)(z^2+4)}=\frac{k_0}{z}+\frac{k_1}{z+1}+\frac{k_2}{z-\mathrm{j}2}+\frac{k_2^*}{z+\mathrm{j}2}$$

按式(7-50)可求得：

$$k_0=z\frac{F(z)}{z}\bigg|_{z=0}=1.5,\quad k_1=(z+1)\frac{F(z)}{z}\bigg|_{z=-1}=-1$$

$$k_2=(z-\mathrm{j}2)\frac{F(z)}{z}\bigg|_{z=\mathrm{j}2}=\frac{1+\mathrm{j}2}{4}=\frac{\sqrt{5}}{4}\mathrm{e}^{\mathrm{j}63.4^\circ}$$

$$F(z)=1.5-\frac{z}{z+1}+\frac{\frac{\sqrt{5}}{4}\mathrm{e}^{\mathrm{j}63.4^\circ}\cdot z}{z-2\mathrm{e}^{\mathrm{j}\frac{\pi}{2}}}+\frac{\frac{\sqrt{5}}{4}\mathrm{e}^{-\mathrm{j}63.4^\circ}\cdot z}{z+2\mathrm{e}^{-\mathrm{j}\frac{\pi}{2}}}$$

取上式每项的逆变换，得：

$$f(k)=\left[1.5\delta(k)-(-1)^k+\sqrt{5}\,2^{k-1}\cos\left(\frac{k\pi}{2}+63.4°\right)\right]u(k)$$

例 7.18 求象函数 $Y(z)=(z^3+2z^2+1)/[z(z-0.5)(z-1)]$ 的逆 z 变换 $y(k)$。

解 $\frac{Y(z)}{z}=\frac{z^3+2z^2+1}{z^2(z-0.5)(z-1)}=\frac{k_{01}}{z^2}+\frac{k_{02}}{z}+\frac{k_1}{z-0.5}+\frac{k_2}{z-1}$

$$k_{01}=z^2\left[\frac{Y(z)}{z}\right]\bigg|_{z=0}=2$$

$$k_{02}=\frac{\mathrm{d}}{\mathrm{d}z}\left[z^2\frac{Y(z)}{z}\right]\bigg|_{z=0}$$

$$=\frac{(3z^2+4z)(z-0.5)(z-1)-(z^2+2z^2+1)(2z-1.5)}{(z-0.5)^2(z-1)^2}\bigg|_{z=0}=6$$

$$k_1=(z-0.5)\left[\frac{Y(z)}{z}\right]\bigg|_{z=0.5}=\frac{z^3+2z^2+1}{z^2(z-1)}\bigg|_{z=0.5}=-13$$

$$k_2=(z-1)\left[\frac{Y(z)}{z}\right]\bigg|_{z=1}=\frac{z^3+2z^2+1}{z^2(z-0.5)}\bigg|_{z=1}=8$$

即：

$$Y(z)=\frac{2}{z}+6+\frac{-13z}{z-0.5}+\frac{8z}{z-1}$$

$$y(k)=(2\delta(k-1)+6\delta(k)-13(0.5)^k+8)u(k)$$

注意，这个例子给出了零极点的处理方法，就是当象函数 $Y(z)$ 有 r 重零极点时，$Y(z)/z$ 具有 $r+1$ 重零极点，按照重极点的方式做部分分式展开，按照式(7-54)确定其系数。

3. 围线积分法

逆变换的原始计算公式为 $f(k)=\frac{1}{2\pi \mathrm{j}}\int_c F(z)z^{k-1}\mathrm{d}z, k>0$，可以根据留数定理直接计算该围线积分而得到逆变换。

令 $G(z)=F(z)z^{k-1}$，设 $\{p_k\}$ 为 $G(z)$ 在围线 c 内的极点集，则：

$$f(k)=\frac{1}{2\pi \mathrm{j}}\int_c F(z)z^{k-1}\mathrm{d}z=\sum_k \mathrm{Res}[G(z),p_k] \tag{7-56}$$

$\mathrm{Res}[G(z),p_k]$ 表示 $G(z)$ 在极点 p_k 处的留数，即 $f(k)$ 等于 $G(z)$ 在围线 c 内所有极点的留数之和。

当 $G(z)$ 为有理分式时，设 z_0 为 $G(z)$ 的一个 m 阶极点，$\varphi(z)$ 在 z_0 处无极点，则：

$$G(z)=\frac{\varphi(z)}{(z-z_0)^m} \tag{7-57}$$

留数可用如下公式计算：

$$\mathrm{Res}[G(z),z_0]=\frac{1}{(m-1)!}\frac{\mathrm{d}^{m-1}}{\mathrm{d}z^{m-1}}\varphi(z)\bigg|_{z=z_0} \tag{7-58}$$

当 $m=1$ 时，有： $\mathrm{Res}[G(z),z_0]=\varphi(z)\big|_{z=z_0}=G(z)(z-z_0)\big|_{z=z_0}$

例 7.19 计算象函数 $F(z)=\dfrac{z^2}{(z-1)\left(z-\dfrac{1}{2}\right)}$，$|z|>1$ 的逆变换。

解 根据 $f(k)=\dfrac{1}{2\pi j}\int_c F(z)z^{k-1}dz=\sum_k \mathrm{Res}[F(z)z^{k-1},p_k]$

容易计算$\dfrac{z^2z^{k-1}}{(z-1)\left(z-\dfrac{1}{2}\right)}$的极点为 $p_1=1$，$p_2=\dfrac{1}{2}$。

故：

$$\mathrm{Res}[F(z)z^{k-1},p_1]=\frac{z^2z^{k-1}}{(z-1)\left(z-\frac{1}{2}\right)}(z-1)\bigg|_{z=1}=2$$

$$\mathrm{Res}[F(z)z^{k-1},p_2]=\frac{z^2z^{k-1}}{(z-1)\left(z-\frac{1}{2}\right)}\left(z-\frac{1}{2}\right)\bigg|_{z=\frac{1}{2}}=-\left(\frac{1}{2}\right)^k$$

所以：$f(k)=\left(2-\left(\dfrac{1}{2}\right)^k\right)u(k)$，$k=0,1,2,\cdots$

该例的 MATLAB 程序如下：

```
syms z;
F = z^2/((z-1)*(z-0.5));
f = iztrans(F)
```

7.4 离散系统的 z 域分析

在 7.2 节讨论了离散系统的时域分析，主要通过差分方程的经典解法求系统的零输入响应及单位序列响应，通过系统激励与系统单位序列响应的卷积运算求系统的零状态响应，整个分析过程比较繁杂，且无法更深入地分析系统特性。

z 变换是分析线性时不变离散系统的有力工具。它将描述系统的差分方程变换为 z 域的代数方程，便于运算和求解；和拉普拉斯变换一样，单边 z 变换将系统的初始状态自然地包含于象函数方程中，故可分别求出零输入响应、零状态响应和系统的全响应；z 域中导出的离散系统的系统函数概念，能更方便、深入地描述诸如系统稳定性、频率响应等系统本身的固有特性。

7.4.1 差分方程的变换域解法

设 LTI 离散系统的激励为 $f(k)$，响应为 $y(k)$，描述 n 阶系统的后向差分方程为：

$$\sum_{i=0}^{n}a_{n-i}y(k-i)=\sum_{j=0}^{m}b_{m-j}f(k-j) \tag{7-59}$$

式中，系数 a_{n-i} 及 b_{m-j} 均为实数。

设 $f(k)$是在 $k=0$ 时接入(即若 $k<0$，$f(k)=0$)，且系统初始状态为 $y(-1)$，$y(-2)$，$\cdots$，$y(-n+1)$，$y(-n)$，令 $z[y(k)]=Y(z)$，$Z[f(k)]=F(z)$。

有了以上条件和假设，下面将通过 z 变换的方法对式(7-59)进行求解。

根据单边 z 变换的移位特性，可得：

$$z[y(k-i)]=z^{-i}Y(z)+\sum_{k=0}^{i-1}y(k-i)z^{-k} \tag{7-60}$$

$$z[f(k-j)]=z^{-j}F(z)+\sum_{k=0}^{j-1}f(k-j)z^{-k}=z^{-j}F(z) \tag{7-61}$$

对式(7-59)两边取单边 z 变换，并将式(7-60)和式(7-61)代入，得：

$$\sum_{i=0}^{n}a_{n-i}\left[z^{-i}Y(z)+\sum_{k=0}^{i-1}y(k-i)z^{-k}\right]=\sum_{j=0}^{m}b_{m-j}[z^{-j}F(z)]$$

$$\left(\sum_{i=0}^{n}a_{n-i}z^{-i}\right)Y(z)+\sum_{i=0}^{n}a_{n-i}\left[\sum_{k=0}^{i-1}y(k-i)z^{-k}\right]=\left(\sum_{j=0}^{m}b_{m-j}z^{-j}\right)F(z)$$

由上式可解得：

$$Y(z)=\frac{M(z)}{A(z)}+\frac{B(z)}{A(z)}F(z) \tag{7-62}$$

式中，$A(z)=\sum_{i=0}^{n}a_{n-i}z^{-i}$，$B(z)=\sum_{j=0}^{m}b_{m-j}z^{-j}$ 是仅与差分方程系数有关的 z 的多项式；$M(z)=-\sum_{i=0}^{n}a_{n-i}\left[\sum_{k=0}^{i-1}y(k-i)z^{-k}\right]$ 是与差分方程系数和系统初始状态有关的 z 的多项式；由此可得，式(7-62)右边第一项 $\frac{M(z)}{A(z)}$ 仅与初始状态有关而与输入无关，因而是零输入响应 $y_x(k)$ 的象函数，记为 $Y_x(z)=\frac{M(z)}{A(z)}=z[y_x(k)]$；其第二项 $\frac{B(z)}{A(z)}F(z)$ 仅与输入有关而与初始状态无关，因而是零状态响应 $y_x(k)$ 的象函数，记为 $Y_f(z)=\frac{B(z)}{A(z)}F(z)=z[y_f(k)]$，从而可得：

$$Y(z)=Y_x(z)+Y_f(z) \tag{7-63}$$

式(7-63)取逆变换，得：

系统全响应： $$y(k)=y_x(k)+y_f(k) \tag{7-64}$$

系统零输入响应： $$y_x(k)=z^{-1}[Y_x(z)]=z^{-1}\left[\frac{M(z)}{A(z)}\right] \tag{7-65}$$

系统零状态响应： $$y_f(k)=z^{-1}[Y_f(z)]=z^{-1}\left[\frac{B(z)}{A(z)}F(z)\right] \tag{7-66}$$

这就是差分方程的变换域解法。

例 7.20 已知系统差分方程为：

$$y(k)-\frac{1}{6}y(k-1)-\frac{1}{6}y(k-2)=f(k)-f(k-1)$$

若 $f(k)=u(k)$，$y(-1)=1$，$y(-2)=0$，试用变换域解法求出系统的全响应。

解 由于 $$A(z)=\sum_{i=0}^{2}a_{n-i}z^{-i}=1-\frac{1}{6}z^{-1}-\frac{1}{6}z^{-2}=\frac{6z^2-z-1}{6z^2}$$

$$B(z)=\sum_{j=0}^{1}b_{m-j}z^{-j}=1-z^{-1}=\frac{z-1}{z}$$

$$M(z)=-\sum_{i=0}^{2}a_{z-i}\left[\sum_{k=0}^{i-1}y(k-i)z^{-k}\right]$$
$$=-a_1y(-1)-a_0\left[y(-2)z^{-0}+y(-1)z^{-1}\right]$$
$$=\frac{1}{6}+\frac{1}{6}z^{-1}=\frac{1+z}{6z}$$

从而,有:

$$Y_x(z)=\frac{M(z)}{A(z)}=\frac{(1+z)z}{6z^2-z-1}=\frac{3z}{10\left(z-\frac{1}{2}\right)}-\frac{2z}{15\left(z+\frac{1}{3}\right)}$$

取逆变换得零输入响应: $y_x(k)=\frac{3}{10}\left(\frac{1}{2}\right)^k-\frac{2}{15}\left(-\frac{1}{3}\right)^k, k\geqslant 0$

$$Y_f(z)=\frac{B(z)}{A(z)}F(z)=\frac{6(z-1)z}{6z^2-z-1}\frac{z}{z-1}$$
$$=\frac{3z}{5\left(z-\frac{1}{2}\right)}+\frac{2z}{5\left(z+\frac{1}{3}\right)}$$

取逆变换得零状态响应: $y_f(k)=\frac{3}{5}\left(\frac{1}{2}\right)^k+\frac{2}{5}\left(-\frac{1}{3}\right)^k, k\geqslant 0$

全响应为: $y(k)=y_x(k)+y_f(k)=\frac{9}{10}\left(\frac{1}{2}\right)^k+\frac{4}{15}\left(-\frac{1}{3}\right)^k, k\geqslant 0$

其系统函数(见7.4.2节)为: $H(z)=\frac{B(z)}{A(z)}=\frac{z^2-z}{z^2-\frac{1}{6}z-\frac{1}{6}}$

7.4.2 系统函数 $H(z)$

系统零状态响应象函数 $Y_f(z)$ 与激励象函数 $F(z)$ 之比定义为系统函数,即

$$H(z)=\frac{Y_f(z)}{F(z)} \tag{7-67}$$

由式(7-62)可知 $Y_f(z)=\frac{B(z)}{A(z)}F(z)$,所以:

$$H(z)=\frac{Y_f(z)}{F(z)}=\frac{B(z)}{A(z)} \tag{7-68}$$

由于 $B(z)$、$A(z)$ 只与差分方程的系数有关,所以由描述系统的差分方程容易写出该系统的系统函数 $H(z)$,反之亦然。也就是说系统一定时,$H(z)$ 确定,而 $H(z)$ 一定时,系统也确定。系统函数 $H(z)$ 只与系统的结构、参数等有关,与系统输入、输出无关,它完整地描述了系统的特性。

由于 $Y_f(z)=\frac{B(z)}{A(z)}F(z)=H(z)F(z)$,故当系统激励为单位冲激序列 $\delta(k)$ 时,由于 $\delta(k)\leftrightarrow 1$,对应式 $F(z)=1$,其响应为 $h(k)$,对应 z 变换为 $H(z)$,故 $h(k)\leftrightarrow H(z)$。即系统的单位序列响应 $h(k)$ 与系统函数 $H(z)$ 是 z 变换对。从而可得:

$$y_f(k)=Z^{-1}[Y_f(z)]=Z^{-1}[H(z)F(z)]$$
$$=Z^{-1}[H(z)]*Z^{-1}[F(z)]=h(k)*f(k) \quad (7\text{-}69)$$

这样就提供了一种新的 z 域分析方法,即先求系统的 $H(z)$,取逆变换可得系统序列响应 $h(k)$;先计算 $F(z)$和 $H(z)$,再计算 $Y_f(z)=H(z)F(z)$取逆变换可得零状态响应 $y_f(k)$;当已知激励 $f(k)$和零状态响应 $y_f(k)$时也可以通过 $H(z)=\dfrac{Y_f(z)}{F(z)}$得到 $H(z)$,进而由 $H(z)$得到描述系统的差分方程。

例 7.21 某 LTI 离散系统,已知当输入 $f(k)=\left(-\frac{1}{2}\right)^k u(k)$时,其零状态响应:

$$y_f(k)=\left[\frac{3}{2}\left(\frac{1}{2}\right)^k+4\left(-\frac{1}{3}\right)^k-\frac{9}{2}\left(-\frac{1}{2}\right)^k\right]u(k)$$

求系统的单位序列响应 $h(k)$和描述系统的差分方程。

解 零状态响应 $y_f(k)$的象函数为:

$$Y_f(z)=\frac{3}{2}\cdot\frac{z}{z-\frac{1}{2}}+4\cdot\frac{z}{z+\frac{1}{3}}-\frac{9}{2}\cdot\frac{z}{z+\frac{1}{2}}$$
$$=\frac{z^3+2z^2}{\left(z-\frac{1}{2}\right)\left(z+\frac{1}{3}\right)\left(z+\frac{1}{2}\right)}$$

输入 $f(k)$的象函数为:

$$F(z)=\frac{z}{z+\frac{1}{2}}$$

由式(7-67)得系统函数为:

$$H(z)=\frac{Y_f(z)}{F(z)}=\frac{z^3+2z^2}{\left(z-\frac{1}{2}\right)\left(z+\frac{1}{3}\right)\left(z+\frac{1}{2}\right)}\cdot\frac{z+\frac{1}{2}}{z}$$
$$=\frac{z^2+2z}{\left(z-\frac{1}{2}\right)\left(z+\frac{1}{3}\right)}=\frac{z^2+2z}{z^2-\frac{1}{6}z-\frac{1}{6}}$$

将上式展开为部分分式,求逆变换,得:

$$h(k)=\left[3\left(\frac{1}{2}\right)^k-2\left(-\frac{1}{3}\right)^k\right]u(k)$$

将系统函数 $H(z)$的分子分母同乘以 z^{-2},得:

$$H(z)=\frac{Y_f(z)}{F(z)}=\frac{1+2z^{-1}}{1-\frac{1}{6}z^{-1}-\frac{1}{6}z^{-2}}$$

即

$$\left(1-\frac{1}{6}z^{-1}-\frac{1}{6}z^{-2}\right)Y_f(z)=(1+2z^{-1})F(z)$$

取逆变换(或者直接由式(7-62)),得描述系统的后向差分方程为:

$$y(k)-\frac{1}{6}y(k-1)-\frac{1}{6}y(k-2)=f(k)+2f(k-1)$$

7.4.3 离散系统的 z 域框图

离散系统的时域框图主要由加法器、乘法器及延迟单元组成。其中由于 z 变换的线性性质,使加法和数乘运算在 z 域得到保持,如图 7-9 所示。

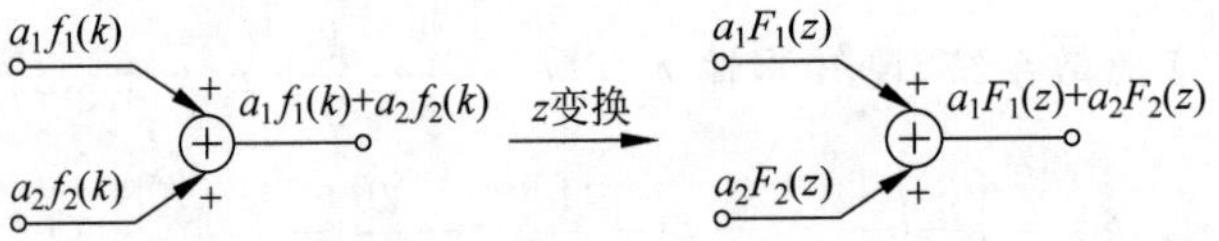

图 7-9 离散系统时域与 z 域基本运算单元的对应

当系统是零状态时,由 z 变换的时移性质 $z[f(k-1)]=z^{-1}F(z)$,可知其延迟单元性质发生变化,即时域的延迟单元在 z 域变成了数乘 z^{-1},见图 7-10。

图 7-10 离散系统时域延时与 z 域数乘 z^{-1} 的对应

由以上对应关系可以将一个时域框图方便地转换为 z 域框图,从而可直接在 z 域分析系统。

例 7.22 已知离散系统的时域框图如图 7-11 所示,求系统的系统函数 $H(z)$。

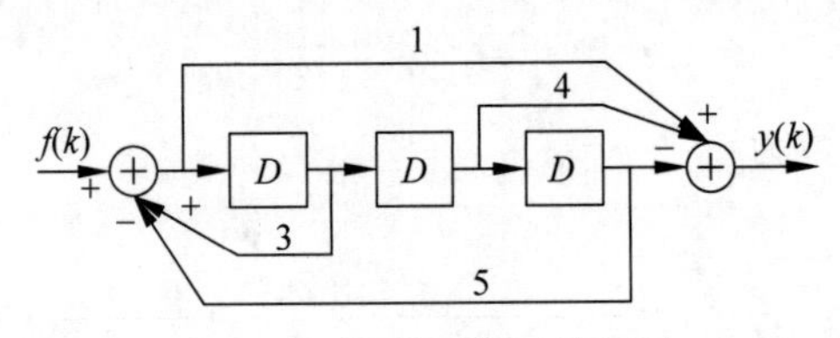

图 7-11 离散系统时域框图

解 首先将时域框图转换为 z 域框图如图 7-12 所示,并设中间变量 $X(z)$。

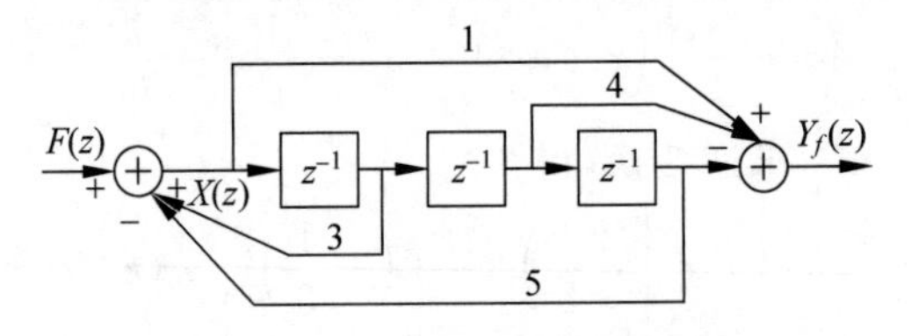

图 7-12 离散系统 z 域框图

注意,这里用 $Y_f(z)$ 而不用 $Y(z)$ 是为了表示系统是零状态的。

容易计算:

$$X(z)=F(z)+3z^{-1}X(z)-5z^{-3}X(z)$$

$$Y_f(z)=X(z)-4z^{-2}X(z)+z^{-3}X(z)$$

在上式中消去 $X(z)$,得:

$$Y_f(z)=(1-4z^{-2}+z^{-3})\frac{F(z)}{1-3z^{-2}+5z^{-3}}$$

由系统函数定义可得：

$$H(z)=\frac{Y_f(z)}{F(z)}=\frac{1-4z^{-2}+z^{-3}}{1-3z^{-1}+5z^{-3}}=\frac{z^3-4z+1}{z^3-3z^2+5}$$

由此，也可方便地写出系统的差分方程（利用 $H(z)$ 与差分方程系统的关系）：

$$y(k)-3y(k-1)+5y(k-3)=f(k)-4f(k-2)+f(k-3)$$

由以上分析看到，描述给定离散系统的方法有四种，即差分方程、时域框图、系统函数 $H(z)$ 及 z 域框图，而且它们之间可以互相转换。在分析系统时，如果能够灵活地运用可事半功倍。例如当已知系统函数 $H(z)$ 和系统初始状态时，要求系统的零输入响应，不能直接由 $H(z)$ 求得，但知道可以通过差分方程求得，这时只要由 $H(z)$ 写出系统差分方程，问题就可解决了。

7.4.4 离散系统函数 $H(z)$ 的极点分布与系统特性之间的关系

由 7.3.2 节得到的 z 变换和拉普拉斯变换的关系以及 z 域和 s 域的对应关系，容易利用连续系统 $H(s)$ 极点分布与系统特性之间的关系，得到离散系统 $H(z)$ 极点分布与系统特性之间的关系。

1. $H(z)$ 极点分布与系统时域响应之间的关系

(1) $H(z)$ 在单位圆内（对应 s 域的左半开平面）的极点所对应的响应序列都是随 k 增大而衰减且趋于零。

(2) $H(z)$ 在单位圆上（对应 s 域的虚轴）的一阶极点所对应的响应序列的振幅不随 k 变化。

(3) $H(z)$ 在单位圆上的二阶及二阶以上极点，或者在单位圆外（对应 s 域的右半开平面）的所有极点，其所对应的响应序列都是随 k 增大而增大且趋于无穷，如图 7-13 所示。

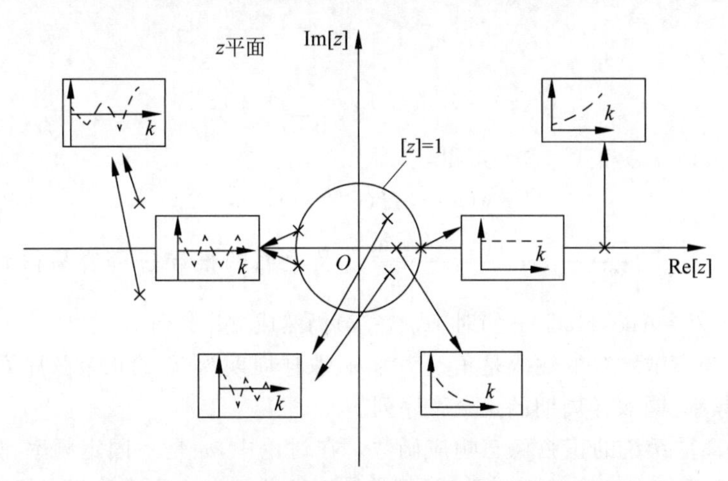

图 7-13 $H(z)$ 极点分布与系统时域响应之间的关系

2. $H(z)$ 极点分布与系统稳定性之间的关系

离散系统稳定性的概念与连续系统相同，即若系统激励 $|f(k)|<M$，则响应 $|y_f(k)|<$

N,这样的系统称为离散稳定系统。由此容易证明离散系统稳定的充要条件为:

$$\sum_{k=0}^{\infty} |h(k)| < \infty \tag{7-70}$$

当然这是时域的结论,由上面的对应关系可得离散系统稳定的 z 域条件:离散系统稳定的充要条件为其系统函数的极点全在单位圆内。这种稳定也称为因果稳定。而非因果稳定的充要条件为其系统函数的收敛域包含单位圆。

当 $H(z)$在单位圆上只有一阶极点,其余极点均在单位圆内时,离散系统称为临界稳定的。

以上结论是通过 s 域到 z 域的映射关系而得到的,同时这些结论也可以通过 z 域分析的方法得到。

7.5 离散系统的频率响应特性

和连续系统类似,频率响应或称频率特性也是离散系统的一个重要特性。本节主要研究 LTI 稳定离散系统的频率响应及在激励为正余弦信号时的系统响应。

设离散系统的单位响应为 $h(k)$,系统函数为 $H(z)$,如果系统的输入是角频率为 ω,取样周期为 T 的复指数序列:

$$f(k) = \mathrm{e}^{\mathrm{j}k\omega T} \tag{7-71}$$

则系统的响应为:

$$y(k) = h(k) * f(k) = \sum_{i=0}^{\infty} h(i) f(k-i) \tag{7-72}$$

$$= \sum_{i=0}^{\infty} h(i) \mathrm{e}^{\mathrm{j}(k-i)\omega T}$$

$$= \mathrm{e}^{\mathrm{j}k\omega T} \sum_{i=0}^{\infty} h(i) (\mathrm{e}^{\mathrm{j}\omega T})^{-i} \tag{7-73}$$

由于:

$$H(z) = Z[h(k)] = \sum_{k=0}^{\infty} h(k) z^{-k} \tag{7-74}$$

比较式(7-71)、式(7-73)和式(7-74)可得:

$$y(k) = H(\mathrm{e}^{\mathrm{j}\omega T}) f(k) \tag{7-75}$$

由欧拉公式 $\sin x = \dfrac{\mathrm{e}^{\mathrm{j}x} - \mathrm{e}^{-\mathrm{j}x}}{2\mathrm{j}}$,$\cos x = \dfrac{\mathrm{e}^{\mathrm{j}x} + \mathrm{e}^{-\mathrm{j}x}}{2}$ 及上面的推导过程容易得到,当 $f(k) = A\sin(k\omega T + \phi)$或者 $A\cos(k\omega T + \phi)$时,式(7-75)仍然成立。

由此可见,当离散系统的输入是角频率为 ω、取样周期为 T 的正余弦序列时,系统的稳态响应也是同频率、同取样周期的正余弦序列。

$H(\mathrm{e}^{\mathrm{j}\omega t})$是离散系统的正弦稳态响应函数。在讨论中,$\omega$ 是一固定频率,如果将它一般化为连续变量 θ(取 $\theta = \omega T$),则 $H(\mathrm{e}^{\mathrm{j}\theta})$就是离散系统的频率响应或称频率特性。

同样,也可以通过 7.3.2 节的 z 变换与拉普拉斯变换的关系,得到离散系统的频率响应 $H(\mathrm{e}^{\mathrm{j}\theta})$。在连续系统中,若系统函数 $H(s)$在 $\mathrm{j}\omega$ 轴收敛,那么将 $s = \mathrm{j}\omega$ 代入 $H(s)$就得到其频率响应 $H(\mathrm{j}\omega)$。由式(7-47)知,当 $s = \mathrm{j}\omega$ 时,$z = \mathrm{e}^{\mathrm{j}\omega T} = \mathrm{e}^{\mathrm{j}\theta}$。因此,在离散系统中,若

$H(z)$在单位圆$|z|=1$上收敛，则系统函数在单位圆上的函数就是系统的频率响应，即

$$H(\mathrm{e}^{\mathrm{j}\theta})=H(z)\big|_{z=\mathrm{e}^{\mathrm{j}\theta}},\quad |z|>\rho_0,\quad \rho_0<1 \tag{7-76}$$

$$H(\mathrm{e}^{\mathrm{j}\theta})=|H(\mathrm{e}^{\mathrm{j}\theta})|\,\mathrm{e}^{\mathrm{j}\varphi(\theta)} \tag{7-77}$$

$|H(\mathrm{e}^{\mathrm{j}\theta})|$称为系统的幅频特性，是频率$\theta$的偶函数。$\varphi(\theta)$称为系统的相频特性，是频率$\theta$的奇函数。

例 7.23 求图 7-14 所示系统的频率响应。

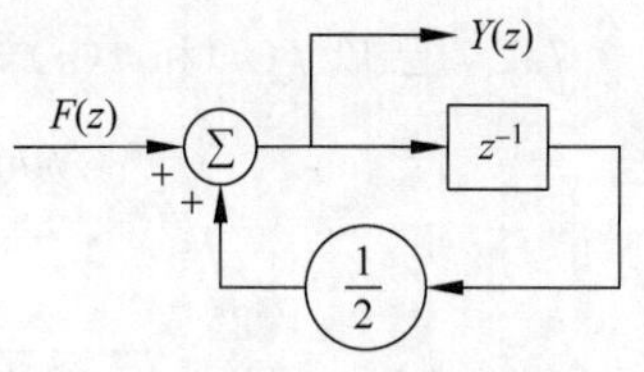

解 由系统框图得：

$$Y(z)=\frac{1}{2}Y(z)z^{-1}+F(z)$$

$$Y(z)=\frac{z}{z-\frac{1}{2}}F(z)$$

图 7-14 系统框图

系统函数

$$H(z)=\frac{z}{z-\frac{1}{2}}$$

极点$z=1/2$在单位圆内，故系统的频率响应为：

$$H(\mathrm{e}^{\mathrm{j}\theta})=H(z)\Big|_{z=\mathrm{e}^{\mathrm{j}\theta}}=\frac{\mathrm{e}^{\mathrm{j}\theta}}{\mathrm{e}^{\mathrm{j}\theta}-\frac{1}{2}}=\frac{1}{1-\frac{1}{2}\mathrm{e}^{-\mathrm{j}\theta}}=\frac{1}{\left(1-\frac{1}{2}\cos\theta\right)+\mathrm{j}\,\frac{1}{2}\sin\theta}$$

幅频特性：

$$|H(\mathrm{e}^{\mathrm{j}\theta})|=\left|\frac{1}{\left(1-\frac{1}{2}\cos\theta\right)+\mathrm{j}\,\frac{1}{2}\sin\theta}\right|=\frac{1}{\sqrt{\frac{4}{5}-\cos\theta}}$$

相频特性：

$$\varphi_\theta=-\arctan\frac{\frac{1}{2}\sin\theta}{1-\frac{1}{2}\cos\theta}$$

幅频特性和相频特性分别如图 7-15(a)和图 7-15(b)所示。

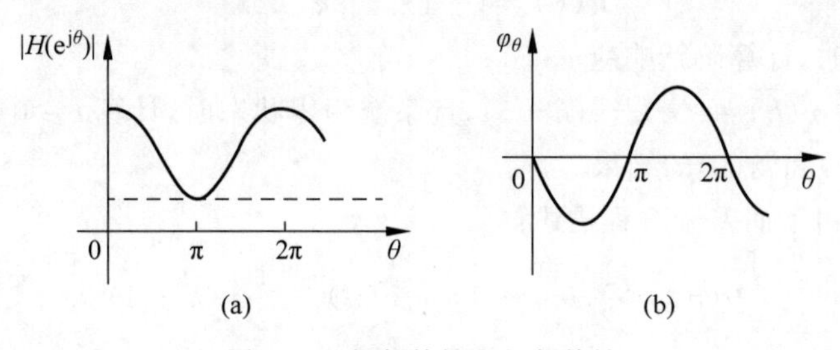

图 7-15 幅频特性和相频特性

本章小结

本章重点学习了离散信号的运算和离散系统的分析方法。详细分析了z变换和拉普拉斯变换的关系和区别。分析表明：z变换和拉普拉斯变换具有完好的对应关系。大家尽可能地利用这种对应关系理解和学习z变换的性质以及z域分析方法。

习题

7.1　绘出序列$\left(\frac{1}{2}\right)^{n}\mu(n)$，$\left(\frac{1}{2}\right)^{n-2}\mu(n-2)$，$x[k]=\mu[k]-2\mu[k-1]+\mu[k-4]$的图形。并给出MATLAB程序。

7.2　已知$f(n)$和$h(n)$如图7-16所示，试用MATLAB编程计算$y(n)=f(n)*h(n)$。

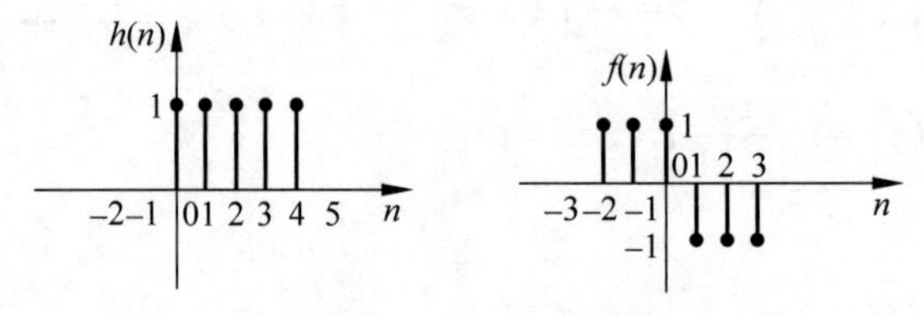

图7-16　离散信号波形

7.3　画出下述差分方程所描述的系统的模拟框图。

(1) $y(n)+\frac{1}{3}y(n-1)=f(n)-3f(n-1)$；　(2) $y(n+1)+3y(n)+2y(n-1)=f(n)$。

7.4　写出描述图7-17所示离散系统的差分方程。

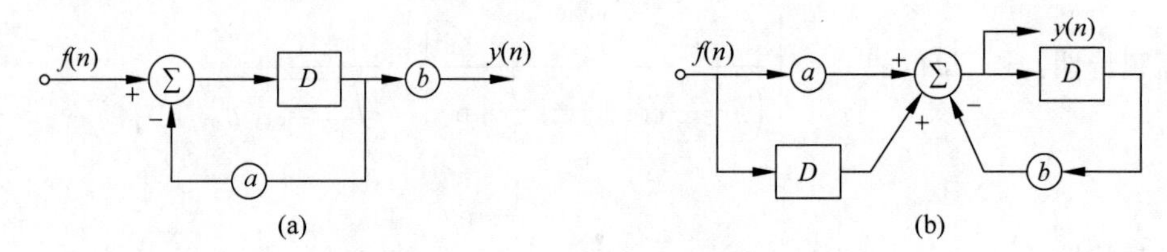

图7-17　离散系统时域框图

7.5　一个线性非时变离散时间系统，单位脉冲响应为：

$$h(k)=(-1)^{k},\quad k\geqslant 0$$

(1) 当$k\geqslant 0$时，计算阶跃响应$g(k)$；

(2) 当输入为$x(k)=\varepsilon(k)-\varepsilon(k-5)$，且系统为零状态时，计算$k\geqslant 0$时的响应$y(k)$；

(3) 绘出题(1)和题(2)的结果。

7.6　设系统由下面差分方程描述：

$$y(n)=\frac{1}{2}y(n-1)+x(n)+\frac{1}{2}x(n-1)$$

设系统是因果的，利用递推法求系统的单位脉冲响应。

7.7　由z变换定义直接求出下列离散信号的z变换。

(1) $f_1(n)=\delta(n)+\delta(n-4)$；　(2) $f_2(n)=(-1)^{n}\varepsilon(n)$；

(3) $f_3(n)=n[\varepsilon(n)-\varepsilon(n-4)]$；　(4) $f_4(n)=\sum_{k=0}^{4}\left(\frac{1}{2}\right)^{k}\delta(n-k)$。

7.8　利用z变换性质，求下列序列的z变换。

(1) $f(n)=[1+(-1)^{n}]\varepsilon(n)$；　(2) $f(n)=(n-3)\varepsilon(n)$；

(3) $f(n)=a^n\sin\beta n\mu(n)$；　(4) $f(n)=\left(\frac{1}{2}\right)^n[\mu(n)-\mu(n-2)]$。

7.9　求下列各象函数的逆 z 变换。

(1) $X(z)=\frac{1}{z^m}\quad m>0$，且为整数；(2) $X(z)=\frac{1}{1+\frac{1}{2}z^{-1}}$；(3) $X(z)=\frac{1-az^{-1}}{z^{-1}-a}$；

(4) $X(z)=\frac{z(z+1.6)}{(z-0.8)(z+0.4)}$；(5) $X(z)=\frac{z+1}{(z-1)^2}$。

7.10　由级数展开式 $e^x=1+x+\frac{x^2}{2!}+\cdots+\frac{x^n}{n!}+\cdots$，求出 $F(z)=e^{-a/z}$ 的逆 z 变换。

7.11　某因果线性非时变离散系统，在一定的初始条件下，输入为 $f(n)(n\geqslant 0)$ 时的全响应为 $y_1(n)=2\left(\frac{1}{2}\right)^n+3\left(\frac{1}{3}\right)^n$。若初始条件不变，输入为 $2f(n)(n\geqslant 0)$ 时，全响应为 $y_2(n)=\left(\frac{1}{2}\right)^n+4\left(\frac{1}{3}\right)^n$。试求在相同初始条件下，输入为 $\frac{1}{2}f(n)+f(n-1)$ 时的全响应。

7.12　已知描述某离散系统的差分方程及初始条件为：

$$\begin{cases}y(n)-0.7y(n-1)+0.1y(n-2)=7f(n)-2f(n-1), & n\geqslant 0\\ y(-2)=-38, \quad y(-1)=-4\end{cases}$$

(1) 求 $y_x(n)$；(2) 求 $h(n)$；(3) 若 $f(n)=0.4^n$，$n\geqslant 0$，求 $y_f(n)$。

7.13　通过化简框图，求出图 7-18 所示离散时间系统的系统函数。

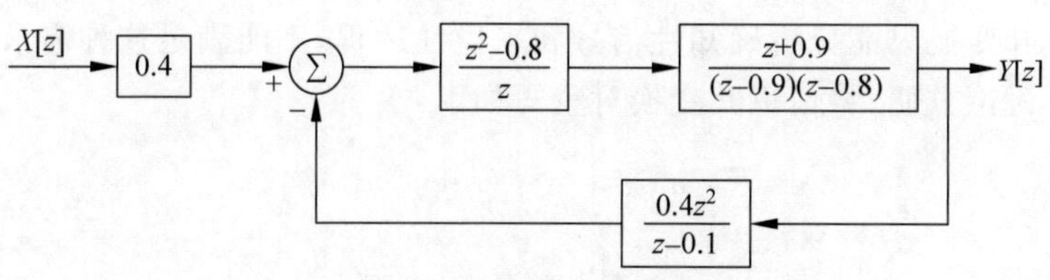

图 7-18　离散系统 z 域框图

7.14　试判定下列系统是否是因果、稳定系统，并说明理由。

(1) $y(n)=\frac{1}{N}\sum_{k=0}^{N-1}x(n-k)$；(2) $y(n)=x(n)+x(n+1)$；(3) $y(n)=\sum_{k=n-n_0}^{n+n_0}x(k)$；

(4) $y(n)=x(n+n_0)$；(5) $y(n)=e^{x(n)}$。

7.15　差分器为离散时间系统，其输入/输出差分方程为：

$$y(k)=x(k)-x(k-1)$$

绘出差分器的频率响应曲线。

7.16　已知线性因果网络用下面的差分方程描述：

$$y(n)=0.9y(n-1)+x(n)+0.9x(n-1)$$

(1) 求网络的系统函数 $H(z)$ 及其单位脉冲响应 $h(n)$；

(2) 写出网络频率响应函数 $H(e^{j\theta})$ 的表达式，并定性画出其幅频特性曲线；

(3) 当输入 $x(n)=e^{j\omega_0 n}$，求输出 $y(n)$；

(4) 采用 MATLAB 编程解决上述问题。

第8章 从傅里叶变换到小波变换

CHAPTER 8

8.1 引言

前面几章已经对傅里叶变换的许多基本问题进行了详尽的讨论，从这些讨论知道：傅里叶变换是一种域变换，这种变换的物理概念清楚，它把时域和频域联系起来，使得在时域内难以观察到的现象和规律，在频域内往往能十分清楚地显示出来。从数学上看，傅里叶方法是分析刻画函数空间、求解微分方程、进行数值计算的重要方法和有效数学工具，因此在语音、图像、通信、雷达、声呐、地震地质测量、地球物理勘探、光学、电子学等众多领域获得了广泛的应用。然而在许多应用中，人们对时变信号、非平稳过程及非平稳过程中的突变成分很感兴趣，傅里叶变换只能分析确知性信号和平稳性过程，不能满足这种需求。下面对此做具体分析，为了讨论方便，将傅里叶变换对重写如下：

$$F(\mathrm{j}\omega)=\int_{-\infty}^{\infty} f(t)\mathrm{e}^{-\mathrm{j}\omega t}\mathrm{d}t \tag{8-1}$$

$$f(t)=\frac{1}{2\pi}\int_{-\infty}^{\infty} F(\mathrm{j}\omega)\mathrm{e}^{\mathrm{j}\omega t}\mathrm{d}\omega \tag{8-2}$$

式中，$\mathrm{e}^{\pm\mathrm{j}\omega t}$ 称为积分变换的核(简称积分核)。

(1) 由于式(8-1)中的傅里叶变换采用的基函数(积分核)属正交函数族或正交基，所以傅里叶变换是一种正交变换。由于$|\mathrm{e}^{-\mathrm{j}\omega t}|=1$，且在时域的支撑区为$(-\infty,+\infty)$，又 $\mathrm{e}^{-\mathrm{j}\omega t}$ 的傅里叶变换为 $2\pi\delta(\omega)$，因此，频谱 $F(\mathrm{j}\omega)$在任意频率点的值是由时间过程 $f(t)$在整个时域$(-\infty,+\infty)$上的贡献决定的，无法确定 $f(t)$在具体的局部区域上的变化特征。即傅里叶变换不能用于时域信号 $f(t)$的局部分析，但在频域具有无限精细的频谱分辨率。

(2) 由于$|\mathrm{e}^{\mathrm{j}\omega t}|=1$，且在频域的支撑区为$(-\infty,+\infty)$，又 $\mathrm{e}^{\mathrm{j}\omega t}$ 的傅里叶逆变换为$\delta(t)$，因此，式(8-2)得到逆变换 $f(t)$在任意时间点的值是由频谱 $F(\mathrm{j}\omega)$在整个频率域$(-\infty,+\infty)$上的贡献所决定的，无法确定 $F(\mathrm{j}\omega)$在具体的局部区域上的变化特征；即傅里叶逆变换不能用于频域上 $F(\mathrm{j}\omega)$的局部分析，但是在时域具有无限精细的时间分辨率。

(3) 由上述得知，由于傅里叶变换关系式中的积分核 $\mathrm{e}^{\pm\mathrm{j}\omega t}$ 在时域和频域都无始无终，存在于整个时间轴和频率轴上，即积分核在时域和频域的支撑区均为$(-\infty,+\infty)$。所以时间过程 $f(t)$和频率过程 $F(\mathrm{j}\omega)$彼此是整体刻画的，不能反映各自在局部区域上的特征。这就从理论上决定了式(8-1)和式(8-2)定义的傅里叶变换不能用于局部分析。式(8-1)的积分

核 $e^{j\omega t}$ 的傅里叶变换为 $2\pi\delta(\omega)$，这表明其具有无限精细的频谱分辨率，但是，这时的时间分辨间隔却是无穷大。同理，式(8-2)中的积分核 $e^{j\omega t}$ 的傅里叶变换为 $\delta(t)$，具有无限精细的时间分辨率，但是，这时的频率分辨间隔却是无穷大。也就是说傅里叶分析无法同时兼顾时间分辨率和频率分辨率，无法进行时频分析。

同时，在实际应用中，数据记录或信号长度本身就有限，或者由于其他原因而无法获取到更长的数据记录或信号，因此，直接使用傅里叶变换不能很好地解决问题。为了更好解决傅里叶变换存在的以上缺点，满足实际的分析需要，人们已经提出了许多高效、高分辨率的现代频谱分析算法及解决实际信号处理问题的行之有效的方法，其中最为重要的就是窗口傅里叶变换和小波变换，下面对此做简单介绍。

8.2 窗口傅里叶变换与时频分析

由于傅里叶变换不能进行时频分析，不能满足实际信号分析的需要，所以下面通过介绍窗口傅里叶变换，引入时频分析的概念和方法。

8.2.1 窗口傅里叶变换

从上面的讨论可见，傅里叶变换积分核 $e^{-j\omega t}$ 的支撑区域为整个时间轴，傅里叶逆变换的积分核 $e^{j\omega t}$ 的支撑区域为整个频率轴，从而使得傅里叶变换不能同时进行时频分析，限制了傅里叶变换在非平稳信号分析中的应用。为了达到时间域上的局部化，一个最直接的想法就是选择具有紧支集的函数作为积分核。由于傅里叶变换是频域分析的基本工具，因此，最方便也是最容易想到的方法，就是在傅里叶分析中的基函数之前乘上一个时间上有限的时限函数 $g(t)$，并使其可以在时间轴上移动，使 $f(t)$“逐步”进入被分析状态，这相当于在时间轴上开了一个可移动的“时间窗”，通过移动时间窗，可将整个时间函数 $f(t)$“分时地”尽收眼里，图 8-1 形象地表示了这一点。这样可得到窗口傅里叶变换的积分核如式(8-3)所示，窗口傅里叶变换如式(8-4)所示。

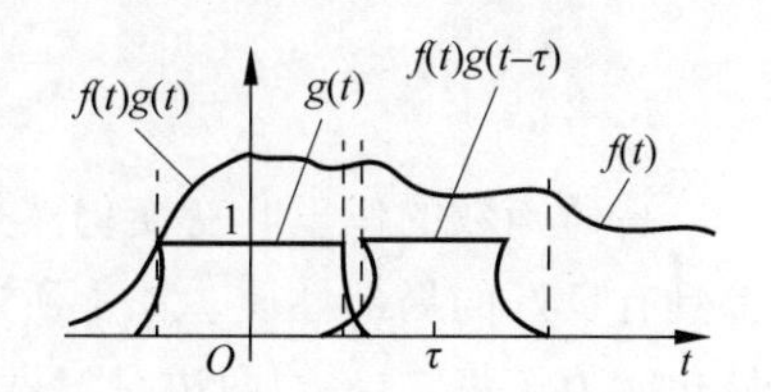

图 8-1 窗口傅里叶变换的形象表示

$$g_{\omega,\tau}(t)=g(t-\tau)e^{-j\omega t} \tag{8-3}$$

$$GF(\omega,\tau)=\int_{-\infty}^{\infty}f(t)g_{\omega,\tau}(t)dt \tag{8-4}$$

由于 $g(t)$是窗函数，它在时间域是有限支撑的，所以窗口傅里叶变换的积分核 $g_{\omega,\tau}(t)=g(t-\tau)e^{-j\omega t}$ 在时域是有限支撑的。当其在频域也是有限支撑时，这样的窗口傅里叶变换就实现了被分析信号的时频定位功能，从而可以实现时频分析。

如果在频域中对 $F(v)$通过窗函数 $G(v-\omega)$的加窗作用而获得了 $F(v)$在频率 ω 附近的局域信息 $F(v)G(v-\omega)$，则：

$$f(\omega,\tau)=\frac{1}{2\pi}\int F(v)G(v-\omega)e^{jv\tau}dv \tag{8-5}$$

提供了频域窗函数所确定的频域局部区域内信号 $F(v)G(v-\omega)$的时域信息。进一步，如果所选用的窗函数既在时域又在频域具有良好的局部性质，则可以断言：窗口傅里叶变换

给出了信号 $f(t)$ 的局域时间频率分析，从而能在时域和频域提取关于信号 $f(t)$ 的精确信息。

事实上，在式(8-5)中，常常选取 $G_{\omega,\tau}(v)$ 是时域窗 $g_{\omega,\tau}(t)$ 的傅里叶变换，以保证窗函数在时域和频域都具有良好的局域性质，把这种既在时域又在频域都具有局域性质的窗函数称为时频窗。

容易计算：$\mathrm{FT}[g^*_{\omega,\tau}(t)]=G_{\omega,\tau}[v]=G(v-\omega)\mathrm{e}^{-\mathrm{j}(v-\omega)\tau}$。

8.2.2 Gabor 变换

不失一般性，选高斯(Gauss)函数作为窗函数，即

$$g_a(t)=\frac{1}{2\sqrt{\pi a}}\mathrm{e}^{\frac{-t^2}{4a}}=\frac{1}{\sqrt{\pi}\,2\sqrt{a}}\mathrm{e}^{-\left(\frac{t}{2\sqrt{a}}\right)^2} \tag{8-6}$$

式中，正常数 a 为窗口宽度参数。这时的窗口傅里叶变换也称为 Gabor 变换。将高斯函数代入式(8-4)，则 Gabor 变换为：

$$\begin{aligned}GF(\omega,\tau)&=\int_{-\infty}^{\infty}f(t)g_a(t-\tau)\mathrm{e}^{-\mathrm{j}\omega t}\mathrm{d}t\\&=\int_{-\infty}^{\infty}f(t)\frac{1}{2\sqrt{\pi a}}\mathrm{e}^{\frac{-(t-\tau)^2}{4a}}\mathrm{e}^{-\mathrm{j}\omega t}\mathrm{d}t=\frac{1}{2\sqrt{\pi a}}\int_{-\infty}^{\infty}f(t)\mathrm{e}^{\frac{-(t-\tau)^2}{4a}}\mathrm{e}^{-\mathrm{j}\omega t}\mathrm{d}t\end{aligned} \tag{8-7}$$

高斯函数的傅里叶变换为：

$$\begin{aligned}G_a(\omega)&=\int_{-\infty}^{\infty}\frac{1}{\sqrt{\pi}\,2\sqrt{a}}\mathrm{e}^{\frac{-t^2}{4a}}\mathrm{e}^{-\mathrm{j}\omega t}\mathrm{d}t=\int_{-\infty}^{\infty}\frac{1}{2\sqrt{\pi a}}\mathrm{e}^{-\left(\frac{t}{2\sqrt{a}}+\mathrm{j}\sqrt{a}\,\omega\right)^2-a\omega^2}\mathrm{d}t\\&=\frac{1}{\sqrt{\pi}}\int_{-\infty}^{\infty}\mathrm{e}^{-x^2}\mathrm{d}x\,\mathrm{e}^{-a\omega^2}=\frac{1}{\sqrt{\pi}}\sqrt{\pi}\,\mathrm{e}^{-a\omega^2}=\mathrm{e}^{-a\omega^2}\end{aligned} \tag{8-8}$$

高斯函数的傅里叶变换仍然是一个高斯函数，这表明高斯窗口函数既在时域又在频域都具有良好的局部性质。如上所述，这也就保证了窗口傅里叶变换在时域和频域都具有局域化能力。将式(8-7)两边对 τ 做积分，有：

$$\begin{aligned}\int_{-\infty}^{+\infty}GF(\omega,\tau)\mathrm{d}\tau&=\int_{-\infty}^{+\infty}\left[\int_{-\infty}^{+\infty}f(t)g_a(t-\tau)\mathrm{e}^{-\mathrm{j}\omega t}\mathrm{d}t\right]\mathrm{d}\tau\\&=\int_{-\infty}^{+\infty}f(t)\mathrm{e}^{-\mathrm{j}\omega t}\int_{-\infty}^{+\infty}g_a(t-\tau)\mathrm{d}\tau\,\mathrm{d}t\\&=\int_{-\infty}^{+\infty}f(t)\mathrm{e}^{-\mathrm{j}\omega t}\left(\int_{-\infty}^{+\infty}\frac{1}{2\sqrt{\pi a}}\mathrm{e}^{\frac{-(t-\tau)^2}{4a}}\mathrm{d}\tau\right)\mathrm{d}t\\&=\int_{-\infty}^{+\infty}f(t)\mathrm{e}^{-\mathrm{j}\omega t}\left(\int_{-\infty}^{+\infty}\frac{1}{2\sqrt{\pi a}}\mathrm{e}^{\frac{-x^2}{4a}}\mathrm{d}x\right)\mathrm{d}t\\&=\int_{-\infty}^{+\infty}f(t)\mathrm{e}^{-\mathrm{j}\omega t}\left(\frac{1}{\sqrt{\pi}}\sqrt{\pi}\right)\mathrm{d}t=F(\mathrm{j}\omega)\end{aligned} \tag{8-9}$$

可见，信号 $f(t)$ 的窗口傅里叶变换即 Gabor 变换 $GF(\omega,\tau)$ 精确地按窗口宽度分解了 $f(t)$ 的频谱 $F(\mathrm{j}\omega)$，在频域给出了时域局部化的谱信息，当 τ 在整个时间轴上平移时，$GF(\omega,\tau)$ 对 τ 的积分就给出了 $f(t)$ 完整的傅里叶变换，因此，窗口傅里叶变换并没有损失 $f(t)$ 在频域上的任何信息。

8.2.3 时间频率局域化

从上可知，窗口函数是对信号进行时频局部化分析的基本函数，而窗口函数的局部性则可由其自身的窗口尺度表征。

首先引入相空间的概念。所谓相空间是指以"时间"为横坐标，"频率"为纵坐标的欧氏空间。相空间中的有限区域被称为时频窗口，其中的频率窗称为广义滤波器的带宽，时间窗称为广义滤波器的时宽。显然，可以用相空间刻画时频窗口的时宽、频宽、位置等物理状态。

设 $g(t)$为时域窗函数，其傅里叶变换 $G(\omega)$为频域窗函数，而相空间的点(t_0,ω_0)称为窗函数 $g(t)$的中心（或重心），有：

$$t_0=\frac{\int_{-\infty}^{+\infty}t\mid g(t)\mid^2\mathrm{d}t}{\| g(t)\|^2},\quad \omega_0=\frac{\int_{-\infty}^{+\infty}\omega\mid G(\omega)\mid^2\mathrm{d}\omega}{\| G(\omega)\|^2} \tag{8-10}$$

式中：

$$\| g(t)\|^2=\int_{-\infty}^{+\infty}\mid g(t)\mid^2\mathrm{d}t$$

$$\| G(\omega)\|^2=\frac{1}{2\pi}\int_{-\infty}^{+\infty}\mid G(\omega)\mid^2\mathrm{d}\omega$$

为窗函数的能量。而$|g(t)|^2$，$|G(\omega)|^2$ 可看作是窗函数在时域和频域中的能量分布，有：

$$\begin{cases}\sigma_{g(t)}^2=\dfrac{1}{\| g(t)\|^2}\displaystyle\int_{-\infty}^{+\infty}(t-t_0)^2\mid g(t)\mid^2\mathrm{d}t\\[2ex]\sigma_{G(\omega)}^2=\dfrac{1}{\| G(\omega)\|^2}\displaystyle\int_{-\infty}^{+\infty}(\omega-\omega_0)^2\mid G(\omega)\mid^2\mathrm{d}\omega\end{cases} \tag{8-11}$$

分别称为窗函数 $g(t)$的归一化方差，$\sigma_{g(t)}$，$\sigma_{G(\omega)}$ 可认为是窗函数 $g(t)$的时宽和频宽。因此时频窗口就是相空间中以(t_0,ω_0)为中心，以 $2\sigma_{g(t)}$ 为长度，$2\sigma_{G(\omega)}$ 为宽度的平行于坐标轴的矩形窗口。窗口函数的相空间表示如图 8-2 所示。

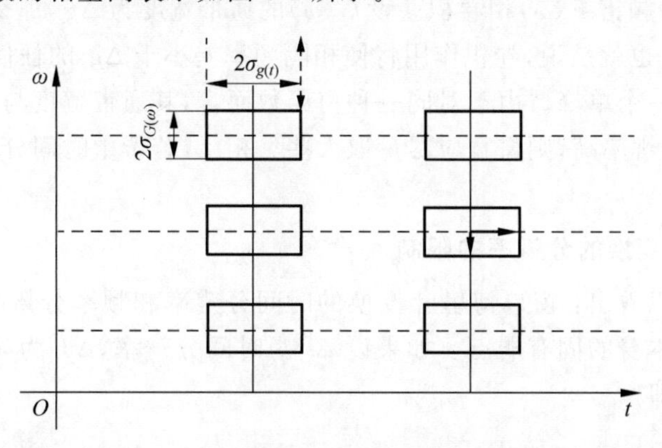

图 8-2　窗口傅里叶变换的相空间表示

在实际应用中，往往将由 $g(t)$所确定的窗口函数的中心设置于坐标原点$(t_0=0$，$\omega_0=0)$，能量归一化为 1，即$\| g(t)\|^2=\frac{1}{2\pi}$，$\| G(\omega)\|^2=1$。这种窗函数称为标准化窗函数。其实对中心在$(t_0,\omega_0)$处能量为$\| g(t)\|^2$ 的窗口函数 $g(t)$，总可以由式(8-12)将其标

准化,因此以后凡提到窗函数,若无特别说明,都认为是标准化窗函数。此时式(8-11)可写为式(8-13)。

$$g(t)=\frac{g(t+t_0)\mathrm{e}^{-\mathrm{j}\omega_0 t}}{\|g(t)\|^2} \tag{8-12}$$

$$\left.\begin{aligned}\sigma_{g(t)}^2&=\int_{-\infty}^{+\infty}t^2\ |g(t)|^2\mathrm{d}t\\ \sigma_{G(\omega)}^2&=\frac{1}{2\pi}\int_{-\infty}^{+\infty}\omega^2\ |G(\omega)|^2\mathrm{d}\omega\end{aligned}\right\} \tag{8-13}$$

容易证明:

$$\sigma_{g(t)}\sigma_{G(\omega)}\geqslant\frac{1}{2} \tag{8-14}$$

$$\sigma_{g(t)}\sigma_{G(f)}=\frac{1}{2\pi}\sigma_{g(t)}\sigma_{G(\omega)}\geqslant\frac{1}{4\pi} \tag{8-15}$$

这就是著名的海森伯(Heisenberg)测不准原理,即 $\sigma_{g(t)}$ 与 $\sigma_{G(\omega)}$ 之积为常数,表明二者不可能同时达到最小,即提高时间分辨率 $\sigma_{g(t)}$,意味着降低频率分辨率 $\sigma_{G(\omega)}$,反之亦然。实际应用中需要在二者之间权衡折中。式(8-14)或式(8-15)中的等号在 $g(t)=2\mathrm{e}^{-\pi at}/a^4$,$G(\omega)=(2/a)^{\frac{1}{4}}\mathrm{e}^{\frac{-\pi\omega^2}{a}}$ 时成立,即高斯窗函数具有最小的时频窗口面积。

$$\sigma_g\sigma_G=\sqrt{\frac{1}{4\pi a}}\sqrt{\frac{a}{4\pi}}=\frac{1}{4\pi} \tag{8-16}$$

8.2.4 窗口傅里叶变换的瞬时分辨率

1. 频率、时间分辨率

对窗口傅里叶变换而言,信号 $f(t)$ 乘以窗函数 $g(t)$ 的作用,在频域相当于用 $g(t)$ 的频谱函数 $G(\omega)$ 与信号频谱 $F(\omega)$ 相卷积。设 $G(\omega)$ 的通带宽度为 Δg,那么它在频域可分辨的频率宽度即为 Δg。也就是说,卷积作用将使相隔频率差小于 Δg 的任何两个频率(或谱峰)无法区分而合并为一个单峰。由于对同一种窗函数而言,其通带宽度与窗宽是成反比的,所以,如果希望频率分辨率高,则窗宽应尽量取大些。相反,若希望时间分辨率高,则窗宽应尽量取小一些。

2. 窗口傅里叶变换的分辨率的限制

从以上讨论可以看出:窗口傅里叶变换的时间分辨率和频率分辨率是相互矛盾的,这是窗口傅里叶变换本身的固有弱点。如果设 Δt 为时间分辨率,Δf 为频率分辨率,则 $\Delta t\cdot\Delta f$ 满足式(8-15),即

$$\Delta t\cdot\Delta f\geqslant\frac{1}{4\pi} \tag{8-17}$$

由此可见,窗口傅里叶变换的时间分辨率和频率分辨率对窗宽的要求是相互矛盾的,二者不能同时很高,也不会同时很低,由 $\Delta t\cdot\Delta f$ 乘积值的大小决定。窗口傅里叶变换的窗函数一旦确定,像平面上的窗口形状,也即 Δt 和 Δf 便在整个分析中固定不变。

8.3 小波变换

由上分析可知，虽然窗口傅里叶变换具备了时频分析的能力，但是其时频窗口的大小形状是固定不变的。也就是说，其时间和频率分辨率都是不变的，因此难以敏感地反映信号的各种不同的突变，不能对实际复杂时间过程提供更好的分析。为此，引入了小波变换。

8.3.1 连续小波变换

为了适应同一信号存在的各种不同突变，大家希望得到一种具有自适应变化能力的"时频窗口"。先回顾一下傅里叶变换的尺度变换性质：若 $f(t)\leftrightarrow F(\mathrm{j}\omega)$，则 $f\left(\frac{t}{a}\right)\leftrightarrow |a| F(\mathrm{j}a\omega)$，即随着参数 a 的减小（$0<a<1$），相对于 $f(t)$ 而言，$f\left(\frac{t}{a}\right)$ 的支撑区随之变窄，而 $F(a\omega)$ 的支撑区则随之向高频端展宽，反之亦然。时频域的支撑区域随着 a 的变化而自动按需要调节。受此启发，引入一个"窗口"函数族。

$$\psi_{a,b}(t)=\frac{1}{\sqrt{a}}\psi\left(\frac{t-b}{a}\right),\quad a>0 \tag{8-18}$$

式中参数 b 是一个位移参数，参数 a 是一个尺度参数，随着参数 a 的减小，$\psi_{a,b}(t)$ 的支撑区随之变窄，而其频谱 $\hat{\psi}_{a,b}(\omega)$ 则随之向高频端展宽，反之亦然。这就实现了窗口大小的自适应变化。当信号频率增高时，时窗宽度变窄，而频窗宽度增大，以利于监测快变信号，提高时域分辨率；反之当信号频率变低时，时窗变宽，而频窗变小，以利于检测慢变信号，提高频域分辨率。图 8-3 给出了尺度变换参数 a 的变化对 $\psi_{a,b}(t)$ 及其傅里叶变换的影响。以式(8-18)作为积分核定义一个积分变换。

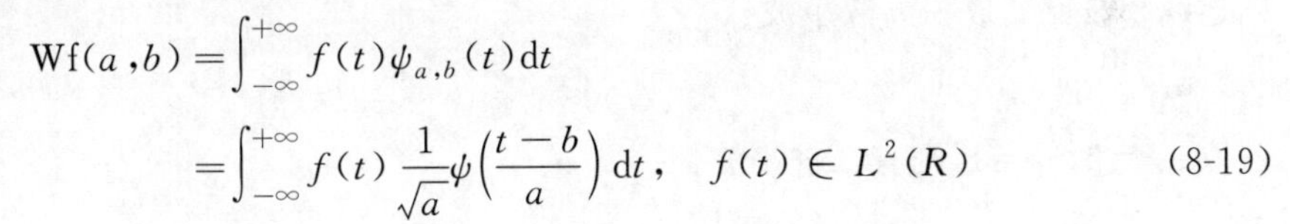

$$\begin{aligned}\mathrm{Wf}(a,b)&=\int_{-\infty}^{+\infty} f(t)\psi_{a,b}(t)\,\mathrm{d}t\\&=\int_{-\infty}^{+\infty} f(t)\,\frac{1}{\sqrt{a}}\psi\left(\frac{t-b}{a}\right)\mathrm{d}t,\quad f(t)\in L^2(R)\end{aligned} \tag{8-19}$$

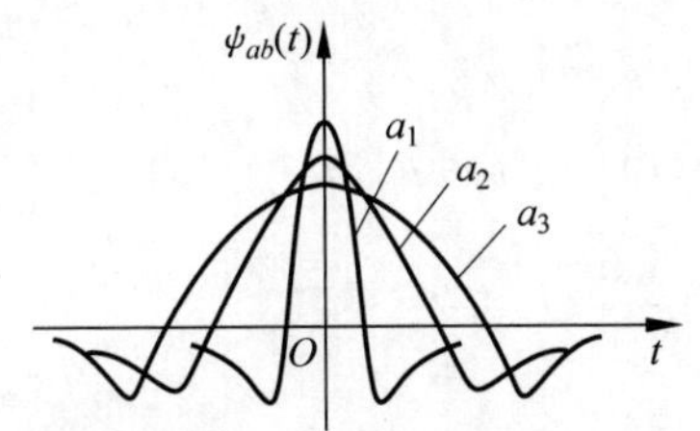

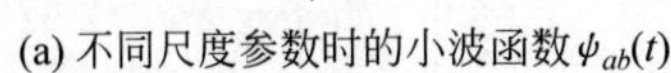

(a) 不同尺度参数时的小波函数 $\psi_{ab}(t)$

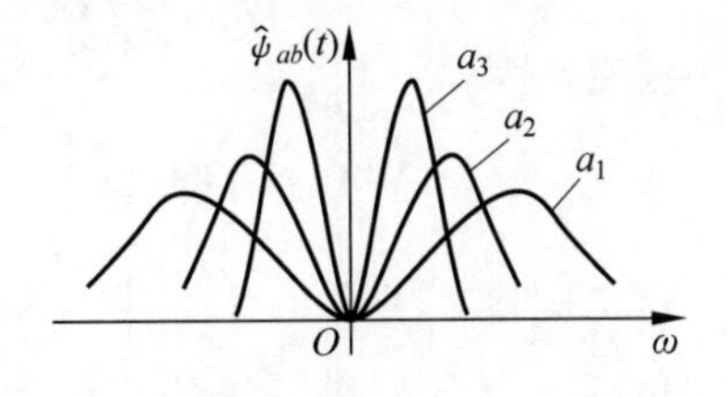

(b) 不同尺度参数时 $\psi_{ab}(t)$ 的傅里叶变换

图 8-3　尺度参数 a 的变化对 $\psi_{a,b}(t)$ 的影响及其傅里叶变换的相应变换

式(8-19)称为信号 $f(t)$ 的小波变换，其中 a 是尺度参数，b 是位移参数，$L^2(R)$ 表示平方可积空间，函数 $\psi(t)$ 称作小波，若 $\psi(t)$ 是复变函数时，式(8-19)积分中要用复共轭函数 $\psi^*(t)$。图 8-4 给出了 $\psi_{a,b}(t)$ 及其傅里叶变换 $\hat{\psi}_{a,b}(\omega)$ 的波形随尺度参数 a（位置参数 $b=0$）变化的情形。

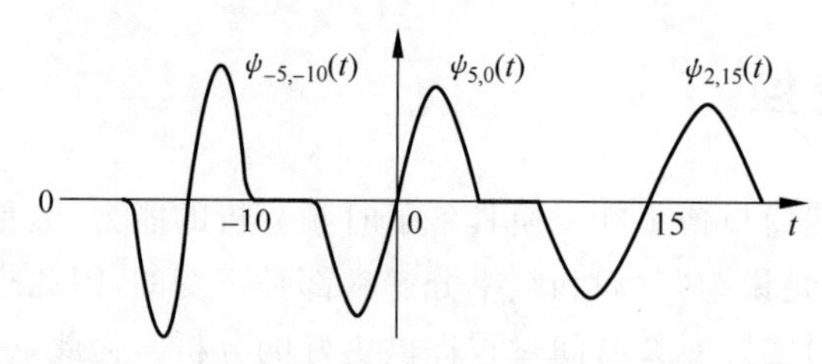

图 8-4 小波 $\psi_{a,b}(t)$ 的波形随参数 a、b 变化的情形

利用帕斯瓦尔公式和傅里叶变换的尺度变换性质，可以证明对所有 $f(t),\psi(t)\in L^2(R)$，$f(t)$ 的连续小波逆变换，即重构公式为：

$$f(t)=\frac{1}{c_\psi}\iint_{-\infty}\mathrm{Wf}(a,b)\psi_{a,b}(t)\frac{\mathrm{d}a\,\mathrm{d}b}{a^2} \tag{8-20}$$

式中：

$$c_\psi=\int_{-\infty}^{+\infty}\frac{|\hat{\psi}(\omega)|^2}{|\omega|}\mathrm{d}\omega<\infty \tag{8-21}$$

这表明小波变换并没有损失 $f(t)$ 的任何信息，即变换是守恒的。因而式(8-22)成立。

$$\int_{-\infty}^{+\infty}|f(t)|^2\mathrm{d}t=\frac{1}{c_\psi}\int_{-\infty}^{+\infty}\int_{-\infty}^{+\infty}|\mathrm{Wf}(a,b)|^2\frac{\mathrm{d}a\,\mathrm{d}b}{a^2} \tag{8-22}$$

8.3.2 二进制小波

如果说连续小波变换主要用于理论分析方面，则离散小波变换则更适合于实际应用。把参数 a、b 离散化，有：

$$\begin{aligned}&a=a_0{}^{-j},\quad a_0>1\\&b=kb_0a_0{}^{-j}\quad b_0\neq 0,\quad k、j\in Z\end{aligned} \tag{8-23}$$

则连续小波就变成了离散小波：

$$\varphi_{j,k}(t)=a_0^{\frac{j}{2}}\varphi(a_0^jt-kb_0) \tag{8-24}$$

若取 $a_0=2,b_0=1$，则有二进小波：

$$\varphi_{j,k}(t)=2^{\frac{j}{2}}\varphi(2^jt-k) \tag{8-25}$$

相应的二进小波变换为：

$$\begin{aligned}\mathrm{WT}(j,k)&=2^{\frac{j}{2}}\int_{-\infty}^{+\infty}f(t)\varphi(2^jt-k)\mathrm{d}t\\&=\int_{-\infty}^{+\infty}f(t)\varphi_{j,k}(t)\mathrm{d}t\end{aligned} \tag{8-26}$$

对应的重构公式为：

$$f(t)=\frac{1}{4c_\varphi}\sum_{j\in Z}\sum_{k\in Z}\mathrm{WT}(j,k)\varphi_{k,t}(t) \tag{8-27}$$

从概念上看，式(8-27)可以理解为小波级数(wavelet series)，展开基为小波 $\varphi_{j,k}(t)$，由式(8-26)确定的 $\mathrm{WT}(j,k)$ 可理解为小波级数的系数。

Haar 于 1910 年提出了 Haar 正交集，并得到了 Haar 小波。其定义如下：

$$\psi(t)=\begin{cases}1, & 0\leqslant t<1/2\\ -1, & 1/2\leqslant t<1\\ 0, & \text{其他}\end{cases} \tag{8-28}$$

Haar 小波在时间域是紧支撑的，即其非零区为(0,1)，且小波仅取 1 和 -1，所以其计算复杂度比较低；Haar 小波是对称的，如果将其看作某个系统的冲激响应，则这个系统具有线性相位；二进 Haar 小波不仅在整数移位处正交，而且在 j 取不同值时两两正交，具体如式(8-29)所示。Haar 小波是目前唯一既具有对称性又具有有限支撑的正交小波。

$$\begin{gathered}\langle\psi(t),\psi(t-k)\rangle=0\\ \langle\psi(t),\psi(2^{-j}t)\rangle=0\end{gathered} \tag{8-29}$$

除了 Haar 小波外，还有 Maar 小波、对称小波、Meyer 小波等大量小波，不同的小波都具有各自的优缺点，在实际应用中可根据不同应用对象合理选择。

8.4 小波变换的应用及其举例

小波变换在各个领域均有着广泛的应用，比如信号分析、图像处理、量子力学、理论物理等，下面简述几个应用方面。

1. 信号去噪

工程实际中所处理的信号都是真实信号与噪声的混合体，信号上迭加有噪声，而小波变换是线性变换，所以被变换的信号也是由信号的小波变换和噪声的小波变换迭加组成的。如果噪声是白噪声，随着小波尺度参数 a 加大(积分范围扩大)，它的极大值点会显著减少。白噪声小波变换的极大值密度与尺度参数 a 成反比，而其幅度随 j 的增大而减少。这表明，在大尺度下剩余的极大值将主要是属于信号的。因此可以采用精度分级的策略，由粗及精的跟踪各尺度 a 即 j 下的小波变换极大值，找出属于信号的部分，而将属于噪声的部分去除。具体地说，先从 j 最大的一级开始确定这一尺度上属于信号的小波变换的极值点。然后逐步减小 j 值，每次以高一级已找到的极值点位置为先验知识，寻找其在本级的对应极值点，并将其余各点去除。这样逐级搜索直到 $j=1$ 为止。最后以这些被选出来的极值点为依据来重建信号，进而达到了信号去噪的目的。

2. 图像去噪

以一种医学图像为例。在有些医学图像上穿插于其中的血管会造成视觉干扰，希望予以去除或去除血管振动对图像的影响。

① 由于血管在图像上有较明显的边沿。因此，去除血管就可以采用把小波变换后(这里指二维小波变换)属于血管的边沿的极值去除后再进行图像重建。

② 为了去除血管振动的影响，可先取一组连续图像序列，将其相邻两帧两两相减，得到其差分图像序列。这样相减后，固定部分被抵消。对这组差分图作小波变换，取其模的极值图。然后在图像的小波变换后的系数阈上类似地去除差分变换后较大的极值，再进行重建。

3. 图像边缘检测

边缘是图像对视觉的最主要的特征，图像边缘一般表现为灰度值的锐利变化，从人类视觉感知系统看，图像边缘对于理解图像内容起着关键作用。例如，从一幅简单的素描画上就可以看出它所表示的内容，素描实质上就是对物体边缘的合理刻画。在图像处理中有两类基本的边缘检测方法：基于一阶导数局部极大值的方法，称为 Canny 边缘检测，和基于二阶导数过零点的方法，称为 Marr-Hildreth 边缘检测。利用小波变换检测图像边缘的一阶导数局部极大值方法是：对图像进行小波变换，计算出局部极值点，也就对应于图像灰度值变化最快的位置，定义为边缘点，图像边缘就是将这些局部极值点连接成的图形。不可避免的是，在低 j 值下，会引入许多噪声极值点。但通常噪声引入的极值点数值较小，而边沿引起的极值数值较大，因此采用阈值检测加以滤波，就可使这一问题得到改善。

4. 图像融合

图像融合是将两幅或多幅图像融合在一起，以获取对同一场景的更为精确、更为全面、更为可靠的图像描述。融合算法应该充分利用各原图像的互补信息，使融合后的图像更适合人的视觉感受，适合进一步分析的需要；并且应该统一编码，压缩数据量，以便于传输。图像融合可分为三个层次：像素级融合、特征级融合、决策级融合。小波变换是像素级融合的常用方法。以两幅图像的融合为例。设 A、B 为两幅原始图像，F 为融合后的图像。若对二维图像进行 N 层的小波分解，最终将有$(3N+1)$个不同频带，其中包含 $3N$ 个高频子图像和 1 个低频子图像。则基于小波变换的像素级图像融合主要步骤如下：

(1) 对每一原图像分别进行小波变换，建立图像的小波塔形分解。

(2) 对各分解层分别进行融合处理。各分解层上的不同频率分量可采用不同的融合算子进行融合处理，最终得到融合后的小波金字塔。

(3) 对融合后所得小波金字塔进行小波重构，所得到的重构图像即为融合图像。

5. 图像增强

小波变换下的图像对比度增强技术实质上是通过小波变换把图像信号分解成不同子带，针对不同子带应用不同的算法来增强不同频率范围内的图像分量，突出不同尺度下的近似和细节，从而达到增强图像层次感的目的。根据小波的多分辨率分析原理将图像进行多级二维离散小波变换，可以将图像分解成图像近似信号的低频子带和图像细节信号的高频子带。其中，图像中大部分噪声和一些边缘细节都属于高频子带，而低频子带主要表征图像的近似信号。为了能够在增强图像的同时减少噪声的影响，可以对低频子带进行非线性图像增强，用以增强目标的对比度，抑制背景；而对高频部分进行小波去噪处理，减少噪声对图像的影响。最后小波重构得到增强的图像。

6. 基于 MATLAB 的小波变换应用范例

1) 图像去噪

```
clear all;
load facets;
subplot(2,2,1);image(X);
colormap(map);
xlabel('(a)原始图像');
axis square                                      %产生含噪声图像
init = 2055615866;
randn('seed',init);
x = X + 50 * randn(size(X));
subplot(2,2,2);image(x);
colormap(map);
xlabel('(b)含噪声图像');
```

```
axis square

%下面进行图像的去噪处理
%用小波函数 coif3 对 x 进行 2 层小波分解
[c,s] = wavedec2(x,2,'coif3');
%提取小波分解中第一层的低频图像,即实现了低通滤波去噪

n = [1,2];                                    %设置尺度向量
p = [10.12,23.28];                            %设置阈值向量 p

%对三个方向高频系数进行阈值处理
nc = wthcoef2('h',c,s,n,p,'s');
nc = wthcoef2('v',nc,s,n,p,'s');
nc = wthcoef2('d',nc,s,n,p,'s');

%对新的小波分解结构[c,s]进行重构
x1 = waverec2(nc,s,'coif3');
subplot(2,2,3);image(x1);
colormap(map);
xlabel('(c)第一次去噪图像');
axis square

%对 nc 再次进行滤波去噪
xx = wthcoef2('v',nc,s,n,p,'s');
x2 = waverec2(xx,s,'coif3');
subplot(2,2,4);image(x2);
colormap(map);
xlabel('(d)第二次去噪图像');
axis square
```

程序运行结果如图 8-5 所示。

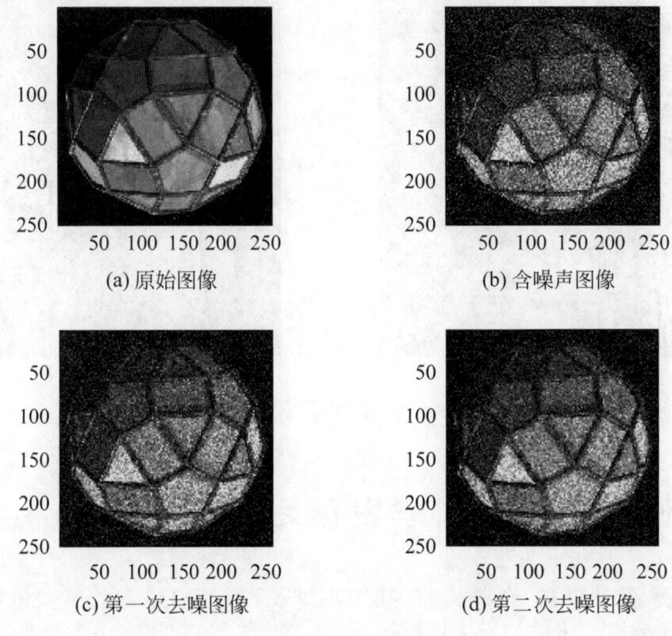

图 8-5 运行结果

2）图像增强

```
clear
[I,map] = imread('lena.jpg');
X = double(I);
subplot(121);
nbc = size(X,2);
image(X);
colormap(gray(nbc));
title('原始图像');                        % 画出原图像
[c,s] = wavedec2(X,2,'sym4');             % 进行二层小波分解
sizec = size(c);                          % 处理分解系数,突出轮廓,弱化细节
for I = 1: sizec(2)
if(c(I) > 350)
c(I) = 2 * c(I);
else
c(I) = 0.5 * c(I);
  end
end
nx = waverec2(c, s, 'sym4');              % 分解系数重构
subplot(122);
image(nx);
title('增强图像')                          % 画出增强图像
```

程序运行结果如图 8-6 所示。

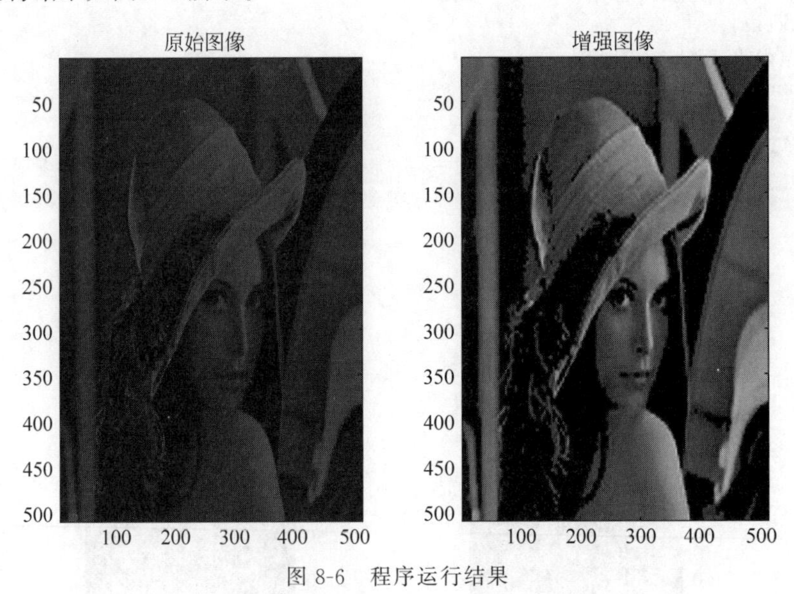

图 8-6　程序运行结果

8.5　“问题导向”的科学发展之路

统观“信号与系统”课程的全部内容，我们不难发现，其中隐含着重要的以“问题为导向”科学发展的艰辛过程。

一开始人们对信号与系统的分析主要是在时间域进行，成功地建立了以微分方程为主的系统数学模型，据此分析了系统的冲激响应，分析了零状态响应和激励及冲激响应之间的卷积关系，但是人们面临的问题是，通过这种方法无法了解和分析信号与系统的频率特性。面对这个问题，科学家们苦思冥想，积极探索，直到1807年，傅里叶才提出了傅里叶级数展开和傅里叶变换，成功解决了这个问题，但是当他写的论文投出去以后，经过拉格朗日、拉普拉斯和勒让德等大科学家审阅后却被拒绝，直到1822年才得以出版，可见科学创新发展之艰辛。虽然傅里叶变换解决了频域分析的问题，但是仍然存在两个严重的缺陷：一是计算复杂且困难，二是对系统和信号只能整体分析，无法分析其局部和细节，无法进行时频分析。为了解决第一个问题，人们提出了拉普拉斯变换，成功降低了傅里叶变换和微分方程求解的计算复杂度，开辟了复频域分析的新方法；为了分析信号的局部和细节，例如人脸识别、指纹识别等实际问题，人们提出了窗口傅里叶变换，但是由于其分辨率是固定的，所以只能部分解决实际问题，随后人们又提出了小波变换，实现了多分辨率分析，成功克服了傅里叶变换的缺陷，解决了实际问题。

由以上信号与系统分析的发展历程，我们不难看出，"问题导向"贯穿于科学发展的整个过程。科学发展的过程其实就是不断解决新问题的过程，所以我们一定要积累扎实的专业理论知识，积极寻找和实际密切相关的新问题，如"卡脖子"问题，将这些问题作为自己的目标，努力奋斗，为解决这些问题贡献自己的力量。

本章小结

本章中在分析傅里叶变换存在局限性的基础上，引入了窗口傅里叶变换、时频分析以及小波变换，并对相关概念做了简单介绍。本章的目的不在于研究小波变换，而是希望读者通过本章的学习和理解，能在现有已掌握的知识的基础上，学习如何引入、创造新原理的基本技能，包括如何扩展已有知识、建立和已有技术、方法之间的内在联系，并能推导出某些有意义的关系式等。总之，理解新原理、新技术的提出背景和基本出发点，训练从实际问题出发提出新的方法，是一种重要本领。

习题

8.1 试分析傅里叶变换在分辨率上的局限性。

8.2 试说明有哪些方法可以克服傅里叶变换的局限性。

8.3 小波变换和傅里叶变换的基函数有何异同？它们的特点是什么？

参考文献

[1] 彭启琮，邵怀宗，李明奇．信号分析[M]．北京：电子工业出版社，2006．

[2] 张小虹．信号与系统[M]．西安：西安电子科技大学出版社，2011．

[3] 程佩青．数字信号处理教程[M]．4 版．北京：清华大学出版社，2013．

[4] KAMEN E W，HECK B S．应用 Web 和 MATLAB 的信号与系统基础[M]．高强，戚银城，杨志，等译．2 版．北京：电子工业出版社，2002．

[5] 吴大正．信号与线性系统分析[M]．北京：高等教育出版社，1996．